# Molekulare Infektionsbiologie

Jörg Hacker • Jürgen Heesemann (Hrsg.)

# Molekulare Infektionsbiologie

## Interaktionen zwischen Mikroorganismen und Zellen

unter Mitarbeit von
Rainer Haas, Michael Hensel, Hilde Merkert,
Joachim Morschhauser, Tobias Olschlager,
Joachim Reidl und Wilma Ziebuhr

Vorwort von Werner Goebel

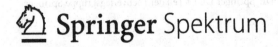
Springer Spektrum

*Herausgeber*

Jörg Hacker
Universität Würzburg
   Institut für Molekulare Infektionsbiologie
Würzburg, Deutschland

Jürgen Heesemann
Universität München
Max von Pettenkofer-Institut für Hygiene und
   Medizinische Mikrobiologie
München, Deutschland

ISBN 978-3-642-39456-0
DOI 10.1007/978-3-642-39457-7

ISBN 978-3-642-39457-7 (eBook)

Die Deutsche Nationalbibliothek verzeichnet diese Publikation in der Deutschen Nationalbibliografie; detaillierte bibliografische Daten sind im Internet über http://dnb.d-nb.de abrufbar.

Springer Spektrum
© Springer Berlin Heidelberg 2000. Unveränderter Nachdruck 2013
Springer Spektrum ist eine Marke von Springer DE. Springer DE ist Teil der Fachverlagsgruppe Springer Science+Business Media.
www.springer-spektrum.de

# Danksagung

Bei der Infektionsbiologie handelt es sich um eine junge wissenschaftliche Disziplin, die sich mit den Eigenschaften pathogener Mikroorganismen und den Wechselwirkungen dieser Mikroben mit Wirtszellen und anderen biotischen und abiotischen Faktoren befaßt. Da für dieses Forschungsgebiet weder im deutschsprachigen Raum noch im internationalen Rahmen eine vergleichbare Publikation zur Verfügung steht, haben wir mit diesem Buch Neuland betreten. Insofern war es für den Spektrum Akademischer Verlag nicht selbstverständlich, sich für ein derartiges Projekt zu engagieren. Deshalb schulden wir vor allem dem Verlag und ganz besonders Frau Dr. Loos und ihren Mitarbeitern Dank, daß sie diese Publikation angeregt und trotz der Schwierigkeiten, die sich bei der Umsetzung ergaben, stets zu dem Buchprojekt gestanden haben.

Darüber hinaus danken wir allen, die uns bei der Erstellung des Buches geholfen und unterstützt haben. Zum einen haben uns eine Reihe von Kollegen ermutigt, ein Buch zum Thema Infektionsbiologie zu schreiben. Von vielen, die wir aus Platzgründen nicht alle namentlich nennen können, haben wir wertvolle Hinweise erhalten. In diesem Zusammenhang gebührt unser Dank vor allem Herrn Dr. Aepfelbacher (München). Weiterhin danken wir unseren Mitarbeitern in den Instituten in Würzburg und München, die uns bei der Umsetzung des Buchprojektes geholfen haben, insbesondere Frau Claudia Borde (Würzburg) und Frau Annette Güthenke (München).

*Jörg Hacker (Würzburg),*
*Jürgen Heesemann (München)*

*im Namen der Autoren*

# Vorwort

Es gehört viel Mut dazu, in der jetzigen Entwicklungsphase ein Buch über molekulare Infektionsbiologie zu schreiben. Kaum ein Bereich der modernen Mikrobiologie hat in den vergangenen zwei Jahrzehnten eine so stürmische Entwicklung erlebt wie die komplexe Biologie der pathogenen Bakterien, über die von den beiden Autoren, begleitet von einem Stamm erfahrener Mitarbeiter, in diesem Buch berichtet wird. Allem Anschein nach befindet sich dieser Wissenschaftsbereich inmitten einer exponentiellen Wachstumsphase, deren Ende nicht absehbar ist, und fast täglich werden neue aufregende Befunde bekannt. Molekulare Infektionsbiologie – dies macht das vorliegende Buch sehr deutlich –, bedeutet heute nicht mehr nur die Biologie der Infektionserreger, sondern auch die der Wirtszelle, mit der ein Infektionskeim in Wechselwirkung tritt. Vielfältig ist das Spektrum der bakteriellen Pathogenitätsaspekte, die in diesem Buch ausführlich dargestellt werden.

Von den Pathogenitätsgenen und den besonderen Regulationsmechanismen, die dafür sorgen, daß diese Gene zur richtigen Zeit am richtigen Ort und mit ausreichender Effizienz während der Infektion exprimiert werden, wird ein weiter Bogen bis zu den Strukturen und Funktionen ihrer Genprodukte, den Pathogenitätsfaktoren, geschlagen. Diese sind letztendlich dafür verantwortlich, daß die pathogenen Vertreter an spezifische Zellen und Gewebe adhärieren und sich dort vermehren können – anders als ihre apathogenen Vettern, die man als für den Menschen im allgemeinen harmlose Keime häufig in der Umwelt an-treffen kann und die diese Faktoren nicht besitzen.

Bestimmte Pathogenitätsfaktoren führen dazu, daß einige dieser bakteriellen Erreger sogar in ihre „Wirtszellen" eindringen können, während andere Giftstoffe (Toxine) darstellen, die den Wirt nachhaltig schädigen können. Wieder andere Pathogenitätsfaktoren führen dazu, daß pathogene Bakterien das Immunsystem unterlaufen können. Nicht zuletzt den gentechnologischen Methoden verdanken wir die enormen Fortschritte in der Kenntnis der bakteriellen Pathogenitätsgene und der von ihnen codierten Pathogenitätsfaktoren. Was zunächst an den genetisch relativ einfach zugänglichen Enterobakterien, vor allem den pathogenen *Escherichia coli*-Stämmen, begann, hat sich heute auf fast alle infektionsbiologisch relevante Bakterien ausgeweitet.

Behandelt wird aber auch die leider noch viel zuwenig verstandene Frage nach den physiologischen Stoffwechselleistungen, zu denen diese pathogenen Mikroorganismen befähigt sein müssen, damit sie in ihren oftmals gar nicht sehr gastfreundlichen Nischen wachsen oder sich dort über längere Zeit einnisten können. Ein besonderes Kapitel behandelt die spannende Frage nach den Mechanismen der Evolution der Pathogenität. Nicht zuletzt dank der umfangreichen Sequenzdaten, über die wir in zunehmenden Maße – gerade was pathogene Bakterien anbetrifft – verfügen, läßt sich immer klarer ein Bild davon nachzeichnen, wie diese Gene von den heute pathogenen Bakterien erworben wurden und wie sich die neuerworbenen Gene in das vorhan-

dene bakterielle Genom eingefügt und all-
mählich angepaßt haben.

Zusammen mit dem pathogenen Mikroorganismus wird der infizierte Wirt ins
Spiel gebracht. Natürlich ist jedem, der
über die Probleme einer Infektion nach-
denkt, klar, daß eine Infektion stets die
Auseinandersetzung zwischen einem Mikroorganismus und einem höheren Wirt –
Pflanze, Tier oder Mensch – bedeutet.
Aber wie ist diesen komplexen Wechselwirkungen experimentell beizukommen?

Die Autoren zeigen auf, daß erst die
Reduktion dieser Problematik auf die
Interaktion zwischen einzelnen leicht zugänglichen Zelltypen, abgeleitet von den
infizierten Wirten und ausgewählten
Modellmikroorganismen, erste Erfolge im
molekularen Verstehen dieses wohl entscheidenden Schrittes in einer Infektion
ermöglicht hat. Die Tatsache, daß mittlerweile fast alle relevanten pathogenen
Bakterien in solche Untersuchungen ein-
bezogen werden können, verdeutlicht, wie
schnell die Mikrobiologen gelernt haben,
die wichtigsten zellbiologischen und mole-
kulargenetischen Methoden auf fast jeden
beliebigen Mikroorganismus – zumindest
was Prokaryoten anbelangt – zu adaptie-
ren. Die spektakulären Entwicklungen der
modernen Zellbiologie und Immunologie
haben rasch Eingang gefunden in die molekulare Infektionsbiologie. Dies hat zu
neuen aufregenden Ergebnissen in einem
Bereich der Infektionsbiologie geführt,
der sogar schon den eigenen Namen zelluläre Mikrobiologie erhalten hat. Vor allem
die Aufklärung der Mechanismen, die höhere Zellen befähigen, viele von außen
kommende Signale zelltypspezifisch zu
verarbeiten, haben wesentlich dazu beigetragen, nun auch molekular zu verstehen,
was ein Mikroorganismus seiner Wirtszelle
antut, wenn er an diese andockt oder gar
in sie eindringt. Es ist eigentlich nicht verwunderlich, daß der Mikroorganismus für
diese Kontakte mit der jeweiligen Wirtszelle deren vorhandene Rezeptoren benutzt und dann seinerseits die von diesen

Rezeptoren ausgehenden Signalkaskaden
induziert.

Noch spannender aber ist die Frage,
welche Auswirkungen dies für das Infektionsgeschehen hat. Wie kommt es, daß die
eine pathogene Bakterienart die gleiche
Wirtszelle veranlaßt, bestimmte Cytokine
in großer Menge zu produzieren, während
die andere diese Cytokinproduktion verhindert; daß ein Mikroorganismus Zelltod
(Apoptose) auslöst, der andere dagegen
gerade dieses Ereignis verhindert; daß ein
Mikroorganismus in einer Wirtszelle
wachsen kann, während der andere von
eben dieser Zelle abgetötet wird? Auch
auf diese Fragen gehen die Autoren ein
und versuchen, soweit heute möglich, Ant-
worten auf molekularer Ebene zu geben.
Dabei machen sie deutlich, daß dieser re-
duktionistische zellbiologische Ansatz ein
erster, aber wichtiger Schritt hin zu einem
molekularen Verständnis einer mikrobiellen Infektion im intakten Makroorganis-
mus ist.

Das Verständnis der molekularen Mechanismen der Zell-Zell-Interaktion zwischen Mikroorganismus und Wirtszelle ist
aber auch von entscheidender Bedeutung
für neue Strategien in der Therapie und
der Prophylaxe von Infektionskrankheiten. Gerade die Entwicklung neuer Impfstoffe und neuer Antiinfektiva hat ihre Basis in diesen Erkenntnissen.

Wie wichtig diese Entwicklungen sind,
betonen die Autoren nochmals in ihrem
Schlußkapitel, in dem sie auf ein Dilemma
der Infektionsbiologie hinweisen, das sich
letztlich auch durch noch so große Erfolge
auf diesem Gebiet nie vollständig wird lösen lassen. Die Mikroorganismen werden
uns immer einen Schritt voraus sein, und
selbst die fortgeschrittenste Wissenschaft
wird immer nur reagieren können, weil –
wie die Autoren so treffend bemerken –,
der Igel, sprich der neue Infektionskeim,
immer früher da sein wird als der Hase,
sprich die Infektionsbiologe. Aber vielleicht trägt die molekulare Infektionsbiologie dazu bei, daß wir die Schliche des

Igels immer besser verstehen lernen, so daß sein Vorsprung immer kleiner wird.

Der Mut der Autoren hat sich gelohnt. Es ist ein Buch entstanden, das uns ein spannendes modernes Forschungsgebiet kompetent und auf das Wesentliche konzentriert nahebringt. Hoffentlich nutzen viele Studenten, Lehrer und Wissenschaftler dieses Buch, denn der hier vermittelte Inhalt geht uns eigentlich alle an.

*Werner Goebel*
*Würzburg (im Mai 1999)*

# Inhaltsverzeichnis

# Anschriften der Autoren

Prof. Dr. Jörg Hacker
Institut für Molekulare Infektionsbiologie
Röntgenring 11
97070 Würzburg
e-mail: j.hacker@mail.uni-wuerzburg.de

Prof. Dr. Dr. Jürgen Heesemann
Max von Pettenkofer Institut für
Hygiene und Medizinische Mikrobiologie
Pettenkoferstraße 9a
80336 München
e-mail: heesemann@m3401.mpk.med.
uni-muenchen.de

Prof. Dr. Rainer Haas
Max von Pettenkofer Institut für
Hygiene und Medizinische Mikrobiologie
Pettenkoferstraße 9a
80336 München
e-mail: haas@m3401.mpk.med.
uni-muenchen.de

Dr. M. Hensel
Max von Pettenkofer Institut für
Hygiene und Medizinische Mikrobiologie
Pettenkoferstraße 9a
80336 München
e-mail: hensel@m3401.mpk.med.
uni-muenchen.de

Hilde Merkert
Institut für Molekulare Infektionsbiologie
Röntgenring 11
97070 Würzburg
e-mail: h.merkert@mail.uni-wuerzburg.de

Dr. Joachim Morschhäuser
Zentrum für Infektionsforschung
Röntgenring 11
97070 Würzburg
e-mail: joachim.morschhaeuser@mail.
uni-wuerzburg.de

Dr. Tobias Ölschläger
Institut für Molekulare Infektionsbiologie
Röntgenring 11
97070 Würzburg
e-mail: tobias.oelschlaeger@mail.
uni-wuerzburg.de

Dr. Joachim Reidl
Zentrum für Infektionsforschung
Röntgenring 11
97070 Würzburg
e-mail: joachim.reidl@mail.
uni-wuerzburg.de

Dr. Wilma Ziebuhr
Institut für Molekulare Infektionsbiologie
Röntgenring 11
97070 Würzburg
e-mail: w.ziebuhr@mail.uni-wuerzburg.de

# 1. Einführung: Erfolg und Dilemma der Infektionsbiologie

J. Hacker, J. Heesemann

Übertragbare Krankheiten werden von den Menschen seit jeher als besondere Bedrohung empfunden. Antike, frühchristliche und mittelalterliche Aufzeichnungen und Abbildungen legen ein beredtes Zeugnis davon ab. Als ein mikrobiologisches Problem werden die übertragbaren Krankheiten jedoch erst seit der beginnenden Neuzeit wahrgenommen. Robert Koch (1843–1910) war es vergönnt, die Ursachen von übertragbaren Krankheiten auf sogenannte „pathogene Agentien" zurückzuführen. Mit seinen bahnbrechenden Arbeiten zur Biologie des Milzbranderregers *Bacillus anthracis* (1876), zur Ursache der Tuberkulose (1882) und zur Ausbreitung der Cholera (1884) legten Koch und seine Mitarbeiter den Grundstein für eine moderne infektionsbiologische Forschung. Insofern nimmt es nicht Wunder, daß Paul von Baumgarten in seinem *Lehrbuch der pathogenen Mikroorganismen* (Leipzig, 1911) die Krankheitserreger als »pathogene oder parasitäre Bakterien« bezeichnet, die »in das tätige Leben eingreifen und eine parasitäre Existenz auf Kosten anderer Lebewesen führen, wodurch sie für diese Krankheitserreger, pathogen werden«. Diese Definition beruht auf den Arbeiten Kochs und anderer herausragender Mikrobiologen seiner Zeit wie Louis Pasteur (1822–1895), die von der Tatsache ausgingen, daß man Mikroben aus Sicht des Arztes in „gute" und „schlechte" Organismen einteilen kann. Die „schlechten" Mikroorganismen stören das mikrobielle Gleichgewicht und führen dann zu Infektionen.

Diese Form der Betrachtung wird auch durch die Koch-Henleschen Postulate unterstrichen, die besagen, daß Krankheitserreger aus Patientenmaterial isolierbar und in Reinkultur anzüchtbar sein müssen, daß sie in Versuchstieren entsprechende Krankheitssymptome auslösen und aus den Läsionen reisolierbar sein sollten. Nun zeigte sich bald, daß bestimmte humanpathogene Erreger (zum Beispiel Shigellen) nicht in der Lage sind, ein gleichwertiges Krankheitsbild in Versuchstieren zu erzeugen. Kiyoshi Shiga (1870–1957) erweiterte deshalb 1898 die Koch-Henleschen Postulate um die Bedingung, daß das Patientenserum den für die Infektion verantwortlichen Erreger agglutinieren sollte, um die Induktion einer humoralen Immunantwort zu belegen.

Die Möglichkeit, pathogene Mikroorganismen zu identifizieren und zu analysieren, hat zu den unbestrittenen Erfolgen der Infektionsbiologie geführt; vor allem in Mitteleuropa und in Nordamerika wurden die Infektionskrankheiten zu Beginn unseres Jahrhunderts stark zurückgedrängt. Allerdings spiegelt die Kochsche Betrachtungsweise, Mikroorganismen in „gute Mitbewohner" und „schlechte Eindringlinge" einzuteilen, nur einen Teil der Realität wider, ja sie führte letztlich zu dem Dilemma, daß so nur eine Gruppe der pathogenen Mikroben erfaßt wurde, nämlich die obligat pathogenen Mikroorganismen. Zu diesen Mikroorganismen zählen in der Tat die gefährlichen Erreger des Typhus (*Salmonella typhi*), der Cholera (*Vibrio cholerae*), der Pest (*Yersinia pestis*), der Tuberkulose (*Mycobacterium tuberculosis*) oder der Diphtherie (*Corynebacterium diphtheriae*).

Probleme bei der Analyse von übertragbaren Krankheiten auf der Grundlage der Koch-Henleschen Postulate entstehen immer dann, wenn Krankheitserreger mit hoher Wirtsspezifität oder fakultativ pathogene Mikroorganismen – das können Mikroorganismen der Haut (*Staphylococcus epidermidis*), der normalen Darmflora (*E. coli*) oder der Umwelt (*Pseudomonas aeruginosa*) sein – fieberhafte Erkrankungen auslösen. Diese an sich harmlosen, apathogenen Mikroorganismen können unter bestimmten Voraussetzungen (abwehrschwacher Wirt, Endoprothesenträger) Krankheiten auslösen, ohne die Koch-Henleschen Postulate zu erfüllen. Dieses Beispiel zeigt, daß der Begriff Pathogenität von Mikroorganismen immer im Zusammenhang mit dem entsprechenden Wirt gesehen werden muß. Heute befinden wir uns in der Situation, daß die Mehrzahl der bakteriellen Infektionen in Europa und Nordamerika durch fakultativ pathogene Mikroorganismen ausgelöst wird. In diesen Fällen ist es wichtig, nicht allein die Spezies des potentiellen Krankheitserregers zu bestimmen, sondern auch seine biologischen Eigenschaften zu charakterisieren.

Mit Hilfe der neuen Methoden der Molekularbiologie, der Genetik, der Biochemie, der Zellbiologie und der Immunologie sind in den letzten 20 Jahren große Fortschritte bei der phänotypischen und genotypischen Charakterisierung von Mikroorganismen erzielt worden. Dabei zeigte sich, daß viele Krankheitserreger in der Lage sind, Eigenschaften auszubilden, die als Pathogenitäts- oder Virulenzfaktoren bezeichnet werden können. Bestimmte Varianten einzelner Arten – ein klassisches Beispiel sind pathogene *E. coli*-Isolate – sind in der Lage, verschiedene spezifische Virulenzfaktoren zu produzieren, wodurch sie zu organspezifischen Krankheitserregern werden (zum Beispiel Sep-

sis-, Durchfall-, Harnwegsinfektionserreger). Andere Varianten bilden derartige Faktoren nicht oder nur zu einem gewissen Grade aus; sie werden als Krankheitserreger entweder gar nicht oder nur bei Personen mit schwerer Immunschwäche nachgewiesen.

Das Paradigma, die Pathogenität von Mikroorganismen und die Ausbildung von Pathogenitätsfaktoren zu korrelieren, hat unbestreitbare Erfolge nach sich gezogen. Es war und es ist möglich, pathogene Varianten von nichtpathogenen Varianten bestimmter Arten zu unterscheiden und den pathogenetischen Wirkungstyp vorherzusagen. Die Entwicklung von der klassischen medizinischen Mikrobiologie zur molekularen Infektionsbiologie brachte S. Falkow (geboren 1934) auf die Idee, die klassischen Koch-Henleschen Postulate auf eine molekulare Ebene zu transportieren. Nach seiner 1988 entwickelten Definition zeigen Pathogenitätsfaktoren folgende Charakteristika: Ein bestimmtes Gen oder ein bestimmtes Merkmal kommt bei pathogenen Mikroorganismen vor, eine Inaktivierung des korrespondierenden Gens muß zu einer Reduktion der Virulenz führen, und eine Rückführung des Gens in die avirulente Mutante sollte wieder das ursprüngliche Virulenzpotential herstellen.

Diese molekularbiologische Variante der Koch-Henleschen Postulate hat wie die klassische Form zu großen Erfolgen geführt, sie hat aber auch Schwächen gezeigt und ein neues Dilemma sichtbar gemacht. Zum einen wird durch die Fokussierung auf Pathogenitätsfaktoren kaum die Tatsache reflektiert, daß abwehrschwache Personen wie Transplantationspatienten oder HIV-Infizierte praktisch auch von – nach dieser Definition – apathogenen oder schwach pathogenen Mikroorganismen infiziert werden und erkranken können. Darüber hinaus ist die Tatsache zu beachten, daß bestimmte Krankheitserreger einem hohen ökologischen Anpassungsdruck ausgesetzt sind. Dies manifestiert sich in der Ausbildung bestimmter Stoffwechselleistungen, die dazu beitragen, Nischen zu kolonisieren und dann Infektionen auszulösen. Durch diese "ungewöhnlichen Kolonisierungen" können Infektionskrankheiten hervorgerufen werden, ohne daß spezifische Virulenzfaktoren beteiligt sein müssen. Im Extremfall der Abwehrschwäche ist der Patient nur noch „Nährboden" für Mikroorganismen.

Ein weiteres Dilemma der Infektionsbiologie liegt in dem Auftauchen immer neuer Krankheitserreger. Wie in der Geschichte vom Wettlauf zwischen Hase und Igel, in der der Hase immer zu spät kommt, jagt auch die Infektionsbiologie immer wieder neuen, schon manifest gewordenen Erregern hinterher. Bei dem Wettlauf zwischen Infektionsforschern und neuen Krankheitserregern spielen zivilisatorische Aspekte eine große Rolle. Ein Beispiel stellt das Vorkommen der Legionärskrankheit dar. Diese Form der Lungenentzündung wurde das erste Mal 1976 beschrieben; übertragen werden die Erreger *Legionella pneumophila* als Aerosole durch „technische Vektoren" wie Klimaanlagen, Wassersysteme oder Raumbefeuchter. Es wurde für diese Form von Infektionskrankheiten der Terminus *disease of human progress* geprägt. Durch Veränderungen der zivilisatorischen Gegebenheiten, im Falle der Legionellen einhergehend mit dem Auftreten ungewöhnlicher Übertragungswege (Aerosolbildung), werden Bakterien, die bisher kaum Zugang zum Menschen hatten, zu Infektionserregern. Zur Bekämpfung dieser „neuen" Infektionserreger sind gezielte Präventivmaßnahmen erst dann möglich, wenn die Ökologie, die Epidemiologie und die Pathogenitätsmechanismen dieser Mikroorganismen besser verstanden sind.

Ähnlich verhält es sich mit dem Auftreten neuer Typen von schon bekannten Infektionserregern. Die uns umgebenden Mikroorganismen stehen in einem ständigen genetischen Austausch untereinander; durch horizontalen Gentransfer werden neue Varianten gebildet und auf bessere Überlebenschancen in der veränderten Umwelt selektiert, „erprobt". Insofern ist es nicht verwunderlich, daß von klassischen Infektionserregern immer wieder neue, ökologisch hervorragend angepaßte und hochpathogene Varianten auftreten. Als Beispiel seien die EHEC-*E. coli*-Erreger O157 oder die neuen Varianten von *Vibrio cholerae* O139 genannt. Auch hier besteht das Dilemma der Infektionsbiologie darin, daß sie nur *post ante* diese neuen Stammtypen analysieren und erst danach gezielte Therapie- und Präventivmaßnahmen vorschlagen kann. Diese Entwicklung hat auch Konsequenzen für den Einsatz von Impfstoffen, da in der Regel nur gegen schon bekannte Erreger oder Erregertypen Vakzinierungsmaßnahmen eingeleitet werden können.

Eng verknüpft mit den genannten Adaptationsprozessen ist auch das Auftreten immer neuer Resistenzen gegen gebräuchliche Chemotherapeutika. Als klassisches Beispiel für eine *evolution under the microscope* gilt die in den sechziger Jahren erstmalig gemachte Beobachtung über das Vorkommen von Plasmiden bei Enterobakterien, die Resistenzen gegen mehrere Antibiotika gleichzeitig codieren. Durch horizontalen Gentransfer wird derzeit auch bei grampositiven Bakterien das Auftreten immer neuer Resistenzmuster erklärt. Auch hier kommt es darauf an, molekulare Resistenzmechanismen und ihre Ausbreitung zu analysieren, um dann neue Chemotherapiestrategien zu entwickeln, wobei über alternative Targets, beispielsweise virulenzassoziierte Gene nachgedacht wird. Darüber hinaus zeigen solche Analysen auf, wie gefährlich der bedenkenlose Einsatz von Antibiotika sein kann.

In den letzten Jahren ist klar geworden, daß ein großes Defizit im Bereich der Erforschung von ausschließlich *in vivo* exprimierten Pathogenitätsgenen von Mikroorganismen besteht. Die Analyse von pathogenen Mikroorganismen beschränkte sich bisher überwiegend auf *in vitro*-Systeme im Labor. Pathogene Mikroorganismen werden in der Regel aus Untersuchungsmaterial isoliert, im Labor vermehrt und dann in bestimmten Infektionsmodellen (Zellkultur, Versuchstier) eingesetzt. Während einer natürlichen Infektion verhalten sich Krankheitserreger jedoch anders als während der Anzucht im Labor. Dies mag die Tatsache illustrieren, daß *E. coli*-Bakterien im Labor eine Teilungsrate von ungefähr 30 Minuten zeigen, daß sie in ihrem natürlichen Wirt aber bis zu sechs Stunden für eine Verdoppelung benötigen. Diese Bakterien gelangen so sehr schnell in die sogenannte stationäre Phase, das heißt, die Gesamtzahl der Organismen in einer Population steigt nicht mehr an. Durch neue Untersuchungen wissen wir, daß in der stationären Phase Gene exprimiert werden, die bei wachsenden Populationen nicht exprimiert werden und *vice versa*. Darüber hinaus werden nach Invasion von Mikroorganismen in Wirtszellen oder Gewebe andere Gene exprimiert als bei Wachstum dieser Mikroben auf Labormedien. Für *Salmonella typhimurium* wird geschätzt, daß etwa zehn Prozent der vorhandenen Gene ausschließlich intrazellulär, in eukaryotischen Zellen neu exprimiert werden. Kenntnisse über die Genexpression *in vivo* sind aber erforderlich, um effiziente Impfstrategien, Therapeutika und Diagnostika zu entwickeln.

Nicht zuletzt soll auf die Zusammenhänge von Infektionsbiologie und sozialen Entwicklungen hingewiesen werden. Seit vielen Generationen ist bekannt, daß Infektionskrankheiten als Begleiter von Krieg und Elend auftreten. Auch heute beobachten wir, daß Kriege und Bürgerkriege, sich verschlechternde soziale Bedingungen und Naturkatastrophen den Ausbruch von Infektionskrankheiten begünstigen. Dabei sind es häufig schon bekannte Infektionserreger, gegen die sogar Impfstoffe vorliegen – man denke an die Renaissance der Diphtherie in den Staaten der GUS –, die als Begleiterscheinung von sozialen Umwälzungen beobachtet werden. Auch hier ist die Infektionsbiologie nur als reaktiver Partner zu sehen; die politischen und sozialen Gegebenheiten müßten so verändert werden, daß das soziale „Umfeld" für die Ausbreitung von Infektionskrankheiten ungünstiger wird. Insofern stehen Infektionsbiologie und aktive Gesundheitspolitik in einem Spannungsverhältnis zueinander: Eine intensive infektionsbiologische Forschung muß gesundheitspolitische Folgen nach sich ziehen, aber auch umgekehrt sollten gesundheitspolitische Maßnahmen infektionsbiologische Fakten ins Kalkül ziehen. Erfolg und Dilemma der Infektionsbiologie sind auch hier zwei Seiten einer Medaille.

# 1.1 Literatur

Baumgarten, P. von. *Die pathogenen Bakterien. Lehrbuch der pathogenen Mikroorganismen.* Leipzig (S. Hirzel) 1911.

Cirillo, J. D. *Exploring a Novel Perspective on Pathogenic Relationships.* In: *Trends Microbiol.* 7 (1999) S. 96–98.

Falkow, S. *Molecular Koch's Postulates Applied to Microbial Pathogenicity.* In: *Rev. Infect. Dis.* 10/Suppl. 2 (1988) S. 274–276.

Koch, R. *Die Aetiologie der Tuberculose.* In: *Mitth. aus dem Kaiserl. Gesundheitsamt* 2 (1884) S. 1–88. (Ges. Werke 1, S. 467–565.)

Lederberg, J. *Emerging Infections: An Evolutionary Perspective.* In: *Emerg. Infect. Dis.* 4 (1998) S. 366–371.

Levy, S. B. *Balancing the Drug Resistance Equation.* In: *Trends Microbiol.* 2 (1994) S. 341–342.

Mahan, M. J.; Slauch, J. M.; Mekalanos, J. J. *Selection of Bacterial Virulence Genes That Are Specifically Induced in Host Tissue.* In: *Science* 259 (1993) S. 686–688.

Mochmann, H.; Köhler, H. *Meilensteine der Bakteriologie. Von Entdeckungen und Entdeckern aus den Gründerjahren der Medizinischen Mikrobiologie.* Frankfurt am Main (Ed. Wötzel) 1997.

Salyers, A. A.; Whitt, D. D. *Bacterial Pathogenesis.* In: *A Molecular Approach.* Washington, D. C. (ASM Press) 1994.

Witte, W.; Klare, J. *Antibiotikaresistenz bei bakteriellen Infektionserregern.* In: *Bundesgesundheitsblatt* 42 (1999) S. 8–16.

# 2. Die medizinisch bedeutendsten Krankheitserreger

J. Heesemann, J. Hacker

## 2.1 Was sind Krankheitserreger?

Unter Krankheitserregern verstehen wir heute Mikroorganismen und kleinere biologisch aktive Einheiten (Viren, Virusoide, Prionen), die unter bestimmten Bedingungen einen höher entwickelten Organismus (Wirt) infizieren (vom lateinischen *inficere* für „hineintun") und eine Erkrankung erzeugen können. Die Erkrankung muß durch den Erreger auf andere Wirte übertragen werden können, was eine Vermehrung des Erregers voraussetzt. 1876 berichtete Robert Koch erstmalig über die Übertragbarkeit des Milzbrandes auf Versuchstiere durch das *in vitro* kultivierte Bakterium *Bacillus anthracis* (Tabelle 2.1). Dieser experimentelle Nachweis der Kontagiosität einer Krankheit und die epidemiologischen Beobachtungen von Jakob Henle (1809–1885, *Von den Miasmen und Kontagien*, 1840) führten zu den Koch-Henleschen Postulaten, die in der Folgezeit wegweisend für die Infektiologie wurden (siehe Kapitel 1). Heute wissen wir, daß nicht nur Bakterien, sondern auch Arthropoden (zum Beispiel Milben), Würmer, Protozoen, Pilze, Viren und Prionen (*proteinaceous infectious particles*) übertragbare Erkrankungen verursachen können (Tabelle 2.1, Abbildung 2.1). Außer bei Viren und Prionen handelt es sich bei den verschiedenen Erregern um Mikroorganismen, die phylogenetisch den Reichen der *Bacteria* (Prokaryoten) oder *Eucaria* zugeordnet werden.

Mikroorganismen vermehren sich durch Zellteilung. Sie besitzen ein replikationsfähiges DNA-Genom (0,6 bis 100 Megabasen/Mb), Ribosomen zur eigenständigen Proteinsynthese und einen eigenen Stoff-

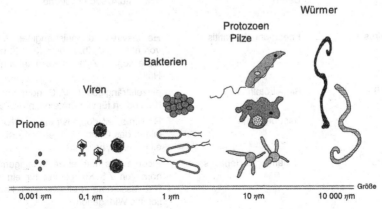

**2.1** Gruppen von Infektionserregern.

**Tabelle 2.1:**   Ausgewählte Krankheitserreger mit humanmedizinischer Bedeutung

| Erreger | Krankheit | Bemerkungen |
|---|---|---|
| **Arthropoden** | | |
| *Sarcoptes scabiei* | Skabies/Krätze | Milben (0,2–0,5 mm lang), Endoparasit, Milbengänge in der Epidermis |
| **Helminthen** | | |
| *Schistosoma haematobium* | Bilharziose/Schistosomiasis | Pärchenegel (9–20 mm lang), Zwischenwirt Schnecke, Infektion von Harnblase, Darm, Leber u. a. |
| *Echinococcus multilocularis* | Alveoläre Echinokokkose | Bandwurm (2–4 mm lang), Endwirt Fuchs, Zwischenwirt Nagetiere, Fehlwirt Mensch, Infektion der Leber u. a. |
| **Protozoen** | | |
| *Plasmodium falciparum* | Malaria tropica | asexuelle Entwicklung im Menschen, sexuelle Entwicklung in *Anopheles*-Mücke, Infektion der Leber, Erythrocyten u. a. |
| *Entamoeba histolytica* | Amöbenruhr, Leberabszeß | Trophozoit (vegetative Form: 10–60 $\mu$m lang), Cyste (Ruheform: 10–16 $\mu$m), Infektion von Darm, Leber u. a. |
| **Pilze** | | |
| *Histoplasma capsulatum* | Pilzpneumonie | dimorpher Pilz: Mycelform im Erdreich, Hefeform in Makrophagen |
| *Candida albicans* | Mundsoor, Systemmycose | häufigste Hefeinfektion, Kommensale der Schleimhaut |
| **Bakterien** | | |
| *Neisseria gonorrhoeae* | Gonorrhö/Tripper | gramnegative Diplokokken, mikroaerophiles Wachstum, schmales Wirtsspektrum: Mensch, Affen, Genitalinfektion |
| *Yersinia pestis* | Beulen-/Lungenpest | gramnegatives Stäbchen, fakultativ anaerob, Übertragung durch Rattenfloh, breites Wirtsspektrum: Infektion regionärer Lymphknoten, Sepsis, Pneumonie |
| *Borrelia burgdorferi* | Lyme-Borreliose: Arthritis, Meningitis, Acrodermatitis | gramnegative spiralförmige Bakterien, Übertragung durch Zecken, breites Wirtsspektrum |
| *Bacillus anthracis* | Milzbrand (Haut, Lunge, Darm) | grampositives Stäbchen, obligat aerobes Wachstum, sporenbildend |
| **Viren** | | |
| Cytomegalievirus | Pneumonie/Hepatitis | Herpesvirus, doppelsträngiges DNA-Genom von etwa 230 Kb, codiert für 100 bis 200 Proteine, liegt im Zellkern episomal vor, Capsid mit Hülle |
| Parvovirus B19 | Ringelröteln | einzelsträngiges DNA-Genom von etwa 5,6 Kb, codiert für vier Proteine, hüllenlos |
| Rotaviren | Gastroenteritis | Reovirus, elf doppelsträngige RNA-Segmente bilden das Genom von etwa 19 Kb, codiert für elf Proteine, hüllenlos |
| Hepatitis-A-Virus | epidemische Hepatitis | Picornavirus mit einzelsträngigem RNA-Genom von 7,5 Kb, codiert für ein Polyprotein (Prozessierung in elf Proteine), keine Integration ins Wirtsgenom |

| Erreger | Krankheit | Bemerkungen |
|---|---|---|
| HIV, humanes Immundefizienzvirus | zelluläre Immundefizienz, AIDS | Retrovirus (Genus: Lentivirus) mit einzelsträngigem RNA-Genom von 9,0 Kb, reverse Transkription und Transkription in Doppelstrang-DNA, Intergration ins Wirtsgenom (Provirus) |
| Hepatitis-B-Virus | „Serum-Hepatitis" | Hepadnavirus mit partiell doppelsträngigem DNA-Genom von 3,2 Kb, Capsid mit Hülle, liegt im Zellkern episomal vor, bei HBV-bedingtem Leberzellkarzinom ist das HBV-Genom im Wirtsgenom integriert |
| **Virusoide** | | |
| Hepatitis-D-Virus | HBV-assoziierte Hepatitis | „Satellitenvirus" von HBV, zirkuläres einzelsträngiges RNA-Genom von 1,679 Kb, codiert für ein 24 bis 27 KD großes Protein |
| **Prionen** | | |
| GSS-Prion, PrP$^{gss}$ | Encephalopathie (Creutzfeldt-Jacob, Gerstmann-Sträussler-Schenker, Kuru) | mutiertes Wirtsprotein, PrP$^{gss}$, bildet die pathologische $\beta$-Faltblattform und wandelt nichtpathologische helikale Formen von Wirtsprionen in infektiöse $\beta$-Faltblattform um („Vermehrung") |

wechsel. Viren dagegen besitzen diese Eigenständigkeit nicht. Ihr Genom ist bedeutend kleiner (3–300 Kb). Es kann aus doppel- oder einzelsträngiger DNA beziehungsweise RNA bestehen, das als Nucleocapsid verpackt und bei zahlreichen Viren zusätzlich von einer Protein-Lipid-Hülle umgeben ist. Viren sind obligat intrazelluläre Parasiten, die die Wirtszelle für Proteinsynthese, Genomreplikation und Vermehrung infektiöser Virionen benötigen. In der Regel führt die intrazelluläre Virusvermehrung zur Schädigung der Wirtszelle und zur Erkrankung des Wirtes. Der produktive Replikationszyklus von Viren kann auch in einen nahezu inaktiven Zustand übergehen (Latenzzustand), wobei es möglicherweise zu einer inapparenten, persistierenden Virusinfektion kommt. Der Latenzzustand ist bei einigen Viren mit der Integration des Virusgenoms in das Genom der Wirtszelle assoziiert, bei anderen liegt das Virusgenom episomal vor. Die Integration kann zur Zelltransformation und Karzinombildung führen (zum Beispiel Hepatitis-B-Virus/primäres Leberzellkarzinom, humanes Papillomvirus/Gebärmutterhalskarzinom).

Bei Prionen handelt es sich um „entartete" wirtseigene Proteine von etwa 30 Kilodalton (KD) Größe, die von einem hochkonservierten Gen codiert werden. Das zelluläre Prä-Prionprotein PrP$^c$ liegt natürlicherweise als „harmlose" $\alpha$-helikale Form an der Zelloberfläche von Nervenzellen vor. Durch Punktmutation oder durch die Mithilfe eines „infektiösen" Prions kann die $\alpha$-helikale Form in eine $\beta$-Faltblattkonformation (infektiöse Form) übergehen und einerseits in der Zelle akkumulieren und andererseits selbst katalytisch die $\alpha$-Helix-$\beta$-Faltblatt-Konformationsänderung natürlicher Prionproteine bewirken. Die Ablagerung der $\beta$-Faltblatt-Prionproteine führt zur Zerstörung von Neuronenzellen und schließlich zur spongiformen Encephalopathie mit letalem Ausgang. Besonders zu erwähnen ist die hohe Resistenz der infektiösen Prionen gegen Desinfektionsmittel, Hitzesterilisation und Bestrahlung. Inwieweit zur Infektiosität der Prionen noch „Helferproteine" oder sogar Nucleinsäuren beitragen, wird zur Zeit kontrovers diskutiert. Mutativ veränderte Prionproteine lösen beim Menschen neurodegenerative Erkrankungen wie die

Creutzfeldt-Jacob-, die Gerstman-Sträussler-Schenker-Erkrankung oder Kuru aus. Bei Tieren sind Scrapie (Schaf) und die bovine spongiforme Encephalopathie (BSE, „Rinderwahnsinn") mit der Ausbildung veränderter Prionproteine assoziiert.

Mikroorganismen und Viren sind nicht *per se* Krankheitserreger. Sie können als Kommensalen oder Symbionten mit ihrem Wirt eine Lebensgemeinschaft bilden, was einen hohen Grad der gegenseitigen Anpassung voraussetzt (siehe Kapitel 5 und 12). Der gesunde Mensch (etwa $10^{13}$ Zellen) ist mit über $10^{14}$ Bakterien besiedelt (autochthone Mikroflora von Haut, Schleimhaut, Darminhalt). Wird die Balance zwischen dieser Normalflora und dem Wirtsschutzschild gestört, können Bakterien der Normalflora eine Infektionserkrankung (zum Beispiel Lungenentzündung/Pneumonie, Bauchfellentzündung/Peritonitis oder Wundinfektion) verursachen. Aber die typische Übertragbarkeit dieser Erkrankungen auf Gesunde ist in der Regel nicht gewährleistet, weshalb diese Erreger auch als Opportunisten (fakultativ pathogene Mikroorganismen) bezeichnet werden. Von den über 1 000 verschiedenen Bakterienarten der menschlichen Normalflora haben nur relativ wenige das pathogene Potential von opportunistischen Infektionserregern. Die Mehrzahl der Mikroorganismen der Normalflora kann als apathogen bezeichnet werden, das heißt, auch bei eingeschränkter Wirtsabwehr werden sie nach Eindringen in das Gewebe oder die Blutbahn in der Regel eliminiert.

Klassische Infektionserreger können mit einer relativ niedrigen Infektionsdosis ($10^1$ bis $10^5$ Bakterien) auf gesunde Menschen oder auf entsprechende Versuchstiere übertragen werden und das erregertypische Krankheitsbild erzeugen. Im Unterschied zu apathogenen Mikroorganismen sind Infektionserreger mit einem bestimmten Repertoire an Pathogenitätsdeterminanten ausgerüstet, die sie befähigen,

1. in den Wirt einzudringen (Invasion: Adhäsine, Invasine),

2. die unspezifische Immunabwehr zu unterlaufen (Subversion/Evasion: Impedine, Moduline),
3. Zellen zu schädigen (Toxine, Aggressine) und
4. sich in normalerweise keimfreien Regionen des Wirtes (beispielsweise Gewebe, Blut, Bauchhöhle) zu vermehren (Kapitel 5).

Die Vermehrung des Erregers im Wirt ist die Voraussetzung für seine Ausbreitung und Existenzsicherung. (Dies gilt auch für die harmlose Normalflora!) Die Ausbreitungsstrategien sind sehr vielfältig und erregerspezifisch. Aerosole, Staub, Lebensmittel, Wasser, Arthropoden (Vektoren) und der direkte zwischenmenschliche Kontakt (inklusive Kontakt zwischen Patienten und medizinischem Personal) werden für die Ausbreitung von Infektionserregern genutzt. Insofern tragen auch mikrobielle Faktoren, die der Erregerausbreitung dienen (zum Beispiel Schutz vor Austrocknen, Überleben im Vektor), indirekt zur Pathogenität bei.

In den folgenden Abschnitten werden medizinisch bedeutende Krankheitserreger exemplarisch unter dem Aspekt ihres Wirkortes besprochen. Das vorliegende Kapitel soll auch den „Nichtmediziner" in die Problematik der klinischen Mikrobiologie und Infektiologie einführen.

## 2.2 Infektionen der Mundhöhle

Die Mundhöhle bietet mit ihrer Schleimhautauskleidung, den Zähnen, den Nischen zwischen Zahnhals und Zahnfleisch (*Sulcus gingivalis*) sowie den Speicheldrüsenausgängen über 300 Bakterienarten unterschiedliche Lebensräume (aerob, mikroaerophil, anaerob). Durch den Speichelfluß werden bis zu $10^8$ Bakterien pro Milliliter abtransportiert, durch

Atemluft und Nahrungsaufnahme kommen jedoch ständig neue Bakterienarten hinzu. Die Bakterien der Mundflora haben an ihrer Oberfläche Strukturen, die sie befähigen, einerseits mit Rezeptoren/Liganden von Zellen, Zähnen und Mucus des Wirtes und andererseits mit Oberflächenstrukturen von diversen Bakterien (intergenerische Coaggregation) zu interagieren (Zucker-Protein- oder Protein-Protein-Interaktion). Auf diese Weise werden sie immobilisiert und können als Mischpopulation Biofilme und Mikrokolonien bilden (Abbildung 2.2). Von diesen mikrobiellen Lebensgemeinschaften können die Erkrankungen der Zähne (Karies), der Zahntaschen (Periodontitis), der Zahnwurzel (dentoalveolärer Abszeß), des Gewebes (Actinomycose) und der Schleimhaut (Mundsoor, Candidiasis) ausgehen.

1. An der Karies sind im wesentlichen vergrünende Streptokokken (*S. mutans*, *S. sobrinus*, *S. salivarius*), *Lactobacillus*- und *Actinomyces*-Arten beteiligt. Die Streptokokken produzieren Exopoly-

saccharide für die Plaquebildung (wischfeste Mikrokolonie am Zahnschmelz) und metabolisieren Zucker zu Säuren, die den Zahnschmelz zerstören.

2. Bei den Zahntascheninfektionen (Gingivitis, Periodontitis) handelt es sich um Mischinfektionen mit obligat und fakultativ anaeroben Bakterien, wobei als „Leitkeime" *Actinobacillus actinomycetemcomitans* und *Porphyromas gingivalis* zu nennen sind. Bei *P. gingivalis* konnten Fimbrien, Kollagenase, trypsinähnliche Protease, Hämolysin und Polysaccharidkapsel als Pathogenitätsfaktoren für die Periodontitis identifiziert werden. Für die Schwere der Entzündung sind neben Bakterien auch die Entzündungszellen (neutrophile Granulocyten und Makrophagen) beziehungsweise die Immunantwort des Patienten verantwortlich.

3. Der Zahnwurzelabszeß (dentoalveolärer Abszeß) ist ebenso wie die Periodontitis durch eine Mischinfektion charakterisiert. Hier spielen aber α- und β-hämolysierende Streptokokken, Sta-

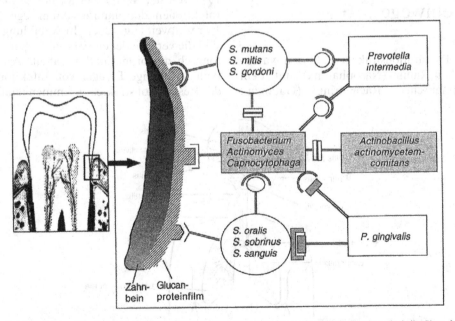

**2.2** Schematische Darstellung einer infizierten Zahntasche (*Sulcus gingivalis*). Rechts sind die über Adhäsine interagierenden typischen Bakterienarten dargestellt, die in der Zahntasche Biofilme und Mikrokolonien bilden. Der Glukanproteinfilm besteht aus mikrobiellen und wirtseigenen Komponenten.

phylokokken und die Anaerobier der Gattungen *Peptostreptococcus, Prevotella, Porphyromonas, Veillonella* und andere die Hauptrolle.

4. Die Actinomycose ist eine invasive abszendierende Infektionserkrankung, die sich häufig nach Verletzungen (beispielsweise Kieferknochenfraktur und Bißverletzung) der Mundhöhle entwickelt. Auch hier handelt es sich um eine Mischinfektion mit einem Leitkeim aus der Gattung *Actinomyces* (zum Beispiel *A. israelii*).

5. Bei gestörter Abwehr (Virusinfektion, Krebs, AIDS) können Hefen wie *Candida albicans* die Mundschleimhaut massiv besiedeln und in die Schleimhaut eindringen. Es entstehen großflächige Hefebeläge auf der Schleimhaut, die als Soor bezeichnet werden.

## 2.3 Infektionen der oberen und unteren Atemwege

Der Respirationstrakt umfaßt den Nasen-Rachen-Raum (Nasopharynx) mit dem lymphatischen Rachenring (Gaumen-, Rachen-, Zungen- und Tubentonsillen), die Nasennebenhöhlen, den Kehlkopf (Larynx) sowie die Luftröhre (Trachea) mit Bronchialbaum und Lungenbläschen (Alveolen). Diese Hohlräume (ausgenommen die Alveolen) sind mit respiratorischem Epithel ausgekleidet (überwiegend Flimmerepithel und vereinzelt schleimsezernierende Becherzellen). Der Respirationstrakt nimmt durch die Atmung etwa 10 000 Mikroorganismen pro Tag auf. Partikel größer als 10 $\mu$m werden in der Nase abgefangen, Teilchen von weniger als 5 $\mu$m Größe können den unteren Respirationstrakt (Bronchialbaum und Alveolen) erreichen. Die Schleimhaut des Respirationstraktes enthält Alveolarmakrophagen, sekretorische IgA-Antikörper, Komplementfaktoren, sezernierte Defensine (kleine porenbildende kationische Peptide) und Lactoferrin, die zusammen ein effektives Abwehrsystem bilden. Trotzdem gehören Infektionen des Respirationstraktes zu den häufigsten Erkrankungsursachen. Neben der häufigsten, aber harmlosen Rhinitis (Rhinoviren) wurden 1995 von der WHO 248 Millionen akute Infektionen der unteren Atemwege pro Jahr weltweit angegeben. In Abbildung 2.3 sind die verschiedenen Erkrankungen anatomisch zugeordnet und in Tabelle A.1 im Anhang häufige Erreger von Infektionen des Respirationstraktes zusammengefaßt.

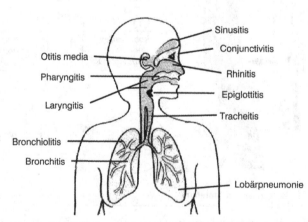

**2.3** Schematische Darstellung des oberen (bis zum Kehlkopf) und des unteren (Trachea, Lunge) Respirationstraktes mit den zugeordneten Infektionserkrankungen.

Die den Respirationstrakt infizierenden Viren können durch Aerosole, die von Infizierten durch Husten oder Niesen abgegeben werden, oder indirekt über kontaminierte Hände übertragen werden. Sie infizieren zunächst respiratorisches Epithel des oberen Respirationstraktes. Rhinoviren haben sich mit ihrer optimalen Replikationstemperatur (32°–33 °C) an die Nasenschleimhaut angepaßt und auf diesen Wirkort beschränkt. Dagegen können Influenzaviren das Epithel des gesamten Respirationstraktes infizieren (Bindung an Neuraminsäurereste der Zielzellen) und im Verlauf der Erkrankung auch die Alveolen schädigen. Dadurch werden Voraussetzungen für bakterielle Superinfektionen mit Staphylokokken, Streptokokken oder *Haemophilus influenzae* geschaffen. Andererseits können bakterielle Proteasen (zum Beispiel von *S. aureus*) die Infektiosität des Influenzavirus durch Aktivierung des Hämagglutinins (Virusadhäsin) verstärken. Das Masernvirus infiziert zunächst das respiratorische Epithel der oberen und dann der unteren Atemwege. Schließlich werden Makrophagen (Rezeptor: CD46) infiziert, die als „Taxi" die Viren in die Blutbahn transportieren, wo Lymphocyten und Endothelzellen infiziert werden (Virämie).

Bakterielle Infektionen der Atemwege können nach verschiedenen Gesichtspunkten eingeteilt werden (Tabelle A.1, Abbildung 2.3):

1. Wirkort,
2. Pathologie: Lobärpneumonie (massive Entzündung eines Lungenlappens), Herdpneumonie (Auftreten multipler Entzündungsherde), interstitielle Pneumonie (Ausbreitung der Entzündung entlang der Lungensepten und Aufzweigungen der Gefäße), atypische Pneumonie (atypisches Bronchialsekret: keine mikroskopisch sichtbaren Bakterien, wenig Entzündungszellen),
3. Pathogenitätstyp des Erregers (opportunistische Erreger der Schleimhautflora oder obligat pathogene Erreger).

Zu den opportunistischen Erregern lassen sich unter anderem *Streptococcus pneumoniae, Haemophilus influenzae, Staphylococcus aureus* und *Moraxella catarrhalis* zählen, denn sie werden mit einer Häufigkeit von fünf bis 60 Prozent auf der Nasopharynxschleimhaut von Gesunden nachgewiesen. Ein bestimmtes Repertoire an Pathogenitätsfaktoren (Polysaccharidkapsel, IgA-Protease, Adhäsine, Exotoxine) ermöglicht diesen Mikroorganismen, etwa bei vorgeschädigten Atemwegen (zum Beispiel Virusinfektion, Raucherlunge) oder fehlenden protektiven Antikörpern, Infektionen der oberen und unteren Atemwege zu verursachen (siehe Tabelle A.1). Besonders zu erwähnen sind die typische Lobärpneumonie durch *S. pneumoniae*, die Bronchopneumonie durch *S. aureus* und die Epiglottitis durch *H. influenzae*. Da diese Mikroorganismen zur Normalflora gehören, baut sich auch ein spezifischer Immunschutz im Laufe der Besiedelung auf. (Für *H. influenzae* konnte dieser Befund bei Kindern nachgewiesen werden.) Die Variabilität von *S. pneumoniae* manifestiert sich durch mehr als 80 Serotypen der Kapselpolysaccharide (vergleiche Abschnitt 21.5), so daß Pneumokokken immer wieder eine „Immunlücke" finden und dann eine primäre Infektion (Pneumonie, Sepsis, Meningitis) verursachen können (insbesondere nach Splenektomie, Leberzirrhose unter anderem). Bis heute sind allerdings die Voraussetzungen für die Invasivität dieser opportunistischen Erreger unklar geblieben.

Im Gegensatz zu den opportunistischen Atemwegserregern führt ein Kontakt mit den obligat pathogenen Erregern *Corynebacterium diphtheriae* und *Bordetella pertussis* in der Regel zu einer Atemwegsinfektion bei nicht geimpften Personen. *C. diphtheriae* kann die Tonsillen und den Nasopharynx oberflächlich infizieren und dort das Diphtherietoxin freisetzen, was unter Umständen zu einer systemischen Intoxikation von Herz, Leber und Niere führt (hohe Letalität). Der Keuchhustenerreger *B. pertussis* haftet spezifisch an

Flimmerepithel und setzt dort verschiedene Toxine (Pertussistoxin, Adenylatcyclase, Cytotoxine) frei, was eine interstitielle Bronchitis und Brochiolitis hervorrufen kann (keine Bakteriämie). Die Produktion von Toxinen spielt auch eine Rolle bei der Ausbildung des Scharlachs durch Gruppe-A-Streptokokken (GAS, *S. pyogenes*, vergleiche Abschnitt 21.5).

Eine Besonderheit der bakteriellen Infektion der unteren Atemwege ist die Lungentuberkulose. *Mycobacterium tuberculosis* gelangt über die Atemluft in die Alveolen. Dort werden die Erreger phagocytiert. Sie vermehren sich intrazellulär und lösen die Bildung eines Primärkomplexes aus. Die Mykobakterien können dann über den Lymphweg in die benachbarten Lymphknoten einwandern. Eine Ausheilung hinterläßt Verkalkungen der Herde. Bei Abwehrdefizienz kann es zum progressiven Befall weiterer Lymphknoten und des Lungenparenchyms bis zur hämatogenen Streuung kommen.

Zu den neuen humanpathogenen Bakterien gehören die atypischen Pneumonieerreger wie *Mycoplasma pneumoniae* (extrazellulär), *Chlamydia pneumoniae* (obligat intrazellulär) und *Legionella pneumophila* (fakultativ intrazellulär, siehe Abschnitt 21.6). Infektionen mit diesen Erregern sind mit einer grippeähnlichen Symptomatik (Fieber, Husten, Myalgien) assoziiert, wobei in der Regel kein eitriges Bronchialsekret oder Sputum wie bei der typischen bakteriellen Lobärpneumonie produziert wird. *M. pneumoniae* und *C. pneumoniae* infizieren das Bronchialepithel und induzieren eine Entzündungsreaktion, die als interstitielle Pneumonie im Röntgenbild sichtbar wird. Dagegen infiziert *L. pneumophila* die Bronchialmakrophagen. Bei entsprechender Patientendisposition (zum Beispiel Raucherlunge) können multiple Mikroabszesse im Lungengewebe mit multilobulären Infiltrationen entstehen, so daß die Legionellose unter Umständen letal verläuft.

# 2.4 Infektionen des Gastrointestinaltraktes

Infektionen des Gastrointestinaltraktes (GI) gehören zu den häufigsten Infektionserkrankungen bei Kindern unter fünf Jahren. Die WHO schätzt, daß bei etwa 1,8 Milliarden Durchfallerkrankungen pro Jahr weltweit drei Millionen tödlich ausgehen. Das Erregerspektrum umfaßt Würmer, Protozoen, Bakterien und Viren. (40 Prozent der Durchfallerkrankungen bei Kindern werden von Rotaviren verursacht!) Die Erreger werden über Nahrungsmittel, kontaminiertes Trinkwasser oder Schmierinfektionen oral aufgenommen. Die Infektionsdosis hängt vom Erreger, von den Wachstumsbedingungen und der Wirtsempfänglichkeit ab. Für eine Shigellen-Infektion genügen zehn bis 100 Erreger, wogegen eine Salmonellose oder Cholera die Aufnahme von über 10 000 Bakterien voraussetzt. Bei Salmonellen kann die Infektiosität durch Kälteschock (3 Std./0 °C) stark erhöht werden. Wie in Abbildung 2.4 dargestellt und in Tabelle A.2 im Anhang aufgeführt, haben sich die Durchfallerreger auf bestimmte Wirkorte des GI spezialisiert, entsprechend gibt es erregerspezifische Krankheitsverläufe.

Im Magen werden durch das saure Milieu (pH = 2–3) und die proteolytischen Enzyme die meisten vegetativen Mikroorganismen abgetötet. Die Magenschleimhaut stellt damit eine ökologische Nische für besonders adaptierte Bakterien zur Verfügung, wie den beweglichen *Helicobacter pylori*, den Erreger des Magen- und Duodenalgeschwürs (vergleiche Abschnitt 21.7). Mit spezifischen Rezeptoren kann *H. pylori* am Magenepithel binden, die Zellen mit Cytotoxinen schädigen und mit der Urease durch Harnstoffspaltung die Magensäure neutralisieren. Der Erreger ist in der Lage, eine chronische Magenschleimhautinfektion zu verursachen.

Im Dünndarm wird der einfließende Mageninhalt durch Pankreassaft (proteo-

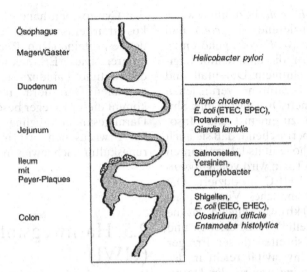

Ösophagus

Magen/Gaster

Duodenum

Jejunum

Ileum
mit
Peyer-Plaques

Colon

*Helicobacter pylori*

*Vibrio cholerae*,
*E. coli* (ETEC, EPEC),
Rotaviren,
*Giardia lamblia*

Salmonellen,
Yersinien,
Campylobacter

Shigellen,
*E. coli* (EIEC, EHEC),
*Clostridium difficile*
*Entamoeba histolytica*

**2.4** Hauptwirkorte von Infektionserregern des Gastrointestinaltraktes. Peyer-Plaques (Anhäufungen von Lymphfollikeln) sind im unteren Dünndarmabschnitt (Ileum) besonders häufig.

lytisch, alkalisch) und Gallenflüssigkeit (reich an Gallensäuren) stark verändert. In diesem Milieu bleiben nur noch nicht-behüllte Viren wie Rota-, Adeno- und Polioviren, wenige bakterielle Erreger und Ruheformen von Parasiten infektiös. Die enteropathogenen Viren infizieren und schädigen Enterocyten. Dies führt zu einer starken Entzündungsreaktion der Darm-mucosa mit Störung der Wasser/Elektro-lyt-Resorption. Wäßriger Durchfall mit Erbrechen, Darmkrämpfen und Fieber sind die Folge.

Am Darmepithel des Jejunums und Ileums können *Vibrio cholerae* und entero-toxische *E. coli* (ETEC) spezifisch binden (siehe Abschnitte 21.1 und 21.2). Diese Erreger wirken auf das Darmepithel mit ade-nylcyclasestimulierenden, hitzelabilen To-xinen der Choleratoxinfamilie (LT, CTX). Bei bestimmten *E. coli*-Varianten werden zusätzlich hitzestabile Toxine (ST) sezer-niert, die die Guanylcyclase aktivieren (vergleiche Abschnitt 6.3). In der Regel verursachen diese Erregertypen stark wäß-rige Durchfälle für vier bis acht Tage ohne schwerwiegende Zerstörung des Darmmu-cosaepithels.

Auch das Protozoon *Giardia lamblia* kann den Dünndarm oberflächlich besie-deln (nie invasiv!) und wäßrigen Durchfall verursachen. Die häufig chronisch verlau-fende Giardiasis führt zu Unterernährung als Folge einer Malabsorption.

Der untere Abschnitt des Dünndarmes (terminales Ileum) ist reich an Darmton-sillen (Peyer-Plaques, PP). Über den PP fehlen die typischen Dünndarmzotten mit Bürstensaumzellen (resorbierendes Epi-thel) und Becherzellen. Statt dessen finden sich dort die sogenannten M-Zellen (von *microfold*), die Partikel und Flüssigkeiten zu den darunterliegenden Lymphfollikeln translozieren. Die invasiven darmpathoge-nen Erreger wie Salmonellen, Yersinien und *Campylobacter jejuni* nutzen die M-Zellen als Eintrittspforte. Nach Transloka-tion in den Submucosabereich vermehren sie sich und können einerseits das Darm-epithel zerstören und Kryptenabszesse ausbilden und andererseits über Lymph- und Blutgefäße (Bakteriämie) in mesente-riale Lymphknoten, Milz und Leber disse-minieren. Die Infektion kann sich auf das Colon ausweiten (Colitis). Diese Erreger-gruppe produziert Invasine, Cyto- und Enterotoxine (hitzestabile und hitzelabile Toxine).

Shigellen und die *E. coli*-Pathotypen EHEC beziehungsweise STEC (enterohämorrhagische *E. coli* beziehungsweise Shiga-Toxin-produzierende *E. coli*) und EIEC (enteroinvasive *E. coli*) gehören zu den Colitiserregern, die eine hämorrhagische Colitis mit blutigem Durchfall und subfebrilen Temperaturen verursachen können. Phylogenetisch gehören die Shigellen und *E. coli* zu einem Genus. Insofern ist es nicht überraschend, daß sie auch gemeinsame Pathogenitätsdeterminanten haben. Das Shiga-Toxin wird von *S. dysenteriae* und auch EHEC produziert. Die EIEC haben ein ähnliches Virulenzplasmid (ungefähr 200 kb) wie *Shigella*, das die Invasivität, intrazelluläres Überleben und interzelluläres Ausbreiten dieser Erreger kontrolliert. Die Invasivität reicht in der Regel bis zur *Lamina propria* der Darmmucosa; eine Dissemination oder Bakteriämie wird nur selten beobachtet. Die Shiga-Toxin-produzierenden Erreger können aber extraintestinale Komplikationen verursachen wie das hämolytisch-urämische Syndrom (HUS) mit Nierenschädigung und schweren Thrombocytopenien.

Das Colon ist ein idealer Lebensraum für Entamöben. Über 500 Millionen Menschen sind mit der apathogenen *Entamoeba dispar* kolonisiert, während 50 Millionen mit der pathogenen Art *E. histolytica* infiziert sind und erkranken (etwa 100 000 Todesfälle pro Jahr, Amöbenleberabszeß). *E. histolytica* produziert Adhäsine und sezerniert reichlich Proteasen und porenbildende Toxine, die für die ruhrartigen Durchfälle verantwortlich sind, während *E. dispar* diese Pathogenitätsfaktoren phänotypisch nur schwach exprimiert, was seine Apathogenität bedingen könnte.

Schließlich muß ein fakultativ pathogenes Bakterium der normalen Darmflora genannt werden: *Clostridium difficile*, das erst nach ärztlichem Eingriff (iatrogen), zum Beispiel nach Antibiotikatherapie, eine schwere, oft tödlich verlaufende pseudomembranöse Colitis beim hospitalisierten Patienten auslöst. Als verantwortliche Pathogenitätsfaktoren wurden Adhäsine und Cytotoxine A und B identifiziert. Bei den Cytotoxinen handelt es sich um Glykosyltransferasen, die kleine GTP-bindende Proteine (Rho, Rac, Cdc 42) glucosylieren. Diese Erkrankung ist eine Folge der antibiotikainduzierten Störung der normalen Darmflora. Interessanterweise kommt dieser Erreger besonders häufig im Darm gesunder Säuglinge vor, während er bei Erwachsenen erst in der Anreicherungskultur nachgewiesen wird.

# 2.5 Harnwegsinfektionen (HWI)

Neben Respirations- und Gastrointestinaltrakt bietet der Urogenitaltrakt Mikroorganismen einen weiteren offenen Zugang in tiefere Organhöhlen (Harnblase, Nierenbecken). Infektionen des Urogenitaltraktes lassen sich den Harnsammelorganen (Harnwegsinfektion: Beteiligung der Niere und der Harnblase) oder den Genitalorganen zuordnen. Entsprechend sind die Erreger und Erkrankungsformen unterschiedlich.

Die Harnwegsinfektionen gehören mit den Atemwegs- und den Magen-Darm-Infektionen zu den häufigsten Infektionen der Industriestaaten. In Deutschland werden ungefähr zwei Millionen Fälle pro Jahr ärztlich behandelt.

Wie aus Abbildung 2.5 hervorgeht, können Harnwegsinfektionen als aufsteigende (aszendierende) Infektionen ihren Ausgangsort vom Perianalbereich (Darmflora) über die Urethra in die Blase (Cystitis) nehmen und gegebenenfalls weiter über die Ureter das Nierenbecken infizieren (Pyelonephritis). In seltenen Fällen entwickelt sich daraus auch eine Urosepsis. Bei Männern kann es auch zu einer Infektion der Prostata (Prostatitis) kommen. Aufgrund der unterschiedlichen Anatomie (zum Beispiel kurze Harnröhre bei der Frau) und der Hormonzyklen erleiden

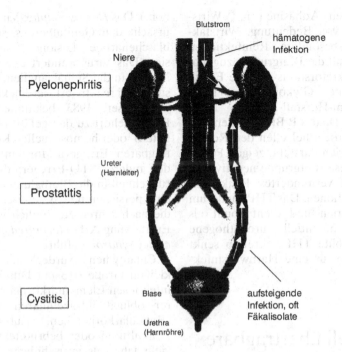

Blutstrom

hämatogene Infektion

Niere

Pyelonephritis

Ureter (Harnleiter)

Prostatitis

Cystitis

Blase

aufsteigende Infektion, oft Fäkalisolate

Urethra (Harnröhre)

**2.5** Schematische Darstellung der menschlichen Harnwege. Bei aszendierenden Infektionen (häufig) gelangen fäkale Keime in die Harnwege. Hämatogene Infektionen sind selten.

Frauen weit häufiger einen Harnwegsinfekt (insbesondere Cystitiden) als Männer.

Hinsichtlich des Verlaufs und prädisponierender Faktoren wie etwa Diabetes mellitus, Harnwegsanomalie, Steinbildung, Narben, Cysten, Katheterisierung) unterscheidet man:

1. unkomplizierte Infektionen der Harnblase (Cystitis): akuter, kurzer Verlauf, keine prädisponierenden Faktoren, häufig bei Frauen; durch verstärkte Flüssigkeitsaufnahme (Spüleffekt) und/oder Antibiotika gut therapierbar; nicht selten Reinfektionen.
2. komplizierte Infektionen (Cystitis, Pyelonephritis): chronischer Verlauf, schwer mit Antibiotika therapierbar.

Das Keimspektrum der Harnwegsinfektionen setzt sich aus fakultativ anaeroben Bakterien der Darmflora zusammen, wobei *E. coli* als Leitkeim zu nennen ist (Tabelle A.3 im Anhang). 80 Prozent der unkomplizierten HWI und etwa 40 Prozent der komplizierten HWI werden durch *E. coli* vom uropathogenen Typ (UPEC) verursacht. Im Unterschied zu anderen fäkalen *E. coli*-Stämmen exprimieren sie typische Pathogenitäts- und Vitalitätsfaktoren:

1. fimbrielle Adhäsine (P-, S-, F1C-Fimbrien) (Kolonisation von Harnwegsepithel),
2. Polysaccharidkapseln (Resistenz gegen Serumkomplement und Phagocytose),
3. porenbildende Cytotoxine (Hämolysine),
4. spezifische Eisenkomplexone, zum Beispiel das Siderophor Aerobaktin.

Darüber hinaus findet man die O-Serotypen O4, O6, O18 und O75 gehäuft bei UPEC (vergleiche Abschnitt 21.1).

Bei anderen HWI-Erregern wie *Proteus mirabilis* und *Staphylococcus saprophyticus* scheint auch die Ureasebildung, die durch Harnstoffhydrolyse den Harn alkalisiert und die Phosphatsteinbildung begünstigt, zur Uropathogenität beizutragen. Für die Kolonisierung ist die Interaktion

von bakteriellen Adhäsinen mit Wirtszellrezeptoren von Bedeutung. Wirtsfaktoren, die insbesondere Reinfektionen
begünstigen, sind die Blutgruppenzugehö-
rigkeit, der Sekretorstatus und die Fähigkeit, bestimmte Glykoproteine (zum
Beispiel Tamm-Horsfall-Protein, THP)
auszuscheiden. Da das P-Blutgruppenanti-
gen auf den Uroepithelzellen den Rezeptor für P-Fimbrien darstellt, zeigen Personen, die für diese Blutgruppe negativ sind
(p-Status), ein vermindertes Risiko für
Harnwegsinfektionen. Das THP wiederum
bindet S-Fimbrien und dient somit als
„Falle" für potentiell uropathogene
Bakterien; erhöhte THP-Sekretion senkt
also das Risiko für eine Harnwegsinfektion.

## 2.6 Sexuell übertragbare Infektionen

Das Spektrum der durch Geschlechtsverkehr übertragbaren Infektionserreger
(*sexual transmitted diseases*, STD-Erreger)
umfaßt Viren, Bakterien, Protozoen und
Milben (siehe Tabelle A.4 im Anhang). In
der Regel verursachen diese spezifisch
humanpathogenen Erreger chronische
Infektionen des Urogenitaltraktes mit sub-
klinischen, rezidivierenden oder auch pro-
gredienten Verläufen (Erregerdissemina-
tion). Der Mensch ist damit das Reservoir
für die STD-Erreger.

Die humanen Papillomviren HPV (über
70 Typen) sind hinsichtlich Epidemiologie
und Pathogenität sehr unterschiedlich. Sie
können harmlose flache kutane Warzen an
den Extremitäten bilden (Hautinfektionen) oder wie zum Beispiel die Typen 6, 11
und 40 Feigwarzen (*Condylomata acumi-
nata*) im anogenitalen Bereich. Andere Typen wie HPV-16 und HPV-18 verursachen
flache Condylomata am Gebärmutterhals
mit nachfolgenden neoplastischen Veränderungen (Mitbeteiligung am Cervixkarzi-

nom). Das *Herpes simplex*-Virus Typ 2 verursacht den Genitalherpes, schmerzhafte
bläschenartige Läsionen, die infektiös
sind. Das Virus wandert über sensorische
Nerven in die Spinalganglien, wo es persistiert und reaktiviert werden kann.

Das seit 1983 bekannte Retrovirus
HIV-1 gehört zu den gefährlichsten durch
hetero- oder homosexuellen Kontakt übertragbaren Erregern. Im Unterschied zu
den anderen STD-Erregern dringt das Virus schnell in die Blutbahn und verursacht
eine persistierende systemische Infektion,
die nach Jahren zur tödlich verlaufenden
Erkrankung AIDS *(acquired immune-defi-
ciency syndrome)* führt.

Chlamydien wurden aufgrund ihrer
kleinen Größe (0,3 $\mu$m Durchmesser der
infektiösen Elementarkörperchen) und ihrer obligat intrazellulären Vermehrung
(Reticularkörperchen, Kultivierung in
Zellkulturen oder bebrütetem Hühnerei)
viele Jahre als virusähnliche Erreger bezeichnet. Heute wissen wir, daß sie zu den
kleinsten Bakterien mit Zellwand und Lipopolysaccharid in der äußeren Membran
gehören. Als STD-Erreger können zwei
Gruppen von *Chlamydia trachomatis* auftreten. Die Serovare C–K infizieren Zylin-
derepithel- und in geringerem Ausmaß
Plattenepithelzellen des Urogenitaltraktes
und erzeugen so eine lokal begrenzte Entzündung (zum Beispiel Urethritis, Prostatitis, Cervicitis und Salpingitis). Die Serovare L1–L3 dagegen verhalten sich sehr invasiv und infiltrieren die nächstgelegenen
Lymphknoten, die dann vereitern bis zur
Nekrose (*Lymphogranuloma venereum*).
Die Serovare C–K gehören zu den häufigsten STD-Erregern der Industrieländer.
Eine Partnerbehandlung mit Tetracyclinen
ist in der Regel wirksam.

Im Unterschied zu den Chlamydien
sind die Erreger der Gonorrhö (Tripper)
im Harnröhrenabstrich lichtmikroskopisch
als gramnegative Diplokokken gut sichtbar. Bei dieser STD handelt es sich um
eine chronische, aszendierende und
manchmal disseminierende Infektion mit
*Neisseria gonorrhoeae*. Nicht selten ver-

läuft die Gonokokkeninfektion bei der Frau zunächst unbemerkt, so daß bei hoher Promiskuität die Ausbreitung des Erregers gesichert ist. *N. gonorrhoeae* hat intelligente Strategien entwickelt, um sich der Immunantwort zu entziehen (zum Beispiel Variation der Adhäsine, IgA-Proteasebildung und intrazelluläres Überleben) und im Urogenitalgewebe zu persistieren.

In tropischen Ländern ist das gramnegative Stäbchen *Haemophilus ducreyi* als Erreger des *Ulcus molle* von großer Bedeutung. Die Erkrankung hat ihren Namen nach den weichen Papeln und Pusteln, die in der Genitalschleimhaut und im Perianalbereich entstehen. *H. ducreyi* ist wie *N. gonorrhoeae* ausschließlich humanpathogen und kann sich extra- und intrazellulär vermehren. Über Pathogenitätsfaktoren ist bei *H. ducreyi* bisher nur wenig bekannt.

Mit der Entdeckung Amerikas wurde eine neue Geschlechtskrankheit, die Syphilis (früher als Lues bezeichnet), nach Europa importiert. Der Erreger, die Spirochäte *Treponema pallidum,* verursacht initial das *Ulcus durum* (syphilitischer Primäraffekt) im Bereich des primären Infektionsortes. Von dort breitet sich die Infektion in die regionären Lymphknoten aus (harte, schmerzlose Lymphknoten). Nach ein bis drei Monaten entwickelt sich die sekundäre Syphilis mit Hautläsionen an verschiedenen Körperteilen (*Condylomata lata*), die hochinfektiös sind. Bei ausbleibender antibiotischer Behandlung kann die Syphilis nach Jahren in das Tertiärstadium übergehen (Entzündung der Schlagader mit Aneurysmabildung und des Zentralnervensystems, Neurosyphilis). Darüber hinaus kann der Erreger auch intrauterin auf den Fötus übertragen werden, was zur angeborenen (konnatalen) Syphilis führt. Die Syphilis ist sehr gut mit Penicillin therapierbar und daher in den Industrieländern selten geworden (20 bis 50 Infizierte bei 100 000 Einwohnern). Die Erforschung der Pathogenität von *T. pallidum* ist bisher erschwert, weil der Erreger

nur im Kaninchenhoden anzüchtbar ist. (Das gesamte Genom ist mittlerweile sequenziert!)

Eine sehr häufige, aber relativ harmlose STD wird durch das Protozoon *Trichomonas vaginalis* (wahrscheinlich weltweit 200 Millionen Infizierte) verursacht. Die Trichomonaden besiedeln die Schleimhäute des Urogenitaltraktes, ohne invasiv zu sein. Eine Entzündungsreaktion kann zu einem weiß-grünlichen Ausfluß und einer bakteriellen Mischinfektion führen (Störung der Normalflora).

Schließlich soll nicht unerwähnt bleiben, daß auch „humanpathogene" Arthropoden durch Sexualkontakt übertragen werden können. Hierzu zählen Milben (Erreger der Krätze) und Filzläuse.

# 2.7 Infektionen des Zentralnervensystem (ZNS)

Hinsichtlich infektiologischer und klinischer Gesichtspunkte kann das Zentralnervensystem in die drei Bereiche Gehirnparenchym, Rückenmark und Hirnhäute (Meningen *dura mater, pia mater* und *arachnoidea*) unterteilt werden. Entsprechend werden die entzündlichen Infektionen als Encephalitis, Myelitis oder Meningitis bezeichnet. Aufgrund der Anatomie des ZNS können auch Mischformen wie Meningoencephalitiden oder Meningoencephalomyelitiden auftreten. Das ZNS ist von dem Blutkreislaufsystem durch zwei unterschiedliche Barrieren abgegrenzt, die in Abbildung 2.6 dargestellt sind.

1. Blut-Hirn-Schranke: Die Kapillaren sind von nichtgefenstertem Endothel dicht ausgekleidet. Die anschließende Basalmembran ist von Astrocytenausläufern dicht umgeben. Erreger, die Endothelzellen passieren, gelangen zunächst in Astrocyten und dann in Ner-

venzellen (Neurone). Entzündliche Reaktionen führen zur Encephalitis/Myelitis.

2. Blut-Liquor-Schranke: Die Kapillaren sind von gefenstertem Endothel ausgekleidet. Daran schließen sich eine relativ dünne Basalmembran, die Plexusepithelschicht (Choroid plexus), und der *Liquor cerebrospinalis* (Gehirnflüssigkeit) an. Entzündliche Reaktionen führen zur Meningitis mit Liquordruckerhöhung und Einwanderung von Entzündungszellen (Lympho-, Mono- und Granulocyten) in den Liquorraum.

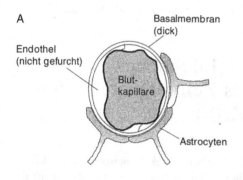

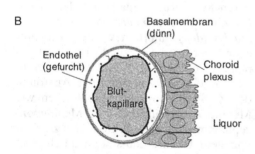

**2.6** Struktur der Blut-Hirn-Schranke (A) und der Blut-Liquor-Schranke (B).

Für Infektionserreger gibt es drei „natürliche" Zugänge zum ZNS:

1. Blut-Hirn-Schranke,
2. Blut-Liquor-Schranke,
3. intrazellulärer, retrograder Transport über motorische oder sensorische Axone.

Darüber hinaus können Erreger auch direkt in den Liquorraum oder in das Gehirn nach Schädel-Hirn-Trauma oder Abszedierung (zum Beispiel vom Mittelohr oder vom Siebbein aus) gelangen. Am häufigsten beginnt die ZNS-Infektion mit der Translokation der Erreger durch Schleimhäute des Respirations- oder Gastrointestinaltraktes und dem Eindringen in die Blutbahn (Virämie, Bakteriämie, Protozoämie). In Tabelle A.5 im Anhang sind beispielhaft die medizinisch wichtigsten Erreger von ZNS-Infektionen aufgelistet. Am häufigsten kommen virale Meningitiden durch Enteroviren vor. Glücklicherweise verlaufen diese Infektionen in der Regel wenig dramatisch und heilen spontan aus. In wenigen Fällen, insbesondere bei der Poliovirusinfektion, kommt es zur Meningoencephalomyelitis mit bleibender Paralyse der Extremitäten.

Zu den klassischen bakteriellen Meningitiserregern gehören *Neisseria meningitidis* (Meningokokken), *Streptococcus pneumoniae* (Pneumokokken) und *Haemophilus influenzae*. Gemeinsam ist diesen drei Erregern ihr normales Vorkommen auf der Schleimhaut des Respirationstraktes, die Ausbildung einer Polysaccharidkapsel und die Sekretion von IgA1-Protease. Die Kapsel schützt diese Erreger vor der bakteriziden Wirkung des Blutes (zum Beispiel Komplementlyse und Phagocytose) und wahrscheinlich vor Austrocknung während der aerogenen Übertragung. Als Auslöser von neonatalen Meningitiden treten auch Gruppe-B-Streptokokken (GBS, *S. agalactiae*) und bestimmte Pathotypen von *E. coli* auf. Die K1-Kapsel von meningitisauslösenden *E. coli* ist strukturell der Meninkokokkenkapsel B verwandt (Polysialinsäure). Unklar ist der Mechanismus der Invasion der Mucosabarriere und Blut-Hirn-Schranke dieser Erreger. Als prädisponierender Faktor könnte eine Vorschädigung der Mucosabarriere durch Austrocknung (etwa Zimmerluft, Wüstenklima) und/oder eine virale Infektion eine Rolle spielen. In Anwesenheit von opsonierenden Serumantikörpern kommt es nicht zur Meningitis, die Erreger werden offensichtlich in der bakteriämischen Phase eliminiert. Besonders eindrucksvoll konnte seit 1990 das Vorkommen der *H. influenzae*-Meningitis durch Vakzinierung von Kleinkindern mit dem Kapselpolysaccharid Typ-b-Antigen (Hib) um 90 Prozent gesenkt werden.

Die Impfung gegen Pneumokokken- und Meningokokkenmeningitiden dagegen ist bisher nicht so erfolgreich. Hierfür könnten die Vielfalt der verschiedenen Kapseltypen bei Pneumokokken (ungefähr 80 Serotypen) und die geringe Antigenität der Meningokokkenkapsel (insbesondere Typ B) verantwortlich sein. Die klassischen bakteriellen Meningitiden zeichnen sich durch eitrigen Liquor (reich an Granulocyten und Bakterien) und ein schweres septisches Krankheitsbild aus. Auch unter Antibiotikatherapie haben bakterielle Meningitiden eine Letalität von zehn bis 20 Prozent.

Encephalitiden werden typischerweise von Viren und Protozoen verursacht. Mit Einführung der Poliovakzine (inaktivierte Vakzine nach Salk, 1954; orale Lebendvakzine nach Sabin, 1959) spielt die Polioencephalomyelitis in industrialisierten Ländern nur noch eine geringe Rolle. Die WHO strebt an, bis zum Jahr 2000 die Polioviren durch Vakzinierungsprogramme weltweit auszurotten. Von klinischer Bedeutung sind dagegen zunehmend schwer verlaufende Encephalitiden durch *Herpes simplex*-Viren und *Toxoplasma gondii* bei Abwehrgeschwächten. Bei Neugeborenen treten diese Krankheitsbilder als konnatale (intrauterine) oder perinatale (*H. simplex*) Primärinfektionen auf, während es bei Erwachsenen zur Reaktivierung einer latenten Infektion kommt. (*Herpes simplex* Typ 1 persistiert im Trigeminusganglion, *T. gondii* liegt in Cysten intrazellulär in neuronalen Zellen im Gehirn vor.)

Als eine Besonderheit der viralen Encephalitis kann die Tollwut angesehen werden. Nach Biß durch ein Rabies-Virus-infiziertes Tier wandert das Virus retrograd in sensorischen und motorischen Axonen zum ZNS, wo es weitere Neurone infiziert, ohne auffällige Läsionen zu verursachen. Die Infektion führt nach ein bis drei Monaten zu Krämpfen im Pharynx/Larynx-Bereich, Hydrophobie, aufsteigender Paralyse, Asphyxie und nach wenigen Tagen zum Exitus. Eine sofortige passive Immunisierung kann lebensrettend sein.

Zur klassischen Protozoenmeningoencephalitis gehört die afrikanische Schlafkrankheit, die durch *Trypanosoma brucei* verursacht wird. Die Erreger werden durch Tsetse-Fliegen übertragen. Aus der lokalen Infektion (Einstichstelle) entwickelt sich nach einigen Wochen eine Parasitämie mit zyklischen Fieberschüben (aufgrund der Antigenvariation und spezifischen Immunantwort) und anschließender Invasion des ZNS. Die cerebralen Schädigungen führen schließlich zu Wesensveränderungen, Paralysen, Apathie, Schlafsucht und Exitus.

# 2.8 Haut- und Wundinfektionen

Die äußere Haut (Cutis) des Menschen stellt durch ihren Schichtaufbau (Oberhaut/Epidermis, Lederhaut/Dermis und Unterhaut/Subcutis) ein effektives Schutzschild gegen Krankheitserreger dar. Je nach Feuchtigkeitsgehalt (Axilla/Perineum feuchter als Wade/Handrücken) können $10^2$ bis $10^5$ Mikroorganismen pro Quadratzentimeter Haut nachgewiesen werden. Zur Normalflora gehören Arten der Gattungen *Staphylococcus*, *Corynebacterium*, *Alcaligenes*, *Propionibacterium* (Erreger der Akne), Pilze und andere. Bei Störung des mikroökologischen Gleichgewichts (Dysbiose) durch zum Beispiel Veränderung der Hautdrüsensekretion (bei Pubertät, Diabetes mellitus) oder bei Hautverletzungen (Windpocken, Trauma, Insektenstich, operativer Eingriff) kann es zu typischen Haut- beziehungsweise

Wundinfektionen kommen. Die wichtigsten Erreger dieser Kategorie sind *Streptococcus pyogenes* und *Staphylococcus aureus*. Streptokokken wurden bereits als Erreger der eitrigen Tonsillopharyngitis und des Scharlachs angesprochen (siehe Abschnitt 2.3 und Tabelle A.1 im Anhang). Sie können aber auch eitrige Hauterkrankungen (Pyodermien), insbesondere bei Kleinkindern, verursachen, die hoch infektiös sind (*Impetigo contagiosa*). Häufig werden diese Hautläsionen mit *S. aureus* superinfiziert. Erreicht die Streptokokkeninfektion die Dermis, kann sich ein Erysipel entwickeln (akut entzündliches Hautareal mit starker Rötung, Schwellung, Bläschenbildung und Fieber). Gelangen Streptokokken in den Bereich der Subcutis und tiefere Gewebeschichten (bei Verletzungen oder während operativer Eingriffe), kann eine lebensbedrohliche Cellulitis oder nekrotisierende Fasciitis entstehen. Die gewebezerstörenden Eigenschaften der Streptokokken werden der Streptokinase (fibrinolytisches Enzym) und der Hyaluronidase zugeschrieben. Darüber hinaus sezerniert *S. pyogenes* diverse toxische und mitogene Substanzen (zum Beispiel das porenbildende Streptolysin 0, die Superantigene ET-A und -B, die Komplement-C5a-Peptidase). Die Bedeutung dieser Faktoren für die verschiedenen Krankheitsbilder ist allerdings noch unklar (vergleiche Abschnitt 21.5 und Tabelle A.6 im Anhang).

*S. aureus*-Infektionen der Haut beginnen häufig als Haarfollikelinfektionen und entwickeln sich dann zum Furunkel (abgegrenzter rundlicher Mikroabszeß) oder zum Karbunkel (wenn mehrere benachbarte Furunkel verschmelzen). Die lokale Begrenzung des Staphylokokkenabszesses (im Vergleich zur oberflächlichen Ausbreitung des Erysipels) könnte der sezernierten Plasmacoagulase des *S. aureus* zugeschrieben werden, die eine Fibrinbildung induziert. Andererseits produziert *S. aureus* ähnlich wie *S. pyogenes* Hyaluronidase, porenbildende Toxine (zum Beispiel α-Toxin) und Superantigene. Da *S. aureus*

als opportunistischer Erreger zur Normalflora des Menschen gehört, ist er prädestiniert für die Verursachung von nosokomialen Wundinfektionen (vergleiche Abschnitt 21.4).

Relativ wenige Virusarten haben die Haut als ihr Habitat oder Übertragungsort gewählt. Besonders häufig sind die Warzenviren (humane Papillomaviren, HPV der Typen 1 bis 4, 10 und andere), die die epidermalen Zellen infizieren und zur wirtsunabhängigen Proliferation anregen (Hautwarzen), und die Herpesviren (*Herpes simplex*-Virus-1, HSV-1, und *Varizella-zoster*-Virus, VZV). Diese Herpesviren nutzen epidermale Zellen zur Vermehrung und Übertragung (Bläschenbildung) und als beständigen „Standort" neuronale Zellen.

Die Haut stellt für zahlreiche Pilze, die mit keratolytischen Enzymen ausgestattet sind, ein ideales Habitat dar. Zu diesen Pilzen gehören die Dermatophyten, die den drei Gattungen *Microsporum*, *Trichophyton* und *Epidermophyton* zugeordnet werden. Die beiden ersten Gattungen können Hornhaut (zum Beispiel Fußpilz), Nägel und Haare infizieren, während sich die Epidermophyten strikt auf Haut und Nägel beschränken. Die Dermatophyten sind nicht invasiv. Ihr Adaptionsgrad geht so weit, daß man von anthropophilen und zoophilen Arten sprechen kann.

## 2.9 Schwere systemische Infektionen, Sepsis

In den vorangehenden Abschnitten wurden im wesentlichen lokal begrenzte Infektionskrankheiten beschrieben, die durch das entsprechende Pathogenitätsprofil der Erreger und durch das natürliche, primäre Erregerabwehrsystem des Wirtes bestimmt waren. Nur wenige bakterielle Erreger sind primär in der Lage, sich vom Infektionsort lymphogen und/oder hämatogen auszubreiten und generalisierte Infektionen der Organe (zum Beispiel der Milz, der Leber, der Niere, der Lunge, des Gehirns und des Knochenmarks) zu verursachen (siehe Tabelle A.6 im Anhang). Der Typhus gehört zu den klassischen Allgemeininfektionen, die nur beim Menschen vorkommen. Der Erreger *Salmonella typhi* gelangt nach oraler Aufnahme wahrscheinlich über Rachen- und Darmtonsillen (Peyer-Plaques) in die Lymph- und Blutgefäße (Bakteriämie) und disseminiert dann in alle Organe, wo er sich intrazellulär vermehrt. Die Erkrankung verläuft mit hohem Fieber (39°–40°C) über ein bis drei Wochen (Fieberkontinua). Nicht selten entwickeln sich Darmabszesse mit anschließender Perforationsperitonitis und tödlichem Ausgang. Auch nach fieberfreien Episoden können Rezidive entstehen. Bis zu fünf Prozent der Typhuspatienten scheiden nach überstandener Erkrankung den Erreger über Jahre mit dem Stuhl aus (Dauerausscheider). Der Erreger persistiert in der Gallenblase. Die Dauerausscheider sind damit das einzige Reservoir für *S. typhi*. Die Pathogenese und Epidemiologie von *S. typhi* unterscheidet sich damit grundsätzlich von den enteritischen Salmonellen (selten Allgemeininfektion, breites Wirtsspektrum). Außer dem Kapselpolysaccharid (Vi-Antigen) von *S. typhi* sind bisher keine besonderen Unterschiede im Repertoire der Pathogenitätsfaktoren zwischen *S. typhi* und enteritischen Salmonellen (zum Beispiel *S. typhimurium*) bekannt.

Als weitere primär systemisch verlaufende Infektionskrankheit soll die Brucellose erwähnt werden. Die Erreger gelangen von erkrankten Tieren (*B. melitensis*: Hauptwirt Schaf und Ziege; *B. abortus*: Hauptwirt Rind) oder den kontaminierten Milchprodukten über Hautläsionen, Darm oder Lunge (aerogen) in den Blutkreislauf und siedeln sich dann in Leber, Milz, Nieren und Knochenmark an, wo sie sich intrazellulär vermehren und persistieren. Rezidivierende Fieberschübe über Monate bis Jahre kennzeichnen das Krankheitsbild. Bei der Brucellose handelt es sich um eine Zoonose; die Infektion beim Menschen ist eine „Sackgasse" für diese Erreger.

Im Unterschied zu diesen primären Allgemeininfektionen mit Inkubationszeiten von ein bis drei Wochen können sich Lokalinfektionen mit fakultativ pathogenen Erregern zu akuten Allgemeininfektionen mit fulminanten Verläufen in wenigen Tagen entwickeln. Ein *S. aureus*-Abszeß, eine nekrotisierende Fasciitis mit *S. pyogenes*, eine Harnwegsinfektion mit *E. coli* oder eine postoperativ gestörte Darmmucosabarriere (Translokation von Darmbakterien) kann zur Bakteriämie und Erregerabsiedelung führen. Hierbei werden das primäre Infektabwehrsystem (zum Beispiel Komplement, Granulocyten und Monocyten/Makrophagen) und gegebenenfalls das Blutgerinnungssystem (Gerinnungsfaktoren, Thrombocyten, Endothelzellen) aktiviert. Als Aktivatoren sind diverse mikrobielle Zellwandbestandteile und extrazelluläre Produkte identifiziert worden, die auch als Moduline bezeichnet werden können. Die Zellwandbestandteile wie Lipopolysaccharide (LPS: Endotoxin), Peptidoglykan, Lipoteichonsäure, Fimbrien von Bakterien haben in der Regel pleiotope Wirkungen auf das Immunsystem. Sie können die Freisetzung/Produktion von proinflammatorischen Cytokinen aktivieren (IL-1$\alpha$, IL-6, IL-8, IL-12, TNF-$\alpha$, IFN-$\gamma$ und andere), Adhäsionsmoleküle und Sauerstoffradikalbildung ($O_2^-$, NO) in differenzierter Weise in Monocyten, Granulocyten, Endothelzellen, Fibroblasten und so weiter induzieren. Der Aktivierungsmechanismus ist für LPS am besten untersucht. LPS wird vom LPS-Bindungsprotein (LBP im Serum) komplexiert und aktiviert nach Bindung an den CD14-Rezeptor Monocyten/Makrophagen. Auch lösliches CD14 (s-CD14) kommt im Serum vor und aktiviert nach Bindung an LPS Endothelzellen.

Im Unterschied zu den Zellwandbestandteilen (zum Beispiel Endotoxin) haben die als Superantigene bezeichneten sezernierten Exotoxine von *S. aureus* (Enterotoxine A–E und *toxic shock syndrome toxin*, TSST-1) und *S. pyogenes* (pyrogene Exotoxine A–C und TSST) eine zellspezifische Wirkung: Sie vernetzen Monocyten/Makrophagen mit T-Lymphocyten durch Bildung eines trimolekularen Komplexes (MHC-Klasse-II-Molekül, T-Zell-Rezeptor (TCR) und Superantigen). Die so vermittelte Interaktion führt ebenfalls zur verstärkten Freisetzung von proinflammatorischen Cytokinen.

IL-1 und TNF-α wirken auch als endogene Pyrogene (Fieberinduktor), die über eine verstärkte Prostaglandin-E-(PGE-) Synthese im Hypothalamus die Soll-Temperatur hochregulieren. Der Körper antwortet mit „Schüttelfrost" und Temperaturerhöhung (Fieber). Damit beginnt ein Krankheitssyndrom, das als *systemic inflammatory response syndrome* (SIRS) bezeichnet wird (Stadium I): Fieber ($> 38\,°C$), erhöhte Pulsfrequenz ($> 90$ Herzschläge/Min.), erhöhte Atemfrequenz ($>20$ Atemzüge/Min.), Anstieg oder Abfall der Blutleukocyten ($> 12 \times 10^9$ Leukocyten/l oder $< 4 \times 10^9$ Leukocyten/l). Bei gleichzeitigem Nachweis eines Erregers wird der Krankheitszustand Sepsis genannt. (Allerdings haben nur 25 bis 50 Prozent der Sepsispatienten auch eine positive Blutkultur.) Die Sepsis (Stadium II) kann spontan oder nach Antibiotikagabe ausheilen oder in das Stadium III (schwere Sepsis, *multiorgan dysfunction syndrome*, MODS: Oligurie, Hypoxie, Lactatazidose, Blutdruckabfall, Organhypoperfusion und so weiter) übergehen. Führen Maßnahmen zur Stabilisierung des Kreislaufes (Erhöhung von Blutdruck, Organperfusion und Oxygenierung) und des Blutgerinnungssystems nicht zum Erfolg, entwickelt sich ein septischer Schock (Stadium IV) mit irreversiblem Organversagen und fast 100prozentiger Mortalität. Alternative Therapiekonzepte wie Einsatz von „neutralisierenden" Antikörpern gegen LPS oder TNF-α, von IL-1-Rezeptorantagonisten (IL-1RA), von nichttoxischen LPS-Analogen, um die Cytokindysregulation zu beeinflussen, haben bisher nicht zum Durchbruch bei der Behandlung der Sepsis geführt. Die Pathogenese der Sepsis und des septischen Schocks ist bei Patienten viel komplexer (multikausal) als im kontrollierten Versuchstierexperiment (monokausal).

## 2.10 Infektionsbedingte immunpathologische Folgeerkrankungen

Die meisten Infektionen werden durch eine adäquate Immunantwort beherrscht und heilen folgenlos aus. Einige Infektionen werden symptomlos, ohne daß der Erreger eliminiert wird (latente Infektion). Die noch vorhandenen Mikroinfektionsherde können Ursache einer erhöhten Aktivierung des Immunsystems mit entzündlichen Reaktionen sein und andererseits auch zu rezidivierenden symptomatischen Infektionen führen. Bei einer dritten Gruppe von Infektionserregern werden gehäuft immunpathologische Folgeerkrankungen beobachtet, die frühestens zwei Wochen nach Erregerkontakt zum Zeitpunkt der spezifischen Immunantwort auftreten. Bei diesen Erkrankungen wird auch eine genetische Disposition, die überwiegend mit Genen des MHC-Komplexes im Zusammenhang stehen (zum Beispiel Haupthistokompatibilitätsantigen HLA-B27), beobachtet.

An den immunpathologischen entzündlichen Reaktionen können erregerspezifische Antikörper-Antigen-Komplexe, T-Zellen und professionelle Phagocyten beteiligt sein. Kreuzreaktivitäten zwischen Erregerantigen und wirtseigenen Strukturen (Antigenmimikry) können auch Autoimmunreaktionen auslösen. Folgende Typen von Immunreaktionen spielen eine Rolle:

- Typ II: Zellassoziierte Antigen-Antikörper-Komplexe mit cytotoxischen Reaktionen.
- Typ III: Entstehung von löslichen Antigen-Antikörper-Komplexen mit nachfolgender Ablagerung in Organen (zum Beispiel Niere) und Entzündungsreaktion.
- Typ IV: T-Zell-vermittelte entzündliche Reaktion vom Spättyp.

Die Pathogenese vieler infektbedingter Folgeerkrankungen ist bisher noch unklar. In den meisten Fällen handelt es sich wahrscheinlich um Mischreaktionstypen. In Tabelle A.7 sind einige repräsentative Erkrankungen genannt.

Die Therapie (zum Beispiel mit Antibiotika, Antiphlogistika oder Interferon) dieser Erkrankungen ist schwierig und richtet sich nach dem Immunpathogenesetyp. Bei akutem rheumatischen Fieber (ARF) und reaktiver Arthritis (ReA) kann man von einer hohen Spontanheilungsrate ausgehen.

# 2.11 Literatur

Brandis, H.; Eggers, H. J.; Köhler, W.; Pulverer, G. *Medizinische Mikrobiologie.* 7. Aufl. Stuttgart (G. Fischer) 1994.

Burmester, G. R.; Daser, A.; Kamradt, T.; Krause, A.; Mitchison, N. A.; Sieper, J.; Wolf, N. *Immunology of Reactive Arthritides.* In: *Ann. Rev. Immunol.* 13 (1995) S. 229–250.

Hahn, H.; Falke, D.; Klein, P. *Medizinische Mikrobiologie.* 7. Aufl. Berlin (Springer) 1994.

Kayser, F. H.; Bienz, K. A.; Eckert, J.; Zinkernagel, R. M. *Medizinische Mikrobiologie.* 9. Aufl. Stuttgart (G. Thieme) 1998.

Lichtmann, S. N. *Role of Endogenous Organisms in the Reactivation of Arthritis.* In: *Mol. Med. Today* 1 (1995) S. 385–391.

Mims, C. A.; Playfair, J. H. L.; Roitt, I. M.; Wakelin, D.; Williams, R.; Anderson, R. M. *Medical Microbiology.* 2. Aufl. St. Louis (Mosby) 1998.

Modrow, S.; Falke, D. *Molekulare Virologie.* Heidelberg (Spektrum Akademischer Verlag) 1997.

Probst, P.; Hermann, E.; Fleischer, B. *Role of Bacteria-Specific T Cells in the Immunopathogenesis of Reactive Arthritis.* In: *Trends Microbiol.* 329 (1994) S. 329–332.

Prusiner, S. B.; Scott, M. R.; De Armond, S. J.; Cohen, F. E. *Prion Protein Biology.* In: *Cell* 93 (1998) S. 33–348.

Schaechter, M.; Medoff, G.; Eisenstein, B. I. *Mechanisms of Microbial Disease.* 3. Aufl. Baltimore (Williams & Wilkins) 1999.

# 3. Wirtsabwehr von Mikroorganismen – unspezifische Abwehr

J. Heesemann

## 3.1 Infektionsabwehrsysteme

Wie Charles Darwin in seinem Buch *The Origin of Species* (1859) in dem Kapitel „Struggle for Existence" darlegt, muß jedes Lebewesen Strategien entwickeln, um nicht durch andere Lebewesen geschädigt oder eliminiert zu werden. Komplex aufgebaute mehrzellige Lebewesen müssen sich gegen das Eindringen von Mikroorganismen schützen. Entwicklungsgeschichtlich können wir ein „altes" Abwehrsystem, das als natürliches, unspezifisches, angeborenes oder nicht adaptives Immunsystem bezeichnet wird, von einem „neuen" System (tritt erstmalig bei Knorpel- und Knochenfischen sowie Amphibien auf) unterscheiden, das als erworbenes, spezifisches oder adaptives Immunsystem bekannt ist. Beide Systeme setzen sich aus zellulären und löslichen (humora-

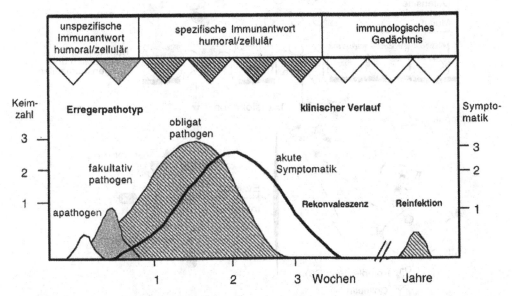

**3.1** Immunabwehr, Klinik und Vermehrungspotential im Blut (Keimzahl in log) bei Infektionen mit apathogenen, fakultativ pathogenen und obligat pathogenen Mikroorganismen. Infektionen mit apathogenen oder fakultativ pathogenen Mikroorganismen werden schnell von der intakten angeborenen Immunabwehr eliminiert (subklinischer Verlauf). Obligat pathogene Mikroorganismen verursachen (Beispiel *S. typhi*) eine Bakteriämie und ein typisches klinisches Bild. Eine Reinfektion bei intakter spezifischer Immunität führt nicht zur Erkrankung.

len) Komponenten zusammen und kommunizieren über Botenstoffe (Cytokine, Chemokine, Komplementfaktoren). Auf diese Weise entsteht ein wirksames regulatorisches Netzwerk zur gezielten Erregerabwehr.

Während das angeborene Immunsystem bereits beim ersten Kontakt mit Mikroorganismen einsatzbereit ist und in der Regel apathogene und fakultativ pathogene Mikroorganismen eliminieren kann, muß das adaptive Immunsystem erst eine spezifische Erregerabwehr entwickeln (Abbildung 3.1). Diese erlernte spezifische Abwehrstrategie bleibt im „immunologischen Gedächtnis" und wird beim erneuten Erregerkontakt sofort aktiv (spezifische Immunität, siehe Kapitel 20). Zum angeborenen Abwehrsystem zählen auch die natürlichen physikalischen Barrieren wie die Haut und Schleimhäute sowie die

Besiedelung dieser Oberflächen mit harmlosen Mikroorganismen.

Im folgenden werden die verschiedenen Komponenten des angeborenen Abwehrsystems und im nachfolgenden Kapitel 4 die des adaptiven Abwehrsystems erläutert.

## 3.2 Mechanische Barrieren und Normalflora

Die Haut und die Schleimhäute wirken als mechanische Barrieren gegen das Eindringen von Mikroorganismen in tiefere Gewebeschichten. Die Wirksamkeit dieser Barrieren wird durch den Sekretfluß und die darin enthaltenen antimikrobiell wirksamen Substanzen unterstützt (Abbildung 3.2):

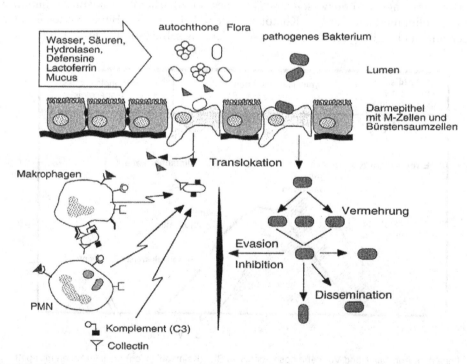

**3.2** Physikalische und chemische Barrieren der Darmmukosa kontrollieren die Vermehrung der autochthonen Mikroflora (Homöostase). M-Zellen können Mikroorganismen subepithelial translocieren. Humorale und zelluläre Komponenten der unspezifischen Immunabwehr können harmlose Mikroorganismen eliminieren, nicht aber enteropathogene Erreger (als Stäbchenbakterien dargestellt). Polymorphkerniger Neutrophiler (PMN) Komplementfaktoren C3a-C3b: ⌐; C3a-Rezeptor: ○; C3b-Rezeptor: ■; FMP-Rezeptor: Y; FMP: ▼; Collectin: Y.

1. Tränen- und Speichelflüssigkeit (Lactoferrin, Lysozym),
2. Verdauungssäfte (Magensäure/HCl, Proteasen, Gallensäure, kurzkettige Fettsäuren, Lactoferrin),
3. Schweiß (zum Beispiel kurzkettige Fettsäuren).

Darüber hinaus enthalten diese Sekrete kleine basische Peptide mit mikrobizider Wirkung, die als Defensine bezeichnet und dem angeborenen Immunsystem zugeschrieben werden (siehe Abschnitt 3.4).

Die Körperoberflächen haben Zugang zur Außenwelt. Dadurch hat sich eine sehr artenreiche Mikroflora auf der Haut und auf bestimmten Bereichen der Schleimhäute (Gastrointestinaltrakt, oberer Respirationstrakt, Harnröhre) angesiedelt und angepaßt. Diese wirtsspezifisch adaptierte Mikroflora bezeichnet man als Normalflora oder autochthone Flora. Sie hat wichtige Schutzfunktionen für den Wirt, die zum Beispiel in der Inhibition der Kolonisierung mit wirtsfremden Mikroben oder invasiven/toxischen Mikroorganismen (zum Beispiel *Staphylococcus aureus*, *Clostridium difficile*, *Candida albicans* und anderen) besteht. Hierbei spielen die Besetzung von mikroökologischen Nischen, die Kompetition um Nahrungsstoffe und die Abgabe von mikrobiziden Produkten (Bacteriocinen) eine wichtige Rolle. Die autochthone Flora im Colon hat außerdem eine probiotische Wirkung für den Wirt: Produktion von Vitaminen (Vitamin-K- und -B-Komplex) und kurzkettigen Fettsäuren (Energieträger für das Colonepithel). Eine entscheidende Bedeutung kommt der autochthonen Flora auch bei der Entwicklung und Differenzierung des adaptiven Immunsystems, insbesondere des mucosaassoziierten Systems (*mucosa associated lymphoid tissue*, MALT), zu. Bei keimfrei gehaltenen Tieren ist das MALT unterentwickelt (Peyer-Plaques, Lymphfollikel, intraepitheliale T-Lymphocyten sind verkleinert beziehungsweise stark reduziert), sind Milz und Lymphknoten verkleinert und Serumimmunglobuline

stark erniedrigt. Der autochthonen Flora können zusammenfassend zwei wichtige Schutzfunktionen zugeschrieben werden:

1. Kontrolle der Besiedelung mit „wirtsfremden" Mikroorganismen (Kolonisierungsresistenz),
2. Stimulierung und Differenzierung lymphatischer Organe.

## 3.3 Das immunologische Frühwarnsystem, Erkennung und Markierung von mikrobiellen Invasoren

Ein effektives Abwehrsystem muß mikrobielle Invasoren frühzeitig erkennen und lokalisieren, um sie dann unter Schonung des eigenen Gewebes gezielt zu eliminieren. Das angeborene Immunsystem ist befähigt, spezifische Strukturen oder Signaturen von Zellmembran- und Zellwandbestandteilen von Bakterien (Lipopolysacchariden, Teichonsäuren, Peptidoglykan, Lipoarabinomannan) und von Pilzen (Mannan und anderen) sowie Cytoplasmakomponenten (zum Beispiel Hitzeschockproteine, DNA, RNA) als „fremd" zu erkennen. Bei diesen Signaturen, auch *pathogen associated molecular pattern* (PAMP) genannt, handelt es sich in der Regel um konservierte Kohlenhydratstrukturen, die beim Wirt praktisch nicht vorkommen (allenfalls bei Mitochondrien) oder nicht exponiert sind und damit dem angeborenen Immunsystem die Differenzierung zwischen „selbst" und „fremd" ermöglichen. Dem angeborenen Immunsystem stehen lösliche und zellgebundene Erkennungsproteine für PAMPs zur Verfügung (Tabellen 3.1 und 3.2). Eine wichtige Gruppe von Erkennungsproteinen sind die Collectine, bei denen die C-terminale Domäne lectinähnlich mit Kohlenhydratkomponenten von Mikroorganismen interagiert. Die N-terminalen Domänen

**Tabelle 3.1:** Humorale Komponenten des angeborenen Immunsystems, mit Erkennungsfunktion von mikrobiellen Signaturen

| Erkennungsproteine | Struktur/Familie | Lokalisation | mikrobieller Ligand | Funktion |
|---|---|---|---|---|
| C-reaktives Protein (CRP) | Pentraxin | Serum | Polysaccharide | Komplementaktivierung, Opsonierung |
| Mannose bindung lectin (MBL) | Collectin | Serum | Mannose, Mannan, N-Acetylglucosamin | Komplementaktivierung, Opsonierung |
| Surfactant protein A,D (SPA,D) | Collectin | Alveolare Oberfläche, Magenschleimhaut | Mikrobielle Glykane | Opsonierung |
| Komplementfaktor C1q | collectinähnlich | Serum, Gewebe | LPS, Immunkomplexe | Komplementaktivierung, Opsonierung |
| Lipopolysaccharidbindungsprotein (LBP) | Lipidtransferase | Serum | LPS | Transfer von zirkulierendem LPS zum LPS-Rezeptor (CD14) |
| Komplementfaktor 3 (C3) | reaktiver Thioester | Serum | Hydroxyl- und Aminogruppen, LPS, Teichonsäure | Komplementaktivierung (C3bBp), Opsonierung (Komplementrezeptoren) |
| natürliche IgM-Antikörper | Immunglobulin | Serum, B1-Lymphocyten (CD5-positiv in der Maus) | Polysaccharide | Komplementaktivierung, Osponierung |

**Tabelle 3.2: Rezeptorkomponenten des angeborenen Immunsystems**

| Erkennungsproteine | Struktur/Familie | Lokalisation | mikrobieller Ligand | Funktion |
|---|---|---|---|---|
| Mannoserezeptor (MR) | Multilectinrezeptor | Makrophagen, dendritische Zellen (DCs), Endothelzellen | Mannose, Fucose, N-Acetylglucosamin | Endocytose, Phagocytose |
| Lipopolysaccharidrezeptor (CD14) | GPI-konjugiertes Glykoprotein | Makrophagen, B-Lymphocyten DCs, Neutrophile | LPS | Interaktion mit TLR-2 |
| TOL-ähnlicher Rezeptor 2 (TLR-2) | IL-1-Rezeptor, TOLL-Familie | Makrophagen, B-Lymphocyten DCs, Neutrophile | LPS-CD14-Komplex | Aktivierung des Transkriptionsfakors NF-κB |
| Scavengerrezeptoren Typen I, II und III | Trimere, Transmembranprotein mit collagenähnlichem Terminus | Makrophagen, Endothel | Polysaccharide | Endocytose von mikrobiellen Fragmenten und LPS |
| FMP-Rezeptor | G-protein-coupled receptor (GPCR) | Monocyten, Neutrophile | N-Formyl-Methionin-Peptid (FMP) | Chemotaxin, Extravasation und Aktivierung von Phagocyten |
| C1q-Rezeptor C1q R | Typ-1-Glykoprotein | Monocyten, Thrombocyten, Endothelzellen | C1q, SPA, MBL | Phagocytose von Ligandenimmunkomplexen, Induktion von proinflammatorischen Cytokinen |
| CR1 (CD35) | short consensus repeats (SCRs) | Monocyten, Neutrophile, Lymphocyten, Erythrocyten | Komplementfaktoren (C3b, C4b, C1q) | Phagocytose, Eliminierung von Immunkomplexen |
| CR2 (CD21) | SCRs | B-Lymphocyten, DCs | iC3b, C3dg, C3d | Zellaktivierung mit Corezeptoren CD18 und CD81 |
| CR3 (CD11b/CD18) CR4 (CD11c/CD18) | $\beta 2$ Integrin | Monocyten, Neutrophile, NK-Zellen | iC3b, LPS | Phagocytose von opsonierten Erregern und apoptotischen Zellen |
| FcγRI (CD64) | Immunglobulin | Makrophagen (M), Neutrophile (N), Eosinophile (E) | IgG1 > IgG3=IgG4 | Phagocytose, Aktivierung |
| FcγRII (CD32) | Immunglobulin | M, N, E, Thrombocyten, B-Zellen | IgG1 > IgG3=IgG4 | Phagocytose, Aktivierung |
| FcγRIII (CD16) | Immunglobulin | M, N, E, NK-Zellen | IgG1=IgG3 | Phagocytose, Aktivierung AOCC |
| FcαR (CD89) | Immunglobulin | M, N, E, | IgA | Phagocytose, Degranulation von E |
| FcεRI | Immunglobulin | Mastzellen | IgE | Histaminfreisetzung |
| FcεRII (CD23) | Immunglobulin | E, B-Zellen | IgE (schwach) | |

bilden über eine collagenähnliche (*coiled coil*-)Interaktion ein „Bündel" von Proteinsträngen. So entstehen blumenstraußähnliche hexamere Proteinaggregate. Das „Stielbündel" vermittelt die Effektorfunktionen, wie zum Beispiel Aktivierung des Komplementsystems (siehe unten), oder Bindung an Rezeptoren professioneller Phagocyten und Induktion der Phagocytose. Collectine können auch als PAMP-Rezeptoren von Phagocyten mit mikrobiellen Komponenten direkt interagieren (Mannoserezeptor, Scavengerrezeptoren; Tabelle 3.2) und die Phagocytose des gebundenen Mikroorganismus einleiten.

Neben den PAMP-Rezeptoren für Erkennung und Eliminierung von mikrobiellen Bestandteilen gibt es auch solche für die Aktivierung des angeborenen Immunsystems. Zu den hochpotenten Aktivatoren gehören Lipopolysaccharide (LPS) von Enterobakteriazeen. Sie sind bereits bei Serumkonzentrationen im Picogramm/ml-Bereich wirksam, wenn sie zunächst in löslicher Form mit dem LPS-Bindungsprotein reagieren und dann auf den zellgebundenen LPS-Rezeptor (CD14) von Leukocyten übertragen werden. Der CD14-Rezeptor ist an einem Glykanphosphatidylinositolanker gebunden und kann daher nur durch Interaktion mit einem zweiten Rezeptor, dem *TOL-like receptor* (TLR-2 beim Menschen) die Zelle aktivieren. TOL-ähnliche Rezeptoren wurden zuerst bei der Taufliege entdeckt, wo sie die Empfänglichkeit für Schimmelpilzinfektionen kontrollieren. Inzwischen konnten zahlreiche TLRs bei Mensch und Tier identifiziert werden. Charakteristisch für TLRs sind extrazelluläre Bindungsdomänen mit *leucine rich repeats* (LRRs) und einer cytoplasmatischen Domäne, die der des Interleukin-1-Rezeptors (IL-1R) ähnelt (Abbildung 3.3). Entsprechend ist LPS ähnlich wie IL-1 ein starker Induktor von proinflammatorischen Cytokinen (insbesondere von TNF-α und IL-12). Mutationen im TLR führen zum sogenannten LPS-*non responder*-Phänotyp (Lps$^d$ bei C3H/HeJ-Mäusen).

## 3.3.1 Lokalisierung von mikrobiellen Invasoren

Das angeborene Immunsystem ist in der Lage, den Invasionsort von Mikroorganismen über chemotaktisch wirkende Botenstoffe zu lokalisieren beziehungsweise eine gezielte Einwanderung von professionellen Phagocyten zu veranlassen. Die spezifische Interaktion von mikrobiellen Adhäsinen mit Epithelzellen (zum Beispiel *Yer-*

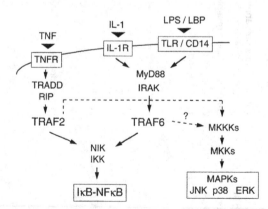

**3.3** Schematische Darstellung der TNF-α-, IL-1- und TLR/CD14-Rezeptoren mit nachgeschalteten Signaltransduktionskaskaden (NFκB-Transkriptionsfaktor und MAP-Kinasenfamilie), die die Transkription und Translation von proinflammatorischen Cytokinen (IL-1, IL-6, IL-8, TNF-α) aktivieren. IRAK = IL-1-Rezeptor-assoziierte Kinase, TRAF = TNF-Rezeptor-assoziierter Faktor, NIK = NFκB-induzierende Kinase.

*sinia*-Invasin mit β1-Integrin) führt zur Freisetzung des chemotaktisch wirkenden Interleukin 8. Bei der Komplementaktivierung durch Mikroorganismen werden chemotaktisch wirkende Komplementspaltprodukte wie C3a und C5a freigesetzt. Prokaryoten setzen kleine chemotaktisch wirkende N-terminale Peptidspaltprodukte mit der für Prokaryoten spezifischen Starteraminosäure N-Formyl-Methionin frei (N-Formyl-Methionyl-Oligopeptide, FMP). IL-8, C5a und FMPs werden von G-Protein gekoppelten Rezeptoren (Chemotaxisrezeptorfamilie) auf Leukocyten erkannt und bewirken die Transmigration dieser Zellen durch das Endothelium (Extravasation oder Diapadese) und die Migration in Richtung des chemotaktischen Gradienten beziehungsweise des Infektionsherdes. Darüber hinaus können diese Chemotaxine Mastzellen degranulieren und vasoaktive Substanzen wie Histamin freisetzen. Dadurch kommt es zur erhöhten Gefäßpermeabilität und zur verstärkten Entzündungsreaktion.

## 3.3.2 Das Komplementsystem

Das Komplementsystem ist ein effizientes antimikrobiell wirksames Abwehrsystem des unspezifischen und spezifischen Immunsystems. Darüber hinaus übt es eine Kontroll- und Regelfunktion für die spezifische Antikörperantwort aus. Das Komplementsystem besteht aus über 20 Serumproteinen (C1 bis C9 und anderen), die durch eine regulierbare Aktivierungskaskade miteinander verbunden sind. Die Aktivierung kann über erregerspezifische Antikörper (klassischer Weg), über Collectine (Lectinweg) oder direkt über mikrobielle Produkte (alternativer Weg) erfolgen (Abbildung 3.4). Die klassische Aktivierung wird ausgelöst durch die Bindung von C1q (Strukturähnlichkeit zum Collectin MBL) an Immunkomplexe (zum Beispiel IgM gebunden an Bakterien). Aufgrund der pentameren Struktur von IgM führt die Bindung des hexameren C1q über die Kopfstrukturen mit den fünf Fc-

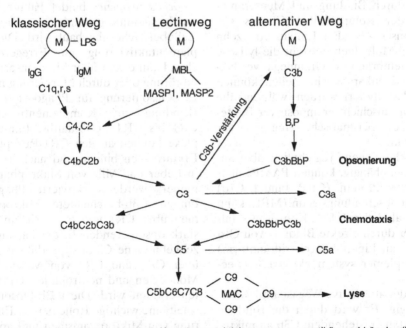

**3.4** Schematische Darstellung der drei Komplementaktivierungswege: antikörperabhängig (klassisch), mannosebindungslectin-(MBL-)abhängig (Lectinaktivierung) und PAMP-abhängig (alternativ). MASP1, 2 = MBL-assoziierte Serinprotease, M = Mikroorganismus.

Domänen des IgM-Moleküls zur Bildung des aktiven C1-Komplexes (C1q/C1r/C1s) mit Serinproteaseaktivität. Das aktivierte C1 spaltet C4 in C4a und C4b. C4b bindet über eine reaktive Thioesterbindung an zu C1 benachbarten Hydroxyl- oder Aminogruppen. C2 bindet an C4b und wird von C1 in C2b (löslich) und C2a (an C4b gebunden) gespalten. Der gebundene C4b/C2b-Komplex wird als C3/C5-Konvertase bezeichnet, weil er die Komplementfaktoren C3 und C5 proteolytisch spalten und damit aktivieren kann (Spaltung in C3b/C3a und C5b/C5a). C3b bindet ähnlich wie C4b über Thioesterbindungen in der Nähe des Aktivierungskomplexes, so daß schließlich zahlreiche C3b die Antigen- beziehungsweise Mikroorganismusober- fläche markieren, die von den Komple- mentrezeptoren der Phagocyten erkannt werden (siehe Tabelle 3.2). C3b kann auch C5 binden und der Spaltung durch C4b/C2b zuführen (C5-Konvertase). C5a ist löslich und ein wichtiger chemotaktischer Faktor (siehe oben). C5b initiiert die Bil- dung des *membrane-attack-complex* (MAC) durch Bindung und Membranin- sertion der Komponenten C6 bis C8. Durch anschließenden Einbau von zehn bis 15 C9-Molekülen entsteht die lytische C5-C9-Membranpore. Gramnegative Bak- terien und eukaryotische Zellen können durch MAC lysiert werden, während die dicke Mureinschicht grampositiver Bakte- rien die cytoplasmatische Membran vor MAC schützt.

Dem klassischen Weg ähnlich, aber an- tikörperunabhängig, können PAMPs über C-reaktives Protein (CRP, bindet C1q) oder Mannosebindungslectin (MBL, kann eine C1-ähnliche C4/C2-Konvertase bil- den) oder durch direkte Bindung von C1q (Bindung an Lipopolysaccharidrauhform) das Komplementsystem aktivieren (Lec- tinweg).

Auch der alternative Weg ist antikörper- unabhängig. Er wird durch die Bindung von spontan entstehendem C3b an mikro- bielle Oberflächen aktiviert. C3b bindet Faktor B, der durch die Protease D gespal-

ten wird. Nach Bindung des Faktors P (Properdin) entsteht der stabile C3b-Bb-P-Komplex mit C3/C5-Konvertaseaktivität (in Analogie zum C4b-C2b-C3b-Komplex) mit nachfolgender Bildung von MAC und gebundenem C3b.

Wie unterscheidet das Komplementsy- stem zwischen „fremd" und „selbst"? Der Wirt kann die Aktivierung von Komple- mentfaktoren auf eigenen Zellen über Membranrezeptoren und Bindung von Komplementregulatorproteinen kontrol- lieren (Dissoziation von Komplementkon- vertasen). Zu diesen Kontrollproteinen zählen der Komplementrezeptor CR1, der *decay accelerating factor* DAF und der Faktor H (siehe Abbildung 3.4). Sie kön- nen die Proteolyse von C3b durch Faktor I einleiten (Entstehung von iC3b, C3c). Ei- nige Mikroorganismen nutzen Faktor H und I zur Inhibition der Komplementakti- vierung. Sialinsäurehaltige Kapselpolysac- charide bei *Escherichia coli* und Meningo- kokken begünstigen die C3b-Faktor-H- Bildung und damit den Abbau von C3b durch Faktor I. Das M-Protein von *Strep- tococcus pyogenes* bindet Faktor H, wo- durch spontan gebundenes C3b an der Zelloberfläche abgebaut wird. Die Kom- plementaktivierung an Erregeroberflä- chen kann direkt über MAC-Insertion zur Abtötung oder durch Markierung mit C3b zur Opsonierung für Phagocyten führen (Bindung an Komplementrezeptoren, CR1 bis CR4). C3b-haltige Immunkom- plexe können an den CR1-Rezeptor von Erythrocyten binden und nach Transport in Leber und Milz von Makrophagen eli- miniert werden. Aktivierte Phagocyten binden C3b-beschichtete Mikroorganis- men über CR1 und töten sie ab. Einen stark opsonierenden Effekt hat auch das zellgebundene C3-Spaltprodukt iC3b, das über CR3 und CR4 von Makrophagen, Monocyten und neutrophilen Granulocy- ten erkannt wird. Die iC3b-Opsonierung spielt eine wichtige Rolle bei der Eliminie- rung von Mikroorganismen und apoptoti- schen Wirtszellen (Apoptose = program- mierter Zelltod). Die C3-Spaltprodukte

C3dg und C3d binden an CR2 (CD21-Rezeptor) von B-Zellen und führen zusammen mit dem Corezeptor CD19 zur Aktivierung der humoralen Immunantwort (Adjuvans-Effekt). Interessanterweise wird CR2 auf B-Lymphocyten als Rezeptor vom Epstein-Barr-Virus (EBV) genutzt, was zur polyklonalen B-Zell-Stimulierung bei EBV-Infektionen führt.

Zusammenfassend spielt das Komplementsystem eine zentrale Rolle in allen Phasen der Infektabwehr:

1. Erregerfrüherkennung,
2. Erregereliminierung,
3. Regulation der adaptiven Immunantwort.

# 3.4 Antimikrobielle Peptide

Protozoen, Invertebraten, Vertebraten und Pflanzen können kleine basische Peptide (30 bis 100 Aminosäuren) produzieren, die (wahrscheinlich durch Porenbildung) antimikrobiell wirken. Diese mikrobiziden Peptide können entsprechend ihrer Struktur ($\beta$-Faltblatt oder $\alpha$-Helix) und genetischen Verwandtschaft in unterschiedliche Gruppen zusammengefaßt werden. Hier sollen die Defensine und Granulysine näher besprochen werden.

**Defensine:** Die Defensine der Säugetiere haben eine $\beta$-Faltblattstruktur und bestehen aus 29 bis 40 Aminosäuren mit drei intramolekularen Cysteindisulfidbrücken. Beim Menschen kennt man inzwischen sechs verschiedene $\alpha$-Defensine (humane $\alpha$-Defensine, HDs) und zwei $\beta$-Defensine (hBDs). Vier der $\alpha$-Defensine liegen gespeichert in den primären (azurophilen) Granula der Neutrophilen vor (HNP1–4: *human neutrophile*). Zwei $\alpha$-Defensine (HD-5 und HD-6) werden in den Krypten der Dünndarmschleimhaut (Panethzellen) produziert und zusammen mit Lysozym und Phospholipase A2 sezer-

niert. $\beta$-Defensine werden von Epithelzellen (Haut, Mucosazellen) nach Stimulierung mit bakteriellen Produkten (zum Beispiel LPS) oder Tumornekrosefaktor (TNF-$\alpha$) produziert und sezerniert. Die Wirksamkeit der HNPs und hBDs wird durch erhöhte Kochsalzkonzentration (>180 mM) oder bei saurem pH herabgesetzt. Solche Bedingungen liegen auf der Schleimhaut des Respirationstraktes bei Patienten mit Cystischer Fibrose (CF) aufgrund eines genetischen Defekts im Transmembran-Chloridkanal-Regulator (CFTR) vor. Die starke Besiedelung der Lunge mit *Pseudomonas aeruginosa* bei diesen Patienten wird mit der Unwirksamkeit der hBDs begründet (siehe Abschnitt 3.5).

**Granulysin:** Granulysin, ein 9 kDa großes basisches $\alpha$-helikales Peptid, kommt in den Granula von natürlichen Killer-(NK-) Zellen und cytolytischen T-Lymphocyten (CTLs) vor. Es hat große Ähnlichkeit zum antibakteriell und cytotoxisch wirksamen Amöbenporenprotein von *Entamoeba histolytica*. Entsprechend scheint auch Granulysin zu wirken. Nach Kontakt mit einer infizierten Zelle können erregerspezifische CTLs durch Freisetzung von Perforin (Porenbildung in Zielzellmembran) und Granulysin (erreicht nach Durchtritt durch die Perforinpore intrazelluläre Bakterien) cytolytisch und mikrobizid wirken. Zur Gruppe der $\alpha$-helikalen antibakteriellen Peptide gehören auch das Magainin der Froschhaut und die Cathelicidine der Neutrophilen von Säugetieren.

# 3.5 Effektorzellen des angeborenen Immunsystems

Die Immunzellen entstehen aus hömatopoetischen pluripotenten Stammzellen im Knochenmark, die zwei Hauptlinien bilden:

1. lymphatische Stammzellen (B- und T-Lymphocyten, Plasmazellen, NK-Zellen),
2. myeloische Stammzellen.

Aus der myeloischen Reihe entwickeln sich Erythrocyten, Thrombocyten, drei Granulocytentypen (neutrophile, basophile und eosinophile Granulocyten mit polymorphem Kern) und Monocyten. Gewebespezifische residente Makrophagenarten entstehen aus Monocyten oder ihren Vorläufern. Im Bindegewebe werden sie Histiocyten genannt, in der Leber Kupferzellen, im Gehirn Mikrogliazellen, in der Niere Mesangiumzellen, in der Lunge Alveolarmakrophagen, in der Haut Langerhans-Zellen und im lymphatischen Gewebe dendritische Zellen (DCs). Die gewebeständigen Mastzellen haben funktionelle Ähnlichkeit zu basophilen Granulocyten. Alle ausdifferenzierten Zellen der myeloischen Reihe spielen eine wichtige Rolle bei der Abtötung oder Eliminierung von opsonierten Erregern. Die Opsonierung kann unspezifisch durch PAMP-erkennende Wirtskomponenten (siehe Tabellen 3.1 und 3.2) und/oder spezifisch durch Antikörper unter Beteiligung des Komplementsystems erfolgen. Die Opsonierungskomponenten bestimmen, welche Effektorzelle aktiv wird (zum Beispiel MBL/Monocyten, IgE/Mastzellen; siehe Tabelle 3.2).

Monocyten haben einen Durchmesser von etwa 15 $\mu$m (Bakterien von 1–2 $\mu$m) und sind charakterisiert durch einen ovalen, nierenförmigen Kern mit großem Cytoplasmaanteil. Im Blut liegt ihr Anteil bei zwei bis acht Prozent. In der Regel zirkulieren sie ungefähr 24 Stunden und wandern dann in das Gewebe (Extravasation), wo sie zu Gewebemakrophagen differenzieren. Monocyten/Makrophagen haben wichtige Funktionen bei der direkten Erregereliminierung (Phagocytose, Abtötung), bei der Produktion von Komplementfaktoren und PAMP-Erkennungsproteinen sowie von proinflammatorischen Cytokinen (IL-1, IL-6, IL-12, TNF-$\alpha$). Ma-krophagen spielen neben dendritischen Zellen eine wichtige Rolle in der spezifischen Immunantwort im Rahmen der Antigenpräsentation für T-Zellen (siehe Kapitel 4).

Die polymorphkernigen Granulocyten stellen mit 60 bis70 Prozent den Hauptanteil der Blutleukocyten. Sie sind deutlich an dem segmentierten Kern und den zahlreichen cytoplasmatischen Granula zu erkennen. Ihre Lebensdauer ist auf wenige Tage beschränkt. Die neutrophilen Granulocyten (etwa 90 Prozent der Granulocyten) gehören zu den professionellen Phagocyten der ersten Abwehrlinie. Ihr hohes mikrobizides Potential beruht auf ihrer Fähigkeit, reaktive Sauerstoffradikale (*oxidative burst, reactive oxygen intermediates*, ROIs) und Hypochlorit (OCl$^-$) zu produzieren. Darüber hinaus setzen sie nach Stimulierung mit zum Beispiel LPS oder FMP aus den Granula mikrobizide Substanzen (unter anderem Defensine, Proteasen und Lysozym) und Entzündungsmediatoren (zum Beispiel Prostaglandine, Leukotriene und IL-8) frei. Die azurophilen Granula enthalten die kationischen Peptide (CAP1, 2 und Defensine), das bakterielle permeabilitätsinduzierende Protein (BPI), Proteasen (Elastase, Cathepsin G und Lysozym), und die sogenannten spezifischen Granula enthalten Lactoferrin und Lysozym. Diese Faktoren werden der O$_2$-unabhängigen mikrobiziden Wirkung zugeschrieben. Zu den O$_2$-abhängigen mikrobiziden Systemen gehören die NADPH-Oxidase, die Myeloperoxidase (MPO), die Stickstoffoxidsynthetase (*nitrix oxid synthetase*, NOS) und die eisenabhängige Haber-Weiss-Reaktion. Folgende reaktiven Sauerstoffverbindungen (Hyperoxidanion O$_2^-$, Hydroxylradikal OH$^\cdot$) werden gebildet.

$$O_2 + NADPH + NADPH\text{-Oxidase} \rightarrow NADP + O_2^- + H^+$$

$$O_2^- + 2H^+ + Sauerstoffdismutase \rightarrow O_2 + H_2O_2$$

$$O_2^- + H_2O_2 \rightarrow OH^\cdot + OH^- + O_2$$

In Gegenwart von $Fe^{3+}/Fe^{2+}$ können über die Haber-Weiss-Reaktion reaktive Hydroxylradikale gebildet werden.

$$O_2^- + Fe^{3+} \rightarrow O_2 + Fe^{2+}$$

$$H_2O_2 + Fe^{2+} \rightarrow OH^. + OH^- + Fe^{3+}$$

Neutrophile Granulocyten und Monocyten besitzen auch eine Myeloperoxidase (MPO), die mikrobizides Hypochlorid $OCl^-$ erzeugt.

$$H_2O_2 + Cl^- + MPO \rightarrow OCl^- + H_2O$$

Stickstoffmonoxid (NO) wird enzymatisch (NOS) aus L-Arginin als Substrat in Monocyten, Makrophagen, Endothelzellen und anderen produziert.

$$Arginin + NOS \rightarrow Citrulin + NO^.$$

NO kann mit reaktiven Sauerstoffradikalen zu Peroxinitrit ($ONO_2$), Nitrit ($NO_2^-$) und Nitrat ($NO_3$) reagieren. N-Methyl-Arginin inhibiert die NO-Bildung. NO und $ONO_2^-$ inaktivieren eisenhaltige Enzyme und SH-empfindliche Proteasen durch Nitrosylierung.

Eosinophile und basophile Granulocyten erkennen IgE-gebundene Antigene und IgE-opsonierte Parasiten und sind damit die Effektorzellen bei Parasiteninfektionen. Darüber hinaus setzen basophile Granulocyten und Mastzellen nach Bindung von IgE-Immunkomplexen (Bindung an Fcε-Rezeptoren) Histamin und chemotaktische Substanzen frei, die zu allergischen Reaktionen (Asthmaanfall, Heuschnupfen, Kontaktallergien) führen können. Mastzellen haben Rezeptoren für IgG (FcγRIII), IgE (FcεRI) und C3b (CR1). Die Aktivierung dieser Rezeptoren durch entsprechende Immunkomplexe führt zur Histamin- und TNF-α-Ausschüttung und damit zu einer Entzündungsreaktion.

Zum unspezifischen, angeborenen Immunsystem zählen auch die NK-Zellen. Sie werden in der Frühphase der Infektion durch cytokinproduzierende (TNF-α, IL-12 und IFNα/IFNβ) Makrophagen aktiviert. Die aktivierten NK-Zellen werden zu den Hauptproduzenten von IFN-γ in der frühen Infektionsphase und aktivieren Makrophagen und T-Lymphocyten. NK-Zellen sind in der Lage, direkt virusinfizierte Zellen abzutöten oder antikörpermarkierte erregerinfizierte Zellen über die sogenannte ADCC-(*antibody dependent cell mediated cytotoxicity*-)Reaktion zu lysieren. Die Lyse wird durch Freisetzung von Granula bewirkt, die Granzym (Protease), Perforin (verwandt mit Komplementfaktor C9) und NK-Lysin (porenbildendes basisches Peptid, defensinähnlich) enthalten. NK-Zellen erkennen IgG1- und IgG3-markierte Zellen über den Rezeptor FcγRIII.

Aus der lymphatischen Stammzellreihe können γδ-T-Lymphocyten und CD5-positive B-Lymphocyten zur unspezifischen Abwehr der frühen Infektionsphase gerechnet werden. γδ-T-Zellen sind unkonventionelle T-Lymphocyten, die statt des hochvariablen αβ-Rezeptors für die MHC-restringierte Immunantwort (siehe Kapitel 4 ) einen γδ-Rezeptor mit geringer Variabilität tragen. Im Unterschied zu αβ-T-Zellen erkennen sie nicht prozessiertes Antigen (Peptide und phosphathaltige Biomoleküle) unabhängig von MHCI/II-Präsentation. γδ-Zellen kommen in hoher Konzentration als interepitheliale Lymphocyten in der Schleimhaut des Respirations- und Gastrointestinaltraktes vor, so daß ihnen die Aufgabe der Früherkennung von mikrobiellen Invasoren zugeschrieben wird. Die unkonventionellen CD5-positiven B-Lymphocyten (B1-Zellen) kommen hauptsächlich im Peritonealraum als IgM-produzierende Plasmazellen vor. Sie zeichnen sich durch ein schmales Antigenerkennungsrepertoire aus, das auf mikrobielle Kohlenhydratstrukturen (zum Beispiel LPS) und Phosphatidylcholin beschränkt ist. Die Variabilität der IgM-codierenden Gene dieser B1-Zellen wurde in der embryonalen Phase bereits abgeschlossen, so daß sie weder andere Immunglobulinklassen produzieren noch somatische Mutation zur Steigerung der Bindungsaffinität durchführen können. Den B1-Zellen wird der überwiegende Teil der Produktion von

„natürlichen Antikörpern" zugeschrieben, die in der Frühphase der Infektion PAMPs erkennen und Komplement aktivieren. Da Phagocyten keine IgM-Rezeptoren haben, können sie die IgM-markierten Erreger erst nach Komplementaktivierung erkennen.

Das angeborene Immunsystem ist sehr gut ausgerüstet, um mit seiner *first line of defense* die Normalflora bis hin zu fakultativ pathogenen Erregern zu kontrollieren. Es versagt bei obligat pathogenen Erregern, die dieses Abwehrsystem unterlaufen können. Andererseits wird das angeborene Immunsystem bei schweren operativen Eingriffen oder der Krebstherapie so stark geschädigt, daß schwere endogene Infektionen mit Mikroorganismen aus der Normalflora entstehen (nosokomiale Infektionen). Hier müssen neue Strategien zur Stärkung des angeborenen Immunsystems entwickelt werden.

# 3.6 Genetisch bedingte Infektionsempfänglichkeit

Die Infektionsempfänglichkeit eines Wirtes ist entweder genetisch (angeboren) bedingt oder erworben. Bei den genetischen Prädispositionen kann es sich um Gendefekte oder Genpolymorphismen des Immunsystems, des Stoffwechsels oder des Zellkommunikationssystems (zum Beispiel Signaltransduktion, Rezeptoren, Oberflächenstrukturen ) handeln.

Beim Menschen ist die *X-linked* Agammaglubulinämie (XLA) als vererbbarer Immundefekt bereits sehr gut aufgeklärt (O. C. Bruton, 1952). Die Patienten haben eine gestörte B-Zell-Reifung, die zu stark verminderten Immunglobulinen und B-Zellen im Blut führt. Nach einem Jahr erleiden diese Patienten gehäuft Infekte mit beispielsweise Enteroviren, Salmonellen, *Campylobacter* spp., Pneumokokken, *Hae-*

*mophilus influenzae, Staphylococcus aureus* und *Pseudomonas aeruginosa.* Die Tuberkuloseanfälligkeit ist dagegen nicht erhöht, was darauf hinweist, daß die humorale Immunantwort für den Schutz vor Tuberkulose keine wichtige Rolle spielt. Bei dem Inzuchtmausstamm CBA/N ist ebenfalls eine *X-linked immunodeficiency* (Xid) beschrieben worden. Inzwischen konnte der Defekt der XLA und Xid dem *btk*-Gen, das für die Bruton-Gammaglobulinämie-Tyrosinkinase codiert, zugeschrieben werden.

Neben der Agammaglobulinämie bei XLA gibt es auch eine genetisch bedingte Hyper-IgM-Globulinämie bei fehlenden anderen Immunglobulinklassen. Hier handelt es sich um einen Defekt im Gen für den CD40-Liganden in T-Zellen, wodurch das *switching* zu Antikörperisotypen unterbleibt (siehe Abschnitt 4.3).

Eine seltene Immundefekterkrankung ist das Chediak-Higashi-Syndrom (CHS), das durch partiellen Albinismus, Störung der Aktivität von Neutrophilen (fehlende Proteasen in den azurophilen Granula) und NK-Zellen charakterisiert ist. Ein analoges Krankheitsbild zeigen die sogenannten *beige* Mäuse. Hier handelt es sich um einen Gendefekt des *lysosomal trafficking regulator* (Lyst), wodurch das *protein sorting* gestört ist.

Defekte in Genen der Komplementfaktoren (insbesondere C3) führen in der Regel zu gehäuften Infektionen mit extrazellulären bakteriellen Erregern (Eitererreger). Bei Komplementdefekten läßt sich generell eine auffällige Empfänglichkeit für Meningokokkeninfektionen beobachten. Dies trifft auch für bestimmte Genvarianten des Mannosebindungslectins MBL zu (strukturell und funktionell ähnlich zu C1q des Komplements).

Aus Mausinfektionsversuchen mit *Mycobacterium bovis* (BCG), *Salmonella typhimurium* und *Leishmania donovani* sowie Kreuzungsversuchen konnte der sogenannte *bcg/typ/lsh*-Infektionsresistenzlocus molekular charakterisiert werden. Das entsprechende Gen wurde Nramp1 (*natural resistance associated macrophage protein*) genannt. Bei dem Genprodukt handelt es sich um ein integrales Phosphoglykoprotein in Endosomen- und Lysosomenmembranen mit Transportaktivitäten für zweiwertige Kationen ($Fe^{2+}$, $Zn^{2+}$, $Mn^{2+}$ und so weiter). Wahrscheinlich ist diese Kationenkanalfunktion für die intrazelluläre Keimreduktion von Bedeutung. Durch epidemiologische Studien ließ sich ein Zusammenhang zwischen Nramp-1-Varianten und Tuberkuloseempfänglichkeit beim Menschen zeigen. Inzwischen konnten auch Gendefekte für die Endotoxinempfänglichkeit beschrieben werden. Die Inzuchtmausstämme C3H/HeJ und C57Bl/10ScCr sind als Lipopolysaccharid-(LPS-)hyporeaktiv (LPS *non responder*) bekannt. Es konnte kürzlich gezeigt werden, daß der TOL-ähnliche Rezeptor TLR4 bei diesen Mäusen durch eine Punkt- beziehungsweise Nullmutation das externe LPS-Signal nicht in die Zelle weiterleitet. Inwieweit solche Mutationen beim Menschen vorkommen, ist noch nicht untersucht.

Eine besondere Infektionsempfänglichkeit der Atemwege entsteht bei Mutationen in einem Chloridionenleitkanal des Epithels, der die Erkrankung Cystische Fibrose (CF) oder Mukoviszidose (zähe Schleimbildung im Respirationstrakt, Pankreas und Gastrointestinaltrakt) bedingt. Der Respirationstrakt dieser Patienten wird in der Regel zunächst mit nichtmukoiden *P. aeruginosa* und *S. aureus* besiedelt. Durch die Immunantwort bedingt folgt dann die Besiedelung mit mukoiden *P. aeruginosa* und zuletzt mit *Burkholderia cepacia*. Aufgrund gezielter Antibiotikatherapie erreichen die Patienten heute ein Lebensalter von 30 Jahren.

Die zunehmende Aufklärung der Infektabwehrmechanismen lassen eine zukünftige Expansion der Genetik der Infektabwehr erwarten.

# 3.7 Literatur

Alonso, A.; Bayón, Y.; Meteos, J. J.; Sánchez Crespo, M. *Signaling by Leukocyte Chemoattractant and Fcy Receptors in Immune-Complex Tissue Injury.* In: *Laboratory Invest.* 78 (1998) S. 377–392.

Baggiolini, M.; Boulay, F.; Badway, J. A.; Curnutte, J. T. *Activation of Neutrophil Leukocytes: Chemoattractant Receptors and Respiratory Burst.* In: *FASEB* 7 (1993) S. 1004–1010.

Berg, R. D. *The Indigenous Gastrointestinal Microflora.* In: *Trends Microbiol.* 4 (1996) S. 430–435.

Boes, M.; Prodeus, A. P.; Schmidt, T.; Carroll, M.; Chen, J. A. *Critical Role of Natural Immunoglobulin M in Immediate Defense Against Systemic Bacterial Infection.* In: *J. Exp. Med.* 188 (1998) S. 2381–2386.

Boman, H. G. *Peptide antibiotics and Their Role in Innate Immunity.* In: *Annu. Rev. Immunol.* 13 (1995) S. 61–92.

Carrol, M. C.; Prodeus, A. P. *Linkages of Innate and Adaptive Immunity.* In: *Curr. Opin. Immunol.* 10 (1998) S. 36–40.

Dörig, R. E.; Marcil, A.; Richardson, C. D. *CD46, a Primate Specific Receptor for Measles Virus.* In: *Trends Microbiol.* 2 (1994) S. 312–317.

Eggleton, P.; Reid, K. B. M. *Lung Surfactant Proteins Involved in Innate Immunity.* In: *Curr. Opin. Immunol.* 11 (1999) S. 28–33.

Elsbach, P.; Weiss, J. *Role of the Bactericidal/Permeability-Increasing Protein in Host Defence.* In: *Curr. Opin. Immunol.* 10 (1998) S. 45–49.

Fearon, D. T.; Locksley, R. M. *The Instructive Role of Innate Immunity in the Acquired Immune Response.* In: *Science* 272 (1996) S. 50–54.

Ganz, T.; Lehrer, R. I. *Antimicrobial Peptides of Vertebrates.* In: *Curr. Opin. Immunol.* 10 (1998) S. 41–44.

Hibberd, M. L.; Sumiya, M.; Summerfield, J. A.; Booy, R.; Levin, M.; Meningococcal Research Group. *Association of Variants of the Gene for Mannose-Binding Lectin With Susceptibility to Meningococcal Disease.* In: *Lancet* 353 (1999) S. 1049–1053.

Horstmann, R. D. *Target Recognition Failure by the Nonspecific Defense System: Surface Constituents of Pathogens Interfere With the Alter-*

native Pathway of Complement Activation. In: *Infect. Immun.* 60 (1992) S. 721–727.

Jameson, S. C.; Hogquist, K. A.; Bevan, M. J. *Positive Selection of Thymocytes.* In: *Annu. Rev. Immunol.* 13 (1995) S. 93–126.

Kopp, E. B.; Medzhitov, R. *The Toll-Receptor Family and Control of Innate Immunity.* In: *Curr. Opin. Immunol.* 11 (1999) S. 13–18.

Lehrer, R. I.; Ganz, T. *Antimicrobial Peptides in Mammalian and Insect Host Defence.* In: *Curr. Opin. Immunol.* 11 (1999) S. 23–27.

Malo, D.; Skamene, E. *Genetic Control of Host Resistance to Infection.* In: *Trends Genet.* 10 (1994) S. 365–371.

Marrack, P.; Kappler, J. *Subversion of the Immune System by Pathogens.* In: *Cell* 76 (1994) S. 323–332.

Medzhitov, R.; Janeway, C. A. jr. *Innate Immunity: The Virtues of a Nonclonal System of Recognition.* In: *Cell* 91 (1997) S. 295–298.

Mevorach, D.; Mascarenhas, J. O.; Gershov, D.; Elkon, K. B. *Complement Dependent Clearance of Apoptotic Cells by Human Macrophages.* In: *J. Exp. Med.* 188 (1998) S. 2313–2320.

Nicholson-Weller, A.; Klickstein, L. B. *C1q-Binding Proteins and C1q Receptors.* In: *Curr. Opin. Immunol.* 11 (1999) S. 42–46.

Orren, A. *How do Mammals Distinguish between Pathogens and Non-Self?* In: *Trends Microbiol.* 4 (1996) S. 254–257.

Ouellette, A. J. *Peptide Mediators of Innate Immunity in the Small Intestine.* In: *J. Med. Microbiol.* 47 (1998) S. 941–942.

Qureshi, S. T.; Skamene, E.; Malo, D. *Comparative Genomics and Host Resistance Against Infectious Diseases.* In: *Emerging Infect. Dis.* 5 (1999) S. 36–47.

Tenner, A. J. *Membrane Receptors for Soluble Defense Collagens.* In: *Curr. Opin. Immunol.* 11 (1999) S. 34–41.

Tümmler, B.; Kiewitz, C. *Cystic Fibrosis: An Inherited Susceptibility to Bacterial Respiratory Infections.* In: *Mol. Med. Today* 5 (1999) S. 351–358.

Ulevitch, R. J.; Tobias P. S. *Recognition of Gram-Negative Bacteria and Endotoxin by the Innate Immune System.* In: *Curr. Opin. Immunol.* 11 (1999) S. 19–22.

Vidal, S.; Malo, D.; Vogan, K.; Skamene, E.; Gros, P. *Natural Resistance to Infection With Intracellular Parasites: Isolation of a Candidate Gene for Bcg.* In: *Cell* 73 (1993) S. 469–485.

Vidarsson, G.; Winkel, J. G. J. van de. *Fc Receptor and Complement Receptor-Mediated Phagocytosis in Host Defense.* In: *Curr. Opin. Inf. Dis.* 11 (1998) S. 271–278.

# 4. Das adaptive Immunsystem

J. Heesemann

## 4.1 Die spezifische Erregerabwehr

Zur Pathogenität von Mikroorganismen gehört die Fähigkeit, das angeborene Abwehrsystem zu durchbrechen und sich im Wirt zu vermehren. Pathogene Erreger können ihre konventionellen mikrobiellen Signaturen (PAMPs, siehe Kapitel 3) maskieren (zum Beispiel Polysaccharidkapseln), die Phagocyten durch Toxine schädigen oder durch Moduline im Sinne des Erregers instrumentalisieren (zum Beispiel Zerstörung der Mucosabarriere durch Neutrophile oder Aufnahme und Transport von Erregern durch Makrophagen). Während das angeborene Immunsystem mit der „Schrotflinte" auf leicht verwundbare mikrobielle Irrläufer schießt, muß das adaptive Immunsystem den „Angriff von Soldaten in kugelsicheren Westen und Guerillakriegern in Tarnanzügen abwehren". Dem spezifischen Immunsystem steht ein fast unerschöpfliches Repertoire an genetischer Information zur Verfügung, um für jede mögliche mikrobielle Struktur oder jedes mögliche Effektorprotein ein Erkennungsprotein oder Antidot herzustellen. Für die Erkennung mikrobieller Strukturen sind B- und T-Lymphocyten verantwortlich. Ihre genetische Vielfalt ermöglicht es ihnen theoretisch, bis zu $10^{12}$ verschiedene signaturspezifische Zellklone zu bilden. Der Erregerkontakt kann zur klonalen Expansion spezifischer Lymphocyten führen, die einerseits am Infektionsherd aktiv werden und anderseits abrufbereit im lymphatischen Gewebe gespeichert werden (immunologisches Gedächtnis).

Die B-Lymphocyten sind für die spezifische humorale Immunität verantwortlich (Produktion von neutralisierenden oder opsonierenden Antikörpern). Die T-Lymphocyten sind dagegen an der zellulären Immunität durch Regulation von Lymphocyten und Phagocyten über Cytokine (T-Helferzellen, THs) und durch Lyse von infizierten Zellen und Erregern (cytotoxische T-Lymphocyten, CTLs) beteiligt. Für die Adaptation der spezifischen Abwehr an den Erreger benötigt das Immunsystem etwa eine Woche nach Erstkontakt (bei langsam sich vermehrenden Erregern länger). Dieser Adaptationsprozeß findet in den sekundären lymphatischen Organen statt, wo die mikrobiellen Erreger von antigenpräsentierenden Zellen (APZs) aufbereitet und den Lymphocyten präsentiert werden. Im folgenden sollen Prinzipien der adaptiven Immunantwort hinsichtlich infektionsbiologisch relevanter Aspekte erläutert werden.

## 4.2 Die lymphatischen Organe

Es werden primäre lymphatische Organe, wo die Bildung und Reifung von T-Lymphocyten (Thymus) und B-Lymphocyten (Knochenmark) stattfindet, von sekundären lymphatischen Organen (Lymphknoten, Milz, durch Kapsel nicht abgegrenztes lymphatisches Gewebe der Haut und Mucosa) unterschieden, wo die antigenspezifische Aktivierung von B- und T-Lymphocyten abläuft.

Das Erregerantigen gelangt durch mobile Makrophagen über afferente Lymphgefäße (zum Beispiel Langerhans-Zellen der Haut) oder Blutgefäße (dendritische Zellen, DCs) in die Rindenregion von Lymphknoten, wo die Antigenpräsentation für B-Lymphocyten beginnt (Primärfollikel). Nach Reifung entstehen Sekundärfollikel mit B-Zellblasten, die schließlich als antikörperproduzierende Plasmazellen den Lymphknoten über das efferente Lymphgefäß verlassen. Im Lymphknoten findet auch die Interaktion von APZs mit T- und B-Zellen statt, die zur „Programmierung" der zellulären Immunantwort führt (Antikörperklassen-Switching, Differenzierung der T-Zellen in T-Helfer- und cytotoxische T-Zellen). Lymphocyten tragen auf ihrer Oberfläche antigenspezifische Rezeptoren. Die Rezeptoren auf B-Zellen bestehen aus membranständigen Antikörpern, die dreidimensionale (konformationelle) und lineare (sequentielle) Strukturen von Polypeptiden (zehn bis zwölf Aminosäuren) und Kohlenhydraten erkennen (B-Zell-Epitope). Die heterodimeren $\alpha\beta$-Rezeptoren von T-Zellen erkennen kurze lineare Oligopeptide von zehn bis 15 Aminosäuren (T-Zell-Epitope), wenn diese von APZs (Makrophagen, dendritischen Zellen, B-Zellen) des Wirtes präsentiert werden. $\alpha\beta$-T-Zellen erkennen in der Regel nur fremde Epitope aufgrund einer negativen Selektion im Thymus gegen „Selbst-Antigen". Die ursprüngliche Vielfalt der B-Zell-Rezeptoren bleibt dagegen erhalten. Entsprechend können Antikörper grundsätzlich gegen Selbst- (Wirtsantigen) und Fremdepitope (Erreger) vom Wirt produziert werden.

## 4.3 Antigenbindende Rezeptoren der B- und T-Lymphocyten

Die antigenbindenden Rezeptoren der B-Lymphocyten bestehen aus membranständigen monomeren IgM-Immunglobulinen. Die Grundstruktur der Immunglobuline ist einheitlich. Zwei identische leichte (*light chain*, L, 25 kDa) und zwei schwere (*heavy chain*, H, ungefähr 50 kDa) Ketten bilden eine Y-ähnliche Struktur (Abbildung 4.1). Die N-terminalen Bereiche sind hypervariabel (L/H-Kettendimere, V-Domäne) und für die Epitoperkennung verantwortlich. Der C-terminale Bereich (H/H-Kettendimer) bestimmt die Effektorfunktion des Antikörpers (Interaktion mit Komplement (Tabelle 4.1) und/oder mit antikörperbindenden Rezeptoren auf Phagocyten (FcR, siehe Tabelle 3.2). Aufgrund der Konstanz der C-terminalen Bereiche werden zwei L-Kettentypen ($\lambda$- und $\kappa$-Typ) und neun H-Kettentypen ($\mu$, $\gamma1$, $\gamma2$, $\gamma3$, $\gamma4$, $\varepsilon$, $\alpha1$, $\alpha2$, $\delta$) beim Menschen unterschieden, die die Klasse beziehungsweise Subklasse ($\gamma1$, $\gamma2$) des Antikörpers bestimmen (Tabelle 4.1). Die Maus kann acht verschiedene H-Kettentypen produzieren ($\mu$, $\gamma1$, $\gamma2a$, $\gamma2b$, $\gamma3$, $\varepsilon$, $\alpha$ und $\delta$). Wie Tabelle 4.1 zeigt, sind die Serumkonzentrationen, Halbwertszeiten, Komplementaktivierungs- und Opsonierungspotentiale (Bindung an Phagocyten) der verschiedenen Antikörperklassen/Subklassen sehr unterschiedlich.

Die Vielfalt der Antikörperspezifitäten hängt mit der Entstehung der Antikörpergene zusammen. In der Keimzelle des Menschen liegen für den variablen Bereich der H-Ketten etwa 100 bis 200 V-Segmente (*variable*), 30 D-Segmente (*diversity*) und sechs J-Segmente (*joining*) vor, die durch Rekombination ungefähr 18 000 bis 36 000 verschiedene Exons (zum Beispiel V1-, D2- und J3-Exon; Abbildung 4.1) bilden können. Dazu kommen V-J-

**Genorganisation in der Keimbahn**

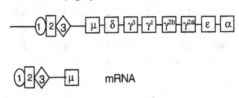

**somatische Rekombination von $V_1$ $J_2$ $D_3$**

**Transkription**

**Spleißen**

**Translation**

**4.1** Entstehung der Antikörperdiversität dargestellt am Beispiel der schweren $\mu$-Kette (H$\mu$). Gensegmente des variablen N-terminalen Teiles ($V_1$, $V_2$ ... $V_n$, $J_1$, $J_2$ ... $J_n$, $D_1$, $D_2$ ... $D_n$) und des antikörperklassen-/subklassenbestimmenden C-terminalen „konstanten" Teiles ($C_\mu$, $C_\delta$ ...) werden mittels RAG1/RAG2 *(recombination activator genes)* zu funktionellen Genen rekombiniert und transkribiert. So entstehen zunächst IgM-Antikörper ($C_\mu$) und später durch erneute Rekombination mit anderen C-Segmenten andere Antikörperklassen mit unveränderter variabler Domäne (zum Beispiel $V_1$ $J_2$ $D_3$ = $V_H$).

Rekombinationen der L-Ketten (etwa 500 Möglichkeiten) und somatische Mutationen, so daß theoretisch bis zu $10^{12}$ verschiedene Antikörper entstehen können. (Wahrscheinlich setzen sich nur $10^4$ bis $10^5$ Varianten durch!)

Zunächst werden VDJ-$\mu$-Transkripte und entsprechend H-Ketten für IgM-Antikörper produziert. Später erfolgen Rekombinationen des VDJ-Exons mit Exons für konstante Domänen anderer Klassen (zum Beispiel $\gamma$1). Entsprechend entstehen zunächst aus B-Zellblasten IgM-sezernierende Plasmazellen. Dann folgt ein cytokinabhängiges Klassen-Switching: Die Cytokine IL-12 und IFN-$\gamma$ begünstigen die Produktion von IgG1-(Mensch)/IgG2a-(Maus)Antikörpern (dies wird auch als TH1-Antwort bezeichnet) und die Cytokine IL-4, IL-5 und TGF-$\beta$ die Produktion

**Tabelle 4.1:** Strukturen und Eigenschaften der verschiedenen Immunglobulinklassen/Subklassen

| Klasse/Subklasse | IgM | IgG1 | IgG2 | IgG3 | IgG4 | IgA1 | IgA2 | IgE | IgD |
|---|---|---|---|---|---|---|---|---|---|
| H-Kette | $\mu$ | $\gamma 1$ | $\gamma 2$ | $\gamma 3$ | $\gamma 4$ | $\alpha 1$ | $\alpha 2$ | $\varepsilon$ | $\delta$ |
| Eigenschaften | | | | | | | | | |
| Molekulargewicht in kDa | 970 | 146 | 146 | 165 | 148 | 160 | 160 | 188 | 184 |
| mittlere Serumkonzentration in mg/ml | 1,5 | 9 | 3 | 1 | 0,5 | 3,0 | 0,5 | 0,03 | 0,03 |
| Halbwertszeit in Tagen | 10 | 21 | 20 | 7 | 21 | 6 | 6 | 2 | 3 |
| Antigenbindungsstellen | 10 | 2 | 2 | 2 | 2 | 2,4,6 | 2,4,6 | 2 | 2 |
| Komplementaktivierung klassisch | +++ | ++ | + | +++ | – | – | – | – | – |
| alternativ | – | – | – | – | – | + | – | – | – |
| Bindung an Phagocyten | – | ++ | (+) | ++ | – | + | + | + | – |
| Mastzellen und Basophile | – | – | – | – | – | – | – | ++ | – |

von IgG4-, IgG2-, IgA-, IgE-(Mensch)/ IgG1-, IgG2b-, IgE-, IgA-(Maus)Antikörpern (TH2-Antwort, siehe Abbildung 4.3). IgM- und IgA-Antikörper werden durch J-Ketten (*joining chains*) zu pentameren beziehungsweise dimeren Antikörpern oligomerisiert. Dimere IgA-Antikörper können von Mucosazellen von basal über einen IgA-Rezeptor aufgenommen und nach Assoziation mit der sekretorischen Komponente (SC) in der Zelle nach luminal/apikal sezerniert werden (sekretorische Antikörper s-IgA). Es werden täglich über vier Gramm IgA-Antikörper sezerniert. Aufgrund ihrer Stabilität gegenüber den Verdauungsenzymen sind s-IgA in der Lage, Infektionserreger und toxische Produkte im Darmlumen und auf der Mucosa zu binden. Einige mucosakolonisierende pathogene Bakterien wie Neisserien und *Haemophilus influenzae* produzieren IgA-spezifische Proteasen und inaktivieren so IgA-Antikörper (bevorzugt die Subklasse IgA1).

Die antigenbindenden T-Zell-Rezeptoren (TCRs) sind heterodimere Membranproteine, die entweder aus einer $\alpha$- und einer $\beta$-Kette ($\alpha\beta$-T-Zellen) oder einer $\gamma$- und einer $\delta$-Kette ($\gamma\delta$-T-Zellen) bestehen. Ihre Variabilität beruht auf ähnlichen Rekombinationsprozessen von V-, D- und J-Segmenten des TCR-Genbereichs für den variablen Bereich wie bei der Antikörpervariabilität. Die Vielfalt der $\gamma\delta$-TCR ist aufgrund des kleineren V-, D- und J-Repertoires weit geringer als die der $\alpha\beta$-TCR. Im Unterschied von B-Zellen erkennen $\alpha\beta$-T-Zellen nur von antigenpräsentierenden Zellen prozessierte und von MHC-(*major histocompatibility complex*-)Molekülen dargebotene Oligopeptide (zehn bis zwölf Aminosäuren, Abbildung 4.2).

Die MHC-Moleküle sind heterodimere Membranproteine, die aus einer $\alpha$- und einer $\beta$-Kette bestehen. Es werden zwei Klassen unterschieden: MHC-Klasse-I-Moleküle bestehen aus einem Membranprotein ($\alpha$-Kette) und einem assoziierten extrazellulären Protein ($\beta$2-Mikroglobulin), die MHC-Klasse-II-Moleküle aus zwei Membranproteinen ($\alpha$-Kette und $\beta$-Kette). Beim Menschen gibt es drei polymorphe Genregionen für MHC-Klasse I (humanes Leukocytenantigen HLA-A, B und C) und drei polymorphe Genregionen für MHC-Klasse II (HLA-DP, DQ und DR). MHC-Klasse-I-Moleküle werden praktisch von allen kernhaltigen Zellen in unterschiedlicher Membrandichte exprimiert. MHC-Klasse-II-Moleküle werden dagegen hauptsächlich von APZs (Makrophagen, dendritischen Zellen, B-Zellen) exprimiert. Die MHC-Moleküle bilden

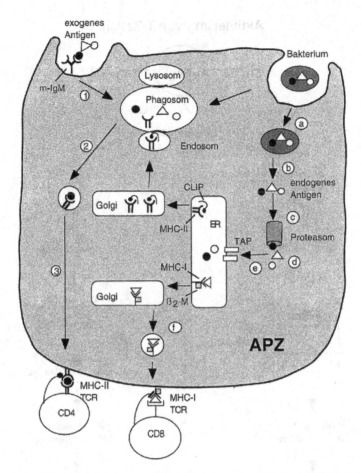

**4.2** Prozessierung und Präsentation von exogenen und endogenen Antigenen. Bakterien (intrazellulär) und Viren setzen im Cytoplasma der APZs Proteinantigen frei (endogenes Antigen), das im Proteasom fragmentiert wird. Oligopeptide werden durch den TAP in das endoplasmatische Reticulum eingeschleust und mit MHC-Klasse I (⅄) assoziiert. Der MHC-I-Antigenkomplex wird nach Transfer durch den Golgi-Apparat auf der Zellmembran CD8-T-Lymphocyten präsentiert (endogener Prozessierungs-/Präsentationsweg). Exogen zugeführtes Antigen, das im Phagosom degradiert wird, bindet an MHC-II-Moleküle (Ψ), die auf der Zellmembran CD4-T-Lymphocyten präsentiert werden (exogener Prozessierungs-/Präsentationsweg).

ähnlich wie Antikörper einen antigenbindenden Bereich am N-Terminus.

Die Beladung der MHC-Moleküle verläuft in der Zelle über zwei unterschiedliche Wege (Abbildung 4.2). Antigene, die von der APZ phagocytiert werden (exogener antigenpräsentierender Weg), werden im Phagosom zu Peptidfragmenten zerlegt. MHC-Klasse-II-haltige Endosomen fusionieren mit Vesikeln des Phagosoms. Das MHC-Klasse II-Molekül wird mit dem passenden Peptidfragment von zehn bis zwölf Aminosäuren beladen und dann

zur Zellmembran transportiert und T-Zellen präsentiert. Polypeptide von Viren und anderen intrazellulären Erregern, die in das Cytoplasma freigesetzt werden, können vom Proteasom proteolytisch degradiert und in den endogenen antigenpräsentierender Weg eingeschleust werden. Oligopeptide von etwa neun Aminosäuren gelangen über den *transporter of antigenic peptides* (TAP) in das endoplasmatische Reticulum, wo sie an MHC-Klasse I-Moleküle binden. Nach Transport zum Golgi-Komplex gelangen die MHC-Klasse-I-

# Aktivierung von T-Zellen

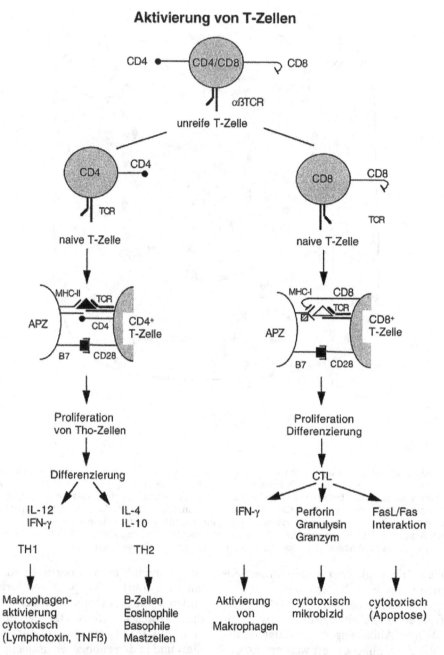

**4.3** Aktivierung von αβ-T-Zellen. Unreife αβ-T-Zellen (CD4⁺/CD8⁺) differenzieren zu naiven CD4⁺/CD8⁻- beziehungsweise CD4⁻/CD8⁺-T-Zellen. Nach Interaktion des αβ-TCR mit präsentiertem Antigen (1. Signal) über MHC-II von APZ (CD4⁺-T-Zellen) beziehungsweise über MHC-I von APZ (CD8⁺-T-Zellen) benötigen T-Zellen für die Aktivierung noch ein zweites Signal, das durch Interaktion der B7/CD28-Moleküle induziert wird. Das Cytokinmilieu (IL-12/IFNγ oder IL-4/IL-10) bestimmt bei T-Helferzellen die weitere funktionelle Differenzierung in T-H1- beziehungsweise T-H2-Zellen. Nach IL-2-Aktivierung können CD8⁺-T-Zellen in zwei cytotoxische T-Lymphocyten-(CTL-)Typen differenzieren. Der eine Typ wirkt cytotoxisch und mikrobizid über Granulaexocytose, der andere induziert Apoptose über FAS-Ligand/FAS-Interaktion.

Peptidkomplexe an die Zelloberfläche zur Präsentation des Antigens für T-Zellen. $\alpha\beta$-T-Zellen können nach dem Vorhandensein von CD4-Membranproteinen (CD4-positive T-Zellen) oder CD8-Membranproteinen (CD8-positive T-Zellen) differenziert werden. Das CD4-Molekül interagiert zusammen mit dem $\alpha\beta$-TCR spezifisch mit antigenbeladenen MHC-Klasse-II-Molekülen von APZ (MHC-Klasse-II-Restriktion von CD4$^+$-T-Zellen). CD8$^+$-T-Zellen sind dagegen MHC-Klasse-I-restringiert aufgrund der CD8-Spezifität für die MHC-Klasse I-$\alpha$-Kette. Die alleinige Erkennung von im MHC-Kontext präsentierten Antigenen reicht für die T-Zell-Aktivierung und Proliferation nicht aus. Erst wenn ein zweites, das sogenannte costimulierende Signal, durch die Interaktion eines zusätzlichen Rezeptors auf der T-Zelle (CD28) und eines membranständigen Partnermoleküls (B7) auf der APZ zustande kommt, wird die Produktion von IL-2 durch die T-Zelle angeregt (Abbildung 4.3). Aufgrund der antigenspezifischen Interaktion und der autokrinen Wirkung von IL-2 setzt eine klonale T-Zell-Proliferation ein. Dieser Vorgang spielt sich in sekundären lymphatischen Organen ab. CD8-T-Zellen werden zu antigenspezifischen cytotoxischen T-Lymphocyten (CTL) und CD4$^+$-T-Zellen zu antigenspezifischen T-Helferzellen (TH-Zellen).

Werden die TH-Zellen frühzeitig durch die Cytokine IFN-$\gamma$ und IL-12 angeregt (zum Beispiel durch NK-Zellen und Makrophagen), entstehen T-Helferzellen vom Typ 1 (TH1). Diese produzieren IFN-$\gamma$ und aktivieren professionelle Phagocyten (zum Beispiel Aktivierung der NO-Synthetase, NOS). Bei Überwiegen des Cytokins IL-4 entstehen T-Zellen vom Typ 2 (TH2), die durch Produktion der Cytokine IL-4 und IL-10 die TH1-Differenzierung unterdrücken. TH2-Zellen stimulieren durch entsprechende Cytokine eosinophile Granulocyten (IL-5), basophile Granulocyten und Mastzellen (IL-3, IL-4, IL-10) sowie die humorale Immunantwort über B-Zellen. TH-Zellen können spezifisch

mit B-Zellen über antigenpräsentierende MHC-Klasse-II-Moleküle (1. Signal) und über den Liganden CD40L mit dem CD40-Rezeptor auf B-Zellen (2. Signal) interagieren. Entsprechend dem Cytokinprofil der T-Helferzellen werden die Antikörpergene der B-Zellen hinsichtlich der Genabschnitte für den konstanten Teil der H-Ketten neu rekombiniert (Isotypen-Switching). TH2-Zellen, die die Cytokine IL-4 und TGF-$\beta$ (*transforming growth factor $\beta$*) produzieren, begünstigen die Generierung von opsonierenden Antikörpern gegen Bakterien und Parasiten (zum Beispiel Maus: IgG1, IgG2b, IgE) und sekretorischen IgA-Antikörpern (siehe Tabelle 4.1). Dagegen begünstigen TH1-Zellen durch IFN-$\gamma$ die Produktion von IgG2a und IgG3 (wichtig für *antibody dependent cell mediated cytotoxicity*, ADCC). Der T-Helferantworttyp wird vom Erreger und vom Wirt beeinflußt.

Neben den hier beschriebenen sogenannten konventionellen CD8$^+$- und CD4$^+$-Zellen, die MHC-Klasse-I- beziehungsweise MHC-Klasse-II-restringiert sind, gibt es auch unkonventionelle CD8$^+$-T-Zellen, die N-Formyl-Methionylpeptide (FMP) im Kontext von MHC-ähnlichen Molekülen erkennen. Eine andere Subgruppe von CD8$^+$- und CD8$^-$/CD4$^-$-negativen T-Zellen erkennt Lipoarabinomannan im Kontext mit dem Nicht-MHC-Molekül CD1 auf Makrophagen. Darüber hinaus gibt es auch CD8$^-$/CD4$^-$-T-Zellen, die statt des $\alpha\beta$-TCR den $\gamma\delta$-TCR exprimieren und niedermolekulare phosphorylierte Liganden erkennen, ohne daß diese über APZs präsentiert werden. Diese unkonventionellen T-Zellen spielen ebenfalls eine wichtige Rolle bei der Infektabwehr (siehe Kapitel 3).

## 4.4 Literatur

Allen, J. E.; Maizels, R. M. *Th1-Th2: Reliable Paradigm or Dangerous Dogma?* In: *Immunol. Today* 18 (1997) S. 387–392.

Froelich, C. J.; Dixit, V. M.; Yang, X. *Lympho-cyte Granule-Mediated Apoptosis: Matters of Viral Mimicry and Deadly Proteases.* In: *Immunol. Today* 19 (1998) S. 30–36.

Hedges, S. R.; Agace, W. W.; Svanborg, C. *Epi-thelial Cytokine Responses and Mucosal Cytokine Networks.* In: *Trends Microbiol.* 3 (1995) S. 266–270.

Ojcius, D. M.; Gachelin, G.; Dautry-Varsat, A. *Presentation of Antigens Derived from Microorganisms Residing in Host Cell Vacuo-les.* In: *Trends Microbiol.* 4 (1996) S. 53–59.

Romagnani, S. *Understanding the Role of Th1/ Th2 Cells in Infection.* In: *Trends Microbiol.* 4 (1996) S. 470–473.

Stenger, S.; Hanson, D. A.; Teitelbaum, R.; Dewan, P.; Niazi, K. R.; Froelich, C. J.; Ganz, T.; Thoma-Uszynski, S.; Melián, A.; Bogdan, C.; Porcelli, S. A.; Bloom, B. R.; Krensky, A. M.; Modlin, R. L. *An Antimicrobial Activity of Cytolytic T-Cells Mediated by Granulysin.* In: *Science* 282 (1998) S. 121–125.

Janeway, C. A. jr.; Travers, P. *Immuno Biology, The Immune System in Health and Disease*, London (Current Biology) 1996.

Kirchner, H. et al. *Cytokine und Interferone* 1. korr. Nachdruck. Heidelberg (Spektrum Akademischer Verlag) 1994.

# 5. Symbiose, Infektion und Pathogenität

J. Hacker, J. Heesemann

Organismen verschiedener Spezies können in unterschiedlicher Weise zusammenleben. Während bei einer symbiontischen oder kommensalistischen Lebensweise von zwei Partnern keiner Schaden nimmt, ist dies bei einer parasitischen Interaktion anders. Das Verhältnis dieser unterschiedlichen Organismengruppen, Symbionten, Kommensale, Parasiten zueinander ist in Abbildung 5.1 dargestellt. Wie aus den Definitionen (Tabelle 5.1) hervorgeht, lebt bei einer parasitischen Interaktion immer ein Partner auf Kosten eines anderen. Allerdings ist es, evolutionsbiologisch gesehen, das Ziel eines (auch parasitisch lebenden) Partners, sich ausreichend zu vermehren und auszubreiten, und nicht den Wirt zu eliminieren. Insofern wird neuerdings die Meinung vertreten, daß die Symbiose eine „Weiterentwicklung" einer parasitischen Beziehung darstellt. Bestimmte biologische Leistungen des Symbionten – Symbiosefaktoren, wie bei Rhizobien, die Fähigkeit Stickstoff zu fixieren – tragen zur Ausbildung einer Symbiose bei. Bei einer symbiontischen Beziehung handelt es sich meist um eine in der Evolution schon sehr lang andauernde Wechselwirkung.

Im Gegensatz dazu stellen Fälle von schweren Infektionserkrankungen, von einer evolutionsbiologischen Betrachtung her, oftmals „Unfälle" dar, die auf Wirtswechsel (zum Beispiel Lassa-Fieber, Pest), plötzliche Änderung der genetischen Ausstattung der Parasiten (zum Beispiel EHEC) oder neue Selektionsbedingungen und Verbreitungswege (zum Beispiel verschiedene Zoonosen, Legionellose) zurückzuführen sind. Ausgelöst werden Infektionskrankheiten durch pathogene Mikroorganismen, die die Fähigkeit haben, neben einer Infektion auch Krankheitssymptome bei bestimmten Wirten zu induzieren. Während im angelsächsischen Sprachraum der Terminus „Parasit" gene-

**5.1** Schematische Darstellung symbiontischer, kommensaler und pathogener Mikroorganismen.

**Tabelle 5.1:**   Definitionen

| | |
|---|---|
| Symbiose | Interaktion zwischen Organismen verschiedener Spezies; gegenseitige Anpassung; vorteilhaft für beide Partner |
| Kommensalismus | Interaktion zwischen Organismen verschiedener Spezies, bei der nur ein Partner Vorteile gewinnt; keine vor- oder nachteiligen Effekte für den zweiten Partner |
| Parasitismus | Interaktion zwischen Organismen verschiedener Spezies, bei der ein Organismus (der Parasit) in oder auf Kosten des anderen Organismus (Wirt) lebt |
| Pathogenität | Fähigkeit einer Gruppe von Organismen, bei anderen Organismen eine Infektion und eine Krankheit auszulösen; artspezifische Eigenschaft |
| Virulenz | Grad der Pathogenität eines Organismus, jeweils auf einen bestimmten Wirt bezogen; stammspezifische Eigenschaft |
| Pathogenitäts-(Virulenz-)Faktor | Eigenschaft oder Produkt, das zur Pathogenität (Virulenz) beiträgt und an der Auslösung einer Erkrankung beteiligt ist |

rell für „Pathogen" verwendet wird, werden im deutschsprachigen Gebiet mit „Parasiten" nur eukaryotische pathogene Mikroorganismen bezeichnet.

Ein Zusammenhang zwischen Infektion und Erkrankung ist durchaus nicht immer gegeben, oftmals verlaufen Infektionen stumm (subklinisch, latent) im Sinne einer kommensalistischen Beziehung. Pathogenität wird dabei als die Fähigkeit einer Gruppe von Organismen (Spezies, Subspezies) verstanden, unter bestimmten Bedingungen eine Krankheit auszulösen. Pathogenität ist generell immer auf einen bestimmten Wirtsorganismus bezogen. So stellt *Neisseria gonorrhoeae* für den Menschen eine pathogene Spezies dar, nicht jedoch für andere Wirbeltiere. Darüber hinaus muß unterschieden werden zwischen immunkompetenten Wirten und Wirten, deren Abwehr gestört ist. So erzeugen bestimmte *Staphylococcos epidermidis*-Stämme nur dann eine Infektionskrankheit, wenn der Patient neutropenisch ist oder eine Endoprothese trägt. Mikroorganismen, die nur für abwehrgeschwächte Personen pathogen sind, werden auch als fakultativ pathogene Organismen oder Opportunisten bezeichnet. Im Gegensatz dazu lösen obligat pathogene Mikroorganismen, in ausreichender Dosis aufgenommen, auch Infektionserkrankungen bei immunkompetenten Personen aus.

Der Schweregrad einer Infektionserkrankung kann mit dem Begriff Letalität (Anzahl der tödlichen Verläufe bezogen auf die Gesamtzahl der Erkrankten) definiert werden. Die letale Dosis eines Erregers wird von seiner Virulenz (lateinisch: Giftigkeit) bestimmt. Innerhalb einer als pathogen angesehenen Bakterienart kann es Stämme geben, die in ihrer Virulenz differieren. So kommen bei *Corynebacterium diphtheriae* toxische (virulente) Stämme und nichttoxische Stämme vor. Die virulenten Stämme verursachen die Diphterie (hohe Letalität), während die nichttoxischen als Wundinfektionserreger ein geringes Virulenzpotential haben. Die krankheitserzeugenden Eigenschaften von Mikroorganismen beschränken sich nicht auf toxische Wirkungen. Vielmehr haben Infektionserreger komplexe Strategien entwickelt, um Wirtsorganismen zu infizieren. Die Komponenten, die den spezifischen Infektionsprozeß ermöglichen (zum Beispiel Adhäsine, Invasine, Moduline, Impedine, Exotoxine und Endotoxine), werden Pathogenitätsfaktoren genannt. Weniger virulente Stämme einer an sich pathogenen Art sind durch ein unvollständiges Repertoire an arttypischen Pathogenitätsfaktoren charakterisiert. Nach dieser Definition können auch toxische Varianten weniger virulent als der ursprüngliche Wildstamm sein. In der Praxis wird die

Unterscheidung zwischen Pathogenität und Virulenz nicht konsequent angewandt, und die Begriffe Pathogenitätsfaktoren und Virulenzfaktoren werden synonym gebraucht.

Die molekulare Charakterisierung von Virulenz- beziehungsweise Pathogenitätsfaktoren und ihrer Gene hat in den letzten Jahren entscheidend zu den Fortschritten beigetragen, die die mikrobielle Pathogenitätsforschung gemacht hat. Man unterscheidet zwischen spezifischen Pathogenitätsfaktoren, etwa Kapseln, Adhäsinen, Toxinen oder Invasionsfaktoren, die aktiv an der Auslösung einer Krankheit beteiligt sind oder zur Durchbrechung der unspezifischen Wirtsabwehr gebraucht werden, und unspezifisch wirkenden Faktoren, die die biologischen Voraussetzungen zur Auslösung einer Krankheit bilden. So verleihen bestimmte Stoffwechselleistungen Bakterien erst die Fähigkeit, ein Habitat zu besiedeln, von dem aus eine Infektionskrankheit dann ihren Ausgang nimmt. Einige solcher unspezifischen „Pathogenitätsfaktoren" werden auch als Vitalitäts- oder Fitneßfaktoren bezeichnet. Als ein Beispiel wäre die Enterobaktinbildung bei Enterobakterien zu nennen. Diese Eisen-(III)-komplexierende Substanz trägt wahrscheinlich nicht spezifisch zur Wirtsschädigung bei, ist gleichwohl für die Vermehrung der Krankheitserreger in eisenarmen Habitaten wichtig (vergleiche Abschnitt 8.1). Diese Überlegungen zeigen, daß es sich bei einer Infektionserkrankung um ein dynamisches Phänomen handelt, das durch die Wechselwirkung eines pathogenen Organismus mit einer klar definierten Gruppe von Wirtsorganismen entsteht. Die häufig beobachtete Wirtsspezifität von Erregern wird bedingt durch eine Komplementarität zwischen Pathogenitäts- und Wirtsfaktoren. Darüber hinaus wirken Pathogenitätsfaktoren erst effektiv im Kontext anderer mikrobieller Faktoren, wobei auch die ökologische Fitneß der Erreger mit berücksichtigt werden muß.

# 5.1 Literatur

Falkow, S. *What Is a Pathogen*. In: *ASM News* 63/7 (1997) S. 359–365.

Finley, B. B.; Falkow, S. *Common Themes in Microbial Pathogenicity Revised*. In: *Microbiol. Molec. Biol. Rev.* 61 (1997) S. 136–169.

Isenberg, H. D. *Pathogenicity and Virulence: Another View*. In: *Clin. Microbiol Rev.* 1 (1988) S. 40–53.

Margulis, L.; Chapman, M. J. *Endosymbiose: Cyclical and Permanent in Evolution*. In: *Trends Microbiol.* 6 (1998) S. 342–345.

Steinert, M.; Hentschel, U.; Hacker, J. *Symbiosis and Pathogenesis: Evolution of the Microbe-Host Interaction*. In: *Naturwissenschaften* 87 (2000).

# 6. Offensive Pathogenitätsfaktoren

## 6.1 Adhäsine

J. Hacker

### 6.1.1 Struktur von Adhäsinen

In der Regel beginnen infektiöse Prozesse mit der Kolonisation von Wirtsgeweben und Zellverbänden durch pathogene Mikroorganismen. Diese Kolonisation und die sich oft anschließenden Vorgänge einer Zellinvasion oder einer Wirtszellzerstörung durch Toxine werden auch als offensive Pathogenitätsmechanismen bezeichnet, da die pathogenetischen Aktivitäten direkt von den Mikroorganismen ausgehen.

Die Kolonisation von Geweben kann mit einer unspezifischen Aggregation der Mikroorganismen beginnen. Fast immer kommt es danach zu einer spezifischen Haftung der Mikroorganismen an distinkten Wirtszellrezeptoren. Diese Interaktion wird meist von mikrobiellen Haftfaktoren (Adhäsinen) ausgeführt. Adhäsine werden von allen pathogenen Erregern, also sowohl von Bakterien als auch von Viren, Parasiten und Pilzen produziert. Hier soll vor allem auf bakterielle Adhäsine eingegangen werden. Meistens stellen die Adhäsine Proteine dar, die dann spezifisch mit Kohlenhydratrezeptoren von Wirtszellen interagieren. Die dabei beobachteten biochemischen und biophysikalischen Vorgänge ähneln den Vorgängen, die bei Antikörper-Antigen-, Hormon-Rezeptor- oder Granulocyten-Adhäsionsmolekül-Interaktionen vorkommen. Nach neueren Befunden können mikrobielle Proteinadhäsine mehrere Bindungsspezifitäten aufweisen. Neben Proteinadhäsinen können auch Kohlenhydratstrukturen und Lipoteichonsäuren auf seiten der Mikroorganismen als Adhärenzfaktoren fungieren. Zielstrukturen auf der Seite des Wirtes sind meist Epithel- oder Endothelzellverbände, Abwehrzellen (Leukocyten, Granulocyten) oder Strukturen der extrazellulären Matrix (ECM). Die wichtigsten Gruppen von mikrobiellen Adhäsinen und einige Beispiele sind in Tabelle 6.1 zusammengefaßt. Folgende Adhärenzfaktoren sind zu unterscheiden:

- **Fimbrienadhäsine:** Die Fimbrienadhäsine (Pili) sind die am intensivsten studierten Adhärenzfaktoren. Eine detaillierte Aufstellung von Fimbrienadhäsinen befindet sich in Tabelle A.8 im

**Tabelle 6.1:** Kolonisations- und Haftstrukturen pathogener Bakterien

| Struktur | Beispiel |
|---|---|
| **Biofilmbildung** | |
| Ica | *S. epidermidis* |
| Alginat | *P. aeruginosa* |
| **Polysaccharid** | |
| LPS | *N. gonorrhoeae* |
| LOS | *N. meningitidis* |
| EPS | *P. aeruginosa* |
| **Nicht-Fimbrienproteine** | |
| NFA, AFA | uropathogene *E. coli* |
| **Fimbrien** | |
| Typ-I-Fimbrien | Enterobakterien |
| Typ-IV-Fimbrien | *N. gonorrhoeae* |
| | *V. cholerae* |
| | *P. aeruginosa* |
| P-Fimbrien | uropathogene *E. coli* |
| S-Fimbrien | uropathogene *E. coli* |
| **Fimbrillen** | |
| M-Protein | *S. pyogenes* |
| Curli | *E. coli* |

Anhang. Es handelt sich hier um ungefähr 2 $\mu$m lange, 2–8 nm dicke Zellorganellen, die aus etwa 1 000 Proteinuntereinheiten (*subunits*) zusammengesetzt sind. Es werden Hauptproteinuntereinheiten (*major subunits*) und Nebenproteinuntereinheiten (*minor subunits*) unterschieden. In einigen Fällen, so bei den P-Fimbrien von uropathogenen *E. coli,* bilden *minor subunits* an der Spitze der Fimbrien eine flexible „Tip-Struktur", die für die Interaktionen mit Wirtsrezeptoren verantwortlich ist. Fimbrienadhäsine werden oft von großen Genclustern codiert, die auf Plasmiden oder auf dem Chromosom lokalisiert sein können. Im Falle verschiedener Typ-IV-Fimbrien können die Gene, wie bei *Neisseria gonorrhoeae,* aber auch ungekoppelt auf dem Chromosom vorliegen. Von vielen Fimbrienadhäsin-Genclustern werden auch Proteine codiert, die für den Schutz der Proteinuntereinheiten im Periplasma („Chaperone") und den Transport durch die äußere Membran („Usher") verantwortlich sind. Die Vorgänge der Fim-

brienbiogenese sind in Abbildung 6.1 schematisch für P-(Pap-)Fimbrien dargestellt. Während die Fimbrienproteine bei ihrem Transport durch äußere Membranen einen eigenen Transportapparat verwenden, bedienen sie sich bei ihrem Durchtritt durch die Cytoplasmamembran des Typ-II-Sec-abhängigen *general secretory pathway* (GSP, siehe Kapitel 9).

- **Fimbrillen:** Hier handelt es sich ebenfalls um Zellwandanhänge, die im Vergleich zu den Fimbrienadhäsinen jedoch dünnere und feinere Strukturen darstellen.

- **„Nicht-Fimbrienadhäsine" (NFA) oder „A-Fimbrienadhäsine" (AFA):** Als NFA oder AFA werden adhäsive Proteine bezeichnet, die als integrale Membranproteine oder als Proteine, die der bakteriellen Membran aufgelagert sind, vorkommen.

- **Mikrobielle Saccharide:** Auch Lipopolysaccharide (LPSs) oder Lipooligosaccharide (LOSs) können mit bakteriellen Rezeptoren in Interaktion treten. Diese gilt unter anderem für *N. gonorrhoeae* und *N. meningitidis.* Adhäsine einiger

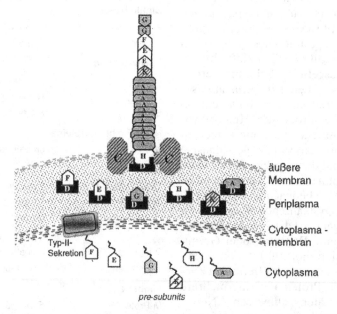

**6.1** Darstellung der Biogenese von P-(Pap-)Fimbrien. Bei PapD handelt es sich um ein Chaperon, das die *subunits* PapA, E, F, G und K sowie PapH schützt. PapC ist ein äußeres Membranprotein.

Infektionserreger wie *Pseudomonas aeruginosa* oder *Staphylococcus epidermidis* produzieren Exopolysaccharide (EPS), die bei der Interaktion mit Wirtsstrukturen Bedeutung erlangen. Diese Substanzen sind auch an der Bildung von Biofilmen beteiligt.

- **Lipoteichonsäuren:** Die Lipoteichonsäuren (LTAs) grampositiver Bakterien spielen beispielsweise eine Rolle bei der Adhärenz von Streptokokken an Wirtszellen.

## 6.1.2 Biologische Bedeutung der Adhärenz

Durch die adhäsinvermittelte Kolonisation von pathogenen Mikroorganismen werden eine Reihe von biologischen Prozessen initiiert, die für den Fortgang einer Infektion große Bedeutung haben. In Abbildung 6.2 sind die wichtigsten dieser Vorgänge schematisch dargestellt:

- **Bildung von Mikrokolonien und Biofilmen:** Die Haftung von Mikroorganismen an distinkte Rezeptoren, vermittelt durch Adhäsine, stellt die Voraussetzung für einen ausgeprägten Wirts- und Gewebetropismus dar. Insbesondere extrazellulär sich vermehrende Mikroorganismen bilden in der Folge Mikrokolonien auf Geweben und Zellen mit anschließenden Zellschädigungen (Abbildung 6.2A). Durch die Produktion von extrazellulären Polysacchariden (Schleimsubstanzen) kann es zur Bildung von Biofilmen kommen. Biofilmbildung spielt beispielsweise eine Rolle bei Infektionen von Fremdkörpern durch PIA-(*polymer induced adhesin-*)produzierende *S. epidermidis*-Stämme oder bei Infektionen von Patienten mit

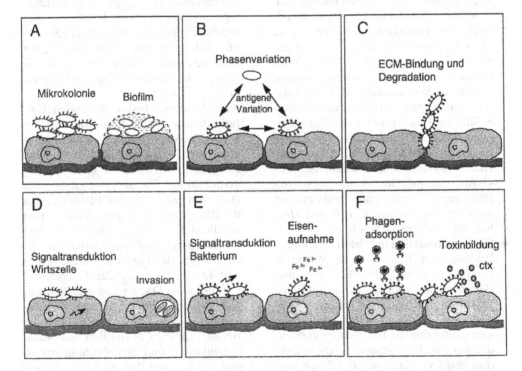

**6.2** Bakterielle Adhärenz und nachfolgende Prozesse. A) Bildung von Mikrokolonien und Biofilmen. B) Antigene Variation und Phasenvariation. C) ECM-Bindung und Degradation. D) Induktion von Signaltransduktion in der Wirtszelle und Invasion. E) Induktion der Signaltransduktion im Bakterium und Eisenaufnahme. F) Phagenadsorption und Toxinbildung.

Cystischer Fibrose (CF) durch alginat-bildende *P. aeruginosa*-Isolate.

- **Oberflächenvariation zur Umgehung der Immunantwort:** Uropathogene *E. coli*-Stämme können bis zu fünf serologische unterschiedliche Fimbrienadhäsine bilden, deren Gene auf bestimmte Umweltsignale hin an- und abgeschaltet werden können (Phasenvariationen). Pili von *N. gonorrhoeae* unterliegen einer großen antigenen Variabilität (Abbildung 6.2B). Diese Phasen- oder antigenen Variationsprozesse spielen eine wichtige Rolle bei der Umgehung der B-Zell-vermittelten Immunantwort durch extrazelluläre Infektionserreger. Die molekularen Grundlagen dieser Prozesse sind in Kapitel 10 und 11 detailliert dargestellt.

- **Bindung an extrazelluläre Matrix und Plasminogenaktivierung:** Viele Infektionserreger bilden Adhäsine, die an extrazelluläre Matrix-(ECM-)Moleküle wie Laminin oder Collagen binden können. Diese Adhäsine vermitteln oftmals auch die Fähigkeit, Plasminogen zu immobilisieren und durch Bindung von *tissue plasminogen activator*-(tPA-)Molekülen zu aktivieren. Solche Prozesse haben zur Konsequenz, daß das Fibrinnetzwerk zerstört wird und es zur interzellulären Penetration von Mikroorganismen durch Gewebe kommt (*bacterial metastasis*, Abbildung 6.2C). Eine durch ECA-Bindung und Plasminogenaktivierung vermittelte Ausbreitung von Pathogenen wurde unter anderem für meningitisauslösende *E. coli* und *Haemophilus influenzae* beschrieben.

- **Signaltransduktion in Wirtszellen:** Durch Bildung von Bakterien an Wirtszellrezeptoren kann es zur Auslösung und Beeinflussung von Signaltransduktionskaskaden in Wirtszellen kommen (Abbildung 6.2D). Dies gilt besonders dann, wenn Integrine als Rezeptoren verwendet werden. Ein Beispiel ist die Induktion von Cytokinen wie IL4 durch uropathogene *E. coli* nach Bindung von Gal($\alpha$1,4)-Gal-Rezeptoren von Uroepithelzellen. Bestimmte Typ-I-Fimbrien-varianten können in Blasenepithelien den Apoptosevorgang auslösen.

- **Induktion von Invasionsvorgängen:** Durch Bindung von bakteriellen Adhäsinen an Wirtszellrezeptoren kann die Aufnahme der Bakterien in nichtprofessionell phagocytierende Wirtszellen induziert werden (Abbildung 6.2D). Diese Vorgänge, die in Abschnitt 6.2 genauer dargestellt sind, werden unter anderem durch Dr-Adhäsine pathogener *E. coli* induziert.

- **Induktion von bakteriellen Signaltransduktionsvorgängen:** Es wurde gezeigt, daß eine P-Fimbrien-vermittelte Bindung von uropathogenen *E. coli* an Gal($\alpha$1,4)-Gal-spezifische Rezeptoren mehrere Transkripte in den bakteriellen Zellen neu induziert. Eines dieser Transkripte ist spezifisch für das Gen *air*S (*bar*A), das wiederum als positiver Regulator die Bildung von Eisenaufnahmesystemen induziert (Abbildung 6.2E). Möglicherweise handelt es sich bei der P-Fimbrien-vermittelten Siderophorinduktion um einen spezifischen Anpassungsmechanismus, mit dem die bakterielle Kolonisierung im Harnweg ermöglicht wird.

- **Aufnahme von toxincodierenden Bakteriophagen:** Nach Kolonisierung von *Vibrio cholerae* im Darm kommt es zu einer verstärkten Bildung von Choleratoxin (Ctx). Ursache für diese erhöhte Toxinbildung ist die Aufnahme von Bakteriophagen, die das Toxingen *ctx* in die Bakterienzelle tragen. Als Rezeptor für die Bakteriophagen dienen die Tcp-(*toxin coregulated pili-*)Adhäsine, die zur Gruppe der Typ-IV-Fimbrien zählen und für die Haftung der *V. cholerae*-Bakterien am Darm verantwortlich sind (Abbildung 6.2F). Bei diesem Vorgang handelt es sich um ein eindrucksvolles Beispiel für die Coevolution von Adhärenzfaktoren und Toxinbildung bei einem bakteriellen Pathogen.

Da es sich bei der Kolonisierung pathogener Erreger um einen Schlüsselvorgang handelt, der oft am Beginn einer Infektion steht, werden momentan Substanzen entwickelt, die die Kolonisierung von Krankheitserregern verhindern sollen („Antiadhäsine"). Eine Strategie besteht dabei in der Etablierung von rezeptoranalogen Molekülen; darüber hinaus werden antimikrobielle Verbindungen getestet, die in die Biogenese der Fimbrien eingreifen. Über die Tragfähigkeit solcher neuen Konzepte zur antimikrobiellen Chemotherapie lassen sich bislang noch keine Aussagen machen (siehe Kapitel 19).

# 6.2 Invasine

## T. Ölschläger

### 6.2.1 Invasion als Überlebensstrategie

Adhäsion an Wirtszellen oder extrazelluläre Matrix stellt einen wichtigen ersten Schritt bei der Etablierung einer Infektion durch Pathogene dar (siehe Abschnitt 6.1). Allerdings sind adhärierende Bakterien dem Angriff des Immunsystems des Wirtes, der Wirkung von Antibiotika und natürlich mechanischen Abwehrmechanismen wie Cilienschlag in den Bronchien, der Ausspülung in den Harnwegen oder der Peristaltik des Darmes ausgesetzt. Für Pathogene kann es daher von Vorteil sein, sich in Wirtszellen einzunisten. Die intrazelluläre Lokalisierung bietet nicht nur Schutz, sondern kann auch der Beginn der Ausbreitung in tieferes Wirtsgewebe oder sogar zur systemischen Dissemination sein. Tatsächlich ist diese Fähigkeit zum Eindringen und Überleben in phagocytische und/oder nichtphagocytische Wirtszellen schon länger für die obligat intrazellulären und die professionell-fakultativ intrazellulären Bakterien bekannt (vergleiche Tabelle A.9 im Anhang).

Obligat intrazelluläre Bakterien wie beispielsweise die Chlamydien, Rickettsien und *Mycobacterium leprae* sind nicht in der Lage, sich außerhalb von Wirtszellen zu vermehren. Diese Abhängigkeit von Wirtszellen beruht unter anderem darauf, daß diese Bakterien nicht mehr imstande sind, bestimmte essentielle Moleküle selbst zu synthetisieren („Stoffwechselparasitismus", siehe Kapitel 12). Im Gegensatz dazu sind die professionell-fakultativ intrazellulären Bakterien zum Wachstum sowohl außerhalb als auch innerhalb von Wirtszellen fähig. Wichtige Vertreter dieser professionell-fakultativ intrazellulären Bakterien sind Listerien, Salmonellen, Shigellen und Yersinien. Das klinische Bild der durch diese Bakterien verursachten Erkrankungen, vor allem aber licht- und elektronenmikroskopische Untersuchungen von *in vivo* und *in vitro* infizierten Wirtszellen, belegten die Invasionsfähigkeit dieser Erreger. Die Entwicklung einer Technik zur raschen Quantifizierung der Invasionsfähigkeit erlaubt die Untersuchung vieler klinischer Isolate auf diese Invasionsfähigkeit hin. Diese Methode basiert auf der Tatsache, daß Aminoglykosidantibiotika wie Gentamycin nicht in eukaryotische Zellen eindringen können und daher nur extrazelluläre Bakterien abtöten.

Der Einsatz von Invasionstests führte zur Entdeckung der Gruppe der nichtprofessionell-fakultativ intrazellulären Bakterien (Tabelle A.9 im Anhang). Auch diese Gruppe ist sowohl zum extra- als auch intrazellulären Überleben fähig und zeichnet sich unter anderem dadurch aus, daß die Invasionseffizienz meist deutlich unter jener der professionell-fakultativ intrazellulären Mikroorganismen liegt und auch *in vivo* nur ein kleiner Teil der Population invadiert. Die Analyse der Invasionsprozesse pathogener Mikroorganismen hat eine Disziplin der molekularen Infektionsbiologie in Gang gebracht, die als zelluläre Mikrobiologie bezeichnet wird. Ausgelöst vom Studium der bakteriellen Invasion befaßt sich die zelluläre Mikrobiologie heute generell mit dem Einfluß mikrobieller

Faktoren auf Stoffwechsel und Signaltransduktion der eukaryotischen Zelle. In Kapitel 15 wird noch einmal gesondert auf die zelluläre Mikrobiologie eingegangen.

## 6.2.2 Trigger- und Zipper-Mechanismus

Der Aufnahmeprozeß pathogener Mikroorganismen in eukaryotische Zellen beginnt mit der Interaktion eines bakteriellen Liganden, dem Invasionsprotein, mit seinem komplementären Rezeptor auf der Wirtszelle. Diese Wechselwirkung induziert eine Signaltransduktion in der/in die Wirtszelle, die zu einer lokalen Umstrukturierung des Cytoskeletts führt. Diese Umstrukturierung des Cytoskeletts ist notwendig für die dann folgende Aufnahme der Bakterien in die Wirtszelle. Es lassen sich zwei prinzipielle Internalisierungsmechanismen dabei unterscheiden: der Auslöse-(Trigger-) und der Reißverschluß-(Zipper-)Mechanismus (Abbildung 6.3.). Beim Auslösemechanismus, repräsentiert durch die Internalisierung von *Shigella*

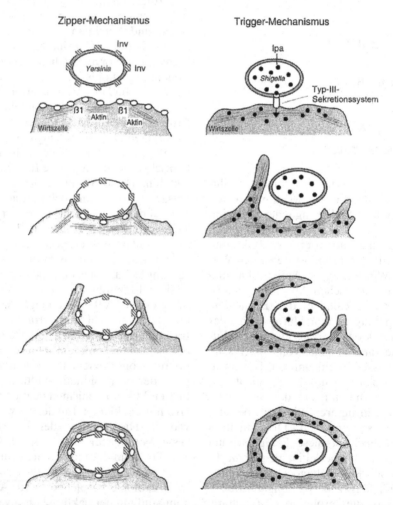

**6.3** Schematische Darstellung der zwei prinzipiellen Internalisierungsmechanismen. Beispielhaft für die Internalisierung nach dem Zipper-Mechanismus die Aufnahme von *Yersinia* spp. und nach dem Trigger-Mechanismus ist die Aufnahme von *Shigella* spp. dargestellt.

spp. und enteroinvasiven *E. coli*, muß die Bakterienzelle nicht in engem physikalischem Kontakt mit der Wirtszelle stehen. Es werden vielmehr die bakteriellen Induktoren, die Invasionsproteine IpaA, B und C, bei Shigellen ins Medium beziehungsweise in die Wirtszelle sezerniert. Dadurch werden in der Wirtszelle große faltenförmige Ausstülpungen gebildet, die die Shigellen, welche in der Nähe der Wirtszelloberfläche lokalisiert sind, einschließen. Damit befinden sich die Bakterien schließlich intrazellulär in einer Vakuole. Beim Reißverschlußmechanismus bilden die an der Bakterienoberfläche gebundenen Invasionsproteine die eine Reihe der Zähne des Reißverschlusses und die Wirtszelloberflächenrezeptoren die korrespondierende andere Reihe. Nach und nach binden die bakteriellen Ligandenmoleküle an die Rezeptormoleküle, wobei die Wirtszellplasmamembran um die Bakterienzelle gestülpt wird, bis das Bakterium völlig eingeschlossen ist. Offensichtlich ist, daß sich das Bakterium dabei in engem Kontakt mit der Wirtszelle befindet. Der Reißverschlußmechanismus kann bei der Internalisierung von *Listeria monocytogenes* und *Yersinia* spp. beobachtet werden.

## 6.2.3 Struktur von Invasionssystemen

Die Fähigkeit zur Invasion kann chromosomal oder plasmidcodiert sein (vergleiche Tabelle 6.2). Sie kann durch ein einziges Protein, wie im Falle des Invasins von *Yersinia pseudotuberculosis* oder *Y. enterocolitica*, oder auch durch ein Set von mehreren Proteinen vermittelt werden. Bei dem *Yersinia*-Invasionsprotein handelt es sich um ein Protein in der äußeren Membran, das durch das Sec-Exportsystem Typ II (siehe Kapitel 9) und mittels einer klassischen N-terminalen Signalsequenz exportiert wird. Es ist notwendig und hinreichend für die Invasionsfähigkeit, da nach Klonierung und Expression des Invasingens in nichtin-

vasive *E. coli*-Laborstämme diese invasiv und mit Invasinprotein beschichtete Latexkügelchen ebenfalls von Epithelzellen internalisiert werden.

Andere Invasionsloci gramnegativer Bakterien, wie jene von *Salmonella* spp. oder *Shigella* spp., beinhalten mehr als 30 Gene. Eine beträchtliche Anzahl dieser Gene codiert jeweils für ein Sekretionssystem vom Typ III (SST III) (siehe Kapitel 9), das für die Ausschleusung der eigentlichen Invasionsproteine verantwortlich ist. Kennzeichnend für SST III ist die Lokalisierung der Gene auf Plasmiden oder Pathogenitätsinseln. Die Komponenten sind sowohl in der Cytoplasma- als auch in der äußeren Membran präsent, und es fehlt jegliche Prozessierung der exportierten Proteine. Als bemerkenswert erweisen sich außerdem die weite Verbreitung solcher SST III nicht nur unter human- und tierpathogenen Spezies, sondern selbst unter pflanzenpathogenen Bakterien (siehe Kapitel 13), und ihre generelle Funktion bei der Ausschleusung verschiedenster Virulenzfaktoren und Flagellenproteine. Verschiedene essentielle Komponenten, der Exportfunktion dieser SST III sind stark konserviert. So enthalten alle Typ-III-Systeme Proteine mit ATPase-Aktivität. Diese SST-III-ATPasen liefern vermutlich die Energie für den Proteinexport. Andere Proteine bilden eine Pore in der Cytoplasmamembran, andere in der äußeren Membran, und wieder andere verbinden diese Poren, indem sie einen Kanal durch das Periplasma bilden.

Die exportierten Virulenzfaktoren können sehr unterschiedlich sein. Es kann sich um Toxine wie YopH und YopE von *Yersinia* handeln oder um Exoproteine wie ExoS und ExoT von *Pseudomonas aeruginosa* oder um Invasionsproteine wie IpaA, B, C von Shigellen oder Sip von Salmonellen, die die Aufnahme der Bakterien durch nichtprofessionell phagocytierende Zellen induzieren.

Die Invasion kann aber auch eng mit der Adhäsion gekoppelt sein. Offensichtlich sind bestimmte Adhäsine, etwa die Typ-I-Pili der Salmonellen, notwendig für die Invasion. Andere Adhäsine, wie zum Beispiel Pili von *Porphyromonas gingivalis* oder das Dr-II-Adhäsin von uropathogenen *E. coli*, vermitteln nicht nur Adhärenz, sondern auch Invasion. Eine weitere Variante von Adhäsionsdeterminanten mit zusätzlicher Invasionsfunktion stellt das AFA-III-Gencluster dar. Dieses Gencluster umfaßt neben mehreren Genen für ein Nicht-Fimbrienadhäsin noch ein Gen, *afaD*, das für ein Invasionsprotein codiert (siehe Abschnitt 6.1).

## 6.2.4 Eukaryotische Internalisierungsrezeptoren

Bakterielle Invasionsproteine induzieren die Internalisierung durch ihre Interaktion mit eukaryotischen Rezeptoren. Als Rezeptoren wurden bisher Oberflächenproteine auf den Wirtszellen identifiziert. Beispielsweise bindet das Invasin der Yersinien an die $\beta$1-Untereinheit verschiedener Integrine (Tabelle 6.2 und Tabelle A.19). Die aus jeweils einer $\alpha$- und einer $\beta$-Untereinheit aufgebauten transmembranen Integrine dienen der eukaryotischen Zelle zur Zell-Zell-Interaktion und der Bindung an extrazelluläre Matrixproteine wie etwa Fibronectin. Die Bindung von Fibronectin an die Integrine erfolgt über die Aminosäuresequenz Arg-Gly-Asp (RGD) im Fibronectin. Das Invasin enthält allerdings diese Sequenz nicht. *Bordetella pertussis* und *Enterococcus faecalis* dagegen induzieren ihre Aufnahme jeweils mittels eines Invasionsproteins, das dieses Motiv enthält. Ein weiterer identifizierter

**Tabelle 6.2:** Bekannte bakterielle Invasionsprozesse, die korrespondierenden Internalisierungsrezeptoren und die beteiligte(n) Cytoskelettkomponente(n)

| Spezies | Internalisierungsmodus | Invasionsprotein | Internalisierungsrezeptor |
|---|---|---|---|
| EPEC | MF und MT | Intimin (EaeA) | Tir (Hp90) |
| *Klebsiella pneumonia* | MF und MT | ? | GlcNAc von N-glykosyliertem Protein |
| *Listeria monocytogenes* | MF | Internalin (InlA) | E-Cadherin |
| *Mycobacterium tuberculosis* | MF und MT | Fibronectin an 55-kDa-Omp | $\alpha_5\beta_1$-Integrine |
| *Neisseria gonorrhoeae* | MF und MT | Opa30 Opa52 | syndecanähnliches Proteoglykan |
| | | Vitronectin an Opc | CD66 $\alpha_v\beta_3$- oder $\alpha_5\beta_1$-Integrine |
| *Porphyromonas gingivalis* | MF und MT | Pilus | 48-kDa-Proteine auf Zahnfleischepithelzellen |
| *Salmonella typhimurium* | MF | *Salmonella*-Invasionsproteine (Sip) | Rezeptoren für Wachstumsfaktoren ? |
| *Salmonella typhi* | MF | *Salmonella*-Invasionsproteine (Sip) | CFTR cystic fibrosis transmembrane conductance regulator |
| *Shigella* spp. | MF | Ipas (*invasion plasmid antigens*) | $\alpha_5\beta_1$-Integrine |
| UPEC | MT | Dr-Fimbrien | SCR-3 des *deca accelarting factors* |
| *Yersinia* spp. | MF | Invasin (Inv) YadA Ail | $\beta_1$-Integrine für Inv und YadA ? |

Internalisierungsrezeptor von nichtprofessionellen Phagocyten wie Epithelzellen ist das Transmembranprotein E-Cadherin, das für die Invasion durch *Listeria monocytogenes* via Internalin A verantwortlich ist (Tabelle 6.2). Syndecanähnliche Proteoglykane werden als Internalisierungsrezeptor von *N. gonorrhoeae* genutzt, wobei das MS11-Opa$_{30}$-Protein in der äußeren Membran als bakterieller Ligand fungiert. Aber auch eine indirekte Wechselwirkung zwischen prokaryotischem Ligand und eukaryotischem Rezeptor kann die bakterielle Internalisierung induzieren. So vermag *Neisseria* mittels Vitronectin seine Internalisierung zu induzieren, nachdem Vitronectin an das bakterielle Membranprotein Opc gebunden hat und dann mit Integrinen der Wirtszelle interagiert.

Eine Besonderheit ist der Internalisierungsrezeptor für enteropathogene *E. coli*-(EPEC-)Stämme. Diese Mikroorganismen transferieren ein Protein (Hsp90 = Tir, *translocated intimin receptor*) in die Cytoplasmamembran der Wirtszelle, das dann in der Wirtszelle phosphoryliert wird und als Rezeptor für das bakterielle Membranprotein Intimin und die Aufnahme der EPEC in die Wirtszelle dient. Bei *Shigella* und möglicherweise auch *Salmonella* bleiben die bakteriellen Liganden, das heißt die Invasionsproteine, nicht zellgebunden, sondern werden mittels eines SST III nach Kontakt mit Wirtszellen sezerniert bzw. in die Wirtszelle injiziert. Die Aufnahme von intrazellulären Bakterien in professionelle Phagocyten, wie polymorphkernige Leukocyten, muß für viele dieser Bakterien unabhängig von der Phagocytose über Fc- oder Komplementrezeptoren erfolgen, damit sie intrazellulär in diesen Abwehrzellen auch tatsächlich zu überleben vermögen. Neisserien nutzen daher für ihre Internalisierung in Phagocyten CD66-Epitop-haltige Rezeptoren, mit denen sie über ein weiteres bakterielles Membranprotein, das Opa$_{52}$, interagieren.

Mehrere Invasionssysteme pro Bakterium, wie bei *Neisseria* gefunden, sind keine Ausnahme. So wurden für *Yersinia* neben dem Inv-System noch zwei weitere Invasionsproteine, Ail und YadA, identifiziert. *L. monocytogenes* codiert ebenfalls für mehrere Invasionsproteine. Eines, Internalin A, ist notwendig für die Invasion von intestinalen Epithelzellen, Internalin B dagegen für die Invasion von Hepatocyten. Zum einen können also mehrere Invasionssysteme entweder als redundante Systeme angelegt sein oder die Penetration in verschiedene Zelltypen gewährleisten und damit verantwortlich für den Zelltropismus sein.

## 6.2.5 Signaltransduktion und Cytoskelett

An der Signaltransduktion in der Wirtszelle können Proteinkinasen, Proteinphosphatasen und/oder Veränderungen des Calciumspiegels beteiligt sein (Abbildung 6.4). Die Blockierung von tyrosinspezifischen Proteinkinasen in der Wirtszelle inhibiert beispielsweise die Internalisierung von *Yersinia* spp., enteropathogenen *E. coli*, *L. monocytogenes* und *P. gingivalis*, nicht aber von *Salmonella* spp. Proteinkinase C scheint dagegen essentiell zu sein für die Aufnahme von Neugeborenenmeningitis erregenden *E. coli*. Phosphorylierte Proteine als Folge der bakteriell induzierten Signalkaskade wurden in Wirtszellen nachgewiesen, die mit den zuvor genannten Bakterien oder mit *Chlamydia trachomatis*, *Ehrlichia risticii*, *Mycoplasma penetrans* oder *Shigella* infiziert worden waren.

Neben Proteinkinasen werden aber auch Proteinphosphatasen bei der Invasion durch Bakterien aktiviert. So wird während der Internalisierung von EPEC ein 240-kDa-Wirtszellprotein dephosphoryliert. In *Salmonella*-infizierten Wirtszellen sind das kleine GTP-bindende Protein CDC42 und Phospholipase C an den Signaltransduktionsereignissen beteiligt. Die Aktivierung der Phospholipase C führt dann zu einer Erhöhung der intrazellulären Calciumionenkonzentration und von Inositolphosphat. In *Shigella*-infizierten Wirts-

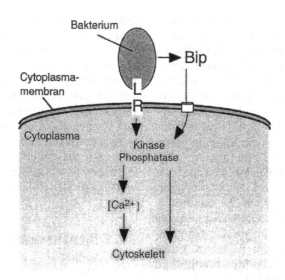

**6.4** Schematische Darstellung der eukaryotischen Signaltransduktion nach Interaktion mit bakteriellen Liganden. L = bakterieller Ligand, R = eukaryotischer transmembraner Rezeptor; Bip = bakterielles Invasionsprotein; □ = bakterielle Translokatoren.

zellen ist ein anderes kleines GTP-Binde-protein, Rho, an der Signaltransduktion beteiligt. Alle diese Signaltransduktionsereignisse münden in eine Umstrukturierung des Cytoskeletts. Es ist daher klar, daß die bekannte Domäne der Internalisierungsrezeptoren für *Yersinia*, die $\beta$1-Untereinheit der Integrine, welche für die Verbindung mit den Mikrofilamenten verantwortlich ist, auch für die Internalisierung von *Yersinia* eine Rolle spielt.

Die für die Internalisierung essentielle Komponente des Cytoskeletts sind zwar meist die Mikrofilamente. Immer häufiger wird aber von der zusätzlichen oder sogar ausschließlichen Abhängigkeit von den Mikrotubuli für die erfolgreiche Internalisierung berichtet. Die Internalisierung der obligat intrazellulären Chlamydien kann sowohl mit Inhibitoren der Mikrofilamente als auch der Mikrotubuli verhindert werde. Entsprechendes gilt für die Aufnahme von enteropathogenen *E. coli*, *Klebsiella pneumoniae* und *Mycobacterium tuberculosis* in Epithelzellen. In bestimmte Zellinien werden dagegen *Campylobacter jejuni*, *Citrobacter freundii* und uropathogene *E. coli* strikt mikrotubuliabhängig aufgenommen. Die Depolymerisie-

rung der Mikrofilamente, die die Aufnahme aller anderen Bakterien inhibiert, reduziert die Internalisierungseffizienz von *C. jejuni*, *C. freundii* und uropathogene *E. coli* nicht. Es konnte im Gegenteil eine leichte Erhöhung der Invasionseffizienz in Zellen ohne intakte Mikrofilamente für diese Bakterien beobachtet werden.

## 6.2.6 Intrazelluläres Überleben

Werden Bakterien ins Innere von Bakterienzellen aufgenommen, verbleiben sie entweder im Endosom oder befreien sich daraus und überleben dann frei im Cytoplasma der Wirtszellen. Letzteres ist charakteristisch für Listerien, Shigellen und Rickettsien. Durch die Lyse des Endo- oder Phagosoms entgehen diese Erreger nicht nur den bakteriziden Mechanismen in den Phagolysosomen, das freizugängliche Cytoplasma bietet auch einen ganzen Cocktail von für die bakterielle Vermehrung wichtigen Substanzen. Außerdem vermögen diese Erreger Aktin an einem bakteriellen Zellpol zu polymerisieren. Die Aktinfilamente sind in einem Bündel angeordnet, einem Kometenschweif ähnlich, das von der Bakterienzelle ausgeht. Mittels dieses Aktinschweifes bewegen sich diese Bakterien durch die Wirtszelle und stoßen damit auch in Nachbarzellen vor, ohne den Schutz der ursprünglich infizierten Wirtszelle zu verlassen. Einige jener Bakterienspezies, die im Endosom verbleiben, werden offensichtlich durch die Wirtszelle passagiert und verlassen diese dann auf der gegenüberliegenden Seite. Auf diese Weise können Wirtsbarrieren überwunden werden. Mittels dieser Transcytose durchqueren etwa *Salmonella typhi* das Darmepithel und Neugeborenenmeningitis verursachende *E. coli* die Blut-Hirn-Schranke.

# 6.3 Toxine

J. Reidl

## 6.3.1 Toxine als Virulenzfaktoren

Der Begriff „Toxin" ist abgeleitet vom griechischen *toxikon* und bedeutet „Bogengift". Toxine haben den Effekt, den Wirt zu schädigen oder gar zu töten. Die bakteriellen Proteintoxine zählen in ihrer toxischen Wirkung zu den hochwirksamsten Toxinen, beispielsweise erzeugen nur wenige Nanogramm ($10^{-9}$ g) des Botulinumtoxins, von *Clostridium botulinum*, eine letale Wirkung beim Menschen. Einer frühen Einteilung zufolge werden bakterielle Proteintoxine auch als „nach außen abgegebene" Exotoxine benannt. Durch diese Bezeichnung werden die Exotoxine vom Endotoxin (LPS, siehe Abschnitt 7.3) gramnegativer Bakterien abgegrenzt. Eine weitere Einteilung von Toxinen erfolgt heute im wesentlichen nach:

- Zielort/Gewebe (Entero-, Leuko-, Neurotoxine und so weiter),
- der Wirkung (ADP-Ribosylierung-, Adenylatcyclasetoxine und so weiter),

- den hauptsächlich verursachten biologischen Effekten (ödemaproduzierendes, dermonekrotisches, hämolytisches oder lymphocytotisches Toxin).

Proteintoxine stellen die Hauptvirulenzfaktoren bei Bakterien dar. Eine Abgrenzung zu anderen Virulenzfaktoren kann darin gesehen werden, daß Toxine (zum Beispiel Tetanus-, Cholera-, Diphtheria- und Botulinumtoxin) in isolierter und aufgereinigter Form zu Intoxikation führen. Dies bedeutet, nach Verabreichung der Toxine werden die gleichen pathogenen Effekte *in vivo* erzeugt, wie sie auch durch die entsprechenden toxincodierenden Krankheitserreger verursacht werden.

## 6.3.2 Toxinstrukturen

Toxine zeigen viele unterschiedliche Formen. Man unterscheidet unter anderem Toxine mit A-B-Untereinheiten und Toxine die aus nur einer Polypeptidkette (zum Beispiel membranschädigende Toxine wie Hämolysine, Phospholipasen, kleine Toxine oder Superantigene) bestehen.

Die Gliederung in A-B-Typen bezieht sich hauptsächlich auf die spezifischen Funktionen der Untereinheiten oder Domänen A und B (Abbildung 6.5A und B). Die Untereinheit A wird meist als die enzymatisch katalytische Domäne beschrieben, die Untereinheit B ist meist verantwortlich für die Wirtsrezeptorerkennung, Toxintranslokation und Toxinstabilität. Beispiele für A-B-Toxine sind: Enterotoxin (*Escherichia coli*), Choleratoxin (*Vibrio cholerae*), Pertussistoxin (*Bordetella pertussis*) oder Shiga-Toxin (*Shigella dysenteriae*), welche durch zwei Gene codiert werden. Im Gegensatz dazu werden das Adenylatcyclasetoxin (*Bordetella pertussis*), das Diphtherietoxin (*Corynebacterium dipththeriae*), das Botulinumtoxin (*Clostridium botulinum*) und das Exotoxin A (*Pseudomonas aeruginosa*) von nur einem Gen codiert.

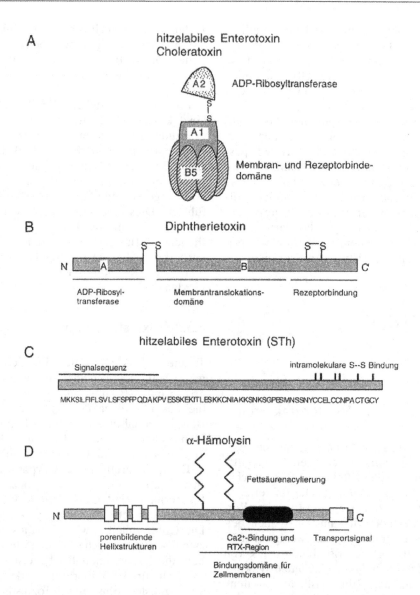

**6.5** Schematische Darstellung von verschiedenen Toxinen. A) Aufbau des Choleratoxins. Zu erkennen ist die pentamere Struktur der B-Untereinheiten, welche die aktive Form der A1-Untereinheit umgibt. B) Monomere Form des Diphtherietoxins. Die A-B-Untereinheiten sind nach dem Trypsinverdau noch über eine Wasserstoffbrückenbindung verbunden, nach der Translokation spaltet sich die aktive A-Untereinheit durch milde Hydrolyse ab. C) Primäre Struktur des hitzestabilen Toxins STh. D) Sekundäre Struktur des α-Hämolysins aus *E. coli*, dargestellt mit charakteristischen Domänen.

Nach der Translation und der Sekretion ins extrazelluläre Medium liegen die Toxine in einer heterooligomeren Form vor. Beispielsweise findet man beim Cholera- und *E. coli*-Enterotoxin (TX, LT I, II) fünf identische B-Untereinheiten von je 12 kDa

als Pentamer ringförmig um die A-Untereinheit angeordnet (Abbildung 6.5A). Beim Pertussistoxin liegen hingegen zwei heteromere Dimerformationen vor, und beim Diphtherietoxin findet man schließlich die monomere Form einer einzigen Polypeptidkette, welche durch milde Proteolyse in die entsprechenden funktionellen Untereinheiten A und B aufgetrennt werden (Abbildung 6.5B). Während der Sekretion und Translokation der Toxine ins intrazelluläre Lumen der Zielzellen werden die A-Untereinheiten durch reduktive Spaltung aktiviert. Im Falle von Cholera-, Pertussis- und Diphtherietoxin findet die Reduktion über Glutathion statt. Dabei wird die A-Untereinheit des Choleratoxins (27,2 kDa) in eine enzymatisch aktive A1-Form (22 kDa) und eine A2-Form (5 kDa) prozessiert. Das Diphtherietoxin und Exotoxin A werden nach der Ausbildung von internen Schwefelwasserstoffbrückenbindungen ebenfalls proteolytisch prozessiert, was zur Aktivierung der A-Untereinheit führt.

Kleine, hitzestabile Toxine werden von verschiedenen pathogenen Organismen synthetisiert. Das typische Merkmal dieser Toxine ist die Hitzestabilität. Diese Proteine bleiben auch noch nach 30-minütigem Kochen (100 °C) aktiv. Am N-Terminus befindet sich die zur Sekretion benötigte Signalsequenz, und am C-Terminus sind mehrere Cysteinreste lokalisiert. Es wird angenommen, daß die Ausbildung von Intrathiolbindungen dieser Cysteine zur Stabilität dieser Proteine beiträgt (Abbildung 6.5C).

Das $\alpha$-Hämolysin aus *E. coli*, als ein Beispiel für porenbildende Toxine, wird als ein zusammengehöriges Polypeptid synthetisiert und durch ein spezielles Sekretionssystem (Typ I, siehe Kapitel 9) sekretiert. Anschließend wird es in die Zellmembran der Zielzellen eingebaut. Die ringförmige Anordnung eines Monomers führt schließlich zur Ausbildung einer Pore. Innerhalb der monomeren Form von $\alpha$-Hämolysin sind mehrere Regionen/ Strukturen charakterisiert (Abbildung 6.5D): Am N-Terminus sind porenbildende Strukturen enthalten, im mittleren Teil codieren zwei Lysine, die durch Fettsäureacylierung posttranslational modifiziert werden, gefolgt von der RTX-Region, die eine $Ca^{2+}$-Bindedomäne darstellt, und am C-Terminus ist der Bereich lokali-

siert, der für die Sekretion des Toxins aus der Bakterienzelle verantwortlich ist.

## 6.3.3 Membranschädigende Aktivitäten von Toxinen

Innerhalb der Gruppe von membranschädigenden Toxinen findet man zwei Wirkungsmechanismen: einen enzymatisch und einen physikalisch vermittelten. Zur ersten Gruppe zählen Enzyme wie Phospholipasen und Lecithinasen, die zur Degradierung von Phospholipiden und damit zur Zerstörung der Membranintegrität führen. Die Aktivität dieser Toxine besteht in einer Hydrolysierung der Phosphatesterbindung zwischen dem Diacylglycerin und der geladenen Kopfgruppe des Lipids (zum Beispiel Serin, Glycerinphosphat, Ethanolamin, Cholin; Abbildung 6.6A). So spaltet die Phospholipase C ($\alpha$-toxin von *Clostridium perfringens*) Phosphatidylcholin zu Phosphocholin und den entsprechenden Lipidrest. Andere Aktivitäten der Phospholipasen findet man beispielsweise bei der Phospholipase D (dermatonekrotisches Toxin aus *Corynebacterium pseudotuberculosis* und *C. ulcerans*), das Sphingomyelin hydrolysiert. Ebenso spaltet die Sphingomyelinase C ($\beta$-Hämolysin, aus *Staphylococcus aureus*) spezifisch Sphingomyelin in Phosphocholin und Ceramid.

Die zweite große Gruppe der membranschädigenden Toxinklasse stellen die physikalisch wirkenden Toxine dar. Die Aktivität dieser Proteine führt zur Ausbildung von stabilen Porenformationen in der Membran von eukaryotischen Zellen (Abbildung 6.6B). Die zellschädigende Wirkung ist mit einer Lyse der betroffenen Zellen durch die Zerstörung des Protonengradienten, der Atmungskette sowie den Verlust der ATP-Synthese zu erklären. Unter diese Toxingruppe fallen eine Vielzahl von sogenannten RTX-(*repeats in toxin*-)Toxinen mit repetitiven Strukturen im Toxin, bestehend aus einer glycinrei-

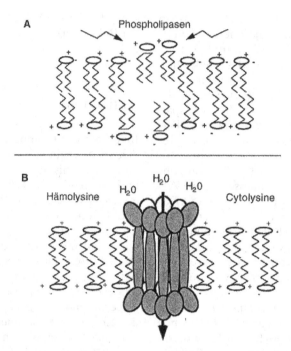

**6.6** Vereinfachte Darstellung der Aktivität membranzerstörender Toxine. A) Aktivität von enzymatisch aktiven Lipasen. B) Porenbildung von Hämolysinen und Cytolysinen.

chen Consensusregion. Dies sind unter anderem α-Hämolysine (innerhalb von *Enterobactericeae*), Leukotoxin (*Pasteurella haemolytica*) oder Cyclolysin (*Bordetella pertussis*). Andere Porenbildner bilden aggregative Komplexe an cholesterolhaltigen Lipiden aus und werden thiolaktivierbare Cytolysine genannt. Hierzu zählt man beispielsweise Listerolysin O (*Listeria*), Tetanolysin und Perfringolysin (*Clostridium*), Streptolysin O und Pneumolysin (*Streptococcus*), Aerolysin (*Aeromonas*) und α-Toxin (*Staphylococcus*).

## 6.3.4 Internalisierte Toxine

Toxine dieser Klasse stellen meist A-B-Toxine dar. Die Stadien, die zur Entfaltung ihrer Aktivität führen, lassen sich in drei Schritte zusammenfassen:

1. Bindung an die Oberfläche von bestimmten Zielzellen über spezifische Interaktion zwischen B-Untereinheit und Zellrezeptor,
2. Translokation des Toxins in das Cytoplasma oder andere Zellkompartimente (endoplasmatisches Reticulum, Lysosomen und so weiter),
3. Entfaltung der katalytischen Aktivität des Toxins.

Internalisierte Toxine zeigen die unterschiedlichsten enzymatischen Aktivitäten: Eine große Gruppe besitzt die Aktivität von ADP-Ribosyltransferasen, andere wirken als N-Glykosidasen, Metalloproteasen oder invasive Adenylatcyclasen.

### ADP-Ribosyltransferasen

Als Wirtssubstrat für die ADP-Ribosylierung dient hauptsächlich das zelluläre Nicotinamid-adenin-dinucleotid (NAD), beispielsweise für Cholera-, Pertussis- und Diphtherietoxin. Hingegen benutzen die großen Clostridien-ADP-ribosylierenden Toxine zelluläre UDP-Glucose als UDP-

Ribosyldonor. Im Falle von NAD besteht die enzymatische Aktivität der Transferasen in der Spaltung von NAD in Nikotinamid und ADP-Ribose mit anschließender Bildung einer N- oder S-glykosidischen Bindung zwischen ADP-Ribose und Zielproteinen. Die Zielproteine von ADP-Ribosyltransferasen stellen zum Beispiel G-Proteine dar (Gαs, Gi oder kleine G-Proteine, erkannt von Cholera-, Pertussis- und Clostridientoxinen), die durch entsprechende Modifikation eine Aktivierung nachgeschalteter Regulationswege nach sich ziehen oder rezeptorvermittelte Signaltransduktion verhindern. Ein anderer Angriffspunkt kann die Inhibierung der Proteintranslation sein. Diese wird durch die ADP-Ribosylierung des Elongationsfaktors EF2 durch Toxine wie Diphtherietoxin und Exotoxin A (*P. aeruginosa*) erzeugt. Schließlich werden auch durch Exotoxine aus Clostridien zelluläre Strukturproteine, wie zum Beispiel Aktin, UDP-ribosyliert, wodurch Vorgänge wie Zellmobilität, Endocytose, Mitose und Cytokinese beeinflußt werden.

Der Pathomechanismus ADP-ribosylierender Toxine ist am Beispiel des Choleratoxins in Abbildung 6.7 dargestellt: Die A-Untereinheit des Toxins wird nach vorangegangener Rezeptoranheftung an ein Gangleosid (GM1) ins Cytoplasma der Wirtszelle aufgenommen. In diesem Kompartiment spaltet die aktive A1-Form des Toxins das NAD zu Nikotinamid unter gleichzeitiger N-glykosidischer Verknüpfung des ADP-Ribosylrestes mit einem konservierten Argininrest des GTP-Bindeproteins Gαs. In dieser modifizierten Form kann Gαs gebundenes GTP nicht mehr spalten und ist somit in seiner aktiven Konformation konserviert. In diesem Zustand aktiviert Gαs die Adenylatcyclase zur konstitutiven Synthese von 3′, 5′-cyclischem Monophosphat (cAMP). cAMP, als sekundäres Signalmolekül, wiederum aktiviert über Phosphorylierungs- und Dephosphorylierungskaskaden die Öffnung des spezifischen Chloridkanals CFTR (*cystic fibrosis conductance regulator*) unter gleichzeitiger Inhibierung der Natrium- und Chloridabsorption. Dies führt zur er-

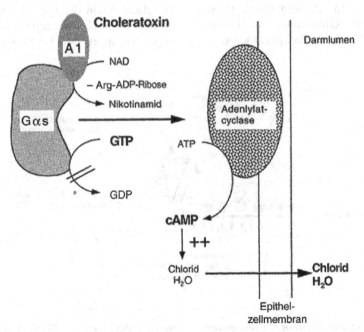

◂ **6.7** Modifikation der Gαs-ADP-Ribosylierung durch die Choleratoxin-A1-Untereinheit und anschließende Aktivierung der membranständigen Adenylatcyclase.

höhten Sekretion von Bicarbonat und Chlorid in das Darmlumen, wobei durch osmotische Wirkung schließlich intrazelluläre Wasserspeicher in das Darmlumen ausströmen und die vulminante Choleraerkrankung herbeiführen.

## N-Glykosidasen

Eine weitere Gruppe internalisierter Toxine stellen die N-Glykosidasen dar, die auch als die Familie der Shiga-Toxine (Stx oder Verotoxine, Vtx) bezeichnet werden. Der toxische Effekt dieser Gruppe wird durch die Hemmung der Proteinsynthese hervorgerufen. Dabei bewirken die Shiga-Toxine von *S. dysenteriae* und *E. coli* enzymatisch die Inhibierung der Proteintranslation. Sie ist die Folge der Modifizierung der 60S-Ribosomen-Untereinheit durch die Hydrolyse einer N-glykosidischen Bindung zwischen Adenin und Ribose der 28S-ribosomalen RNA.

## Deamidasen

Das CNF1-Toxin von pathogenen *E. coli* aktiviert das Rho-Protein durch Deamidierung eines Glutaminrestes. Dadurch wird die Zelle irreversibel geschädigt.

## Metalloendoproteasen

Die zu dieser Toxingruppe gehörenden Tetanustoxine (Wundstarrkrampf, *Clostridium tetani*) und Botulinumtoxine (Botulismus, *Clostridium botulinum*) findet man nur bei Clostridien. Diese Toxine werden auch als Neurotoxine bezeichnet und lassen sich beide wiederum als A-B-Toxine beschreiben. Nach der Internalisierung, zum Beispiel des Tetanustoxins (Tetanospasmin), über Gangliosid-(GT1- oder GD1b-) Rezeptorerkennung an neuronalen Zellen wird die A-Untereinheit durch retrograden axonalen Transport an die peripheren Nervenendigungen bewegt. Dort wird es von den postsynaptischen Dendriten freigesetzt und diffundiert zu den präsynaptischen Neuronen. Das Tetanospasmin bewirkt in diesen Neuronen eine Erniedrigung der Freisetzung der inhibitorischen Neurotransmitter Gamma-Aminobuttersäure (GABA) und Glycin, was wiederum zur ungekoppelten Reizung der synaptischen Aktivität und zur spasmischen Paralyse führt (Abbildung 6.8). Anders als das Tetanospasmin hemmt das Botulinumtoxin die Freisetzung von Acetylcholin (ACH) an den peripheren cholinergen Synapsen und verhindert damit die

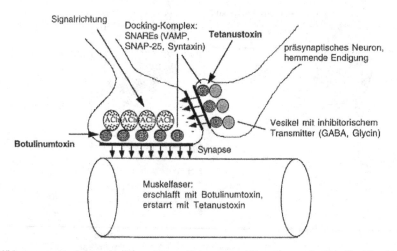

**6.8** Der Wirkungsmechanismus der Neurotoxine: Tetanus- und Botulinumtoxin. Der Docking-Komplex besteht aus dem *vesicle associated membrane protein* (VAMP), auch als Synaptobrevin bezeichnet, dem *synaptosome associated membrane protein* von 25 kDA (SNAP-25) und dem Syntaxin.

Reizweiterleitung, was zur flacciden (erschlaffenden) Paralyse führt (Abbildung 6.8). Die Funktionsweise dieser Toxine kann als zinkabhängige Protease beschrieben werden. Dabei wird beispielsweise Synaptobrevin-2, das als Kopplungsprotein in den Membranen von Neurotransmitter beinhaltenden Vesikeln enthalten ist, durch das Tetanoplasmin oder Botulinumtoxin gespalten; somit wird eine Neurotransmitterfreisetzung (Vesikelfusion mit der Synapse) unterbunden. Neuerdings wird das Botulinumtoxin auch als Therapeutikum zur Behandlung neurologischer Erkrankungen herangezogen.

**Adenylatcyclasen**

Die enzymatische Funktion von Adenylatcyclasen besteht in der Synthese von 5'-cAMP, welcher als Botenstoff (*second messenger*) eine Reihe von relevanten zellphysiologischen Prozessen steuert. Es gibt bakterielle Toxine, welche die Enzymfunktion von Adenylatcyclasen besitzen. Beispielsweise synthetisieren *Bacillus anthracis*-Keime (Milzbranderreger) einen Komplex aus Ödemfaktor (Cyclaseaktivität), Letalfaktor und protektivem Antigen. Die von *Bordetella pertussis* (Keuchhustenerreger) sekretierte Form dieser Toxinklasse nennt man Cyclotoxin. Dieses Protein besitzt gleich zwei toxische Aktivitäten: Zum einen wirkt es als Cytolysin, und zum anderen ist es als membranständige Adenylatcyclase aktiv. Die internalisierten Adenylatcyclasen verändern in den Zielzellen die intrazellulären cAMP-Spiegel und bewirken somit einen toxischen Effekt. Eine bis zu 1 000fache Erhöhung der intrazellulären cAMP-Konzentration kann durch diese Toxine nach einer Interaktion mit dem cytosolischen Calciumbindeprotein Calmodulin bewirkt werden. Der Effekt einer derartigen cAMP-Erhöhung resultiert in einer Abschwächung der Aktivierung von alveolaren Makrophagen und polymorphkernigen Leukocyten bei *B. pertussis*. Die wichtige toxigene Wirkung bei *B. anthracis* wird allerdings nicht durch den Ödemfaktor, sondern durch den

Letalfaktor bewirkt, dessen Wirkung noch nicht bekannt ist.

## 6.3.5 Nichtinternalisierte Toxine: Superantigene und hitzestabile Toxine

Eine Reihe wichtiger pathogener Mikroorganismen synthetisiert Toxine, die nicht internalisiert werden und auch nicht membranzerstörend wirken. Dazu zählt die Klasse der Superantigene, die von den grampositiven Krankheitserregern *Staphylococcus aureus* und *Streptococcus pyogenes* synthetisiert werden. Weiterhin zählen auch kleine hitzestabile Proteintoxine (etwa 2 000 Da) dazu, welche in pathogenen gramnegativen Mikroorganismen der Enterobacteriaceae (*E. coli, C. freundii, Y. enterocolitica*), aber auch in *V. cholerae* vorkommen. Beide Toxinklassen kann man auch als rezeptormodulierende Toxine bezeichnen, da die pathophysiologische Wirkung durch eine veränderte oder modulierte Rezeptorfunktion erzeugt wird.

Bei *S. pyogenes* sind Superantigene als pyrogene Exotoxine (SPEs: SpeA und SpeC) für das *streptococcus toxic shock syndrome* (STSS) verantwortlich. Bei *S. aureus* bewirkt das *toxic shock-syndrome toxin*-1 (TSST-1) ein Krankheitsbild, das in kürzester Zeit zum Multiorganversagen führen kann. Auch andere beschriebene Exotoxine, aus *S. aureus*, besitzen Superantigenaktivitäten (siehe Tabelle A.10 im Anhang). Die Aktivität dieser Toxinklasse besteht im wesentlichen in der Vernetzung zwischen einem MHC-II-Rezeptor ($\beta$1) einer antigenpräsentierenden Zelle und der V$\beta$-Kette des T-Zell-Rezeptors (TCR) einer CD4-T-Helferzelle (Abbildung 6.9). Durch diese nichtkovalente Verknüpfung werden die CD4-T-Helferzellen zur polyklonalen Stimulation gereizt, was letztlich eine starke Cytokinausschüttung zur Folge hat. In aktuellen Modellen über STSS wird vorgeschlagen, daß die Überproduktion von Tumornekrosefaktor ($\alpha$-TNF), Interleukin 1$\beta$ (IL-1$\beta$)

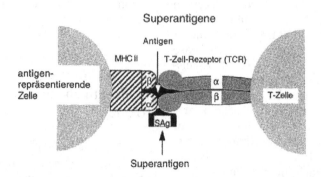

**6.9** Vereinfachtes Schema zur Darstellung der Kopplung zwischen T-Zell-Rezeptor (TCR) und MHC-II-Rezeptor von antigenrepräsentierenden Zellen durch Superantigene.

und Interleukin-6 (IL-6) durch die Superantigenaktivitäten von SpeA und SpeC verursacht werden, was wiederum Fieber, Schock und Gewebeschäden auslöst.

Die Familie der hitzestabilen Enterotoxine aus *E. coli* (Varianten STIa, STIb, STIc) werden aus der Bakterienzelle sezerniert und interagieren im oberen Darmtrakt mit spezifischen Darmepithelrezeptoren. Diese Rezeptoren sind Bestandteil der guanylatcyclaseabhängigen Signaltransduktionskaskade und regulieren über cGMP die Aktivierung verschiedener Proteinkinasen, zum Beispiel Proteinkinase G. Vermittelte Protein-Protein-Interaktion durch Toxin und Guanylatcyclaserezeptor bewirken eine Aktivierung der intrazellulären cGMP-Konzentration, was über sekundäre Aktivierung von Proteinkinasen eine Entkopplung der Natrium-/Chloridsekretion bewirkt und zur sekretorischen Diarrhö führt.

# 6.4 Literatur

## Adhäsine

Abraham, S. N.; Jonsson, A. B.; Normark, S. *Fimbriae-Mediated Host-Pathogen Crosstalk*. In: *Curr. Opin. Microbiol.* 1 (1998) S. 75–81.

Karlsson, K. A. *Meaning and Therapeutic Potential of Microbial Recognition of Host Glycoconjugates*. In: *Mol. Microbiol.* 29 (1998) S. 1–11.

Klemm, P. (Hrsg.) *Adhesion, Genetics, Biogenesis, and Vaccines*. Ann Arbor/London/Tokio (CRC Press Boca Raton)1994.

Kuehn, M. J. *Establishing Communication Via Gram Negative Bacterial Pili*. In: *Trends Microbiol.* 5 (1997) S. 130–133.

Ofek, I.; Doyle, R. J. *Bacterial Adhesion to Cells and Tissues*. New York/London (Chapman & Hall) 1994.

Soto, G. E.; Hultgren, S. J. *Bacterial Adhesins: Common Themes and Variations in Architecture and Assembly*. In: *J. Bacteriol.* 181 (1999) S. 105–1071.

Vetter, V.; Hacker, J. *Strategies for Employing Molecular Genetics to Study Tip Adhesins*. In: *Meth. Enzymol.* 253 (1995) S. 229–241.

## Invasine

Bliska, J. B.; Galan, J. E.; Falkow, S. *Signal Transduction in the Mammalian Cell During Bacterial Attachment and Entry*. In: *Cell* 73 (1993) S. 903–920.

Dehio, C.; Groy-Owen, S. D.; Meyer, T. F.; *The Role of Neisserial Opa Proteins in Interactions with Host Cells* In: *Trends Microbiol.* 6 (1998) S. 489–495.

Falkow, S.; Isberg, R. R.; Portnoy, D. A. *The Interaction of Bacteria With Mammalian Cells*. In: *Annu. Rev. Cell Biol.* 8 (1992) S. 333–363.

Galan, J. E. *Interactions of Bacteria With Non-Phagocytic Cells.* In: *Curr. Opin. Immunol.* 6 (1994) S. 590–595.

Galan, J. E. *Molecular and Genetic Bases of Salmonella Entry Into Host Cells.* In: *Mol. Microbiol.* 20 (1996): S. 263–271.

Jerse, A. E.; Rest, R. F. *Adhesion and Invasion by the Pathogenic Neisseria.* In: *Trends Microbiol.* 5 (1997) S. 217–221.

Ölschläger, T.; Hacker, J. *Bacterial Invasion Into Eukaryotic Cells.* London (Plenum Press) 1999.

Parsot, C.; Sansonetti, P. J. *Invasion and the Pathogenesis of Shigella Infections.* In: *Curr. Top. Microbiol. Immunol.* 209 S. 25–42.

Rosenshine, I.; Finlay, B. B. *Exploitation of Host Signal Transduction Pathways and Cytoskeletal Functions by Invasive Bacteria.* In: *BioEssays* 15 (1993) S. 17–24.

Bhakdi, S. *The Pore-Forming α-Toxin of Staphylococcus aureus: From the Molecule to Biology.* In: *Nova Acta Leopoldina NF* 78 (1999) S. 87–92.

Fleischer, B. *Biological Significance of Superantigens.* In: *Chem. Immunol.* 55 (1992) S.

Hacker, J. et al. (Hrsg.) *Bacterial Protein Toxins.* In: *Zbl. Bakteriol. Suppl.* 29. Jena (Urban & Fischer) 1998.

Montecucco, C.; Schiaro, G.; Tugnoli, V.; deGrandis, D. *Botulinum Neurotoxins: Mechanism of Action and Therapeutic Applications.* In: *Molec. Mech. Today* (1996) S. 418–424.

Sears, C. L.; Kaper, J. B. *Enteric Bacterial Toxins: Mechanism of Action and Linkage to Intestinal Secretion.* In: *Microbiol. Rev.* 60 (1996) S. 167–215.

Schmitt, C. K.; Meysick, K. C.; O'Brien, A. D. *Bacterial Toxins: Friends or Foes?* In: *Emerg. Infect. Dis.* 5 (1999) S. 224–234.

## Toxine

Aktories, K. (Hrsg.) *Bacterial Toxins.* In: *Trends in Cell Biology and Pharmakology.* London (Chapman &Hall) 1997.

Alouf, J. E.; Freer, J. H.; (Hrsg.) In: *Source-Book of Bacterial Toxins* London (Academic Press) 1999.

# 7. Defensive Pathogenitätsfaktoren

R. Haas, M. Hensel

## 7.1 Kapseln und Schleimstrukturen

Eine Reihe von pathogenen Bakterien schützt sich durch die Ausbildung von Kapseln oder Schleimen gegen verschiedene Abwehrmechanismen des Wirtes (Tabelle 7.1). Kapseln bestehen meist aus nur einem Polysaccharidbaustein und bilden eine schützende Hülle um die Bakterienzelle. Die meisten Kapselpolysaccharide sind stark hydrophil und verleihen der Bakterienzelle eine negative Oberflächenladung. Dies führt dazu, daß die Bakterien nur schlecht von den ebenfalls negativ geladenen Phagocyten aufgenommen werden können (Phagocytoseresistenz). Ein weiterer Beitrag der Kapseln zur Interferenz mit der Wirtsabwehr liegt in der gezielten Verhinderung der Ablagerung von C3b auf der Bakterienoberfläche. Damit wird einerseits die komplementvermittelte Lyse durch den terminalen membranangreifenden Komplex (MAC) verhindert, andererseits die Opsonisierung durch Komplement und Antikörper mit anschließender Phagocytose umgangen.

Ein anderes Prinzip zur Umgehung der Wirtsabwehr liegt in der Nachahmung wirtseigener Oberflächenstrukturen durch die Polysaccharidkapsel (molekulares Mimikry, siehe auch Abschnitt 7.2). Ein Beispiel dafür bietet die *E. coli*-K1-Kapsel ($\alpha$-2,8-N-Acetyl-Neuraminsäure), die strukturell identisch ist mit der Typ-B-Kapsel von *Neisseria meningitidis*. Die beiden Erreger sind unter anderem deshalb so erfolgreich als Meningitiserreger, weil der Wirtsorga-

**Tabelle 7.1:** Kapselbildende Bakterien mit medizinischer Bedeutung

| Erreger | Gram | häufige Erkrankung |
|---|---|---|
| *Bacillus anthracis* | + | Milzbrand |
| *Streptococcus pneumoniae* | + | Pneumonie |
| *Streptococcus pyogenes* | + | Scharlach |
| *Streptococcus agalactiae* | + | Meningitis |
| *Staphylococcus aureus* | + | Dermatitis, Wundinfektionen, Sepsis |
| *Bacteroides fragilis* | – | Abszesse |
| *Escherichia coli* | – | Meningitis, Harnwegsinfektionen |
| *Haemophilus influenzae* | – | Meningitis |
| *Klebsiella pneumoniae* | – | Pneumonie, Harnwegsinfektionen |
| *Neisseria meningitidis* | – | Meningitis |
| *Salmonella typhi* | – | Typhus |
| *Pasteurella multocida* | – | Pneumonie, Abszesse |
| *Vibrio parahaemolyticus* | – | Enteritis, Augen- und Ohrenentzündungen |

nismus kaum eine Immunantwort gegen
die bekapselte Bakterienoberfläche aktiviert, da identische Neuraminsäurestruk-
turen im neuronalen Adhäsionsmolekül
N-CAM des Wirtsorganismus selbst vorkommen.

Ein noch weitgehend ungeklärtes Phänomen ist, warum nur bestimmte Kapseltypen zur Virulenz beitragen und andere
nicht. So sind zum Beispiel bei *Haemophilus influenzae* sechs Kapseltypen sero-
logisch unterscheidbar (a–f), allerdings
werden, bis auf wenige Ausnahmen, nur
Erreger des Kapseltyps B von Meningitis-
patienten isoliert. Auch von den nahezu
100 bekannten Kapseltypen bei *E. coli*
spielen nur wenige (K1, K2, K5, K12, K13
und K51) bei Harnwegsinfektionen eine
Rolle. Eine besondere Bedeutung hat die
Schleimproduktion bei Bakterien, die einen Biofilm ausbilden. Diese mucoiden
Exopolysaccharide (MEPs) bilden eine
schützende Hülle um die Bakterienpopulation. Der Biofilm stellt eine hochgeord-
nete Struktur dar, in der die Bakterien vor
der Wirkung von Phagocyten, Antikörpern und Antibiotika gut geschützt sind
(vergleiche Abschnitt 6.1). Der Übergang
von der frei lebenden Form eines Bakteriums in den Biofilm ist reversibel und wird
durch ein effizientes genetisches System,
das sogenannte *quorum sensing*, geregelt
(vergleiche Abschnitt 11.3). So liegt beispielsweise der opportunistische Keim
*Pseudomonas aeruginosa* in der Lunge von
Cystische-Fibrose-Patienten als Biofilm
vor und ist deshalb vom Immunsystem
nicht zu eliminieren und für Antibiotika
schlecht zugänglich. Der Biofilm spielt
aber auch eine wichtige Rolle beim Zahn-
plaque und bei der Besiedlung von Kathe-
tern und Prothesen unter anderem durch
*Staphylococcus epidermidis*.

## 7.2 Molekulares Mimikry und Modulation des Immunsystems

Unter dem Ausdruck „molekulares Mimikry" versteht man das Phänomen, daß
Mikroben der Erkennung durch das
Immunsystem des Wirtes zu entkommen
versuchen, indem sie Selbst-Antigene
nachahmen. Der Ausdruck wurde 1968
von George Shell erstmals benutzt, um
persistente Virusinfektionen zu beschreiben. Viele Epitope viraler und bakterieller
Proteine weisen Sequenzhomologien zu
Proteinen der Wirtszelle auf. Die Immunantwort, die gegen solche Antigene hervorgerufen wird, kann gegen Selbst-Antigene gerichtet sein und zur Schädigung des
Gewebes führen. Ein monoklonaler Antikörper gegen die neutralisierende Domäne
des Coxsacki-B4-Virus erkennt zum Beispiel ein Epitop auf dem menschlichen
Herzmuskel. Das Virus wird häufig bei
Patienten mit Myocarditis oder Entzün-
dungen des Herzmuskels gefunden. Auch
zahlreiche Proteine von pathogenen Bakterien zeigen Homologien zu Epitopen
von Wirtsproteinen. Die Nitrogenase von
*Klebsiella pneumoniae* besitzt sechs Aminosäuren, die in der hypervariablen
Domäne des HLA-B27-Epitops identisch
vorkommen. Weiterhin reagieren Antikörper gegen die hypervariable Region des
HLA-B27-Epitops mit pathogenen Yersinien. Man geht deshalb davon aus, daß
Yersinien Antikörper gegen dieses Epitop
induzieren können, die schließlich mit
dem HLA-B27-Epitop kreuzreagieren
und zur Induktion einer Arthritis, dem
sogenannten Reiters-Syndrom, führen
können. Auch die Gruppe der konservierten bakteriellen Hitzeschockproteine, wie
das 65-kDa-Protein von Mycobakterien,
wird verdächtigt, an der Induktion von
Autoimmunerkrankungen, wie zum Beispiel der rheumatoiden Arthritis, beteiligt
zu sein. Das Core-Oligosaccharid einiger

LPS-Serotypen von *Campylobacter jejuni* (O:2, O:19) weist homologe Strukturen zu Gangliosiden des Nervensystems auf und wird deshalb mit der Entwicklung der neurologischen Erkrankung Guillain-Barré-Syndrom (GBS) in Verbindung gebracht.

Ein monoklonaler Antikörper gegen die Polysaccharidkapsel von *N. meningitidis* Gruppe B und *E. coli* K1 reagiert mit den polysialinsäurehaltigen Komponenten des neuronalen Zelladhäsionsmoleküls N-CAM (siehe Abschnitt 7.1). So können sich diese Erreger vor der Immunantwort des Wirtes „verstecken", da der Wirt gegen „Selbst-Epitope" normalerweise keine Immunantwort induziert. Dieser Trick der bekapselten Bakterien führt vermutlich dazu, daß Infektionen mit diesen Erregern in der Regel einen besonders schweren Verlauf nehmen. Die mikrobiellen Pathogenitätsfaktoren, die eine Wirtsabwehr erfolgreich umgehen oder verhindern, werden auch Impedine genannt.

Bei einigen Isolaten von *Helicobacter pylori* wurde die Expression von Lewis-x- und Lewis-y-Blutgruppenantigenen im bakteriellen Lipopolysaccharid (LPS) nachgewiesen, die identisch sind mit entsprechenden Antigenen auf der Magenmucosa. Während der Infektion von *Helicobacter* werden Antikörper gegen Lewis-Antigene induziert, die dann vermutlich Lewis-x/y-Glykoproteine der Magenmucosa erkennen und zu einer Entzündungsreaktion, der Autoimmungastritis, führen können.

Neben der Nachahmung von Epitopen wirtseigener Antigene sind Bakterien auch in der Lage, bestimmte Funktionen von Enzymen nachzuahmen und damit zum Beispiel das Immunsystem durch Immunmodulation oder Immunsuppression zu manipulieren, um im Wirtsorganismus (länger) zu überleben. Oftmals wird das Cytokinmuster des Wirtes durch diese Pathogenitätsfaktoren verändert. Deshalb werden die Faktoren auch Moduline oder Microkine genannt. So induzieren P-Fimbrien uropathogener *E. coli* in Epithelzellen eine erhöhte IL4-Ausschüttung. Neuere Untersuchungen haben darüber hinaus deutlich gemacht, daß bakterielle DNA einen generellen Aktivator des Immunsystems darstellt. Durch die Erkennung des CpG-Motivs werden Teile des angeborenen Immunsystems aktiviert, was in der Regel zu einer verstärkten Th1-Immunantwort führt. Ein weiteres Beispiel für eine Modulation der Wirtsstruktur durch mikrobielle Genprodukte bietet die Phosphotyrosinphosphatase (PTPs) pathogener Yersinien (YopH), die mit Hilfe eines Typ-III-Sekretionsapparats in das Cytosol der Wirtszellen (zum Beispiel Granulocyten) injiziert wird und zur Dephosphorylierung von Wirtsproteinen führt. Diese Dephosphorylierung bewirkt eine Immunsuppression, weil damit ein allgemeiner bakterieller Abwehrmechanismus der Granulocyten, die Freisetzung oxidativer Sauerstoffradikale (*oxidative burst*), blockiert wird.

# 7.3 Lipopolysaccharide und O-Antigen

Bestandteile der bakteriellen Zellhülle besitzen immunogene Eigenschaften. Von besonderer Bedeutung ist dabei das Lipopolysaccharid (LPS). Es hat immunomodulatorische Effekte, die für die Pathogenese des septischen Schocks verantwortlich sind. Bei Infektionen mit gramnegativen Bakterien kann die Freisetzung von LPS aus lysierten Bakterien die übermäßige Ausschüttung von Cytokinen stimulieren, die wiederum zum septischen Schock führen kann (Abbildung 7.1). Es wurde gezeigt, daß das Lipid A des LPS die für diesen Effekt entscheidende Komponente ist. Insofern kann LPS auch als mikrobielles Modulin bezeichnet werden.

Die Struktur des LPS konnte vollständig aufgeklärt werden und läßt einen modulartigen Aufbau des O-Antigens aus verschiedenen Zuckermolekülen erkennen, die unterschiedlich verbunden sein können (Abbildung 7.2). Die als O-Einheiten be-

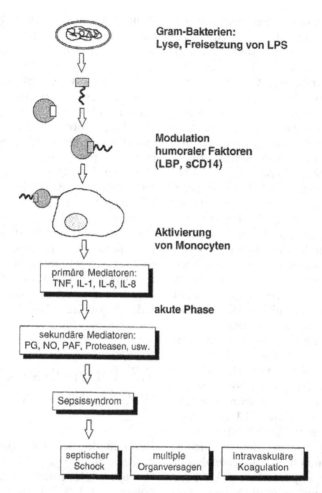

**Gram-Bakterien:**
**Lyse, Freisetzung von LPS**

**Modulation**
**humoraler Faktoren**
**(LBP, sCD14)**

**Aktivierung**
**von Monocyten**

primäre Mediatoren:
TNF, IL-1, IL-6, IL-8

**akute Phase**

sekundäre Mediatoren:
PG, NO, PAF, Proteasen, usw.

Sepsissyndrom

| septischer Schock | multiple Organversagen | intravaskuläre Koagulation |

**7.1** Pathogenese des septischen Schocks bei gramnegativen Infektionen (modifiziert nach Rietschel et al., 1996). Die wichtigsten Funktionen von LPS bei Entwicklung des septischen Schocks sind dargestellt. LBP = LPS-bindendes Protein, sCD14 = löslicher LPS-Rezeptor, IL = Interleukin, TNF = Tumornekrosefaktor, PG = Prostaglandin, PAF = plättchenaktivierender Faktor.

zeichneten Module aus drei bis sechs Zuckern können ein- bis 40-fach wiederholt vorkommen und bestimmen damit die Länge des LPS-Moleküls. Aufgrund des Vorkommens unterschiedlicher Zucker und glykosidischer Bindungen in den O-Einheiten ergibt sich eine hohe Variabilität der O-Antigene. So finden sich zum Beispiel bei *E. coli* etwa 160 verschiedene O-Antigene. Die Analyse der Biosynthesegene der O-Antigene deutet auf eine Verbreitung zwischen verschiedenen Spezies durch horizontalen Gentransfer hin. Der starke Polymorphismus des O-Anti-

gens innerhalb einer bakteriellen Spezies führt zur Bildung verschiedener Serotypen. Durch diese Variabilität können invasive Bakterien der Erkennung durch ein bereits vorhandenes Repertoire an Antikörpern entgehen. Diese Funktion der Oberflächenvariationen wird in Kapitel 10 näher ausgeführt.

Weiterhin hat das O-Antigen eine wichtige Funktion als defensiver Pathogenitätsfaktor, indem es invasive Bakterien gegen die Inaktivierung durch Komplement schützt. Es kann zwar eine Komplementaktivierung bis hin zur Ausbildung des

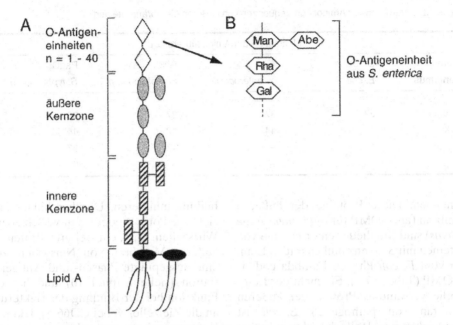

**7.2** Struktur des LPS und der O-Antigen-Einheiten. Der Aufbau eines Lipopolysaccharids (LPS) ist schematisch dargestellt (A). Der Aufbau von O-Antigen-Einheiten aus verschiedenen Zuckermolekülen wird am Beispiel des O-Antigens aus *Salmonella enterica* Gruppe B gezeigt (B). Abkürzungen der Moleküle: Man = Mannose, Abe = Abequose, Rha = Rhamnose, Gal = Galactose.

membranangreifenden Komplexes (MAC) erfolgen, jedoch wird dieser Komplex durch den O-Antigen-Anteil des LPS auf „Distanz" gehalten, so daß keine Interaktion mit der bakteriellen Cytoplasmamembran erfolgen kann. Mutanten mit verkürzten O-Antigenen sind häufig schon anhand der Koloniemorphologie (*rough*) vom Wildtyp (*smooth*) zu unterscheiden. Solche Mutationen führen zu einer stark gesteigerten Empfindlichkeit gegenüber Komplement und meist auch zu einer dramatischen Attenuierung der Virulenz der Bakterien im Infektionsmodell.

# 7.4 Äußere Membranproteine

Ein Verteidigungsmechanimus des Wirtsorganismus ist die Störung der Membranintegrität von invasiven Mikroorganismen. Durch die Wirkung von Komplement sowie von antimikrobiellen Peptiden (Defensinen) (siehe Kapitel 3) wird die Permeabilitätsbarriere der bakteriellen Cytoplasmamembran zerstört. Um dieser Membranschädigung und deren Konsequenzen zu entgehen, exprimieren pathogene Bakterien Proteine, die antimikrobielle Peptide oder Komplementfaktoren direkt inaktivieren können oder aber die Interaktion dieser Substanzen mit der Membran verhindern. Als Beispiele hierfür sind die Proteine Ail aus *Yersinia enterocolitica*, OmpX aus *E. coli* und Rck sowie PagC aus *Salmonella typhimurium*

**Tabelle 7.2:**   Vergleich der Aminosäuresequenzen von äußeren Membranproteinen

| | Identität (% der Aminosäurereste) | | | |
|---|---|---|---|---|
| **Protein** | OmpX | Ail | Rck | PagC |
| **Organismus** | *E. coli* | *Y. enterocolitica* | *S. typhimurium* | *S. typhimurium* |
| Lom (λ-Phage) | 39 | 37 | 37 | 36 |
| OmpX | – | 44 | 42 | 44 |
| Ail | – | – | 43 | 37 |
| Rck | – | – | – | 53 |

zu nennen. Diese Proteine der äußeren Membran (auch OMP für *outer membrane proteins*) sind Mitglieder einer Familie von Proteinen mit Sequenzähnlichkeit zu Lom, dem vom *E. coli*-Phagen Lambda codierten OMP (Tabelle 7.2). Ein nicht der Lom-Familie verwandtes Protein der äußeren Membran von pathogenen *E. coli* ist OmpA, das eine Rolle bei der Invasion von Endothelzellen bei der Pathogenese von bakterieller Meningitis spielt.

Ein weiteres System zur Abwehr von kationischen Peptiden findet sich bei *S. typhimurium* in Pmr, das die Einlagerung von antimikrobiellen Peptiden in die Membran verhindert. Diverse Funktionen werden YadA, einem Protein der äußeren Membran aus *Y. enterocolitica*, zugeschrieben. Zunächst stellt dieses Protein ein Adhäsin dar. Zudem trägt YadA zur Serumresistenz bei, indem die Membrananlagerung und Aktivierung von Komplementfaktoren verhindert werden. Weiterhin wurde eine Funktion von YadA beim Schutz vor antimikrobiellen Peptiden beschrieben.

Proteine der äußeren Membran haben auch eine bedeutende Rolle für die Pathogenese von Infektionen durch *Neisseria gonorrhoeae*. Das Porin PI hat zunächst eine konventionelle Funktion für die Passage niedermolekularer Substanzen durch die äußere Membran. Dieses Porin kann jedoch auch nach Phagocytose von Neisserien durch neutrophile Granulocyten (PMNs) in die Membran des Phagosoms inseriert werden und so die Phagolysosom-bildung inhibieren. Darüber hinaus induziert das Porin Apoptose in verschiedenen Wirtszellen. Opa, ein weiteres Protein der äußeren Membran von Neisserien, zeigt eine ausgeprägte Phasen- und Antigenvariation (siehe Kapitel 10) und hat eine Funktion bei der Bindung des Bakteriums an die Zielzelle, wobei CD66-Moleküle als Rezeptoren benutzt werden.

# 7.5 Surface-(S-)Layer

Mehr als 300 verschiedene Bakterienspezies aus dem Reich der Eu- und Archaebakterien besitzen eine regelmäßig angeordnete Struktur auf der Zelloberfläche, den S-Layer. Der S-Layer wird durch ein einzelnes Protein (S-Protein) gebildet, das vom Bakterium sekretiert wird und anschließend auf der Oberfläche kristallisiert. S-Layer findet man bei Bakterienspezies, die vollkommen unterschiedliche Nischen besiedeln, wodurch die allgemeine Bedeutung dieser Strukturen zum Ausdruck kommt (Tabelle 7.3). Die S-Proteine können je nach Spezies glykosyliert oder phosphoryliert sein. Wie durch die *in vitro*-Kristallisierung von isoliertem S-Protein in reguläre S-Layer gezeigt wurde, besitzen die S-Proteine die notwendige Information für ihre Kristallisierung. Für Archaebakterien scheint der S-Layer eine Rolle bei der Aufrechterhaltung der Zell-

**Tabelle 7.3:** S-Layer-produzierende Bakterien und Vorkommen von stillen S-Layer-Genen

| Spezies | stille S-Gene |
|---|---|
| *Acetogenium kivui* | n.d. |
| *Aeromonas hydrophila* | – |
| *Aeromonas salmonicida* | – |
| *Bacillus anthracis* | n.d. |
| *Bacillus brevis HPD31* | n.d. |
| *Bacillus brevis 47 (MWP)* | – |
| *Bacillus brevis 47 (OWP)* | – |
| *Bacillus sphaericus 2362* | 1 |
| *Bacillus stearothermophilus* | > 1 |
| *Campylobacter fetus* | 6–8 |
| *Caulobacter crescentus* | – |
| *Corynebacterium glutamicum* | – |
| *Deinococcus radiodurans* | n.d. |
| *Halobacterium halobium* | n.d. |
| *Haloferax volcanii* | – |
| *Lactobacillus acidophilus* | 1 |
| *Lactobacillus brevis* | – |
| *Methanococcus voltea* | n.d. |
| *Methanosarcina mazei* | – |
| *Methanothermus fervidus* | – |
| *Methanothermus sociabilis* | – |
| *Rickettsia prowazeckii* | – |
| *Rickettsia rickettsii* | – |
| *Rickettsia typhii* | n.d. |
| *Thermus thermophilus* | n.d. |

n.d. = nicht bestimmt; – = keine stillen S-Gene nachgewiesen.

form zu spielen. Ferner wurde für einige S-Layer-Proteine gezeigt, daß sie mit Rezeptoren auf Epithelzellen des Wirtes interagieren. Eine allgemeine, allen S-Layern gemeinsame Funktion wurde bisher noch nicht beschrieben.

Für einige bakterielle Krankheitserreger der Gattungen *Aeromonas* und *Campylobacter* scheint der S-Layer eine Rolle für die Pathogenität zu spielen. So führt der Verlust der S-Layer-Expression bei diesen pathogenen Bakterien zu einer starken Reduktion der Virulenz. Bei *Campylobacter fetus* verhindert der S-Layer die Ablagerung von C3b auf der Bakterien-oberfläche, was zu einer Serum- und Phagocytoseresistenz führt.

Die S-Proteine stellen ungefähr zehn bis 15 Prozent der gesamten bakteriellen Proteine und oft die hauptantigenen Determinanten der Bakterien dar und unterliegen deshalb der antigenen Variation. In *C. fetus* wurden S-Proteine von 100, 127 und 149 kDa Größe gefunden, die alle einen gemeinsamen N-Terminus, aber verschiedene C-Termini aufweisen. Die Klonierung und genetische Analyse der S-Layer-Gene (S-Gene) zeigten, daß eine Familie von sechs bis acht Genen (*sapA*-Gene bei *C. fetus*) vorliegt, welche vermutlich durch einen einzigen Promotor (S-Promotor) abgelesen werden. Dabei kommt es zu DNA-Inversionsereignissen, bei denen Strukturgene ohne Promotor (stille *sapA*-Gene) hinter den S-Promotor geschaltet und exprimiert werden. Für *Aeromonas salmonicida*, ein fischpathogenes Bakterium, wurde gezeigt, daß der S-Layer (A-Layer) das Bakterium physikalisch gegen den Angriff von Bakteriophagen und Proteasen schützt. Darüber hinaus scheint der S-Layer an der Bindung biologisch aktiver Moleküle wie Häm oder Proteinen der Basalmembran beteiligt zu sein.

# 7.6 IgA-Proteasen

IgA-Proteasen werden von zahlreichen grampositiven und gramnegativen Krankheitserregern des Menschen, wie zum Beispiel den pathogenen Neisserien (*N. gonorrhoeae und N. meningitidis*), *Haemophilus* spp. und Streptokokken, als extrazelluläre Proteine sekretiert. Man geht davon aus, daß diese Enzyme unter anderem den Erregern die Infektion des Wirtsorganismus erleichtern, indem sie Immunglobuline der Klasse A1, nicht jedoch der Klasse A2, spezifisch spalten. Dafür spricht auch die Assoziation der Enzyme mit ausschließlich humanpathogenen Bakterien. Die genaue Rolle dieser Enzyme bei der Bakterien-Wirt-Interaktion ist allerdings noch unklar. Die Spaltung erfolgt sequenzspezifisch in der sogenannten Hinge-Region des IgA1-Antikörpers und spaltet den Antikörper in die Fab- und Fc-Komponenten (Abbildung 7.3).

Strukturelle und biochemische Untersuchungen kamen zu dem Ergebnis, daß zwischen *Haemophilus-* und *Neisseria*-IgA-Protease viele Homologien bestehen und diese Enzyme der Klasse der Serinproteasen zugerechnet werden können. Die Streptokokken-IgA-Proteasen sind unterschiedlich organisiert und fallen in die Gruppe der zinkabhängigen Metalloproteasen. Neben dem IgA1-Immunoglobulin wurde für die Neisserienprotease gezeigt, daß sie LAMP1, ein Hauptmembranprotein der späten Endosomen und Lysosomen, spaltet und damit das Überleben der Neisserien in Epithelzellen erleichtert. Vergleiche der IgA-Proteaseaktivität bei Isolaten zwischen verschiedenen Spezies und auch innerhalb einer Art zeigten enorme Variation. Während bei den gramnegativen Erregern die Aktivität fast

quantitativ im Überstand der Bakterienkultur zu finden war, wurde bei Streptokokken in der frühen Wachstumsphase ein großer Teil der Aktivität zellassoziiert vorgefunden und erst in der späten stationären Wachstumsphase im Überstand detektiert.

Die bisher umfangreichsten Erkenntnisse liegen über die *Neisseria*-IgA-Protease vor. Eine Besonderheit stellt der Sekretionsmechanismus dar, der als Autotransport (Typ-IV-Sekretion, vergleiche Kapitel 9) in die Literatur eingegangen ist. Das *iga*-Gen codiert für ein Vorläuferprotein von 169 kDa, das in vier Domänen gegliedert werden kann: das N-terminale Signalpeptid, die eigentliche Proteasedomäne, die α-Domäne und die β-Domäne. Bei der Sekretion kommt der C-terminalen β-Domäne die Rolle einer Pore in der äußeren Membran zu, durch die das Vorläuferprotein ausgeschleust wird. Außen angekommen, faltet sich die Protease in ihre aktive Konformation und spaltet sich selbst sowie das α-Peptid autoproteolytisch von dem Vorläufer ab, wodurch das reife Enzym in das extrazelluläre Milieu abgegeben wird.

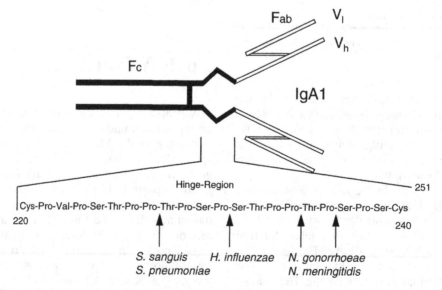

**7.3** Schematische Darstellung eines IgA1-Antikörpers mit der Hinge-Region und den Spaltstellen von IgA-Proteasen verschiedener Krankheitserreger. $V_l$ = leichte Kette, $V_h$ = schwere Kette der variablen Region.

# 7.7 Weitere enzymatische Aktivitäten

Pathogene Mikroorganismen verfügen über eine große Zahl weiterer enzymatischer Aktivitäten, um die Abwehr des Wirtsorganismus zu überleben und diesen erfolgreich zu kolonisieren (Abbildung 7.4; vergleiche Abschnitt 8.2) Einige dieser Aktivitäten sollen beispielhaft vorgestellt werden.

Neben der Verhinderung der Bindung von membranschädigenden Agentien (siehe Abschnitt 7.4) können Bakterien spezifische Transportsysteme aktivieren, um den durch die Membranschädigung einsetzenden Ionenverlust zu kompensieren. Ein Beispiel für ein solches System findet sich bei *S. typhimurium* im Sap-Protein, das ein Kaliumtransportsystem darstellt. Durch den aktiven Transport von Kalium kann das Bakterium den Turgorverlust kompensieren.

Ein weiterer antibakterieller Effekt ergibt sich durch Sauerstoffradikale, die von Phagocyten produziert werden und Schäden der bakteriellen Proteine und der DNA hervorrufen. Als Verteidigungsmechanismus finden sich bei vielen pathogenen Bakterien Superoxiddismutasen (SODs), die periplasmatisch oder cytoplasmatisch vorliegen und Sauerstoffradikale inaktivieren. So ist zum Beispiel eine *Y. enterocolitica*-Mutante im Gen für SodA, einer manganabhängigen Superoxiddismutase, in ihrer Virulenz im Tiermodell attenuiert. Zudem ist die Fähigkeit eines Bakteriums, die bereits entstandenen oxidativen Schäden an DNA und Proteinen zu kompensieren, ein bedeutender Faktor für das Überleben der Wirtsabwehr. Ein wichtiges Enzym für die Reparatur von DNA-Schäden stellt dabei RecA dar. Auch hier konnte nach Inaktivierung des *recA*-Gens eine Attenuierung der Virulenz bei verschiedenen Enterobakterien (unter anderem *Salmonella* und EHEC) beobachtet werden. Um die Zelle gegen Fehlfunktionen von beschädigten Proteinen zu schützen, verfügen Bakterien über eine Reihe von *heat shock*-Proteasen wie etwa ClpC. Dieses System wird unter Streßbedingungen exprimiert und ist für die Degradation beschädigter Proteine

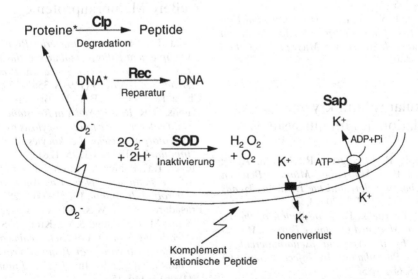

**7.4** Effekte der Wirtsabwehr und defensive bakterielle Aktivitäten. Die in Abschnitt 7.7 beschriebenen Aktivitäten zur Reparatur von Schäden an DNA, Proteinen und Membranen der Bakterienzelle sind dargestellt. Die beteiligten Enzyme sind eingefügt (Clp, Rec, SOD, Sap).

verantwortlich. Eine Beteiligung der Clp-Protease konnte für die intrazelluläre Replikation von *Listeria monocytogenes* gezeigt werden. Obwohl RecA und ClpC auch an der Streßantwort bei nichtpathogenen Bakterien beteiligt sind, wurde gefunden, daß Mutanten in diesen Enzymen in ihrer Virulenz stark attenuiert sind und die Abwehr durch den Wirtsorganismus nicht überleben können.

# 7.8 Literatur

## Kapseln und Schleimstrukturen

Bliss, J. M; Silver, R. P. *Coating the Surface: A Model for Expression of Capsular Polysialic Acid in Escherichia coli K1.* In: *Mol. Microbiol.* 21 (1996) S. 221–231.

Moxon, E. R.; Kroll, J. S. *The Role of Bacterial Polysaccharide Capsules as Virulence Factors.* In: *Cur. Top. Microbiol. Immunol.* 150 (1990) S. 65–85.

Roberts, I. S. *The Biochemistry and Genetics of Capsular Polysaccharide Production in Bacteria.* In: *Annu. Rev. Microbiol.* 50 (1996) S. 285–315.

Palmer, R. J.; White, D. C. *Developmental Biology of Biofilms: Implications for Treatment and Control.* In: *Trends Microbiol.* 5 (1997) S. 435–440.

## Molekulares Mimikry und Modulation des Immunsystems

Appelmelk, B. J.; Negrini, R.; Moran, A. P.; Kuipers, E. J. *Moleculare Mimicry Between Helicobacter pylori and the Host.* In: *Trends Microbiol.* 5 (1997) S. 70–73.

Bliska, J. B.; Black, D. S. *Inhibition of the Fc Receptor-Mediated Oxidative Burst in Macrophages by the Yersinia pseudotuberculosis Tyrosine Phosphatase.* In: *Infect. Immun.* 63 (1995) S. 681–685.

Eden, W. van. *Heat-Shock Proteins as Immunogenic Bacterial Antigens With the Potential to Induce and Regulate Autoimmune Arthritis.* In: *Immunol. Rev.* 121 (1991) S. 5–28.

Moran, A. P.; Prendergast, M. M. ; Appelmelk, B. J. *Molecular Mimicry of Host Structures by Bacterial Lipopolysaccharides and Its Contribution to Disease.* In: *FEMS Immunol. Med. Microbiol.* 16 (1996) S. 105–115.

## Lipopolysaccharide und O-Antigen

Joiner, K. A. *Complement Evasion by Bacteria and Parasites.* In: *Annu. Rev. Microbiol.* 42 (1988) S. 201–230.

Reeves, P. *Evolution of Salmonella O Antigen Variation by Interspecific Gene Transfer on a Large Scale.* In: *Trends Genet.* 9 (1993) S. 17–22.

Rietschel, E. T.; Brade, H.; Holst, O.; Brade, L.; Müller-Loennies, S.; Mamat, U.; Zahringer, U.; Beckmann, F.; Seydel, U.; Brandenburg, J.; Ulmer, A. J.; Mattern, T.; Heine, H.; Schletter, J.; Loppnow, H.; Schönbeck, U.; Flad, H. D.; Hauschildt, S.; Schade, U. F.; Di Padova, F.; Kusumoto, S.; Schumann, R. R. *Bacterial Endotoxin: Chemical Constitution, Biological Recognition, Host Response, and Immunological Detoxification.* In: *Curr. Top. Microbiol. Immunol.* 216 (1996) S. 39–81.

## Äußere Membranproteine

Bliska, J. B.; Falkow, S. *Bacterial Resistance to Complement Killing Mediated by the Ail Protein of Yersinia enterocolitica.* In: *Proc. Natl. Acad. Sci. U.S.A.* 89 (119) S. 3561–3565.

China, B.; N'Guyen, B. T.; De Bruyere, M.; Cornelis, G. R. *Role of YadA in Resistance of Yersinia enterocolitica to Phagocytosis by Human Polymorphonuclear Leukocytes.* In: *Infect. Immun.* 62 (1994) S. 1275–1281.

Meyer, T. F.; Pohler, J.; Putten, J. P. van. *Biology of the Pathogenic Neisseriae.* In: *Curr. Top. Microbiol. Immunol.* 192 (1994) S. 283–317.

Prasadaro, N. V.; Wass, C. A.; Weiser, J. N.; Stins, M. F.; Huang, S. K.; Kim, K. S. *Outer Membrane Protein A of Escherichia coli Contributes to Invasion of Brain Microvascular Endothelial Cells.* In: *Infect. Immun.* 64 (1996) S. 146–153.

# Surface-(S-)Layer

Boot, H. J.; Pouwels, P. H. *Expression, Secretion and Antigenic Variation of Bacterial S-layer Proteins.* In: *Mol. Microbiol.* 21 (1996) S. 1117–1123.

Dworkin, J.; Blaser, M. J. *Generation of Campylobacter Fetus S-layer Protein Diversity Utilizes a Single Promoter on an Invertible DNA Segment.* In: *Mol. Microbiol.* 19 (1996) S. 1241–1253.

# IgA-Proteasen

Klauser, T.; Pohlner, J.; Meyer, T. F. *The Secretion Pathway of IgA Protease-Type Proteins in Gram-Negative Bacteria.* In: *Bioassays* 15 (1993) S. 799–805.

Hauck, C. R.; Meyer, T. F. *The Lysosomal/Phagosomal Membrane-Protein H-Lamp-1 Is a Target of the IgA1 Protease of Neisseria gonorrhoeae.* In: *FEBS LETT* 405 (1997) S. 86–90.

Reinholdt, J.; Kilian, M. *Comparative Analysis of Immunoglobulin A1 Protease Activity Among Bacteria Representing Different Genera, Species, and Strains.* In: *Infect. Immun.* 65 (1997) S. 4452–4459.

# Weitere enzymatische Aktivitäten

Buchmeier, N. A.; Lipps, C. J.; So, M. Y.; Heffron, F. *Recombination-Deficient Mutants of Salmonella typhimurium Are Avirulent and Sensitive to the Oxidative Burst of Macrophages.* In: *Mol. Microbiol.* 7 (1993) S. 933–936.

Parra-Lopez, C.; Lin, R.; Aspedon, A.; Groisman, E. A. *A Salmonella Protein That Required for Resistance to Antimicrobial Peptides and Transport of Potassium.* In: *EMBO J.* 13 (1994) S. 3964–3972.

Roggenkamp, A.; Bittner, T.; Leitritz, L.; Sing, A.; Heesemann, J. *Contribution of the Mn-Cofactored Superoxide Dismutase (SodA) to the Virulence of Yersinia enterocolitica Serotype O8.* In: *Infect. Immun.* 65 (1997) S. 4705–4710.

Rouquette, C.; de Chastellier, C.; Nair, S.; Berche, P. *The ClpC ATPase of Listeria monocytogenes Is a General Stress Protein Required for Virulence and Promoting Early Bacterial Escape From Phagosome of Macrophages.* In: *Mol. Microbiol.* 27 (1998) S. 1235–1245.

# 8. Unspezifische Pathogenitätsfaktoren

J. Hacker

## 8.1 Eisenaufnahme-systeme

Die in den vorangegangenen Kapiteln aufgeführten Pathogenitätsfaktoren tragen in der Regel zur spezifischen Interaktion von pathogenen Mikroorganismen und einem Wirt bei; die Wechselwirkung ist meist das Produkt einer längeren coevolutiven Entwicklung von Mikro- und Makroorganismen. Im Gegensatz zu solchen spezifischen Virulenzfaktoren (vergleiche Kapitel 6) sind mikrobielle Faktoren bekannt, die unspezifisch zur Pathogenität von Mikroorganismen beitragen, indem sie die Vitalität beziehungsweise „Fitneß" der Mikroben erhöhen und damit gute Voraussetzungen für das Überleben und die Vermehrung im Wirt schaffen. Zu diesen unspezifischen Pathogenitätsfaktoren gehören die mikrobiellen Eisenaufnahme-systeme.

Eisen stellt ein Schlüsselelement des organischen Lebens dar, das auch von Mikroben für zahlreiche essentielle Prozesse ($O_2$-Transport, Mitochondrien-Energie-Metabolismus, Elektronentransport, Nucleinsäuresynthese) benötigt wird. Sowohl Bodenmikroorganismen als auch Mikroben, die in Wechselwirkungen mit Pflanzen oder Tieren leben, haben Eisenaufnahmemechanismen entwickelt. Insofern stellen die Eisenaufnahmestrategien in der Regel keine exklusiven Adaptationsmechanismen pathogener Mikroorganismen dar.

**Tabelle 8.1:** Mikrobielle Eisenaufnahmestrategien

| Strategie | Beispiel |
|---|---|
| keine spezifischen Aufnahmesysteme | *Lactobacillus* spp. |
| Reduktion von $Fe^{3+}$, Transport von $Fe^{2+}$ | *Legionella pneumophila*, *Streptococcus* spp. |
| Synthese und Nutzung eigener Siderophore | viele Mikroorganismen |
| Nutzung fremder Siderophore | viele Mikroorganismen |
| Nutzung eukaryotischer „Eisenspeicher" | viele Mikroorganismen |
| Transferrin | *Neisseria* spp., *H. influenzae*, *P. aeruginosa* |
| Lactoferrin | *H. pylori* |
| Häm, Hämoglobin | *Vibrio* spp., *Yersinia* spp., *E. coli* |

Wie aus Tabelle 8.1 hervorgeht, haben Mikroorganismen unterschiedliche Strategien evolviert, um sich mit Eisen zu versorgen; eine Ausnahme scheinen die Lactobacillen zu bilden, bei denen bisher keine solchen Mechanismen gefunden wurden. Meist liegen Eisenionen extrazellulär als $Fe^{3+}$-Verbindungen vor. Einige Bakterien, insbesondere solche aus aquatischen Habitaten, produzieren Reduktasen, die Eisen extrazellulär zu $Fe^{2+}$ reduzieren, das dann aufgenommen wird. Eine besonders effektive Form der Eisenaufnahme stellt die Verwendung von „Siderophoren" – kleinen Verbindungen, die Eisenionen binden können – dar. Die Siderophore binden dann ihrerseits an Rezeptoren der bakteriellen Zellwand, die den Transport der beladenen Verbindungen ins Cytoplasma organisieren. Die komplexen Vorgänge

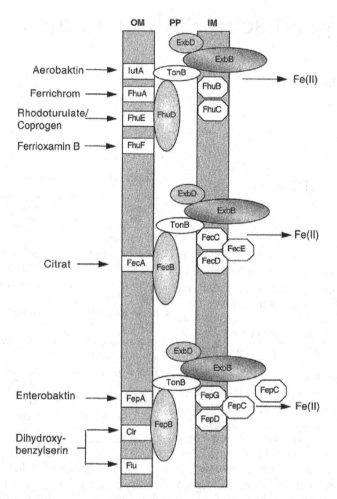

**8.1** Schematische Darstellung der Eisenaufnahmesysteme in *E. coli*. Proteine der äußeren Membran (OM), des Periplasmas (PP) und der inneren Membran (IM) sind angegeben. (Verändert nach Guerinot, 1994.)

bei der Eisenaufnahme sind für *E. coli* besonders gut untersucht (Abbildung 8.1). Bei *E. coli*, aber auch bei anderen Mikroorganismen, werden zwei Grundtypen von Siderophoren gefunden:

1. **Catecholverbindungen:** Zu diesen Phenolatsiderophoren zählen unter anderem das Enterobaktin von *E. coli*, das *Yersinia*-Baktin von Yersinien beziehungsweise das Pyoverdin von Pseudomonaden.
2. **Hydroxamatverbindungen**: Zu diesen Siderophoren zählt das Aerobaktin von *E. coli* das häufig plasmidcodiert ist und besonders oft von extraintestinalen pa-

thogenen *E. coli*-Isolaten ausgebildet wird.

Von *E. coli* werden drei Siderophorsysteme synthetisiert, darunter Enterobaktin und Aerobaktin. Einige *E. coli*-Varianten produzieren zusätzlich *Yersinia*-Baktin. *E. coli* ist jedoch in der Lage, vier weitere Siderophore, die von anderen Organismen produziert werden, mittels geeigneter Rezeptoren aufzunehmen, unter anderem Ferrichrom und Coprogenverbindungen, die von Pilzen synthetisiert werden (siehe Abbildung 8.1). Diese Form des „Eisenparasitismus", das heißt der Nutzung von Siderophoren, die von fremden Organismen produziert werden, stellt eine weitere Eisenaufnahmestrategie von Mikroorganismen dar (siehe Tabelle 8.1).

Am Beispiel von *E. coli* läßt sich auch die Diskussion, inwieweit Eisenaufnahmemechanismen als spezifische oder unspezifische Pathogenitätsfaktoren anzusprechen sind, exemplifizieren. Pathogene Yersinien (unter anderem *Y. pestis*) produzieren das *Yersinia*-Baktin (Ybt), ein Siderophor, dessen Gene Teil der sogenannten *Yersinia-high pathogenicity island* (HPI) sind. Es wird angenommen, daß *ybt*-Gentragende Inseln über horizontalen Gentransfer von Yersinien und anderen Enterobakterien erworben wurden (Abbildung 8.2). HPI-Genprodukte scheinen direkt für die Pathogenese von Yersinien von Bedeutung zu sein. Allerdings tragen auch über 50 Prozent der normalen apathogenen Darmisolate von *E. coli* die Ybt-Inseln, die hier offensichtlich nicht zur Pathogenität, sondern eher zur Fitneß der *E. coli*-Bakterien beitragen. Die HPI von Yersinien ist bei diesen apathogenen *E. coli*-Bakterien also als eine *fitness island*

anzusehen. Daß diese *fitness island* bei bestimmten *E. coli*-Pathotypen wahrscheinlich unspezifisch zur Pathogenese beitragen kann, wird wiederum durch die Tatsache unterstrichen, daß 90 Prozent der septikämischen *E. coli*-Isolate und über 90 Prozent der enteroaggregativen *E. coli* (EAEC) diese Insel tragen (Abbildung 8.2).

Eine weitere Strategie von Bakterien, Eisen zu gewinnen, liegt in der Nutzung eukaryotischer Eisenträgersubstanzen. Dies sind vor allem das im Serum vorliegende Transferrin, das Lactoferrin als Bestandteil von Sekretflüssigkeiten und Hämverbindungen. Zahlreiche Bakterien sind in der Lage, mittels spezifischer Rezeptoren auf ihrer Oberfläche, diese Moleküle zu binden, aufzunehmen und das Eisen zu nutzen. Interessanterweise sezerniert *Pseudomonas aeruginosa* eine Protease (die Elastase, siehe unten), die sehr spezifisch Transferrin spaltet; erst nach dieser Degradation ist das Eisen für die Bakterien nutzbar. Wichtig für die Ausgangsfragestellung (spezifische *versus*

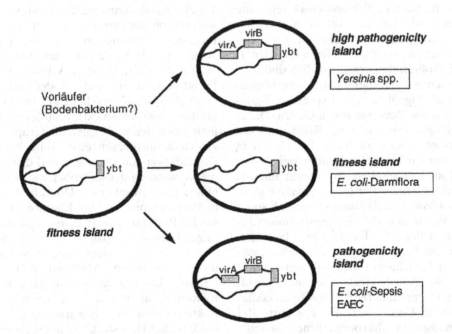

**8.2** Mögliche Verbreitung des *Yersinia*-Baktin-(Ybt-)Eisenaufnahmesystems als Teil einer *high pathogenicity island* (HPI) oder *fitness island*.

unspezifische Pathogenitätsfaktoren) ist die Tatsache, daß humanadaptierte pathogene Neisserien nur humanes Transferrin und Lactoferrin, nicht aber Eisenspeicherproteine tierischen Ursprungs binden und nutzen können. Bei diesen Spezies zeigen, im Gegensatz zu vielen anderen Bakterienarten, auch die bakteriellen Eisenaufnahmesysteme eine spezifische Wirtsadaptation und einen spezifischen Beitrag zur Pathogenese.

Die bisher aufgeführten und in Tabelle 8.1 dargestellten Eisenaufnahmestrategien beziehen sich vor allem auf extrazelluläre Mikroorganismen, die, als apathogene oder phytopathogene Mikroben, in der Rhizossphäre und in aquatischen Habitaten oder, als Pathogene, während ihrer Kolonisation auf Schleimhäuten mit Eisen versorgt werden müssen. Relativ wenig bekannt ist bisher über die Strategien, die intrazelluläre Bakterien nutzen, um Eisen, beispielsweise in der Vakuole einer eukaryotischen Zelle, zu erwerben. Weiterhin wird spekuliert, daß Eisenaufnahmesysteme neben ihrer Hauptfunktion – der Versorgung der Mikroorganismen mit Eisen – für weitere pathogenetisch relevante Effekte wie für das Abfangen toxischer Sauerstoffmetabolite oder für eine Immunsuppression durch Hemmung der T-Zell-Proliferation verantwortlich sind.

Eisen hat darüber hinaus eine Bedeutung als Signal für die Expression beziehungsweise Repression von Genen. Dabei spielt die Tatsache eine Rolle, daß die Konzentrationen an freien $Fe^{2+}$-Ionen in bestimmten Umwelthabitaten weit höher sind als in Geweben. $Fe^{2+}$ wirkt nun als Cofaktor bei der Fur-(*ferric uptake regulator*-)abhängigen Regulation (siehe Kapitel 11). Bei hohen $Fe^{2+}$-Konzentrationen reprimiert der $Fe^{2+}$::Fur-Komplex beispielsweise die Expression von siderophorspezifischen Genclustern wie *ent* (Enterobaktin) und *aer* (Aerobaktin). Aber auch Toxingene (unter anderem Shiga-Toxin-codierende *stx*-Gene) sind Fur-reguliert. Bei grampositiven Mikroorganismen ist mittlerweile ein dem Fur-System analoges Re-

gulationssystem (DtxR) identifziert worden, das unter anderem an der Regulation des Diphtherietoxingens beteiligt ist. Interessanterweise spielt das Fur-System (und wahrscheinlich auch das DtxR-System) außerdem eine Rolle bei der Regulation von pathogenetisch nicht relevanten Vorgängen wie der Schwärmer-Zell-Differenzierung von *Vibrio parahaemolyticus* oder der Ausprägung der Biolumineszenz bei *V. harvey*. Dies unterstreicht noch einmal die generelle Bedeutung von Eisen als „Signalgeber" für ganz unterschiedliche Mikroorganismen weit über das Feld der pathogenen Bakterien hinaus.

## 8.2 Extrazelluläre Enzyme

Mikroorganismen sezernieren unterschiedliche Enzyme, die auch eine Bedeutung bei der Pathogenese haben können. Viele dieser Enzyme, von denen einige in Tabelle 8.2 zusammengefaßt sind, werden sowohl von pathogenen als auch von apathogenen Organismen gebildet (siehe Abschnitt 7.7). Es fällt auf, daß aquatische Bakterien (zum Beispiel Vibrionen und Pseudomonaden) und Bodenbakterien (zum Beispiel Clostridien) ein besonders breites Spektrum an extrazellulären Enzymen produzieren. So spielt die Gruppe der Zn-Metalloproteasen eine Rolle bei der Degradation von Proteinen und damit für die Versorgung der Mikroben mit $N_2$-Verbindungen sowohl in der Umwelt als auch in Wirtsorganismen. Als Elastase ist eine solche Protease von *P. aeruginosa* in der Lage, Elastin zu spalten; sie spielt auch eine Rolle bei der Degradation von Transferrin (vergleiche Abschnitt 8.1). Die Urease, die von mehreren pathogenen Bakterien, aber auch von apathogenen Bakterien und von Eukaryoten gebildet wird, spaltet Harnstoff, was unter anderem zu einer Alkalisierung des Milieus und

**Tabelle 8.2:** Mikrobielle Exoenzyme mit pathogenetischer Relevanz

| Enzym | Funktion | Vorkommen |
|---|---|---|
| Staphylokinase, | Fimbrinolyse | *S. aureus* |
| Streptokinase | | *S. pyogenes* |
| Kollagenase | Kollagenabbau | *B. fragilis* |
| | | *C. perfringens* |
| Hyaluronidase | Hyaluronsäureabbau | *S. aureus* |
| | | *C. perfringens* |
| Neuraminidase | Abspaltung von Neuraminsäure | *S. typhi* |
| | | *C. perfringens* |
| | | *B. fragilis* |
| | | *V. cholerae* |
| | | *S. pneumoniae* |
| Zn-Metalloprotease | Degradation von Proteinen | *L. monocytogenes* |
| | | *B. cereus* |
| | | *L. pneumophila* |
| | | *P. aeruginosa* |
| | | *V. cholerae* |
| Urease | Harnstoffspaltung | *H. pylori* |
| | | *S. saprophyticus* |
| | | *P. mirabilis* |
| Superoxiddismutase | Umsetzung von Superoxid ($O_2^-$) zu Wasserstoffperoxid ($H_2O_2$) | *L. monocytogenes* |
| | | *S. flexneri* |
| | | *N. asteroides* |
| Katalase | Umsetzung von $H_2O_2$ zu $O_2$ und $H_2O$ | *S. flexneri* |
| | | *N. asteroides* |
| | | *M. tuberculosis* |
| | | *L. monocytogenes* |
| C5a-Peptidase | Spaltung des Komplementfaktors C5a | *S. pyogenes* |
| IgA-Protease | Spaltung des sIgA1 | *S. pneumoniae* |
| | | *N. gonorrhoeae* |
| | | *N. meningitidis* |
| | | *H. influenzae* |

damit zu einer besseren Anpassung von Mikroorganismen an Habitate wie Harnweg (*Staphylococcus saprophyticus*) oder den Magen (*Helicobacter pylori*) führt.

Extrazelluläre pathogene Mikroorganismen, insbesondere Staphylokokken und Streptokokken, produzieren und sezernieren Enzyme, die eine fibrinolytische Wirkung haben oder die zu einer Degradation der extrazellulären Matrix führen. Diese Enzyme sind beispielsweise an der Penetration der Mikroorganismen durch Gewebe beteiligt. Einen spezifischeren Beitrag zur Pathogenese spielen die Enzyme, die direkt Komponenten des Abwehrsystems abbauen wie IgA-Proteasen (siehe Abschnitt 7.6) und C5a-Peptidasen oder die toxische Sauerstoffmetabolite detoxifizieren wie Katalasen und Superoxiddismutasen (SOD). Im Einzelfall ist es schwer festzustellen, ob die Enzyme spezifische Anpassungs- und Pathogenesemechanismen wie bei IgA-Proteasen repräsentieren oder ob sie eher unspezifisch in den Pathogeneseprozeß eingreifen.

## 8.3 Metabolismus und Pathogenität

Der Metabolismus, das heißt die Stoffwechselaktivität eines Organismus, stellt die Grundlage für Wachstum und Vermehrung dar und ist insofern eng mit der pathogenen Potenz von Krankheitserregern verknüpft. Bestimmte Stoffwechselfunktionen pathogener Mikroorganismen, die eine essentielle Rolle bei der Besiedlung eines Habitats spielen, werden ebenfalls als unspezifische Pathogenitätsfaktoren oder als Vitalitäts- beziehungsweise Fitneßfaktoren bezeichnet (vergleiche Kapitel 6 und 7). Dabei kann zwischen den unterschiedlichen Stoffwechselleistungen und ihren pathogenetischen Konsequenzen wie folgt differenziert werden:

- Stoffwechselleistungen von Krankheitserregern, die zur Besiedlung bestimmter Habitate beitragen,
- Stoffwechselleistungen anderer (auch apathogener) Mikroorganismen oder Wirtszellprodukte, die das Wachstum von Krankheitserregern fördern,
- Stoffwechselprodukte von Krankheitserregern, die unspezifisch zur Kolonisation beitragen,
- Stoffwechselprodukte, die direkt zur Erhöhung der Pathogenität eines Erregers führen.

Ein Beispiel für die Besiedlung „unwirtlicher" Habitate stellt das Wachstum von *H. pylori* im menschlichen Magen dar. Neben anderen Faktoren spielt bei der Besiedlung dieses Organs das Enzym Urease eine zentrale Rolle. Wie bereits aufgeführt, spaltet Urease Harnstoff zu Ammoniak und $CO_2$ und führt so eine Alkalisierung des Milieus herbei. Auch andere

pathogene Mikroorganismen sind in der Lage, Urease zu bilden; bei harnwegspathogenen Bakterien (*S. saprophyticus, Proteus mirabilis*) hat die Alkalisierung des Urins die Präzipitation von Salzen und damit Steinbildung zur Folge. Neben der Urease scheint auch eine *Helicobacter*-spezifische ATPase, die als Proton-Kation-Antiporter wirkt, zum Überleben des Bakteriums im Magen beizutragen. Andere pathogene Mikroorganismen sind ebenfalls in der Lage, ihre Stoffwechselleistungen flexibel an neue Bedürfnisse anzupassen und so einen Wirtswechsel beziehungsweise eine Übertragung von der Umwelt auf Wirtsorganismen zu ermöglichen.

Oftmals nutzen pathogene Mikroorganismen Stoffwechselprodukte des Wirtes. Obligat intrazelluläre Bakterien wie Chlamydien verwerten beispielsweise vom Wirt synthetisiertes ATP („Energieparasitismus"). Mycoplasmen nehmen Nucleotide des Wirtes auf. *Corynebacterium diphtheriae* kann sich nur vermehren und Toxine produzieren, wenn vom Wirt die essentielle Aminosäure Tryptophan bereitgestellt wird. Darmpathogene Organismen, wie Enterobakterien oder Bacteroides, wiederum benötigen Lactat beziehungsweise von Propionibakterien oder Veillonellen aus Lactat umgesetzte Propion- oder Essigsäure, um sich optimal vermehren zu können.

Interessanterweise können stoffwechselrelevante Enzyme, zumal wenn sie an der Zelloberfläche von Mikroorganismen lokalisiert sind, zusätzlich zu ihrer metabolen Funktion eine Rolle bei der Kolonisation von pathogenen Mikroorganismen zu spielen. Die Glycerinaldehyd-3-P-Dehydrogenase (GAPDH) von *Streptococcus pyogenes*, ein Schlüsselenzym der Glykolyse, hat eine Affinität zu Plasmin und trägt somit als Plasminrezeptor zur Gewebepenetration der Streptokokken bei. Eine Alkoholdehydrogenase von *Candida albicans* ist in der Lage, eine Bindung an Fibrinogen zu vermitteln und so die Kolonisierung der Hefen an die extrazelluläre Matrix zu verstärken. Auch die Glykosyltransferasen von oralen Streptokokken (zum Beispiel *S. sanguis, S. mutans*) zählen zu diesen unspezifischen Kolonisationsfaktoren, da sie eine Bindung der Bakterien an Glucane vermitteln und so zur Plaquebildung im Mund und zu Karies beitragen.

Ein direkter Einfluß von Stoffwechselprodukten auf die mikrobielle Virulenz ist in einigen Fällen ebenfalls belegt. So tragen bestimmte Mycotoxine wie das Restriktotoxin von Aspergillen als Sekundärmetaboliten direkt zur Pathogenität der entsprechenden Pilze bei. Das aus Catechol polymerisierte Pigment Melanin, das von dem pathogenen Pilz *Cryptococcus neoformans* synthetisiert wird, erhöht die Pathogenität des Erregers, indem es wahrscheinlich als „Redox-Puffer" wirkt und antibakterielle Wirtsoxidantien neutralisiert. Ein Protein von tierpathogenen Mycoplasmen wiederum wirkt als Glycerolimporter mit der Konsequenz, daß eine $\alpha$-Glycerol-3P-Oxygenase $H_2O_2$ generiert. Das Wasserstoffsuperoxid wiederum wirkt als Hämolysin und möglicherweise auch als Cytotoxin auf Wirtszellen. Sulfatreduzierende Bakterien wie *Desulfuromonas* spp. werden häufig bei Patienten mit chronisch entzündlichen Darmerkrankungen, insbesondere mit *Colitis ulcerosa*, gefunden. Möglicherweise spielen toxische Stoffwechselprodukte (insbesondere Sulfide) eine Rolle bei der Aktivierung des Immunsystems und der Manifestation der Erkrankung.

# 8.4 Literatur

Bayle, D.; Wängler, S.; Weitzenegger, T.; Steinhilber, W.; Volz, J.; Przybylski, M. ; Schäfer, K. P. ; Sachs, G.; Melchers, K. *Properties of the P-type ATPases Encoded by the CopAP Operons of Helicobacter pylori and Helicobacter felis.* In: *J. Bacteriol.* 180 (1998) S. 317–329.

Jacobson, E. S.; Hong, J. D. *Redox Buffering by Melanin and Fe (II) in Cryptococcus neoformans.* In: *J. Bacteriol.* 179 (1997) S. 5340–5346.

Stolp, H. *Microbial Ecology: Organisms, Habitats, Activities.* Cambridge (Cambridge University Press) 1988.

Braun, V. *Iron Deprivation and Iron Supply System of Pathogenic Bacteria.* In: *Nova Acta Leopold.* NF78 (1999) S. 123–140.

Cornelissen, C. N.; Sparling, P. F. *Iron Piracy: Acquisition of Transferrin-Bound Iron by Bacterial Pathogens.* In: *Molec. Microbiol.* 14 (1994) S. 843–850.

Guerinot, M. L. *Microbial Iron Transport.* In: *Ann. Rev. Microbiol.* 48 (1994) S. 743–772.

Litwin, C. M.; Calderwood, S. B. *Role of Iron in Regulation of Virulence Genes.* In: *Clin. Microbiol. Rev.* 6 (1993) S. 137–149.

Travis, J.; Potempa, J.; Maeda, H. *Are Bacterial Proteases Pathogenic Factors?* In: *Trends Microbiol.* 3 (1995) S. 405–407.

Wilson, M. E.; Britigan, B. E. *Iron Acquisition by Parasitic Protozoa.* In: *Parasitol. Today* 14 (1998) S. 348–353.

# 9. Proteinsekretionssysteme

T. Ölschläger, J. Hacker

## 9.1 Struktur unterschiedlicher Proteinsekretionssysteme

Proteine, die als Virulenzfaktoren zur Pathogenität von Mikroorganismen beitragen, werden mittels verschiedener Sekretionssysteme aus der prokaryotischen Zelle transportiert. Obwohl einige der in Tabelle 9.1 aufgeführten vier Exportsysteme bei der Analyse von pathogenen Bakterien identifiziert wurden, repräsentieren sie doch generelle bakterielle Transportmechanismen, die auch bei apathogenen Bakterien vorkommen. Interessanterweise befinden sich die Gene für die Komponenten von Proteinsekretionssystemen häufig auf Plasmiden oder chromosomalen Pathogenitätsinseln, weshalb spekuliert werden kann, daß

sich die Determinanten über horizontalen Gentransfer verbreitet haben. Aus evolutionsbiologischer Sicht ist aber auch bemerkenswert, daß funktionell ähnliche Typ-III-Systeme existieren, die kaum Sequenzhomologien zueinander aufweisen. Dies deutet auf eine parallele Entwicklung von funktionell gleichartigen Systemen bei unterschiedlichen Organismengruppen hin.

Momentan werden bei gramnegativen Bakterien vier Typen von Proteinsekretionssystemen unterschieden, die als Typ-I-, Typ-II-, Typ-III- und Typ-IV-Systeme bezeichnet werden. Bei grampositiven Bakterien werden Proteine mit Hilfe eines Sec-ähnlichen Systems transportiert. In der Folge sollen vor allem die Proteinsekretionssysteme gramnegativer Bakterien dargestellt werden. Wie in Tabelle 9.1 aufgeführt, werden von den Typen II und IV Komponenten des Sec-abhängigen *general secretory pathway* (GSP) verwendet, wäh-

**Tabelle 9.1:** Proteinsekretionssysteme gramnegativer Bakterien

| Typ | I | II | III | IV |
|---|---|---|---|---|
| Sec-Abhängigkeit | – | + | – | + |
| Beteiligte Proteine | 3 | 12–14 | ca. 20 | 12–14 |
| Signalsequenz | C-terminale Signalsequenz | N-terminale Signalsequenz | Signal in mRNA | N-terminale Signalsequenz |
| Beispiele | E. coli-α-Hämolysin | K. oxytoca | S. flexneri | N. gonorrhoeae |
| | B. pertussis | (Pullanase) | (Invasine) | (IgA-Protease) |
| | (Adenylatcyclase) | P. aeruginosa | Y. enterocolitica | B. pertussis |
| | P. haemolytica | (Typ-IV-Pili) | (Yops) | (OMPs) |
| | (Leukotoxin) | E. coli | S. typhimurium | H. pylori |
| | | (Sec-System) | (Invasine) | (VagA-Toxin) |
| | | M13-Phagenbildung | E. coli | E. coli (EPEC) |
| | | | (Flagellen) | (SepA, EspC) |

rend die Proteine, die mittels der Typ-I- und Typ-III-Systeme transportiert werden, Sec-unabhängig aus der Zelle geschleust werden. Prototyp für ein Typ-I-abhängig transportiertes Protein ist das α-Hämolysin von uropathogenen *E. coli*. Die Gene, die für die Transportfunktionen codieren, sind gemeinsam mit dem Toxinstrukturgen in einem Gencluster lokalisiert. Die beiden Transportproteine HlyB und HlyD bilden eine Pore, durch die das HlyA-Toxin ausgeschleust wird. Weiterhin ist das TolC-Protein am Transport von HlyA beteiligt. Wie in Abbildung 9.1 dargestellt, befindet sich ein „Transportsignal" im C-terminalen Teil von HlyA. Neben dem α-Hämolysin werden eine Reihe weiterer Toxine (unter anderem Toxine vom RTX-Typ) und Proteasen mit Hilfe des Typ-I-Transportsystems aus der bakteriellen Zelle geschleust. Interessanterweise haben auch die eukaryotischen ABC-Transporter der MDR-(Multi-Drug-Resistance-) Klasse Ähnlichkeiten mit den bakteriellen Typ-I-Transportsystemen.

Typ-II-Transportsysteme sind ebenfalls bei einer Reihe von Mikroorganismen realisiert. Am besten ist das Pullulanasesystem von *Klebsiella oxytoca* untersucht. Das zu transportierende Protein trägt eine N-terminale hydrophobe Signalsequenz, die von einer Signalpeptidase abgespalten wird. In *E. coli* umfaßt das Typ-II-Sec-System neben der Signalpeptidase mehrere innere Membranproteine (unter anderem SecD, SecF und SecY), eine cytoplasmatisch lokalisierte ATPase (SecA) und ein Chaperon (SecB). Homologe Proteine sind für das Pullulanasesystem beschrieben worden, wobei hier insgesamt 14 Proteine am Transport beteiligt sind. Weitere Proteine, die mit Hilfe eines Typ-II-Systems ausgeschleust werden, sind sowohl bei humanpathogenen als auch bei phytopathogenen Organismen wie *Xanthomonas campestris* beschrieben worden. Auch Subunitproteine von Typ-IV-Pili, die beispielsweise von enteropathogenen *E. coli* (EPEC) und von *Pseudomonas aeruginosa* gebildet werden, werden mittels eines Typ-II-Systems transportiert.

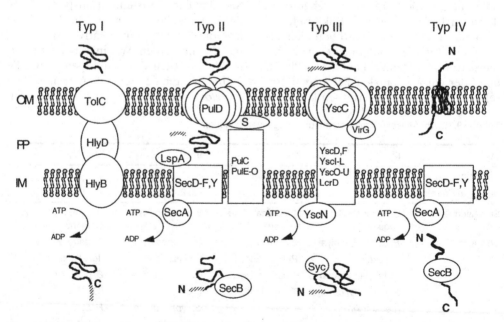

**9.1** Schematische Darstellung der Typ-I- bis Typ-IV-Sekretionssysteme am Beispiel des α-Hämolysins von *E. coli* (Typ I), der Pullulanase con *K. oxytoca* (Typ II), des Yops von *Yersinia* und der IgA-Protease von *N. gonorrhoeae*. Es werden die äußere Membran (OM), das Periplasma (PP), die innere Membran (IM) und das Cytoplasma (CP) dargestellt. (Nach Hueck C. J., 1998.)

Es handelt sich bei den Typ-IV-Protein-transportmechanismen um Sec-abhängige Autotransportersysteme. Als Prototyp für dieses System gilt die IgA-Protease von *Neisseria gonorrhoeae*. Das zu transportierende Protein ist nach Sec-abhängigem Transport durch die innere Membran in der Lage, selbst eine Pore in der äußeren Membran zu bilden, durch die es nach weiteren autoproteolytischen Prozessierungen in das Medium ausgeschleust wird. Interessanterweise wird auch das VagA-Toxin von *Helicobacter pylori* durch ein Typ-IV-System transportiert. Auf der CagA-Pathogenitätsinsel von *H. pylori* sind wiederum Gene lokalisiert, die Homologien zu Genen zeigen, die bei Typ-IV-Transportern anderer Spezies gefunden werden. Neben dem Typ-IV-Transportsystem ist in letzter Zeit das Sec-unabhängige Typ-III-Transportsystem in den Mittelpunkt des Interesses gerückt, das vor allem bei intrazellulär vermehrungsfähigen Bakterien identifiziert wurde.

# 9.2 Proteinsekretionssysteme vom Typ III

Proteintransportsysteme vom Typ III (SST III) wurden zunächst bei Isolaten von *Yersinia* spp., *Shigella* spp. und *Salmonella typhimurium* beschrieben (siehe Abschnitt 6.2). In diesem Zusammenhang muß auch erwähnt werden, daß Komponenten der Maschinerie zum Export von Untereinheiten und zum Zusammenbau von Flagellen Homologien zu Komponenten der SST III aufweisen. Dies kann als Hinweis darauf gewertet werden, daß diese Flagellensysteme und die SST III einen gemeinsamen evolutiven Ursprung haben.

Das Vorkommen dieser SST III ist jedoch keineswegs auf human- und tierpathogene Bakterien beschränkt, sie wurden auch bei einer ganzen Reihe von pflanzenpathogenen Bakterien (*Erwinia amylo-* *vora*, *Ralstonia solanacearum*, *Pseudomonas syringae*, *Xanthomonas campestris*) entdeckt (siehe Kapitel 13). In *S. typhimurium* sind sogar mindestens zwei dieser SST III auf dem Chromosom codiert. Die SST-III-spezifischen Gene können entweder als Teil einer Pathogenitätsinsel auf dem Chromosom lokalisiert sein wie bei enteropathogenen und enterohämorrhagischen *E. coli* (EPEC, EHEC) und Salmonellen oder auf einem Plasmid wie bei Shigellen und Yersinien.

Die Sekretionssysteme vom Typ III sind aus ungefähr 20 verschiedenen Proteinen aufgebaut (siehe Tabelle 9.1). Einige dieser Proteine finden sich in der äußeren Membran, wo sie möglicherweise einen Kanal bilden; andere verlängern diesen Kanal durch das Periplasma und haben Verbindung zu weiteren Proteinen, die wiederum in der Cytoplasmamembran einen Kanal ausbilden. Proteine, die Komponenten des SST III sind, werden in pathogenen *E. coli* (EPEC und EHEC) mit Sep (*secretion of E. coli proteins*), in *R. solanacearum* mit Hrc (*hypersensitive response and conserved*) beziehungsweise Hrp (*hypersensitive response and pathogenicity*), in *S. typhimurium* mit Inv (*invasion*), Prg oder Spa, in *Shigella* spp. mit Mxi (*membrane expression of invasion plasmid antigens*) oder Spa und in *Yersinia* spp. mit Ysc (*Yop secretion*) oder Lcr bezeichnet (Tabelle A.11 im Anhang).

Die für den Export erforderliche Energie wird von cytoplasmatischen Proteinen, die mit der Cytoplasmamembran assoziiert sind, geliefert. Diese Proteine, SepB in EPEC, HrpB in *R. solanacearum*, InvC in *S. typhimurium*, Spa47/L in *Shigella* spp. und YscN in *Yersinia* spp., weisen Homologien zur B-Untereinheit der $F_0F_1$-ATPasen auf (Tabelle A.11). Für einige dieser Proteine konnte auch schon ATPase-Aktivität nachgewiesen werden.

Unter den durch SST III sekretierten Proteinen kann man drei Kategorien unterscheiden:

1. Effektorproteine werden nach Wirtszellkontakt sekretiert und in die Wirtszellen injiziert. Dazu gehören EspA und EspB sowie Tir von EPEC, die Toxine ExoS und PepA von *P. aeruginosa*, AvrB der phytopathogenen Spezies *P. syringae*, SipA und SptP von *S. typhimurium*, IpaA, B, C, D und VirA von *Shigella* spp. und YopE, H, M, O und P von *Yersinia* spp. (Tabelle A.11). Neben der Funktion als Effektor auf die Wirtszelle haben einige dieser Proteine aber zusätzlich regulatorische Funktion wie etwa IpaB und IpaC von *Shigella* spp.

2. Offenbar ausschließlich regulatorische Funktion auf den Export haben die sekretierten Proteine der zweiten Kategorie. Beispiele dafür sind SipD von *S. typhimurium* und YopN von *Yersinia* spp. (Tabelle A.11). Diese Proteine geben ebenso wie IpaB und IpaC die Sekretion erst nach Kontakt mit der Wirtszelle frei. YopN fungiert dabei möglicherweise als eine Art Verschlußstopfen, der nach Interaktion mit der Wirtszelle, via Adhäsinen wie beispielsweise YadA, entfernt wird. Ein Unterschied zum *Shigella*-System besteht darin, daß YopN die Sekretion nur auf der Seite des Bakteriums erlaubt, die mit der eukaryotischen Zelle in Kontakt steht. Im Gegensatz dazu öffnet der IpaB-IpaC-Komplex die Sekretionskanäle auf der gesamten bakteriellen Oberfläche.

3. Die dritte Kategorie der exportierten Proteine ist für die Translokation der eigentlichen Effektoren in Wirtszellen verantwortlich. Mittels SipB, C, D werden SipA und SptP, mittels YopB und D werden die Effektoren YopE, H, M, O und P in die Zielzellen transloziert (Tabelle A.11). Diese Translokatoren bilden wahrscheinlich einen Kanal durch die eukaryotische Cytoplasmamembran oder fungieren als extrazelluläre Chaperone. Diese Translokation ist notwendig, da der Wirkungsort für die meisten Effektoren offensichtlich innerhalb der Wirtszelle liegt.

Kürzlich wurde gezeigt, daß eine Spezies gleichzeitig unterschiedliche Virulenzfaktoren exportieren kann. Die Funktionen dieser Effektoren sind unterschiedlich. Sekretierte Virulenzfaktoren wie die Harpine von Pflanzenpathogenen können zur Gewebenekrose führen. IpaB von Shigellen und YopP von Yersinien induzieren Apoptose in Makrophagen. Von IpaB wird dies durch Bindung an ICE *(Interleukin 1β converting enzyme)* erreicht. Tir fungiert nach Translokation und Phosphorylierung in der Wirtszelle als Intimin- und Internalisierungsrezeptor für EPEC. Sip-Proteine der Salmonellen induzieren einen lokalisierten Umbau des Mikrofilamentskeletts, der in die Internalisierung der Bakterien in nichtprofessionelle Phagocyten mündet. Eine gegenteilige Wirkung hat YopE, das Mikrofilamente depolymerisiert und dadurch wie die tyrosinspezifische Phosphatase YopH antiphagocytisch wirkt und somit *Yersinia* vor Abwehrzellen wie Makrophagen schützt. Cytotoxische Wirkung haben ExoS und PopA von *P. aeruginosa*, AvrB der phytopathogenen *P. syringae*-Spezies und YopO der Yersinien. Gemeinsam ist den Effektorproteinen, daß sie ein noch nicht identifiziertes Signal im N-Terminus tragen, das möglicherweise auf der Ebene der mRNA wirkt. Der N-Terminus wird aber während der Sekretion nicht abgespalten, wie es bei den Sec-abhängig sekretierten Proteinen der Fall ist. Darüber hinaus wurde gezeigt, daß für YopE, H und M die N-terminal lokalisierten Aminosäuren +30 bis +60 notwendig sind, um die Translokation dieser Yops in die Wirtszelle zu gewährleisten. Selbst Fusionsproteine, bestehend aus dem N-terminalen Teil eines Yop-Proteins und eines eukaryotischen Proteins, werden aus *Yersinia* mittels des SST III sekretiert. Zumindest für die Effektoren aus der Yop-Gruppe kann daher von einer Domänenstruktur ausgegangen werden. Am extremen N-Terminus befindet sich eine Sekretionsdomäne, auf die eine Translokationsdomäne folgt. Der C-terminale Teil beinhaltet die Effektordomäne.

Ein weiteres gemeinsames Merkmal der mittels SST III sekretierten Proteine und gleichzeitig ein wichtiger Unterschied zu Proteinen, die durch Sekretionssysteme vom Typ I, II oder IV exportiert werden, ist die Tatsache, daß für die Stabilität im Cytoplasma und für die Erhaltung der für die Sekretion notwendigen Konformation cytoplasmatische Chaperone notwendig sind. Untersuchungen mit den *Yersinia*-Effektoren YopE und YopH ergaben, daß die Translokationsdomäne identisch ist mit der Binderegion für die Chaperone. Daher könnten die Chaperone auch notwendig sein, um eine intrabakterielle Wechselwirkung zwischen YopE und H mit Translokationsproteinen zu verhindern. Die *Yersinia*-Chaperone zeichnen sich außerdem durch ein niedriges Molekulargewicht von 15 bis 20 kDa, das Fehlen einer ATP-Bindedomäne, eines sauren isoelektrischen Punktes und das Vorhandensein einer amphipathischen Helix im C-Terminus aus. In EPEC sind SepE und SepU vermutlich Chaperone für SST-III-sekretierte Proteine. Chaperonfunktion des SST III der *S. typhimurium*-Insel SPI1 haben vermutlich InvI für InvJ und SpaO und SicA für SipA, B und C. In *Shigella* spp. wurde IpgC als Chaperon für IpaB und C identifiziert. In *Yersinia* spp. sind SycC(YerA)-, SycD(LcrD)- und SycH-Chaperone spezifisch jeweils für YopE, YopB, YopD beziehungsweise YopH (Tabelle A.11).

Nicht nur die Sekretion, auch die Expression der verschiedenen Gene für Komponenten der SST-III-Systeme und für Effektorproteine ist reguliert. Verschiedene Umweltreize wie Sauerstoffpartialdruck und Osmolarität, aber auch die Wachstumsphase beeinflussen die Expression der Invasionsgene von Salmonellen (siehe Kapitel 11). Zwei regulatorische Proteine, InvF und HilA, von *Salmonella* codieren in dem Bereich für das SST III auf dem SPI1. InvF gehört zur Familie der AraC, und HilA ist ein Mitglied der OmpR/ToxR-Familie von Transkriptionsaktivatoren. Zu den von HilA regulierten Genen gehören *sipC* und *invF*. Gleichzeitig wird

die Expression der SST III und assoziierten Gene durch so globale Regulatoren wie PhoP/PhoQ beeinflußt. Auch in *Yersinia* sind sowohl die Expression als auch die Sekretion reguliert. Eine geringe Basisexpression erfolgt, wenn die Temperatur 37 °C erreicht. Dafür verantwortlich ist der Transkriptionsaktivator VirF(LcrF). Die volle Expression wird aber erst erreicht, wenn der Export nach Kontakt mit eukaryotischen Zellen eingesetzt hat. Durch das aktive SST III wird offensichtlich auch der Repressor LcrQ exportiert, damit wird dann eine ungehemmte Expression der SST-III-(*ysc*)- und *yop*-Gene ermöglicht. Umweltfaktoren beeinflussen zudem die Expression der SST-III-Komponenten- und Effektorgene in *Shigella*. Eine wesentliche Expression erfolgt erst bei 37 °C, nicht aber bei 30 °C. Für die Repression bei 30 °C ist der chromosomal codierte Repressor VirR verantwortlich. Die Expression bei 37 °C wird durch das plasmidcodierte VirF-Protein, einen positiven Regulator von VirB, aktiviert. VirB ist ebenfalls auf dem Virulenzplasmid von *Shigella* codiert. Die Expression der SST-III-Gene und der Invasionsgene (Ipa) wird durch VirB induziert. Zusätzlich wird die Expression aller Gene für das SST-III-System noch beeinflußt durch die Wachstumsphase, die Osmolarität des Wachstumsmediums, den pH und die An- oder Abwesenheit von H-NS.

# 9.3 Literatur

Anderson, D. M.; Schneewind, O. *A mRNA Signal for the Type III Secretion of Yop Proteins by Yersinia enterocolitica.* In: *Science* 278 (1997) S. 1140–1143.

Hueck, C. J. *Type III Protein Secretion Systems in Bacterial Pathogens of Animals and Plants.* In: *Microbiol. Mol. Biol. Rev.* 62 (1998) S. 379–433.

Iriarte, M.; Cornelis, G. R. *The 70 kb Virulence Plasmid of Yersinia.* In: Kaper, J. P.; Hacker J.

(Hrsg.) *Pathogenicity Islands and Other Mobile Virulence Elements.* Washington, D. C. (ASM Press) 1999.

Lee, C.A. *Type III Secretion Systems: Machines to Deliver Bacterial Proteins Into Eukaryotic Cells?* In: *Trends Microbiol.* 5 (1997) S. 148–156.

Lee, V. T.; Schneewind, O. *Type III Machines of Pathogenic Yersiniae Secrete Virulence Factors Into the Extracellular Milieu.* In: *Mol. Microbiol.* 31 (1999) S. 1619–1729.

Martinez, A.; Oskovsky, P.; Nunn, D. N. *Identification of an Additional Member of the Secretion Superfamiliy of Proteins in Pseudomonas aeruginosa That Is Able to Function in Type III Protein Secretion.* In: *Mol. Microbiol.* 28 (1998) S. 1235–1246.

Mecsas, J.; Strauss, E. J. *Molecular Mechanisms of Bacterial Virulence: Type III Secretion and Pathogenicity Islands.* In: *Emerg. Infect. Dis.* 2 (1996) S. 271–288.

Rosqvist, R.; Hakansson, S.; Forsberg, A.; Wolf-Watz, H. *Functional Conservation of the Secretion and Translocation Machinery for Virulence Proteins of Yersiniae, Salmonellae and Shigellae.* In: *EMBO J.* 14 (1995) S. 4187–4195.

Van Gijsegem, F.; Genin, S.; Boucher, C. *Conservation of Secretion Pathways for Pathogenicity Determinants of Plant and Animal Bacteria.* In: *Trends Microbiol.* 1 (1993) S. 175–180.

Wattiau, P.; Woestyn, S.; Cornelis, G. R. *Customized Secretion Chaperons in Pathogenic Bacteria.* In: *Mol. Microbiol.* 20 (1996) S. 255–262.

# 10. Mikrobielle Oberflächenvariation und Pathogenität

## J. Morschhäuser

Pathogene Mikroorganismen müssen in der Lage sein, während einer Infektion flexibel auf veränderte Milieubedingungen im Wirtsorganismus zu reagieren. Durch Ausprägung verschiedener Adhärenzfaktoren besiedeln die Erreger zum Beispiel unterschiedliche Wirtsoberflächen, so daß sie sich in Konkurrenz zur normalen Mikroflora etablieren und vermehren können. Die Expression entsprechender Gene wird durch Umweltsignale streng reguliert und an die jeweiligen Erfordernisse angepaßt (siehe Kapitel 11). Neben der Modulation der Genexpression durch Umweltsignale führen Mutationen dazu, daß in einer Population genetische Varianten erzeugt werden, die möglicherweise besser an veränderte Umweltbedingungen adaptiert sind und entsprechend selektioniert werden. Häufig sind Zelloberflächenstrukturen von solchen Mutationen betroffen, so daß neue Varianten einer Immunantwort entgehen können, die gegen die ursprünglich infizierenden Organismen aufgebaut wurden. Mikrobielle Infektionserreger haben jedoch auch spezielle Mechanismen entwickelt, um mit weitaus höherer Frequenz als durch zufällige, ungerichtete Mutation Varianten zu erzeugen. Solche Varianten können sich durch die An- oder Abwesenheit bestimmter Oberflächenstrukturen unterscheiden (Phasenvariation). Die Ausprägung unterschiedlicher Formen eines Moleküls oder verschiedener Typen verwandter Moleküle mit ähnlicher Funktion, aber unterschiedlichen antigenen Eigenschaften wird dagegen als Antigenvariation bezeichnet (siehe Tabelle A.12 im Anhang).

## 10.1 Phasenvariation

### 10.1.1 Phasenvariation durch *site*-spezifische Rekombination

Typ-I-Fimbrien sind Zelloberflächenorganellen, die unter den Enterobakterien weit verbreitet sind und die es den Bakterien ermöglichen, an mannosehaltige Rezeptoren auf den Wirtszellen zu binden (siehe Abschnitt 6.1). Unter bestimmten Umständen können Typ-I-Fimbrien aber offensichtlich auch von Nachteil sein, da sie zum Beispiel die Penetration der Keime durch die über dem Darmepithel liegende Schleimschicht erschweren. Außerdem werden Typ-I-Fimbrien von Makrophagen erkannt, so daß Bakterien, die diese Fimbrien an ihrer Oberfläche exprimieren, leichter phagocytiert werden als nichtfimbrierte Varianten. Die Fähigkeit, zwischen einem fimbrierten und einem nichtfimbrierten Zustand zu wechseln, ermöglicht den Bakterien daher, sowohl das Wirtsepithel zu besiedeln als auch bestimmten Wirtsabwehrmechanismen zu entgehen.

Die *fim*-Gene, die für die Ausbildung der Typ-I-Fimbrien codieren, sind in einem Operon zusammengefaßt. Sie werden von einem Promotor aus transkribiert, der vor dem Gen *fimA* liegt, das für das Hauptstrukturprotein der Fimbrienorganelle codiert (Abbildung 10.1). Der Promotor selbst liegt auf einem invertierbaren, 314 bp großen DNA-Fragment, das von 9 bp langen *inverted repeats* flankiert ist. Je nach Orientierung dieses Fragments werden entweder die *fim*-Gene abgelesen, oder die Transkription erfolgt in entgegengesetzter Richtung. Die jeweilige Orientierung des Promotors bestimmt also, ob eine Zelle Typ-I-Fimbrien exprimiert (*on*-Zustand) oder ob diese abgeschaltet sind (*off*-Zustand).

Die Inversion des Promotorfragments wird durch zwei homologe *site*-spezifische Rekombinasen bewerkstelligt, deren Gene *fimB* und *fimE* vor dem *fim*-Operon liegen. Beide Rekombinaseenzyme binden im Bereich der *inverted repeats*, die das Promotorfragment flankieren. Das FimB-Protein katalysiert sowohl die Rekombination von der *on*-Phase in die *off*-Phase als auch umgekehrt, da es in beiden Orientierungen des Promotorfragments an seine Erkennungssequenzen bindet. Das FimE-Protein bewirkt dagegen nur den Übergang vom angeschalteten in den abgeschalteten Zustand, weil seine Bindung an das Promotorfragment im *off*-Zustand stark reduziert ist. Der Anteil fimbrierter Zellen in einer Bakterienpopulation kann also durch die jeweilige relative Aktivität von FimB und FimE reguliert werden.

Dies wird durch differentielle Expression der *fimB*- und *fimE*-Gene erreicht, die wiederum durch Umweltsignale gesteuert wird. Die Verfügbarkeit einer vom *leuX*-Gen codierten Leucyl-tRNA scheint hierbei eine Rolle zu spielen, da *fimB* und *fimE* unterschiedlich viele CTG-Codons besitzen, die von dieser tRNA erkannt werden.

Für die Inversion des Promotorfragments müssen die beiden *inverted repeats* in Kontakt zueinander gebracht werden, so daß die DNA-Stränge durch *site*-spezifische Rekombination ausgetauscht werden können. Faktoren, die die Topologie der DNA verändern, beeinflussen entsprechend auch die Effizienz der Rekombination und damit die Häufigkeit des Wechsels zwischen fimbrierter und nichtfimbrierter Phase. Regulatorische Proteine wie der *integration host factor* (IHF) oder das *leucine-responsive regulatory protein* (LRP) binden an bestimmte Stellen des invertierbaren Promotorelements und stimulieren die Rekombination durch FimB und FimE, während das histonähnliche Protein H-NS die Inversion reprimiert. Umweltsignale können daher über diese regulatorischen Proteine die Frequenz der Phasenvariation steuern. Ähnliche *site*-spezifische Rekombinationssysteme sind auch bei der Antigenvariation beteiligt (siehe Abschnitt 10.2.1).

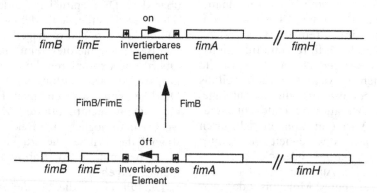

**10.1** Phasenvariation der Typ-I-Fimbrien durch *site*-spezifische Rekombination. Die 9 bp langen *inverted repeats*, die das 314 bp große invertierbare DNA-Element flankieren, sind durch eingerahmte Pfeile dargestellt. Der geknickte Pfeil gibt die Transkriptionsrichtung des invertierbaren Promotors an. Die Gene *fimB* und *fimE* werden von ihren eigenen Promotoren aus abgelesen (nicht dargestellt).

## 10.1.2 Phasenvariation durch differentielle DNA-Methylierung

Auch andere Fimbrienadhäsine unterliegen einer Phasenvariation. Bei den P-, S-, K99- und F1845-Fimbrien von *E. coli* erfolgt der Wechsel zwischen der nichtfimbrierten und der fimbrierten Phase durch differentielle Methylierung bestimmter DNA-Sequenzen. In Abbildung 10.2 ist dies am Beispiel der *pap*-Gene, die für P-Fimbrien uropathogener *E. coli* codieren, dargestellt. Das *pap*-Operon wird vom Promotor pBA aus transkribiert. Oberhalb des Promotors befinden sich zwei DNA-Bereiche, GATC-I und GATC-II, die sowohl Bindungsstellen für das Lrp-Protein als auch Erkennungssequenzen (GATC) der Dam-Methylase enthalten. Im *off*-Zustand bindet Lrp an GATC-II

und verhindert, daß diese Sequenz durch die Dam-Methylase methyliert wird. Da GATC-II mit dem Promotor pBA überlappt, wird die Transkription der *pap*-Gene durch die Bindung von Lrp inhibiert. GATC-I liegt dagegen im methylierten Zustand vor, wodurch verhindert wird, daß Lrp an diese Stelle bindet. Für die Induktion der *pap*-Gene ist aber die Dissoziation des Lrp-Proteins von GATC-II und die Bindung an GATC-I notwendig. Diese Transition wird durch ein Aktivatorprotein, PapI, ermöglicht, dessen Expression durch das Regulatorprotein CRP nach Bindung von cAMP auf bestimmte Umweltsignale hin vermittelt wird. PapI bildet während der Transition einen Komplex mit *pap*-DNA-gebundenem Lrp und bewirkt dadurch, daß die Affinität von Lrp für GATC-II reduziert, die für GATC-I dagegen erhöht wird. Die Bindung von

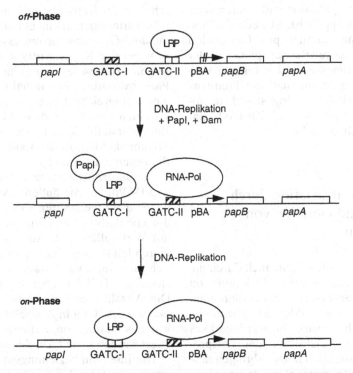

**10.2** Phasenvariation der P-Fimbrien durch differentielle DNA-Methylierung. Der Methylierungszustand der GATC-Boxen ist durch die Schraffur der Doppelquadrate dargestellt: unmethyliert (beide Hälften leer), hemimethyliert (eine Hälfte schraffiert) oder beide DNA-Stränge methyliert (beide Hälften schraffiert). Der Promotor pBA ist durch den geknickten Pfeil symbolisiert. Die Doppellinie zeigt an, daß die Transkription der *pap*-Gene durch die Bindung von Lrp an GATC-I inhibiert ist.

Lrp an GATC-I ist aber nur möglich, wenn diese Stelle nicht voll methyliert ist, was unmittelbar nach der Replikation der Fall ist, da hier der neu synthetisierte DNA-Strang noch im unmethylierten Zustand vorliegt. Die noch instabile Bindung von Lrp an hemimethyliertes GATC-I verhindert die volle Methylierung, während die freigewordene GATC-II-Region nun methyliert werden kann. Durch die Methylierung von GATC-II wird eine erneute Bindung von Lrp an dieser Stelle blockiert, und der Promotor pBA wird zugänglich für die RNA-Polymerase. Nach einer zusätzlichen Replikationsrunde liegen beide DNA-Stränge in GATC-I unmethyliert vor, so daß eine feste Bindung von Lrp an GATC-I ermöglicht wird. Lrp aktiviert nun die RNA-Polymerase am Promotor pBA, und die Zelle befindet sich stabil im *on*-Zustand. Da eine Änderung des Methylierungszustands der GATC-Boxen an die DNA-Replikation und somit an den Zellzyklus gekoppelt ist, ist auch ein Phasenwechsel nur einmal pro Generation möglich. Die begrenzte Zeitspanne, in der der Methylierungszustand verändert werden kann, sorgt dafür, daß die Frequenz der Phasenvariation niedrig ist und ein einmal etablierter *on*- oder *off*-Zustand relativ stabil erhalten bleibt.

## 10.1.3 Phasenvariation durch Insertion und Deletion von Nucleotiden

Eine Phasenvariation kann auch durch die Insertion beziehungsweise Deletion von Nucleotiden, entweder in der codierenden Region eines Gens oder im regulatorischen Bereich, verursacht werden. Dies kommt häufig vor, wenn der entsprechende DNA-Bereich lange Abfolgen desselben Nucleotids oder Repeats einer kurzen DNA-Sequenz enthält, und ist auf Fehler bei der Replikation (*slipped-strand mispairing*) zurückzuführen, die zu einer

Änderung der Anzahl an Nucleotiden beziehungsweise Repeats führen.

*Neisseria gonorrhoeae* bildet Typ-IV-Pili, die den Gonokokken die Adhärenz an humane Epithelzellen ermöglichen. Unter bestimmten Umständen ist allerdings ein Abschalten der Fimbrienexpression von Vorteil, da nichtfimbrierte Zellen leichter das Wirtsepithel durchdringen können. Das PilC-Protein ist ein Adhäsin, das sich an der Spitze der Typ-IV-Pili befindet und auch für deren Biogenese essentiell ist. Im *pilC*-Gen befindet sich am Anfang der codierenden Region ein Polyguanintrakt, in dem 13 Guaninnucleotide hintereinander vorkommen. Deletion oder Insertion eines G führt zu einer Verschiebung des *pilC*-Leserasters, so daß PilC nicht exprimiert wird und keine Fimbrien gebildet werden (Abbildung 10.3A). Ein ähnlicher Mechanismus ist auch bei *Neisseria meningitidis* für das An- und Abschalten der Kapselexpression verantwortlich. Variationen in einem Polycytosintrakt im *siaD*-Gen, das für ein essentielles Enzym bei der Kapselsynthese codiert, führen hier zu Leserasterverschiebungen. Die Phasenvariation ist deshalb wichtig für eine erfolgreiche Infektion, weil die Kapsel einen Schutz vor dem Wirtsabwehrsystem darstellt, jedoch nur unbekapselte Meningokokken in der Lage sind, in Epithelzellen einzudringen.

*N. gonorrhoeae* besitzt zusätzlich zu den Typ-IV-Pili noch äußere Membranproteine, die sogenannten Opaque-Proteine, die ebenfalls wichtig für die Interaktion mit Wirtszellen sind. Am Anfang der codierenden Region eines *opa*-Gens befindet sich eine variable Anzahl eines Pentanucleotids, CTCTT (sieben bis 28 Repeats). Die Anzahl dieser Repeats bestimmt, ob sich das *opa*-Gen in demselben Leseraster wie das Startcodon befindet und exprimiert werden kann (Abbildung 10.3B).

Die Insertion beziehungsweise Deletion von Nucleotiden kann jedoch auch außerhalb des codierenden Bereichs eines Gens zu einer Phasenvariation führen. Die Zelloberfläche verschiedener pathogener My-

**A** *pilC*-Phasenvariation in *N. gonorrhoeae*

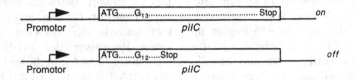

**B** *opa*-Phasenvariation in *N. gonorrhoeae*

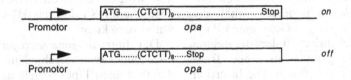

**C** *vlp*-Phasenvariation in *M. hyorrhinis*

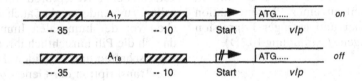

**D** Fimbrienphasenvariation in *B. pertussis*

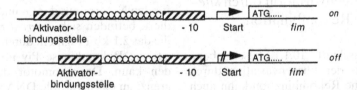

**10.3** Phasenvariation durch Insertion oder Deletion von Nucleotiden. Die geknickten Pfeile geben den Startpunkt der Transkription an. Die Doppellinie zeigt, daß keine Transkription der *vlp*-(C-) beziehungsweise *fim*-(D-)Gene stattfindet. Die Deletion eines G im *pilC*-Leseraster (A) beziehungsweise eines CTCTT-Repeats im *opa*-Leseraster (B) führt zu einer Leserasterverschiebung und zum vorzeitigen Abbruch der Translation (Stop).

coplasmaspezies ist von variablen Lipoproteinen (VLP oder VSP) bedeckt. Im Promotorbereich der *vlp*-Gene von *M. hyorrhinis* befindet sich zwischen der –10- und der –35-Box ein Polyadenintrakt variabler Größe. Wenn 17 As vorliegen, ist der Promotor funktionell, und das *vlp*-Gen wird transkribiert. Die Insertion zusätzlicher As inhibiert die Interaktion der RNA-Polymerase mit dem Promotor beziehungsweise mit Aktivatorproteinen, und das *vlp*-Gen bleibt abgeschaltet (Abbildung 10.3C). Ein ähnlicher Mechanismus tritt auch bei der Fimbrienphasenvariation in *Haemophilus influenzae* auf, wobei hier die Anzahl von TA-Repeats zwischen der –10- und der –35-Region im Promotor der *hif*-Gene entscheidend dafür ist, ob diese transkribiert werden. Für die anfängliche Besiedlung des Nasopharynx ist die Expression der Fimbrien wichtig, während sie bei einer systemischen Infektion offensichtlich von Nachteil sind, so daß die Phasenvariation eine Adaptation an unterschiedliche Infektionsstadien darstellt. In *Bordetella pertussis* enthält die Promotorregion der *fim*-Gene einen Poly-C-Trakt, der sich zwischen der –10-Region und der Bindungsstelle für einen Transkriptionsaktivator befindet. Die Insertion oder Deletion von Cs verändert den Abstand zwischen dem Promotor und der Aktivatorbindungsstelle. Dadurch wird die Interaktion zwischen dem Aktivatorprotein und der RNA-Polymerase beeinflußt, und es kommt zu einer Phasenvariation zwischen hoher und geringer Expression der Fimbriengene (Abbildung 10.3D).

# 10.2 Antigene Variation

## 10.2.1 Antigenvariation durch *site*-spezifische Rekombination

Der in Abschnitt 10.1.1 beschriebene Mechanismus der Phasenvariation durch *site*-spezifische Rekombination kann auch zu einer Antigenvariation führen, wenn dadurch nicht ein Gen an- oder abgeschaltet wird, sondern die Zelle jeweils eines von verschiedenen Genen exprimiert. *Salmonella typhimurium* exprimiert alternierend eine von zwei unterschiedlichen Flagellen, die aus dem Protein H1 oder H2 aufgebaut sind. Ein 995 bp großes invertibles DNA-Element, das von 26 bp langen *inverted repeats* flankiert ist, enthält das

*hin*-Gen, das für eine *site*-spezifische Rekombinase codiert. Auf dem invertiblen DNA-Element befinden sich außerdem der Promotor für das angrenzende H2-Gen und ein weiteres Gen, rH1, das für einen Repressor des H1-Gens codiert (Abbildung 10.4A). In dieser Orientierung des DNA-Elements wird das H2-Flagellin exprimiert, während gleichzeitig die Transkription des H1-Gens durch den Repressor verhindert wird. Nach Inversion des DNA-Elements durch die Hin-Rekombinase wird die Expression von H2 und rH1 abgeschaltet, so daß das H1-Gen abgelesen werden kann.

Der tierpathogene Erreger *Moraxella bovis* bildet zwei verschiedene Pili, die aus den Proteinen TfpQ beziehungsweise TfpI aufgebaut sind, wobei keine nichtfimbrierte Phase auftritt. Der Wechsel zwischen unterschiedlichen Pili ermöglicht den Bakterien zum einen die Erkennung verschiedener Rezeptoren auf den Wirtszellen, zum anderen aber auch ein Ausweichen vor der humoralen Immunantwort, da sich die Pili hinsichtlich ihrer antigenen Eigenschaften unterscheiden. Die alternative Transkription der Gene *tfpQ* und *tfpI* wird durch die Inversion eines 2,1 kb großen DNA-Fragments ermöglicht, auf dem in diesem Fall nicht der Promotor, sondern ein Teil der codierenden Region der Gene liegt (Abbildung 10.4B). Im Bereich, der für den N-Terminus der Q- und I-Piline codiert, befinden sich *inverted repeats*, über die das 2,1-kb-Fragment durch die *site*-spezifische Rekombinase Piv invertiert werden kann. Der Promotor der *tfp*-Gene grenzt an das invertible DNA-Element an. In der einen Phase wird das Q-Pilin ausgebildet, da das gesamte *tfpQ*-Gen hinter dem Promotor liegt. Nach der Inversion befindet sich ein *tfpQ/tfpI*-Hybridgen hinter dem Promotor, und das I-Pilin wird gebildet. Dieses unterscheidet sich im C-terminalen Bereich vom Q-Pilin, während der N-Terminus unverändert bleibt, da dieser Bereich der Gene beim Phasenwechsel nicht ausgetauscht wird.

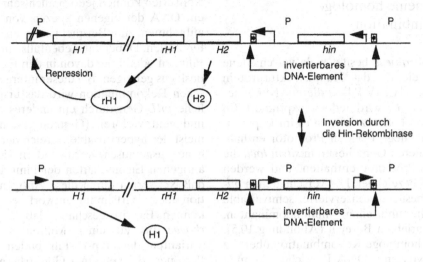

**A** Flagellenvariation in *S. typhimurium*

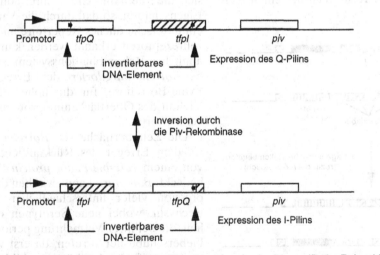

**B** Pilinvariation in *M. bovis*

**10.4** A) Variation der Flagellenexpression in *S. typhimurium* durch *site*-spezifische Rekombination. Die 26 bp langen *inverted repeats*, die das 995 bp große invertierbare DNA-Element flankieren, sind durch eingerahmte Pfeile dargestellt. Die geknickten Pfeile geben die Transkriptionsrichtung der Promotoren an. Die Doppellinie zeigt an, daß die Transkription des *H1*-Gens durch den rH1-Repressor blockiert ist. B) Pilinvariation in *M. bovis*. Die *inverted repeats*, die das 2,1 kb große invertierbare DNA-Element flankieren, sind durch Pfeile in den *tfpQ*- beziehungsweise *tfpI*-Genen dargestellt.

## 10.2.2 Antigenvariation durch allgemeine homologe Rekombination

*N. gonorrhoeae* besitzt viele verschiedene Gene, die für das Hauptstrukturprotein PilE der Typ-IV-Pili codieren. Nur eines davon, *pilE*, wird jedoch exprimiert (in manchen Fällen zwei), da es im Expressionslocus liegt, der den Promotor enthält. Die anderen Gene liegen in *silent loci*, die keinen Promotor enthalten, und werden als *pilS* bezeichnet. Die verschiedenen *pil*-Gene besitzen konservierte, semivariable Bereiche und einen immundominanten, hypervariablen Bereich (Abbildung 10.5). Durch homologe Rekombination über die konservierten DNA-Bereiche können Teile von *pilE* durch den entsprechenden Bereich eines *pilS*-Gens ersetzt werden, so daß neue Pilinvarianten entstehen. Bei dieser intragenomischen Rekombination handelt es sich vermutlich um einen rezi-

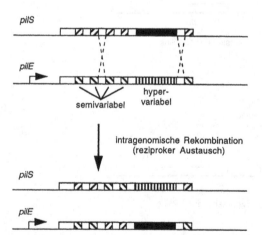

**10.5** Variation der Typ-IV-Pili in *N. gonorrhoeae* durch allgemeine homologe Rekombination zwischen *pilE* und *pilS*. Der Promotor im *pilE*-Locus ist durch den geknickten Pfeil angedeutet. Die semivariablen Bereiche der *pil*-Gene sind schräg schraffiert; die immundominanten, hypervariablen Bereiche sind durch senkrechte Schraffur beziehungsweise durch einen schwarzen Balken dargestellt. Das Rekombinationsereignis zwischen konservierten Bereichen (leere Kästchen) der *pil*-Gene ist durch die gestrichelten Linien angedeutet.

proken Austausch zwischen *pilE* und *pilS*. Neisserien können jedoch auch sehr effizient DNA der eigenen Spezies von außen aufnehmen, zum Beispiel von toten, lysierten Zellen. Dabei kann ebenfalls ein neues Pilingen oder Teile davon in den Expressionslocus gelangen. Bei dieser intergenomischen Rekombination wird das ursprüngliche *pilE*-Gen durch ein anderes ersetzt und geht verloren (Genkonversion). Da meist der hypervariable Bereich der Pilingene ausgetauscht wird, ändern sich die antigenen Eigenschaften der Fimbrien, so daß Neisserien durch diese Antigenvariation der Wirtsimmunantwort entgehen können. Es wird geschätzt, daß *N. gonorrhoeae* bis zu einer Million antigene Varianten der Typ-IV-Pili bilden kann. Personen, die von einer Gonorrhö geheilt wurden, können daher leicht reinfiziert werden, obwohl eine starke Antikörperreaktion gegen die Gonokokken gebildet wurde. Die PilE-Proteine unterscheiden sich außerdem hinsichtlich ihrer adhäsiven Eigenschaften, so daß durch die Variation ein unterschiedliches Repertoire an Wirtszellrezeptoren erkannt werden kann. Ein ähnliches Rekombinationssystem ist auch bei *Borrelia burgdorferi*, dem Erreger der Lyme-Borreliose, für die hohe antigene Vielfalt des Oberflächenlipoproteins VslE verantwortlich.

Die Zelloberfläche von *Borrelia hermsii*, dem Erreger des Rückfallfiebers, ist von einem *variable major protein* (VMP) bedeckt. *B. hermsii* kann zwischen der Expression vieler unterschiedlicher VMPs wechseln, wobei neue Serotypen entstehen, die bei ihrer Vermehrung periodische Fieberschübe hervorrufen, da erst wieder neue, spezifische Antikörper gebildet werden müssen. *B. hermsii* besitzt mindestens 40 unterschiedliche *vmp*-Gene, die auf linearen Plasmiden (Minichromosomen) lokalisiert sind. Jedoch wird immer nur eines der *vmp*-Gene exprimiert, das im Expressionslocus am Telomer eines 28-kb-Plasmids liegt, der den Promotor enthält. Sowohl das exprimierte als auch die nichttranskribierten Gene sind von zwei verschiedenen DNA-Bereichen flankiert, die bei allen *vmp*-Genen homolog sind. Durch unidirektionale, nichtreziproke Rekombination zwischen diesen DNA-Bereichen kann ein stilles *vmp*-Gen in den Expressionslocus gelangen und das vorher exprimierte ersetzen, so daß nun ein neues Vmp-Antigen gebildet wird (Abbildung 10.6A). Die stille Kopie dieses *vmp*-Gens bleibt auf dem ursprünglichen Plasmid erhalten, so daß von jedem gerade exprimierten *vmp*-Gen immer auch eine stille Kopie im Genom vorhanden ist. Ein weiterer Mechanismus der VMP-Variation be-

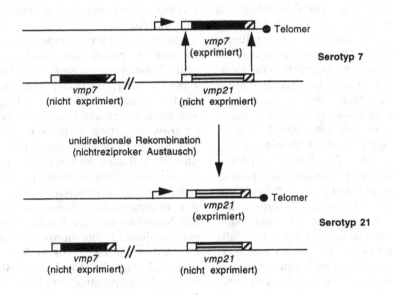

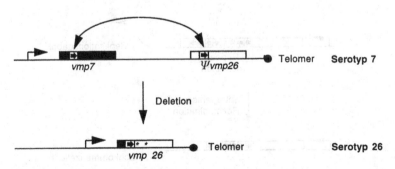

**10.6** Variation der VMP-Expression in *B. hermsii*. Der Promotor im Expressionslocus ist durch den geknickten Pfeil dargestellt. Die homologen Bereiche im 5'- und 3'-Bereich der *vmp*-Gene sind durch leere oder schraffierte Kästchen dargestellt. Die unidirektionale Rekombination über diese Bereiche ist durch die senkrechten Pfeile angedeutet (A). Die eingerahmten Pfeile symbolisieren die 20 bp Sequenz, über die es zur Rekombination zwischen hintereinanderliegenden *vmp*-Genen auf dem Expressionsplasmid kommen kann (B). Mutationen, die nach der Aktivierung des Pseudogens Ψ*vmp26* auftreten, sind durch die Sterne angedeutet.

ruht auf einer Intraplasmidrekombination zwischen einer kurzen 20-bp-Sequenz am Anfang des exprimierten *vmp*-Gens und der identischen Sequenz eines dahinterliegenden, unvollständigen *vmp*-Gens. Dies führt zur Deletion des dazwischenliegenden DNA-Bereichs und zur Aktivierung des Pseudogens (Abbildung 10.6B). Hierbei treten häufig zusätzliche Mutationen im 5'-Bereich des neuen *vmp*-Gens auf, die im Pseudogen vor der Rekombination nicht vorhanden waren, ähnlich der somatischen Hypermutation beim Immunsystem des Wirtes. Um seine antigene Vielfalt zu erzeugen und dadurch dem Wirtsabwehrsystem zu entgehen, hat *B. hermsii* also ähnliche Mechanismen entwickelt, wie sie das Immunsystem selbst verwendet, um der Vielfalt unterschiedlicher Infektionserreger gewachsen zu sein.

Variabilität von Zelloberflächenproteinen tritt nicht nur bei bakteriellen Krankheitserregern auf, sondern auch bei Viren und Protozoen. *Trypanosoma brucei*, der Erreger der Schlafkrankheit, kann während einer chronischen Infektion ebenfalls immer wieder neue antigene Varianten erzeugen, die verschiedene Formen eines immundominanten *variant-specific glycoprotein* (VSG) ausbilden, das die Zelloberfläche bedeckt. *T. brucei* besitzt über 100 *vsg*-

Gene, die jedoch nur von einer begrenzten Anzahl (25–50) an telomeren Expressionsstellen aus transkribiert werden. Allerdings ist immer nur eine dieser Expressionsstellen aktiv, während die anderen vermutlich durch bestimmte DNA-Modifikationen im inaktiven Zustand gehalten werden. Die Antigenvariation kann durch Translokation eines stillen *vsg*-Gens in den aktiven Expressionslocus oder durch Aktivierung einer neuen Expressionsstelle verursacht sein.

Auch der Malariaerreger *Plasmodium falciparum* bildet eine Vielzahl unterschiedlicher Formen eines adhäsiven Proteins, PfEMP1, das an der Oberfläche infizierter Erythrocyten lokalisiert ist und das von der *var*-Genfamilie codiert wird. *P. falciparum* besitzt ein Repertoire von 50 bis 150 unterschiedlichen *var*-Genen, die an unterschiedlichen Stellen im Genom lokalisiert sind. Expressionsstellen befinden sich sowohl an Telomeren als auch in internen Regionen der Chromosomen, wobei der Mechanismus des Wechsels zwischen verschiedenen Expressionsloci bisher nicht bekannt ist. Durch genetische Rekombination während des Erythrocytenstadiums werden Subpopulationen erzeugt, die neue Varianten der *var*-Gene enthalten. Da die *var*-Gene von Stamm zu Stamm variieren,

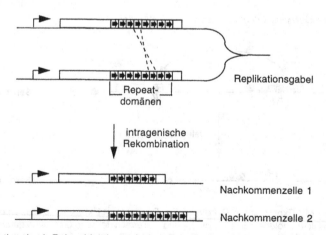

**10.7** Antigenvariation durch Rekombination zwischen Repeats innerhalb eines *vlp*-Gens von *M. hyorrhinis*. Nach der DNA-Replikation kommt es durch ungleiche Rekombination zwischen den Repeats (Pfeile) in den beiden Kopien des *vlp*-Gens zu Nachkommenzellen mit einer erhöhten oder verringerten Anzahl an Repeat-Domänen.

werden auch durch sexuelle Rekombination während der Insektenstadien immer wieder neue Varianten produziert.

Auch innerhalb eines Gens kann genetische Rekombination zu antigenen Varianten des entsprechenden Proteins führen. Das M-Protein von *Streptococcus pyogenes*, das eine fibrilläre Schicht an der Zelloberfläche der Streptokokken bildet, ist wichtig für die Adhärenz an Epithelzellen und verleiht Resistenz gegen Phagocytose. Es wird vom *emm*-Gen codiert, das meist nur in einer Kopie im Genom vorliegt. Antigene Varianten werden häufig durch Punktmutationen im *emm*-Gen erzeugt. Durch Rekombination zwischen Repeat-Sequenzen innerhalb des *emm*-Gens kommt es zu Deletion beziehungsweise Duplikation des dazwischenliegenden Bereichs und zu entsprechenden Größenänderungen im M-Protein. Auch bei den variablen Oberflächenlipoproteinen von Mycoplasmen führt die Rekombination von Repeat-Domänen innerhalb der *vlp*- und *vsp*-Gene zu einer Antigenvariation (Abbildung 10.7).

## 10.2.3 Antigenvariation durch Insertion und Deletion von Nucleotiden

In vielen Fällen wird auch durch die Insertion oder Deletion von Nucleotiden nicht nur ein Gen an- oder abgeschaltet (Phasenvariation), sondern es kommt zur variablen Expression verschiedener Gene. *N. gonorrhoeae* enthält mindestens elf *opa*-Gene im Genom, die alle konstitutiv transkribiert werden, aber unabhängig voneinander der in Abschnitt 10.1.3 beschriebenen translationalen Phasenvariation unterliegen. Dadurch werden jeweils unterschiedliche Opaque-Proteine an der Zelloberfläche exprimiert, gewöhnlich jedoch nur eines oder zwei. Auch die verschiedenen Mitglieder der *vlp*-Genfamilie von *M. hyorhinis* werden unabhängig voneinander durch Variation der

Länge des Polyadenintraktes im Promotor an- und abgeschaltet.

# 10.3 Mobile genetische Elemente, Amplifikationen und Deletionen

Mobile genetische Elemente (Phagen, Transposons, Insertionselemente) können ebenfalls Änderungen in der Expression von Zelloberflächenmolekülen hervorrufen, wenn sie zum Beispiel in die codierende oder regulatorische Region von Genen inserieren. Darüber hinaus können IS-Elemente als Substrat für die allgemeine homologe Rekombination dienen und dabei Amplifikation beziehungsweise Deletion von Genen verursachen. Amplifikationen führen zur reversiblen, verstärkten Expression eines Gens, während Deletionen häufig den irreversiblen Verlust von Eigenschaften bewirken.

## 10.3.1 Phasenvariation durch IS-Elemente

Verschiedene Mechanismen sind für die Phasenvariation der Kapselexpression in *N. meningitidis* verantwortlich (siehe Abschnitt 10.1.3). Ein Mechanismus, von dem auch die Expression des Lipooligosaccharids (LOS) betroffen ist, beruht auf der reversiblen Insertion/Excision des IS-Elements IS1301 in das *siaA*-Gen, das für die Biosynthese der Sialylsäurekapsel und für den Einbau von Sialylsäure in das LOS essentiell ist. Pathogene *Staphylococcus epidermidis*-Stämme besitzen das *ica*-Gencluster, das sie zur Expression eines interzellulären Adhäsins und dadurch zur Biofilmbildung befähigt. Die reversible Insertion des IS-Elements IS256 in unterschiedliche Bereiche des *ica*-Operons führt hier

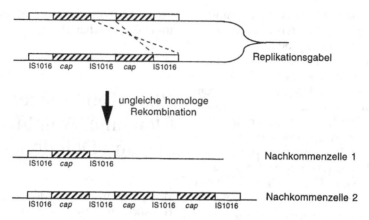

**10.8** Amplifikation der Kapselgene in *H. influenzae* durch ungleiche Rekombination zwischen Repeats des flankierenden IS1016-Elements.

ebenfalls zur einer Phasenvariation der Biofilmbildung.

## 10.3.2 Genamplifikationen

Die Gene, die für die Kapselbiosynthese in *Haemophilus influenzae* des Serotyps b codieren, sind von direkten Repeats des Insertionselements IS1016 flankiert. Während der DNA-Replikation kann eine ungleiche homologe Rekombination über das IS-Element zur Amplifikation der Kapselgene und damit zu einer verstärkten Kapselbildung führen, die wiederum die Virulenz der Erreger beeinflußt (Abbildung 10.8). Bakterien, die keine Kapsel bilden, sind weniger virulent, da sie leichter phagocytiert werden. Dafür werden sie aber nicht von Antikörpern erkannt, die gegen die Kapsel gerichtet sind, und können besser an Epithelzellen adhärieren und in diese eindringen. An- oder Abwesenheit der Kapsel kann daher, ähnlich wie die Expression der Fimbrien (siehe Abschnitt 10.1.3) in unterschiedlichen Infektionsstadien von Vorteil sein.

## 10.3.3 Deletionen

Rekombinationsereignisse können auch zur irreversiblen Deletion von Genen aus dem Genom führen. Die Rekombination zwischen zwei Repeats des Kapselgenclusters in *H. influenzae* führt zum Verlust des dazwischenliegenden *bexA*-Gens, das für den Transport der Kapselbausteine an die Zelloberfläche notwendig ist. Dadurch entstehen unbekapselte Varianten. Die Gene, die für P-Fimbrien und Toxine uropathogener *E. coli* codieren, sind auf großen, instabilen DNA-Elementen lokalisiert, die als Pathogenitätsinseln bezeichnet werden und die von kurzen, direkten Repeats von 16 oder 18 bp flankiert sind. Rekombination zwischen diesen Repeats führt zur Deletion der Pathogenitätsinsel aus dem Genom und damit zum Verlust der P-Fimbrien und anderer Virulenzfaktoren. Der Mechanismus der Rekombination ist hierbei allerdings noch nicht aufgeklärt.

# 10.4 Literatur

Barbour, A. G. *Linear DNA of Borrelia Species and Antigenic Variation.* In: *Trends Microbiol.* 1/6 (1993) S. 236–239.

Deitsch, K. W.; Moxon, E. R.; Wellems, T. E. *Shared Themes of Antigenic Variation and Virulence in Bacterial, Protozoal, and Fungal Infections.* In: *Microbiol. Mol. Biol. Rev.* 61/3 (1997) S. 281–293.

Eisenstein, B. I. *Type 1 Fimbriae of Escherichia coli: Genetic Regulation, Morphogenesis, and Role in Pathogenesis.* In: *Rev. Infect. Dis.* 19/ Suppl. 2 (1988) S. 341–344.

Hacker, J.; Blum-Oehler, G.; Mühldorfer, I.; Tschäpe, H. *Pathogenicity Islands of Virulent Bacteria: Structure, Function and Impact on Microbial Evolution.* In: *Mol. Microbiol.* 23/6 (1997) S. 1089–1097.

Ritter, A.; Gally, D. L.; Olsen, P. B.; Dobrindt, U.; Friedrich, A.; Klemm, P.; Hacker, J. *The Pai-Associated leuX-Specific tRNA5 (Leu) Affects Type 1 Fimbriation in Pathogenic Escherichia coli by Control of FimB Recombinase Expression.* In: *Mol. Microbiol.* 25/5 (1997) S. 871–882.

Robertson, B. D.; Meyer, T. F. *Genetic Variation in Pathogenic Bacteria.* In: *Trends Genet.* 8/12 (1992) S. 422–427.

Wise, K. S. *Adaptive Surface Variation in Mycoplasmas.* In: *Trends Microbiol.* 1/2 (1993) S. 59–63.

Woude, M. van de; Braaten, B.; Low, D. *Epigenetic Phase Variation of the pap Operon in Escherichia coli.* In: *Trends Microbiol* 4/1 (1996) S. 5–9.

# 11. Regulation virulenzassoziierter Gene

J. Morschhäuser

Pathogene Bakterien, Parasiten und Pilze sind starken externen Veränderungen, zum Beispiel der Umgebungstemperatur, des pH-Wertes oder der Sauerstoffverhältnisse, ausgesetzt, wenn sie aus der Umwelt (Boden, Wasser, Lebensmittel) in den Wirt gelangen beziehungsweise einen Wirtswechsel (zum Beispiel Insekt–Säuger) durchführen. Eine Anpassung an diese Veränderungen erfordert die Ausprägung neuer Eigenschaften, unter anderem von Virulenzfaktoren, die für das Überleben und die Vermehrung außerhalb des Wirtes nicht benötigt werden, aber für eine erfolgreiche Infektion essentiell sind. Um zu gewährleisten, daß Virulenzfaktoren während der relevanten Stadien einer Infektion exprimiert werden, müssen die dafür codierenden Gene durch entsprechende Umweltsignale reguliert werden.

## 11.1 Generelle Mechanismen der Virulenzgenregulation

Die Expression eines Gens kann auf unterschiedlichen Ebenen kontrolliert werden. Sowohl die Stärke der Transkription als auch die Stabilität der mRNA und deren Translationseffizienz können Ziel der Regulation sein.

### 11.1.1 Regulation der Transkription

Die Transkription eines bakteriellen Gens erfolgt durch die RNA-Polymerase, die an bestimmte DNA-Sequenzen, den Promotor, vor der codierenden Region der Gene bindet. Das RNA-Polymerase-Holoenzym besteht aus den Untereinheiten $\alpha_2\beta\beta'\sigma$, wobei der $\sigma$-Faktor für die Promotorerkennung wichtig ist. Abbildung 11.1A zeigt den Aufbau eines typischen *Escherichia coli*-Promotors, der von der RNA-Polymerase mit dem Haupt-$\sigma$-Faktor $\sigma^{70}$ erkannt wird. Er besteht aus einer –35-Box mit der Consensus-Sequenz TTGACA und einer –10-Box mit der Consensus-Sequenz TATAAT, die sich im Abstand von ungefähr 35 bp beziehungsweise 10 bp vor dem Transkriptionsstartpunkt befinden und durch etwa 17 bp voneinander getrennt sind. Zunächst bindet das RNA-Polymerase-Holoenzym reversibel an den Promotor (geschlossener Komplex). Danach werden die beiden DNA-Stränge in diesem Bereich voneinander getrennt, was eine irreversible Bindung der Polymerase an den Promotor zur Folge hat (offener Komplex). Nach einer Phase der abortiven Initiation, während der die Polymerase am Promotor bleibt und kurze Oligonucleotide bis 9 bp transkribiert, kommt es schließlich zur *promoter clearance*, wobei die RNA-Polymerase unter Freisetzung des $\sigma$-Faktors den Promotor verläßt und in die Elongationsphase übergeht, bis sie auf ein Terminationssignal stößt. Die Stärke eines Promotors ist abhängig von seiner

Homologie zum Consensus-Promotor. Allerdings wird die Aktivität eines Promotors reguliert, so daß an sich starke Promotoren reprimiert (negative Regulation) und schwache Promotoren aktiviert (positive Regulation) werden können. Alle Ebenen der RNA-Polymerase-Promotor-Interaktion (Bindung an den Promotor, Bildung des offenen Komplexes, *promoter clearance*, Abbildung 11.1B) können Ziel der Regulation sein. Dabei sind regulatorische Moleküle beteiligt, die entsprechend als Aktivatoren oder Repressoren bezeichnet werden. Die Aktivität von regulatorischen Proteinen kann durch kovalente Modifikation (zum Beispiel Phosphorylie-

rung) oder durch die Bindung von Effektormolekülen gesteuert werden.

Ein Beispiel für die negative Regulation virulenzassoziierter Gene ist die eisenabhängige Regulation durch den Fur-Repressor. Eisen ist ein für alle Organismen lebensnotwendiges Element, das im Menschen jedoch praktisch nicht in freier Form zur Verfügung steht, sondern an Bindeproteine wie Lactoferrin oder Transferrin gebunden vorliegt (siehe Kapitel 8). Pathogene Mikroorganismen haben daher Mechanismen entwickelt, dem Wirt Eisen zu entziehen und für sich selbst zugänglich zu machen. Zu diesen Mechanismen zählen zum Beispiel die Ausbildung von

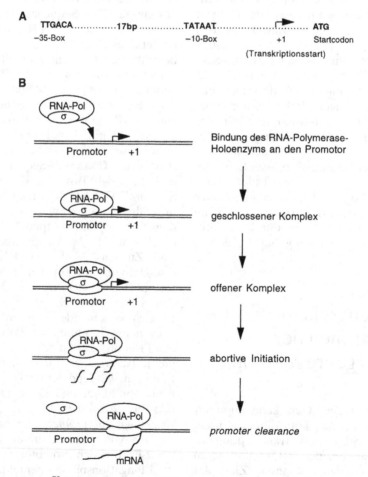

**11.1** A) Aufbau eines $\sigma^{70}$-Promotors von *E. coli*. Der geknickte Pfeil zeigt die Transkriptionsrichtung vom Startpunkt aus an. B) Unterschiedliche Stadien der RNA-Polymerase-(RNA-Pol-)Promotor-Interaktion. Die beiden DNA-Stränge sind durch Linien dargestellt.

Rezeptoren für Wirtsproteine, die Eisen enthalten, beziehungsweise die Synthese von Siderophoren, die eine höhere Affinität zu Eisen haben als die Bindeproteine des Wirtes, sowie die Expression von passenden Siderophorrezeptoren. Die entsprechenden Gene werden reprimiert, solange den Bakterien genügend freies Eisen zur Verfügung steht, da unter diesen Bedingungen ein Fur-Fe$^{2+}$-Komplex an eine sogenannte Fur-Box im Promotor der Zielgene bindet und deren Transkription verhindert. Ohne Eisen kann Fur nicht an seine Erkennungssequenz binden, so daß die Fur-regulierten Gene bei Eisenmangel exprimiert werden (Abbildung 11.2). Fur-regulierte Eisenaufnahmesysteme sind zum Beispiel das Aerobaktin in *E. coli*, Vibriobaktin in *Vibrio cholerae*, Siderophore in verschiedenen Bakterien und Rezeptoren für Hämoglobin und Ferritin in *Yersinia*. Auch die Expression von Toxinen wird durch den Fur-Repressor kontrolliert. Zu den Fur-regulierten Toxinen zählen das Shiga-Toxin in *E. coli*, Hämolysine von *Serratia marcescens* und *V. cholerae*. Durch die Synthese von Toxinen, die die Wirtszellen schädigen, werden den Bakterien möglicherweise ebenfalls neue Quellen von Eisen zur Verfügung gestellt.

**A**    genügend freies Eisen vorhanden

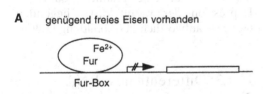

**B**    Eisenmangel

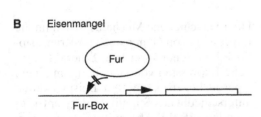

**11.2** Repression eines eisenregulierten Gens (offenes Rechteck) durch den Fur-Repressor. Die Transkription des Gens ist durch den geknickten Pfeil dargestellt, im reprimierten Zustand ist dieser unterbrochen.

Viele Virulenzgene, wie zum Beispiel die Gene für die P-Fimbrien oder Enterotoxine in *E. coli*, werden durch das Protein CRP (cAMP-Rezeptor-Protein) positiv reguliert. CRP bindet als Dimer an eine CRP-Consensus-Sequenz im Promotorbereich der von ihm kontrollierten Gene und aktiviert die Transkription durch die RNA-Polymerase. Die Bindung erfolgt, wie bei vielen anderen DNA-bindenden Regulatorproteinen auch, über ein sogenanntes Helix-Turn-Helix-Motiv im C-Terminus des Proteins. In manchen Fällen wird die Aktivierung durch den Kontakt des CRP-Proteins mit der α-Untereinheit der RNA-Polymerase ermöglicht. Die Bindung von CRP verursacht aber auch eine DNA-Biegung, die die Transkription entweder direkt oder durch die Ermöglichung zusätzlicher Kontakte der RNA-Polymerase mit anderen regulatorischen Proteinen erleichtert. Da CRP nur in Anwesenheit von cAMP an seine Erkennungssequenz bindet, kann die Transkription CRP-abhängiger Gene durch Beeinflussung des cAMP-Spiegels in der Zelle gesteuert werden (Abbildung 11.3).

Eine Aktivierung von Virulenzgenen erfolgt häufig auch durch Regulatorproteine der AraC-Familie, benannt nach dem Prototyp dieser Regulatoren, AraC, das in Abhängigkeit vom Effektormolekül Arabinose entweder als Aktivator oder als Repressor des *araBAD*-Operons fungieren kann. Zu den Regulatorproteinen der AraC-Familie gehören zum Beispiel ToxT, das die Expression des toxincoregulierten Pilus und anderer Virulenzfaktoren in *V. cholerae* in Abhängigkeit von Umgebungstemperatur, Osmolarität und pH aktiviert, CfaD, das die Expression von CfaI (*colonization factor antigen* I) in enterotoxischen *E. coli* steuert, oder VirF, das in *Shigella* die Transkription von *virB* reguliert, das seinerseits die Invasionsgene aktiviert. Andere Regulatorproteine gehören zur LysR-Familie, zum Beispiel IrgB von *V. cholerae*, das die Transkription von *irgA* (*iron regulated gene*) aktiviert und dessen eigene Expression über den Fur-Repressor

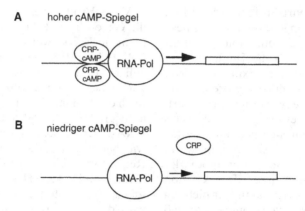

**11.3**  Positive Regulation durch den CRP-cAMP-Komplex. Der dicke Pfeil verdeutlicht die starke Transkription nach Aktivierung durch CRP-cAMP; der dünne Pfeil symbolisiert die reduzierte Transkription, wenn CRP nicht an den Promotor bindet.

durch die Eisenkonzentration kontrolliert wird, oder SpvR, das in *Salmonella typhimurium* die Expression des *spvABCD*-Operons auf dem Virulenzplasmid aktiviert (siehe Tabelle A.13 im Anhang).

## 11.1.2 Regulation durch Termination/Antitermination

Im Gegensatz zu den oben beschriebenen Mechanismen, die die Initiation der Transkription kontrollieren, kann die Expression von Genen auch auf der Ebene der Transkriptionstermination reguliert werden. Da bakterielle Gene häufig in Operons organisiert sind und gemeinsam von einem Promotor aus transkribiert werden, kann durch Termination der Transkription hinter einem proximalen Gen eine verringerte Expression der dahinterliegenden distalen Gene erreicht werden. Antiterminationsproteine können die Termination an spezifischen Stellen aufheben und dadurch die Expression der *downstream* liegenden Gene verstärken oder überhaupt erst ermöglichen. Beispiele bakterieller Virulenzgene, die durch Termination reguliert werden, sind das Hämolysinoperon von *E. coli*, bei dem durch partielle Termination hinter dem Toxingen *hlyA* gewährleistet wird, daß dieses stärker

exprimiert wird als die ebenfalls notwendigen Transportproteine HlyB und HlyD (Abbildung 11.4A), das *pap*-Operon in *E. coli*, in dem die Termination hinter *papA* dafür sorgt, daß eine große Menge der P-Fimbrien-Hauptuntereinheit PapA synthetisiert wird, aber weniger von den Nebenuntereinheiten und von den Proteinen, die für Transport und Zusammenbau notwendig sind (Abbildung 11.4B), oder die *spv*-Gene (*Salmonella plasmid virulence*) von *S. typhimurium*, bei denen eine unvollständige Termination hinter jedem der Gene für eine graduell reduzierte Expression der weiter distal liegenden Gene verantwortlich ist (Abbildung 11.4C).

## 11.1.3 Differentielle mRNA-Stabilität

Über verschiedene Mechanismen kann die Expression von Genen auch posttranskriptionell gesteuert werden. Eine differentielle Expression von Genen, die in einem Operon liegen, kann zum Beispiel durch unterschiedliche Stabilität der entsprechenden mRNA-Abschnitte erreicht werden. In *E. coli* erfolgt die Degradation von mRNA durch Endonucleasen (zum Beispiel RNaseE, RNaseIII), die die RNA an internen Stellen spalten, und durch Exo-

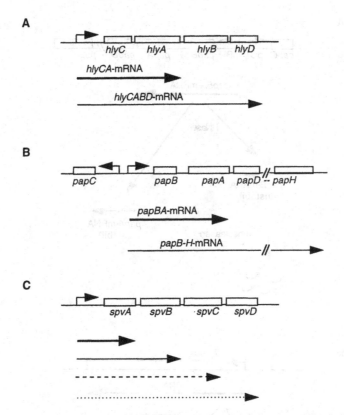

**11.4** Regulation der Genexpression durch Termination der Transkription innerhalb eines Operons. A) Differentielle Expression der Hämolysingene in *E. coli*. B) Transkription der P-Fimbriengene in *E. coli*. C) Transkription des *spv*-Operons von *S. typhimurium*. Die Transkripte sind durch Pfeile dargestellt; die unterschiedliche Stärke symbolisiert die jeweilige Menge an mRNA. Die geknickten Pfeile geben die Transkriptionsrichtung der Promotoren an.

nucleasen (RNaseII, Polynucleotidphosphorylase), die die RNA vom 3′-Ende her sukzessiv abbauen. 5′-Exonucleasen sind dagegen nicht bekannt. Da mRNAs durch Terminationsstrukturen vor 3′-Exonucleasen geschützt sind, müssen diese zunächst durch endonucleolytische Spaltung entfernt werden, um die mRNA zur Degradation freizugeben. Nach der Transkription der *pap*-Gene, die für die P-Fimbrien uropathogener *E. coli* codieren, entsteht durch Termination hinter dem *papA*-Gen ein *papBA*-Transkript (Abbildung 11.5A). Dieses Transkript wird durch RNaseE im intercistronischen Bereich gespalten. Die dabei entstehende *papB*-mRNA ist äußerst instabil, da sie sofort durch Exonucleasen abgebaut wird, während die *papA*-mRNA stabil

ist. Durch diese unterschiedliche Stabilität der mRNAs wird gewährleistet, daß die entsprechenden Proteine differentiell exprimiert werden, obwohl sie gemeinsam transkribiert werden. Bei PapB handelt es sich um ein Regulatorprotein, das nur in geringer Menge benötigt wird. Das *papA*-Gen codiert dagegen für das Hauptstrukturprotein der Fimbrien, das in großer Menge produziert werden muß, um diese Organellen aufzubauen.

In den meisten Fällen bestimmt die 5′-nichttranslatierte Region einer mRNA deren Stabilität. Wird diese Region endonucleolytisch entfernt, so erfolgt ein sukzessiver Abbau der mRNA durch Endonucleasen in 5′→3′-Richtung. Die entstehenden Produkte werden durch Exonucleasen

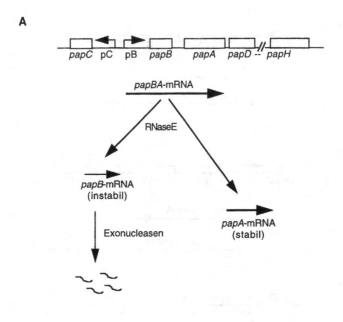

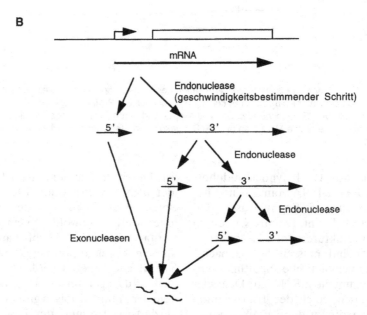

**11.5** Regulation der Genexpression durch differentielle mRNA-Stabilität. A) Differentielle Expression der *papB*- und *papA*-Gene. B) Degradation eines Transkripts mit einem stabilitätsbestimmenden 5′-Bereich. Die unterschiedliche Stabilität der verschiedenen mRNAs ist durch die Dicke der Pfeile angedeutet.

vollständig degradiert (Abbildung 11.5B). Der erste Schritt dieses Abbaus, die Entfernung des 5′-Endes, ist geschwindigkeitsbestimmend und resultiert gleichzeitig in der Inaktivierung der mRNA. Dieser Schritt kann durch Umweltsignale reguliert werden. So ist zum Beispiel die *ompA*-mRNA bei schnellem Wachstum stabiler als bei langsamem Wachstum. Für die differentielle Stabilität ist die unterschiedliche Sensitivität des 5'-Bereichs der *ompA*-mRNA gegenüber endonucleolytischer Entfernung bei verschiedenen Wachstumsbedingungen verantwortlich. Auch die Expression der Virulenzgene *sodB* und *vrg6* in *Bordetella pertussis* wird temperaturabhängig über die Stabilität der mRNAs reguliert.

## 11.1.4 Regulation der Translation

Die Effizienz, mit der eine in der Zelle vorhandene mRNA translatiert wird, bestimmt darüber, wieviel des entsprechenden Proteins hergestellt werden kann. Eine differentielle Expression von Genen, die in einem Operon liegen und als polycistronische mRNA transkribiert werden, kann durch unterschiedliche Qualität der einzelnen Ribosomenbindungsstellen erreicht werden. Dieser Mechanismus tritt beispielsweise beim Choleratoxinoperon auf. Eine bessere Translationseffizienz des gemeinsam mit *ctxA* transkribierten *ctxB*-Gens gewährleistet, daß die B-Untereinheit in höherer Menge hergestellt wird als die A-Untereinheit (Abbildung 11.6A).

Die Translationseffizienz kann auch reguliert sein, wobei prinzipiell unterschiedliche Mechanismen eine Rolle spielen können. Die Translation kann über die Blockierung der Ribosomenbindungsstelle durch eine Antisense-RNA inhibiert werden (Abbildung 11.6B). Auf diese Weise wird die Expression des äußeren Membranproteins OmpF reguliert, dessen Translation durch die Bindung der *micF*-Antisense-RNA an die *ompF*-mRNA reprimiert wird. Umgekehrt kann die Translation einer mRNA auch aktiviert werden, wenn die Ribosomenbindungsstelle durch Ausbildung von mRNA-Sekundärstrukturen normalerweise unzugänglich ist. Sol-

che Sekundärstrukturen können thermolabil sein, so daß eine Translation der mRNA bei höheren Temperaturen ermöglicht wird, wie zum Beispiel beim *lcrF*-Gen von *Yersinia pestis*, das für die Aktivierung verschiedener Virulenzgene nötig ist (Abbildung 11.6C). Ein Sonderfall ist die Translationsattenuation von Genen, die Resistenz gegen bestimmte Antibiotika verleihen. Die Gene *ermA*, *ermC* und *cat* besitzen jeweils eine sogenannte Leader-Region, die ebenfalls translatiert werden kann und die die Ribosomenbindungsstelle für das dahinterliegende Resistenzgen in einer mRNA-Sekundärstruktur enthält. Ribosomen, die durch ein solches Antibiotikum, zum Beispiel Erythromycin oder Chloramphenicol, blockiert sind, bleiben in der Leader-Region hängen und verhindern die Ausbildung der mRNA-Sekundärstruktur, so daß die codierende Region des Resistenzgens von noch nicht inhibierten Ribosomen translatiert werden kann (Abbildung 11.6D). Da dieser sensitive Regulationsmechanismus auf Translationsebene wirkt, ist eine schnelle Reaktion der Zelle auf das Vorhandensein des Antibiotikums gewährleistet.

## 11.1.5 Posttranslationale Regulationsmechanismen

Die Aktivität von Virulenzfaktoren kann nicht nur auf der Ebene der Genexpression gesteuert werden, sondern auch über Modifikation, Stabilität oder Transport des Genprodukts an seinen Zielort. Das $\alpha$-Hämolysin HlyA von *E. coli* muß zum Beispiel erst durch das HlyC-Protein acyliert werden, bevor es aktiv ist. Die Invasine IpaB und IpaC von *Shigella* werden dagegen nur bei Kontakt mit der Wirtszelle aus den Bakterien ausgeschleust und ermöglichen dann die Invasion.

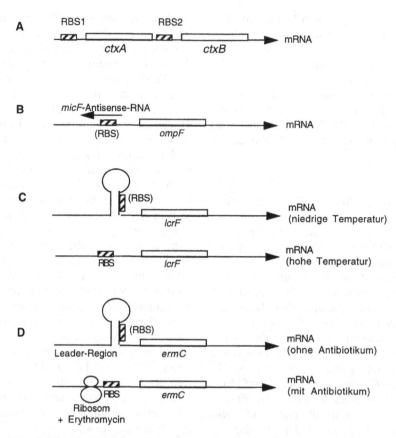

**11.6** Regulation der Translation. Ribosomenbindungsstellen (RBS) sind durch die schraffierten Balken dargestellt. In Klammern angegebene RBSs sind für die Ribosomen unzugänglich. A) RBS2 vor dem *ctxB*-Gen im *ctxAB*-Operon hat eine höhere Affinität zum Ribosom als RBS1 vor dem *ctxA*-Gen, so daß *ctxB* effizienter translatiert wird als *ctxA*. B) Repression der *ompF*-Translation durch die *micF*-Antisense-RNA, die im Bereich der RBS an die *ompF*-mRNA bindet und diese blockiert. C) Inhibierung der *lcrF*-Translation durch eine thermolabile mRNA-Sekundärstruktur. Bei erhöhter Temperatur wird die RBS für die Ribosomen zugänglich. D) Translationsattenuation des *ermC*-Gens. Durch Erythromycin blockierte Ribosomen bleiben in der Leader-Region der mRNA hängen und verhindern die Ausbildung der inhibierenden Sekundärstruktur.

## 11.2 Genregulation durch Zwei-Komponenten-Systeme

Die Erkennung von Umweltsignalen und deren Übertragung in die Zelle erfolgt häufig über sogenannte Zwei-Komponenten-Systeme. Diese bestehen prinzipiell aus einem Sensorprotein, das Signale aus der Umwelt empfängt, und einem Regulatorprotein, das auf dieses Signal hin vom Sensorprotein aktiviert wird und die Expression von Zielgenen steuert. Sensorproteine besitzen einen variablen N-terminalen Bereich für die Signaldetektion und einen konservierten C-terminalen Anteil (Transmitter), der das Signal auf das Regulatorprotein überträgt. Regulatorproteine von Zwei-Komponenten-Systemen bestehen aus einer konservierten, N-terminalen Receiverdomäne und einer C-terminalen DNA-Bindungsdomäne (Abbildung 11.7A). Sensorproteine sind Proteinkina-

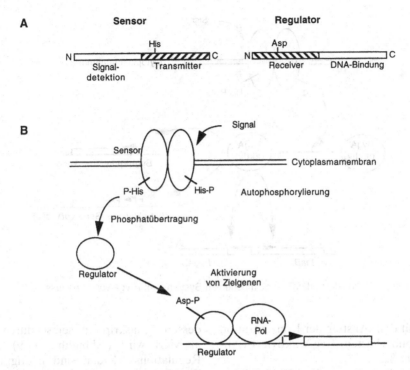

**11.7** A) Schematischer Aufbau eines Zwei-Komponenten-Systems. Die konservierte C-terminale Transmitterdomäne des Sensorproteins und die konservierte N-terminale Receiverdomäne des Regulatorproteins sind schraffiert eingezeichnet. Die hochkonservierten Histidin-(His-) und Aspartat-(Asp-)Reste sind ebenfalls angegeben. B) Signalübertragung vom Sensorprotein auf das Regulatorprotein eines Zwei-Komponenten-Systems. Die Phosphorylierung des Regulatorproteins führt zur Aktivierung der Zielgene.

sen, die häufig in der Cytoplasmamembran lokalisiert sind, wo sie Umweltsignale empfangen. Auf ein Signal hin werden sie an einem Histidinrest in der Transmitterdomäne autophosphoryliert. Die Phosphorylierung wird entweder durch Dimerisierung des Sensorproteins in der Membran oder durch Konformationsänderung eines bereits vorhandenen Dimers ermöglicht. Die Phosphatgruppe wird daraufhin vom Histidin des Sensorproteins auf ein Aspartat in der Receiverdomäne des Regulatorproteins übertragen. Die Phosphorylierung des Regulatorproteins bewirkt, daß dieses in der regulatorischen Region von Zielgenen bindet und die Transkription aktiviert oder reprimiert (Abbildung 11.7B). Durch Dephosphorylierung des Regulatorproteins wird dieses wieder abgeschaltet.

Im Keuchhustenerreger *B. pertussis* werden eine Reihe von Virulenzeigenschaften, zum Beispiel Toxine (Pertussistoxin, Adenylatcyclase-Hämolysin) und Adhärenzfaktoren (filamentöses Hämagglutinin, Fimbrien), durch das Zwei-Komponenten-System BvgS/BvgA reguliert. BvgS ist hier das Sensorprotein, dessen Aktivität durch die Umgebungstemperatur beziehungsweise durch Substanzen wie Magnesiumsulfat und Nikotinsäure gesteuert wird. Allerdings ist bisher nicht bekannt, welche Signale im Wirt eine Rolle spielen. BvgA ist das Regulatorprotein, das einige Zielgene aktiviert, andere jedoch reprimiert. BvgA aktiviert nach Phosphorylierung durch BvgS zunächst das *bvgAS*-Operon und damit die Transkription des eigenen Gens sowie das *fha*-Gen, das für das filamentöse Hämagglutinin codiert. Andere Zielgene werden erst

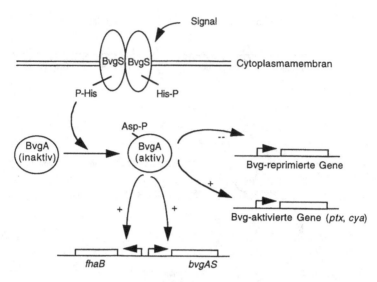

**11.8** Signaltransduktion durch das Zwei-Komponenten-System BvgS/BvgA von *B. pertussis*.

später mit dem Anstieg der Konzentration an phosphoryliertem BvgA aktiviert (Abbildung 11.8).

In *V. cholerae* werden Virulenzgene durch Änderungen in Temperatur, pH-Wert und Osmolarität ebenfalls über ein Zwei-Komponenten-System reguliert. Allerdings sind hier im ToxR-Protein Sensor- und Regulatorkomponente zu einer Einheit verschmolzen. ToxR ist ein DNA-bindendes Membranprotein, das sowohl die konservierte Transmitterdomäne von Sensorproteinen als auch die Receiverdomäne der Regulatorproteine besitzt. Für die Aktivierung ist eine Dimerisierung von ToxR in der Cytoplasmamembran notwendig, die durch das periplasmatische Protein ToxS stabilisiert wird. Allerdings wird von den ToxR-abhängigen Virulenzgenen nur das *ctxAB*-Operon, das für das Choleratoxin codiert, direkt aktiviert. Im Promotorbereich des *ctxAB*-Operons befinden sich mehrere Kopien der Sequenz TTTTGAT, die für die Bindung von ToxR notwendig sind. Andere ToxR-aktivierte Gene (*tag*) wie der toxincoregulierte Pilus (Tcp), der gleichzeitig der Rezeptor für den choleratoxincodierenden Phagen ist, werden durch den dazwischengeschalteten Regulator ToxT reguliert,

dessen Transkription selbst durch ToxR aktiviert wird (Abbildung 11.9). Solche Regulationskaskaden sind häufig an der Regulation von Genen durch Umweltsignale beteiligt.

Das pflanzenpathogene Bakterium *Agrobacterium tumefaciens* besitzt ein Virulenzplasmid, das für die Tumorinduktion nach Infektion geschädigter Wirtspflanzen notwendig ist (siehe Kapitel 13). Auf dem Ti-(*tumor induction*-)Plasmid befindet sich die T-DNA, die ins Wirtsgenom integriert wird und dort sowohl die Synthese von Pflanzenhormonen und damit das Tumorwachstum induziert als auch die Synthese von Opinen, die als C- und N-Quelle für *A. tumefaciens* dienen. Auf dem Ti-Plasmid befindet sich außerdem ein 35 kb großer DNA-Bereich, der als *vir*-Region bezeichnet wird und der die Gene trägt, die für die Detektion von Pflanzenwundsignalen und für den Transfer der T-DNA in die Zellen des Wirtes notwendig sind. Das Gen *virG* codiert für ein Regulatorprotein, das nach Aktivierung durch das Sensorprotein VirA an eine *vir*-Box im Promotor der Zielgene bindet. VirA liegt als Homodimer in der Cytoplasmamembran vor und wird spezifisch durch Substanzen aus

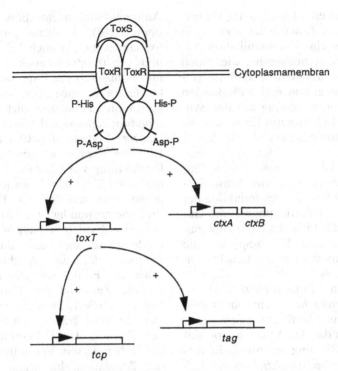

**11.9** Signaltransduktionskaskade in *V. cholerae*. ToxR ist sowohl Sensorprotein als auch Aktivatorprotein. Das *ctxAB*-Operon wird direkt durch ToxR aktiviert, andere ToxR-aktivierte Gene (*tag*) dagegen durch ToxT, dessen Gen *toxT* selbst von ToxR kontrolliert wird.

Pflanzenwunden aktiviert, die dem Erreger die Nähe eines geeigneten Wirtes signalisieren. Die Bindung von phenolischen Substanzen wie Acetosyringon ist dabei ein essentielles Signal für die Induktion, die durch die Anwesenheit von Monosacchariden und einem sauren Milieu zusätzlich gesteigert wird. Dies gewährleistet, daß das Virulenzprogramm von *A. tumefaciens* hochspezifisch bei Kontakt mit Pflanzenwunden aktiviert wird.

Über 100 solcher Zwei-Komponenten-Systeme sind mittlerweile aus vielen verschiedenen Bakterien und auch aus Eukaryoten bekannt. Häufig treten Abweichungen von der Grundstruktur auf, so daß zum Beispiel Sensorproteine zusätzlich Receiverdomänen von Regulatorproteinen besitzen. In manchen Fällen sind Sensorproteine auch cytoplasmatische Proteine ohne Membrandomänen, die intrazelluläre Signale detektieren. Regulatorproteine wiederum können ohne DNA-

Bindungsdomäne auftreten und an anderen Signalübertragungsprozessen beteiligt sein, zum Beispiel bei der Chemotaxis. Außerdem spielen zusätzlich zum Sensor- und Regulatorprotein meistens noch weitere regulatorische Proteine eine Rolle bei der Signalübertragung. In Tabelle A.14 im Anhang sind einige weitere Zwei-Komponenten-Systeme aufgeführt, die an der Regulation von virulenzassoziierten Genen beteiligt sind.

## 11.3 *Quorum sensing*-Systeme

Die Expression bestimmter bakterieller Eigenschaften ist nur dann sinnvoll, wenn eine hohe Zelldichte vorhanden ist. Um Informationen über die Bakteriendichte zu erhalten und eine koordinierte Genexpression in allen Zellen einer Population zu erreichen, ist eine Kommunikation zwischen den Zellen notwendig, die durch sogenannte *quorum sensing*-Systeme vermittelt wird. Bei gramnegativen Bakterien beruht das *quorum sensing* auf der Synthese von Acyl-Homoserin-Lactonen, die als Autoinduktoren wirken. Diese diffundieren frei in und aus den Zellen und akkumulieren daher bei einer hohen Zelldichte. Bei Überschreiten einer Schwellenkonzentration führt dies zur Induktion der Zielgene in der Bakterienpopulation. Gut untersucht ist das Phänomen der Biolumineszenz in marinen *Vibrio*-Spezies, die sowohl als Symbionten in den Leuchtorganen von Tintenfischen als auch freilebend vorkommen. In *Vibrio fischeri* wird der Autoinduktor vom *luxI*-Genprodukt synthetisiert, während *luxR* für ein Sensorprotein codiert, an das der Autoinduktor bindet. Nach der Bindung des Autoinduktors aktiviert LuxR die Transkription des *lux*-Operons, das unter anderem die Gene für das Enzym Luciferase enthält, das bei der Oxidation von langkettigen Aldehyden Licht freisetzt. Da auch *luxI* im *lux*-Operon liegt, kommt es nach Überschreiten einer Schwellenkonzentration an Autoinduktor zu einer positiven Feedback-Regulation, die zu einem schnellen Anstieg der

Autoinduktorkonzentration führt (Abbildung 11.10). Ähnliche *quorum sensing*-Systeme kommen auch bei human-, tier- und pflanzenpathogenen Bakterien vor und induzieren die Expression von Virulenzfaktoren nach Überschreiten einer bestimmten Populationsdichte. In *Pseudomonas aeruginosa* induzieren die *Quorum sensing*-Systeme LasR/LasI und RhlR/RhlI die Expression verschiedener Virulenzfaktoren wie Elastase, alkalische Protease und Exotoxin A sowie eines Transportsystems, das für den Export dieser Proteine notwendig ist. In *Erwinia carotovora* sind ExpI beziehungsweise EcbI für die Synthese eines Autoinduktors verantwortlich, der die Antibiotikasynthese sowie die Produktion von Exoenzymen, die die Zellwand der Wirtspflanze abbauen, aktiviert. In *A. tumefaciens* induziert das TraR/TraI-System den konjugativen Transfer des Ti-Plasmids und sorgt damit für dessen Verbreitung innerhalb der Population. Im pflanzenpathogenen Bakterium *Pantoea stewartii* reprimiert der Regulator EsaR die Synthese des für die Virulenz wichtigen extrazellulären Polysaccharids bei niedrigen Zellkonzentrationen; bei hoher Zelldichte erfolgt eine Derepression durch den von EsaI synthetisierten Autoinduktor. Grampositive Bakterien verwenden dagegen nicht Homose-

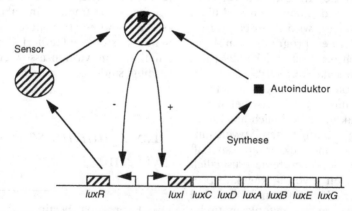

**11.10** *Quorum sensing* in *V. fischeri*. Bei einer hohen Populationsdichte akkumuliert der vom *luxI*-Genprodukt synthetisierte Autoinduktor und bindet an das LuxR-Sensorprotein. LuxR stimuliert daraufhin die Transkription des *lux*-Operons, was zu einer weiteren Synthese an Autoinduktor führt. LuxR reprimiert dagegen die Transkription des eigenen Gens.

rinlactone als Autoinduktoren, sondern Peptide, die posttranslational aus Vorläuferproteinen herausgespalten und von einem ABC-Transporter aus der Zelle ausgeschleust werden. Nach dem Export aus der Zelle kann der Induktor hier nicht mehr frei über die Zellmembran diffundieren, sondern bindet an das Sensorprotein eines Zwei-Komponenten-Systems und aktiviert dieses. In *S. aureus* dient ein Octapeptid, das durch Prozessierung aus dem *agrD*-Genprodukt freigesetzt wird, als Induktor der Virulenzgenexpression. Das Peptid bindet an das Sensorprotein AgrC, das durch Phosphorylierung des Regulatorproteins AgrB die Synthese von Toxinen und anderen Virulenzfaktoren aktiviert (siehe Tabelle A.15 im Anhang), wobei noch weitere regulatorische Faktoren beteiligt sind. Die biologische Bedeutung der *quorum sensing*-Systeme liegt vermutlich darin, daß die Expression bestimmter Virulenzfaktoren nur dann einen für die Erreger vorteilhaften Effekt auf den Wirt hat, wenn sie von vielen Bakterien gleichzeitig produziert werden, nicht aber von einzelnen.

# 11.4 Koordination der Genexpression

Normalerweise regulieren Signale aus der Umwelt nicht einzelne Gene, sondern steuern ganze Programme, in denen verschiedene Gene an- beziehungsweise abgeschaltet werden, um die Zelle an veränderte Lebensbedingungen anzupassen. Regulatorische Netzwerke sorgen auf unterschiedlichen Ebenen für eine Koordination der Genexpression.

## 11.4.1 Operons

Gene, deren Produkte eine gemeinsame Funktion haben, zum Beispiel in einem Biosyntheseweg oder beim Aufbau von Enzymkomplexen oder Organellen aus vielen Untereinheiten, müssen entsprechend auch zusammen exprimiert werden. Am einfachsten geschieht dies dadurch, daß die Gene physikalisch in einem Operon zusammengefaßt und von einem Promotor aus gemeinsam transkribiert werden. Durch Regulation der Promotoraktivität werden alle im Operon liegenden Gene gleichzeitig aktiviert oder reprimiert. Eine differentielle Expression der einzelnen Gene kann dann zum Beispiel durch differentielle mRNA-Stabilität, wie bei den P-Fimbriengenen *papBA*, oder über unterschiedliche Translationseffizienz, wie bei den Choleratoxingenen *ctxAB*, erreicht werden.

## 11.4.2 Regulons

Während manche Regulatorproteine, wie zum Beispiel der *lac*-Repressor, sehr spezifisch sind und nur einen einzigen Promotor regulieren, haben andere Regulatorproteine eine ganze Anzahl unterschiedlicher Zielgene und Operons, die von ihnen reguliert werden. Gene, die physikalisch voneinander getrennt sind, können so dennoch gemeinsam reguliert werden, indem das entsprechende Regulatorprotein aktiviert oder inaktiviert wird. Die Gesamtheit der von einem gemeinsamen Regulatorprotein kontrollierten Gene wird als Regulon bezeichnet. Die in Abschnitt 11.1 beschriebenen Regulatorproteine Fur und CRP sind solche Regulatoren, die die Expression vieler unterschiedlicher Zielgene kontrollieren. Auch Zwei-Komponenten-Systeme haben meist mehrere Zielgene, die dann auf das entsprechende Signal hin gemeinsam aktiviert beziehungsweise reprimiert werden.

## 11.4.3 Stimulons

Im Gegensatz zu Regulons, die durch ein gemeinsames Regulatorprotein gekennzeichnet sind, bezeichnen Stimulons Gene, die durch ein gemeinsames Signal reguliert werden, wobei mehrere unterschiedliche Regulatorproteine beteiligt sein können. Umgekehrt sind viele Gene Teil unterschiedlicher Stimulons, da ihre Expression durch mehrere Umweltsignale reguliert wird. Stimulons enthalten sowohl Haushalts- als auch Virulenzgene. Die *osmotic stress response* wird durch hohe Osmolarität ausgelöst und führt zur Induktion von Aufnahme- beziehungsweise Synthesesystemen für osmotisch wirksame Substanzen wie Glycin-Betain. Bei der *heat shock response* werden eine Reihe von Genen durch einen plötzlichen Temperaturanstieg aktiviert. Diese Gene zeichnen sich durch den Besitz spezieller Promotoren aus, die von einem alternativen $\sigma$-Faktor erkannt werden (siehe folgenden Abschnitt). Bei der Thermoregulation sind dagegen *keine heat shock*-Promotoren beteiligt, sondern die Expression der Zielgene wird in Abhängigkeit von der Umgebungstemperatur durch Regulatoren der AraC-Familie positiv beziehungsweise durch das H-NS-Protein (siehe folgenden Abschnitt) negativ reguliert. Die *stringent response* wird unter Mangelbedingungen induziert, wobei die Bindung von unbeladenen tRNAs am Ribosom zur Synthese von ppGpp führt, das als Signal für die Inhibierung der rRNA-Transkription dient. So kommt es zu einer allgemeinen Erniedrigung der Stoffwechselaktivität der Zelle. Die SOS-Antwort wird durch DNA-Schädigung ausgelöst, die zum Beispiel durch UV-Licht verursacht wird. Die dabei entstehende einzelsträngige DNA aktiviert die Proteaseaktivität des RecA-Proteins, das dann wiederum den LexA-Repressor spaltet und damit inaktiviert. Dies führt einerseits zur Expression von DNA-Reparaturenzymen, andererseits aber auch zu einer erhöhten Mutationsrate. Die Konzentration von Sauerstoff reguliert die Expression von Genen, die für aeroben beziehungsweise anaeroben Stoffwechsel benötigt werden. An dieser Regulation beteiligt sind zum Beispiel das FNR-Protein, dessen Aktivität über den Redoxzustand des von ihm gebundenen Eisens reguliert wird, sowie das Zwei-Komponenten-System ArcB/ArcA, das aerobe Gene unter anaeroben Bedingungen reprimiert.

## 11.4.4 Globale Regulationsmechanismen

Bei bestimmten Veränderungen in den Lebensbedingungen kann eine Zelle ihr genetisches Programm grundlegend ändern. Wie in Abschnitt 11.1 dargestellt, ist der $\sigma$-Faktor der RNA-Polymerase für die Promotorerkennung notwendig. Während des normalen Wachstums besitzt eine Zelle einen Haupt-$\sigma$-Faktor. In *E. coli* ist dies $\sigma^{70}$, der vom *rpoD*-Gen codiert wird. Manche Gene besitzen allerdings Promotoren, die nicht von $\sigma^{70}$ erkannt werden, da sie anders aufgebaut sind. Unter bestimmten Bedingungen produzieren die Zellen andere $\sigma$-Faktoren, die nun die Transkription der Gene ermöglichen, die den entsprechenden Promotor besitzen. Der $\sigma^{32}$-Faktor, der vom *rpoH*-Gen codiert wird, führt zur Transkription der *heat shock*-Gene. Die Induktion erfolgt dadurch, daß die rpoH-mRNA bei höherer Temperatur stabilisiert wird. Der $\sigma^{28}$-Faktor, der vom *fliA*-Gen codiert wird, ist in verschiedenen Bakterien notwendig für die Expression der Flagellengene. Die Induktion erfolgt hierbei durch Entfernen des Anti-$\sigma$-Faktors FliM aus der Zelle. Der $\sigma^{54}$-Faktor wird vom *rpoN*-Gen codiert und ist verantwortlich für die Expression bestimmter Gene bei N-Mangel. Auch verschiedene Virulenzgene, wie zum Beispiel die Gene für die Typ-IV-Fimbrien und die Urease in *P. aeruginosa*, sind $\sigma^{54}$-abhängig. In allen Fällen sind hier zusätzliche Aktivatoren notwendig, die an eine *upstream activating sequence* (UAS) oberhalb des Promotors binden, die durch Biegung der DNA in Kontakt mit der RNA-Polymerase gebracht wird. $\sigma^{38}$, der vom *rpoS*-Gen codiert wird, ist an der Aktivierung von Genen in der stationären Phase und unter verschiedenen Streßbedingungen beteiligt. Auch viele Virulenzgene, die unter solchen Streßbedingungen induziert werden, werden von $\sigma^{38}$ reguliert.

Ein anderer Mechanismus, das gesamte genetische Programm an Umweltbedingungen anzupassen, ist die Veränderung der DNA-Topologie. DNA-Topoisomerasen bestimmen darüber, wie häufig die beiden DNA-Stränge umeinander gewunden sind. Das Enzym DNA-Gyrase reduziert den Windungsgrad, wodurch die DNA nicht in der relaxierten Form vorliegt, sondern sogenannte negative *supercoils* aufweist. Topoisomerase I entfernt dagegen solche negativen *supercoils*. Die relative Aktivität dieser Enzyme bestimmt also den Windungsgrad, wobei in der Zelle normalerweise negative *supercoils* vorliegen, die allerdings unterschiedlich über das gesamte Chromosom verteilt sind. Durch Änderungen in der DNA-Topologie kann die Expression von Genen beeinflußt werden, da die Struktur der DNA die Bindung der RNA-Polymerase oder von Regulatoren an die DNA beziehungsweise die Interaktion von Regulatorproteinen mit der DNA-Polymerase beeinflußt. *Supercoiling*-abhängige Virulenzgene sind zum Beispiel die Invasionsgene von *Shigella flexneri* und *S. typhimurium*, Gene für die Alginatsynthese in *P. aeruginosa* oder *toxR*/*toxT* in *V. cholerae*. Umweltfaktoren wie Temperatur und Osmolarität beeinflussen den Grad des DNA-*supercoiling*, der allerdings nie der alleinige Regulationsmechanismus ist, sondern nur die Grundlage für andere Regulationsmechanismen darstellt.

Auch bestimmte Proteine, die an die DNA binden und deren Struktur bestimmen, können entsprechend die Expression vieler Gene beeinflussen. Das H-NS-Protein ist ein histonähnliches, DNA-bindendes Protein, das in hoher Konzentration in der Zelle vorkommt und diese kompaktieren kann. Es hat Einfluß auf viele DNA-abhängige Vorgänge in der Zelle wie beispielsweise Rekombination und Transkription, so daß es sich um einen globalen Regulationsfaktor handelt, der auch Virulenzfaktoren beeinflußt, etwa die temperaturabhängige Expression der P-Fimbrien in *E. coli* oder der Invasionsgene in *Shigella*. Auch andere Proteine werden als globale Regulationsfaktoren bezeichnet, wenn sie die Expression sehr vieler Gene beeinflussen, so zum Beispiel CRP und IHF (*integration host factor*) oder σ-Faktoren. LRP (*leucine-responsive regulatory protein*) kann sowohl Aktivator als auch Repressor vieler unterschiedlicher Gene sein, wobei die Regulation in einigen Fällen vom Effektor Leucin abhängig ist, der an das Protein bindet. Die Expression verschiedener Fimbrien ist zum Beispiel Lrp-abhängig, wobei hier die Phasenvariation durch LRP beeinflußt wird (siehe Kapitel 10).

# 11.5 Literatur

Crosa, J. H. *Signal Transduction and Transcriptional and Posttranscriptional Control of Iron-Regulated Genes in Bacteria.* In: *Microbiol. Mol. Biol. Rev.* 61/3 (1997) S. 319–336.

Delden, C. van; Iglewski, B. H. *Cell to Cell Signalling and Pseudomonas aeruginosa Infections.* In: *Emerg. Infect. Dis.* 4 (1998) S. 551–559.

Dorman, C. J. *DNA Topology and the Global Control of Bacterial Gene Expression: Implications for the Regulation of Virulence Gene Expression.* In: *Microbiology* 141 (1995) S. 1271–1280.

Fuqua, C.; Winans, S. C.; Greenberg, E. P. *Census and Consensus in Bacterial Ecosystems: The LuxR-LuxI Family of Quorum-Sensing Transcriptional Regulators.* In: *Annu. Rev. Microbiol.* 50 (1996) S. 727–751.

Gross, R. *Signal Transduction and Virulence Regulation in Human and Animal Pathogens.* In: *FEMS Microbiol. Rev.* 104 (1993) S. 301–326.

Kleerebezem, M.; Quadri, L. E.; Kuipers, O. P.; Vos, W. M. de. *Quorum Sensing by Peptide Pheromones and Two-Component Signal-Transduction Systems in Gram-Positive Bacteria.* In: *Mol. Microbiol.* 24 (1997) S. 895–904.

Loewen, P. C.; Hengge-Aronis, R. *The Role of the Sigma Factor Sigma S (KatF) in Bacterial Global Regulation.* In: *Annu. Rev. Microbiol.* 48 (1994) S. 53–80.

Miller, J. F.; Mekalanos, J. J.; Falkow, S. *Coordinate Regulation and Sensory Transduction in the Control of Bacterial Virulence.* In: *Science* 243 (1989) S. 916–922.

Nilsson, P.; Uhlin, B. E. *Differential Decay of a Polycistronic Escherichia coli Transcript is Initiated by RNaseE-Dependent Endonucleolytic Processing.* In: *Mol. Microbiol.* 5 (1991) S. 1791–1799.

Parkinson, J. S. *Signal Transduction Schemes of Bacteria.* In: *Cell* 73 (1993) S. 857–871.

Perrand, A. L.; Weiss, V.; Gross, R. *Signalling Pathways in Two-Component-Phosphorylated Systems.* In: *Trends Microbiol.* 7 (1999) S. 115–120.

# 12. Infektionsökologie

## J. Hacker

## 12.1 Infektionen und Mikrobenökologie

In der Mikrobenökologie werden die Interaktionen zwischen Mikroorganismen untereinander, zwischen Mikroben und anderen Organismen sowie die Reaktion der Mikroben auf verschiedenste Umweltsignale untersucht. Ökologische Gesichtspunkte sind in der Infektionsbiologie lange Zeit eher stiefmütterlich behandelt worden. Möglicherweise liegt dem eine verkürzte Interpretation der Koch-Henleschen Postulate zugrunde, indem zwar die „pathogenen Agentien" als infektionsauslösende Erreger, nicht jedoch deren Einbettung in mikrobielle Populationen und ihre Beeinflussung durch Umweltfaktoren beachtet wurden. Der amerikanische Mikrobiologe Theobald Smith (1859–1929) hat schon in den dreißiger Jahren auf den Zusammenhang zwischen Infektion und Ökologie aufmerksam gemacht und die Meinung vertreten, daß evolutionsbiologisch „erfolgreiche" pathogene Mikroorganismen einen hohen Anpassungsgrad an den Wirt und/oder an die sie umgebende Umwelt erreicht hätten.

Aus dieser ökologischen Betrachtungsweise ergibt sich, daß Infektionsereignisse nicht isoliert – monokausal – betrachtet werden dürfen. Eine große Bedeutung beim Infektionsgeschehen kommt der Wirtskonstitution zu, sowohl hinsichtlich des Abwehrstatus als auch der individuellen Merkmale (zum Beispiel: Rezeptordichte auf Zellen) der Wirtsorganismen (siehe Kapitel 3). Weiterhin spielt die Normalflora des Wirtes eine wichtige Rolle beim „Angehen" einer Infektion. Es ist auch zu fragen, ob pathogene Erreger in bestimmten Wirtsorganismen einen Carriesstatus haben, wie dies beim Menschen für Meningokokken, Salmonellen und Pneumokokken beschrieben wurde, und ob es zu einer Erregerpersistenz (Beispiel: Mykobakterien) kommen kann.

Ob ein pathogener Erreger auch tatsächlich eine Infektion auslöst, hängt zudem von der Menge der Erreger in einer Mikrobenpopulation und dem Expressionsstatus wichtiger Gene ab. So ist bekannt, daß das *Yersinia*-Invasin in der Umwelt bei 22 °C, nicht aber nach längerem Aufenthalt der Erreger im Säugerorganismus (37 °C) gebildet wird. Auch der Übertragungsmodus (oral-fäkal, Tröpfcheninfektion) und die Fähigkeit von Erregern, sich in Zwischenwirten oder Vektoren zu vermehren, beeinflussen Auftreten und Ablauf von Infektionen. Weiterhin ist von Belang, ob es sich bei einer Infektion um ein Geschehen handelt, das durch einen einzigen Erreger ausgelöst wird (Monoinfektion), oder ob eine Mischinfektion vorliegt. Bei Mischinfektionen kann es zu einer Potenzierung der Pathogenität einzelner Erreger kommen. So werden etwa Influenzaviren erst nach Prozessierung des Adhäsins Hämagglutinin durch eine Protease von *Staphylococcus aureus* voll pathogen. Obwohl die Pathomechanismen von Mischinfektionen etwa von *Candida albicans* und Enterokokken beziehungsweise Staphylokokken noch nicht analysiert sind, scheinen hier Synergismen zu bestehen. Dies alles – Populationsdichte,

Expressionsstatus, Übertragungswege, Mischinfektionen – sind Parameter, denen man nur bei einer ökologischen Betrachtung des Infektionsgeschehens gerecht werden kann. Insofern erscheint es sinnvoll, den Terminus „Infektionsökologie" für die Beschreibung der Zusammenhänge zwischen Infektionserregern und anderen biotischen (Wirtsstrukturen, weiteren Organismen) sowie abiotischen Faktoren (Umweltsignalen) zu verwenden.

## 12.2 Umweltsignale und Streß

Sowohl an ihren natürlichen Standorten als auch in den Wirtsorganismen unterliegen pathogene Mikroorganismen mannigfaltigen Umwelteinflüssen und Streßsituationen. Diese Signale können die Expression von Pathogenitätsfaktoren direkt beeinflussen (Abbildung 12.1, siehe auch Kapitel 11). Beispiele für den Einfluß von bestimmten Ionen auf die Pathogenität sind das Invasionssystem von *Salmonella typhimurium*, das durch $Mg^{2+}$ über das PhoP/PhoQ-Zwei-Komponenten-System reguliert wird, die $Ca^{2+}$-abhängige Expression von *Yersinia enterocolitica*-Proteinen oder die $Fe^{2+}$-bedingte Genexpression verschiedener

Toxingene. Auch *stress response*-Systeme spielen für das Vermögen von pathogenen Keimen, eine Infektion auszulösen, eine große Rolle. So scheint die Säuretoleranz (*acid tolerance response*, ATR) von Salmonellen und von enterohämorrhagischen *E. coli* in direktem Zusammenhang mit der Fähigkeit dieser Organismen zu stehen, sich im sauren Milieu von Nahrungsmitteln zu vermehren.

Auch dem *quorum sensing,* also der Fähigkeit von Mikroorganismen, bestimmte Gene erst dann zu aktivieren, wenn die Bakterienpopulation eine „kritische Masse" erreicht hat, kommt direkte Bedeutung für die Pathogenität vieler Erreger zu. So werden das Exotoxin S und das Elastin von *Pseudomonas aeruginosa* erst dann gebildet, wenn durch *quorum sensing* eine genügend hohe Zelldichte von Infektionserregern ermittelt wurde. Die Bildung von Biofilmen wird in manchen Systemen (zum Beispiel *Staphylococcus aureus*) ebenfalls durch *quorum sensing*-Systeme stimuliert (vergleiche Abschnitt 11.3). Biofilme, das heißt dichte Schichten aus Bakterien und extrazellulären Substanzen wie Exopolysacchariden, haben große ökologische Bedeutung; sie sind in der Umwelt häufig anzutreffen, da sie als „Zellverbände" die einzelnen Bakterien vor widrigen Umweltbedingungen schützen und „Konzentrationsherde" für bestimmte Substrate bilden, die als Nahrungsstoffe zur Verfügung stehen (siehe Ab-

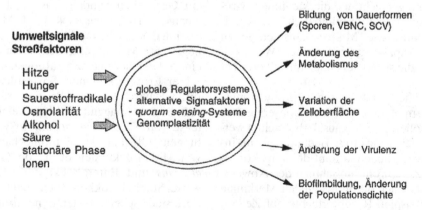

**12.1** Schematische Darstellung der Signalverarbeitung pathogener Mikroorganismen, Variationsmöglichkeiten nach Streß.

schnitt 7.1). Aber auch während einer Infektion kommt es häufig zur Biofilmbildung, so bei respiratorischen Infektionen von Mukoviszidosepatienten durch *P. aeruginosa* oder bei kathederassoziierten Infektionen durch *Staphylococcus epidermidis*. Bakterien in Biofilmen sind dem Immunsystem und einer Antibiotikatherapie meist nur unzureichend zugänglich. Sie können auch toxische Stoffe in hoher Konzentration produzieren und damit die pathogene Potenz der Erreger erhöhen.

Eine Schlüsselrolle bei der Antwort von Mikroorganismen auf Nahrungsmittellimitation und „Hunger" kommt den alternativen σ-Faktoren RpoS bei gramnegativen Mikroorganismen und SigB bei grampositiven Bakterien zu (vergleiche Abschnitt 11.4). Es ist bekannt, daß beide σ-Faktoren direkt an der Genexpression bei Wachstum der Mikroorganismen in der stationären Phase beteiligt sind. Auch Infektionserreger erreichen während einer Infektion meist die stationäre Phase, so daß ein direkter Zusammenhang zwischen der Virulenz der Keime und der *rpoS*- beziehungsweise *sigB*-abhängigen Genexpression besteht. Es sind aber auch eine Reihe von virulenzassoziierten Genen bekannt, deren Expression direkt vom Wirken alternativer σ-Faktoren abhängt. Dies gilt sowohl für die Stationärphase-σ-Faktoren als auch für *heat shock*-σ-Faktoren ($σ^{32}$) und für den Faktor RpoN. Flagellenbildung von Legionellen, Salmonellen und anderen Krankheitserregern, Adhäsinproduktion von *P. aeruginosa*, Choleratoxinbildung und Invasion von Shigellen sind direkt mit dem Wirken einer diese alternativen σ-Faktoren korreliert.

## 12.3 Dauerformen als Infektionserreger

Die Änderung einer ökologischen Situation (Hunger, Hitzestreß, Temperaturschwankung) kann nicht nur zu einer Modulation der Genexpression und zur Biofilmbildung, sondern auch zur Induktion von Dauerformen führen (Tabelle 12.1). Die Endosporen grampositiver Mikroorganismen sind solche Dauerformen. Nach Induktion, etwa durch Trockenheit, wird über Zwei-Komponenten-Systeme eine Kaskade von alternativen σ-Faktoren induziert, die letztlich die für die Endosporenbildung verantwortlichen Gene aktivieren. Eine Reihe von bedeutenden toxinbildenden Krankheitserregern aus der Gruppe der Bacillen (unter anderem *B. anthracis*) und der Clostridien (*C. botuli-*

**Tabelle 12.1:** Dauerformen und Varianten von Infektionserregern

| Dauerform/Variante | Charakterisierung | Beispiele |
|---|---|---|
| Endospore | Dauerform, dicke Sporenwand, hitzeresistent | Gram⁺-Sporenbildner, zum Beispiel *B. anthracis, C. botulinum, C. tetani, C. perfringens, C. difficile* |
| *small colony variants* (SCVs) | langsames Wachstum, Aminoglykosidresistenz, eventuell Defekte in Oxidation | Gram⁺– Erreger-Kokken, zum Beispiel *S. aureus, S. epidermidis* |
| *viable but non culturable*-(VBNC-)Form | kein Wachstum auf artifiziellen Medien, reduzierter Stoffwechsel | Gram⁻ – Erreger, zum Beispiel *V. cholerae, L. pneumophila, S. dysenteriae, E. coli* |
| *cell wall deficient/defective bacteria* (CWDBs) | zellwandgeschädigt, induzierbar beispielsweise durch Antibiotika | *N. gonorrhoeae, B. fragilis, H. influenzae* |

*num, C. tetani, C. perfringens, C. difficile)* bilden Sporen. Diese Dauerformen ermöglichen die Ausbreitung der Bakterien über weite Strecken und unter widrigen Bedingungen. Übertragungen von sporenbildenden pathogenen Mikroorganismen oder ihrer Toxine auf den Menschen (etwa nach Verletzungen oder über Nahrungsmittelaufnahme) stellen vom ökologischen Standpunkt her meist „Unfälle" dar, da eine Anpassung der Bakterien an den Wirt Mensch nur in Einzelfällen (*C. difficile*) erfolgt und es sich bei den Erkrankungen eher um Intoxikationen als um echte Infektionen handelt. Dennoch verlaufen Erkrankungen nach Aufnahme derartiger Bakterien unbehandelt sehr oft letal, da die produzierten Toxine äußerst potent sind (vergleiche Abschnitt 6.3).

Aus ökologischer Sicht sind nicht nur Sporen, sondern auch andere „Stoffwechselvarianten" pathogener Bakterien von Bedeutung für die Auslösung einer Infektionskrankheit. So bilden grampositive Bakterien wie Staphylokokken sogenannte *small colony variants* (SCVs), gramnegative Bakterien kommen in sogenannten *viable but non culturable*-(VBNC-)Stadien vor. Beide Varianten, SCV und VBNC, scheinen ähnliche Eigenschaften zu haben. Bei den SCV-Keimen handelt es sich wahrscheinlich um Spontanmutanten, die Defekte im Energiestoffwechsel aufweisen und deshalb in ihrem Wachstum eingeschränkt sind. Eine kürzlich erzeugte *hem*B-Mutante (Defekt in der Heminbiosynthese) von *S. aureus* zeigt alle Eigenschaften einer SC-Variante. Möglicherweise stellen diese Varianten stoffwechselreduzierte Dauerformen dar, die unter bestimmten Umweltbedingungen (Sauerstofflimitation, Hunger) eine bessere Überlebenschance haben als voll vitale Keime. SCV-Keime spielen aber auch eine direkte Rolle in der *S. aureus*-Infektion, da diese Varianten Resistenzen gegen Aminoglykosidantibiotika aufweisen und intrazellulär in Endothelien persistieren können. Es wird vermutet, daß SCVs für viele Fremdkörperinfektionen durch Staphylokokken verantwortlich sind, indem sie zu-

nächst persistieren, dabei das Abwehrsystem stimulieren und sich später wieder aktiv vermehren.

Bei den VBNC-Varianten gramnegativer Infektionserreger (unter anderem Vibrionen, Legionellen, Salmonellen, Shigellen, *E. coli*) handelt es sich ebenfalls um Dauerformen, möglicherweise auch um Defektmutanten des Energiestoffwechsels. VBNC-Varianten sind auf artifiziellen Medien nicht kultivierbar, kommen aber häufig in der Umwelt vor, wo sie lange persistieren können. VBNC-Formen können nach Übertragung auf Vektoren oder Wirte dann ihre volle Virulenz zurückgewinnen und eine Infektion auslösen. Inwieweit VBNC-Keime auch direkt während einer Infektion anzutreffen sind, ist bisher nicht bekannt. Neben „Stoffwechselvarianten" wie SCV und VBNC sind schon seit langem zellwanddefiziente Mutanten (*cell wall deficient/defective bacteria*, CWDBs), auch L-(„Lister"-)Formen genannt, bekannt. Auch bei diesen Varianten grampositiver und gramnegativer Bakterien scheint es sich um Spontanmutanten zu handeln. L-Formen von Infektionserregern wie *Streptococcus pyogenes* oder *Proteus mirabilis* werden bei persistierenden Infektionen (beispielsweise Glomerulonephritis, rheumatisches Fieber) gefunden, wobei sie mit immunpathologischen Effekten in Zusammenhang gebracht werden.

# 12.4 Mikrobielle Konkurrenzmechanismen

Viele humanpathogene Krankheitserreger haben ihr Reservoir außerhalb des menschlichen Körpers, entweder als Saprophyten verschiedener Tiere (seltener Pflanzen) oder in der Umwelt. Hier sind sie oftmals Teil von komplexen Ökosystemen, in denen sie sich behaupten müssen. Innerhalb dieser Ökosysteme kommen unter-

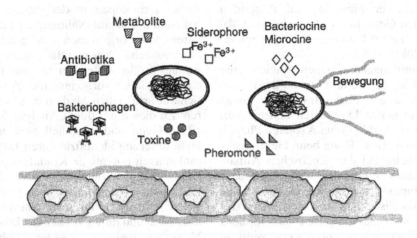

**12.2** Konkurrenzmechanismen pathogener Mikroorganismen in der Wechselwirkung mit anderen Mikroben und eukaryotischen Zellen.

schiedliche mikrobielle Konkurrenzmechanismen zum Tragen, die auch Bedeutung für Infektionen haben können (Abbildung 12.2):

- **Antibiotika:** Grampositive Bodenbakterien (Bacillen, Streptomyceten) und eukaryotische Pilze (*Penicillium*) produzieren Antibiotika, die andere prokaryotische Zellen an der Teilung hindern oder diese abtöten können. Möglicherweise haben auch subinhibitorische Antibiotikakonzentrationen Bedeutung für ökologisch relevante Wechselwirkungen. In den Bodenmikrokosmen werden aber auch Antibiotikaresistenzen selektioniert. Für zahlreiche Resistenzgene pathogener Mikroorganismen ist belegt, daß sie aus Streptomyceten stammen und über horizontalen Gentransfer die Genome von Krankheitserregern erreicht haben. Auch multiresistente Erreger aus der Rhizossphäre (zum Beispiel *Burkholderia cepacia*, *Stenotrophomonas maltophila*) sind in den letzten Jahren vermehrt als Krankheitserreger in Erscheinung getreten.
- **Toxine:** Die potentesten Toxine (Tetanustoxin, Botulismustoxin) werden von sporenbildenden Bodenbakterien pro-

duziert. Die ökologische Bedeutung dieser Substanzen mag in der schnellen Abtötung mehrzelliger eukaryotischer Organismen und deren Nutzung als Nährstoffquelle für die Bakterien liegen. Wahrscheinlich sind Toxindeterminanten über horizontalen Gentransfer verbreitet worden, wofür unter anderem die Tatsache spricht, daß die Toxingene oftmals Bestandteile von Bakteriophagengenomen oder Plasmiden sind. Das dem Shiga-Toxin verwandte Toxin Ricin wird auch von Pflanzen gebildet, was ebenfalls auf Gentransfer von Toxingenen hinweist.

**Bacteriocine, Microcine:** Als bakterielle Konkurrenzmechanismen gelten die Bacteriocine und die Microcine, die mittels unterschiedlicher Mechanismen (Porenbildung, DNA-Degradation, 16S-rRNA-Spaltung, Inhibition der Mureinbiosynthese) Bakterien derselben Art attackieren können. Immunitätsmechanismen schützen die Bacteriocinproduzenten vor den eigenen Substanzen. Enterobakterielle Krankheitserreger und pathogene Enterokokken produzieren häufiger Bacteriocine als Bakterien der gleichen Art, die zur Normalpopulation zählen, was auf Coselektion mit Virulenzfaktoren hinweist. Auf Plasmiden können Gene für Bacteriocine und Toxine (Enterokokken, *E. coli*) gemeinsam lokalisiert sein.

- **Bakteriophagen:** Phagen spielen eine Rolle bei der Reduktion von Bakterienpopulationen. Phagenträger sind meist immun gegen Lyse durch den eigenen Phagen. Darüber hinaus spielen Phagen eine essentielle Rolle beim Gentransfer und damit bei der genetischen Anpassung auch von pathogenen Bakterien.
- **Siderophore, Metabolite:** Beim „Kampf um das Eisen", das in vielen Ökosystemen stattfindet, spielen Siderophore und Siderophorrezeptoren eine zentrale Rolle. Oftmals nutzen Mikroorganismen Eisenaufnahmesysteme anderer Organismen. Auch hier ist die Rhizosphäre ein *melting point* für Gentransfer und Selektion von Eisenaufnahmesystemen (siehe Abschnitt 8.1). Andere Sekundärmetabolite wie Pigmente spielen in Ökosystemen ebenfalls eine Rolle.

## 12.5 Reservoirs und Ausbreitung

In natürlichen Mikrobenpopulationen, beispielsweise in Bodenmikrokosmen oder in Süßwasserbiotopen, ist der Prozentsatz an bekannten und auf Nährmedien kultivierbaren Mikroorganismen mit geschätzten fünf bis zehn Prozen relativ gering. Der weitaus größte Anteil der in einer natürlichen Population vorkommenden Arten läßt sich auf artifiziellen Medien nicht vermehren. Zu diesen nur durch Analyse der 16S-rRNA-Gene und anschließender *in situ*-Hybridisierung identifizierbaren Bakterien zählen auch potentielle Krankheitserreger. Dies können Organismen sein, die als Endosporen (*Clostridium tetani*) oder als VBNC-Formen (Vibrionen, Salmonellen) überleben und durch Wasser direkt auf den Menschen übertragen werden (Abbildung 12.3).

Neben dem Vorkommen von Krankheitserregern in der Umwelt, sei es als Sporen, im nichtkultivierbaren Stadium oder als „Endosymbionten" in Protozoen, haben viele Erreger ihr Reservoir in Tieren, von wo sie entweder direkt oder mittels Überträgerorganismen („biologische Vektoren") verbreitet werden. So sind viele Salmonellensubspezies an bestimmte Tierarten angepaßt. *S. typhimurium* beispielsweise erzeugt bei Mäusen eine systemische Erkrankung. Nach Übertragung auf den Menschen kann *S. typhimurium* dann zu einer Darminfektion führen. Eine besonders gute Vermehrung von potentiell humanpathogenen Erregern in anderen Wirten kann die Virulenz auch für Men-

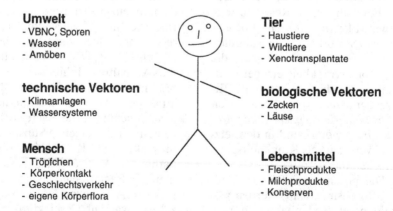

**Umwelt**
- VBNC, Sporen
- Wasser
- Amöben

**technische Vektoren**
- Klimaanlagen
- Wassersysteme

**Mensch**
- Tröpfchen
- Körperkontakt
- Geschlechtsverkehr
- eigene Körperflora

**Tier**
- Haustiere
- Wildtiere
- Xenotransplantate

**biologische Vektoren**
- Zecken
- Läuse

**Lebensmittel**
- Fleischprodukte
- Milchprodukte
- Konserven

**12.3**  Reservoirs humanpathogener Mikroorganismen und Möglichkeiten der Übertragung auf den Menschen.

schen erhöhen. Ein Beispiel ist die kürzlich aufgetretene *S. typhimurium*-Variante DT104, die bei Rindern und Schweinen häufig vorkommt und nach Übertragung auf den Menschen Enteritis auslöst. Letztlich stellen beim Tier vorkommende Keime auch das Reservoir für Lebensmittelinfektionen dar.

Ein Sonderfall der Übertragung von potentiellen Infektionserregern von tierischem Gewebe auf Menschen können Retroviren darstellen, die möglicherweise nach Xenotransplantationen im neuen Wirt Mensch aktiviert werden können. Hier sind noch viele Fragen zu klären, um diese neue Transplantationsstrategie von der infektiologischen Seite her abzusichern.

Bei der Übertragung von Infektionserregern von Tieren auf Menschen sind häufig Zwischenwirte oder „biologische Vektoren" eingeschaltet. In Tabelle 12.2 sind verschiedene solcher Erreger aufgeführt. Dabei kommt es möglicherweise zu sehr schweren Infektionen, die als ökologische „Unfälle" angesehen werden können, da die entsprechenden Erreger nicht an den Wirt Mensch angepaßt sind. Pestbakterien, die Malariaerreger oder auch die Verursacher der Lyme-Borreliose werden mittels solcher Vektoren übertragen. Hinsichtlich einer Infektionsprophylaxe wird diskutiert, nicht nur gegen die Erreger selbst, sondern auch gegen die Vektoren wirkende Verbindungen zu entwickeln, um so den Infektionskreislauf zu unterbre-

chen. Es wäre auch daran zu denken, die Keime nicht erst im Menschen, sondern schon im Vektor zu bekämpfen. Allerdings ist unser Wissen um die molekularen Mechanismen der Interaktion von Mikroorganismen und nichtmenschlichen Wirtsorganismen noch bruchstückhaft.

Selbstverständlich kommt es bei vielen Infektionen auch zu einer direkten Übertragung von Erregern von Mensch zu Mensch, etwa durch Tröpfcheninfektion, Körperkontakt, Körperflüssigkeit oder Geschlechtsverkehr. Bei immunsupprimierten Personen stellen die Keime der eigenen Körperflora das Hauptreservoir für Infektionen dar. In allen Fällen, ob bei der Übertragung der Erreger aus der Umwelt, vom Tier oder direkt vom Menschen, müssen sich die Mikroorganismen im Wirt Mensch neu etablieren und sich gegen die Keime der Standortflora durchsetzen. Dies geschieht meist mittels der in Abschnitt 12.4 beschriebenen Konkurrenzmechanismen, mittels spezifischer Adhäsine, die bei darmpathogenen Organismen etwa eine Kolonisation im Darm möglich machen, oder mittels Invasion in menschliche Zellen. Unter ökologischen Gesichtspunkten kommt daher einer Verstärkung der Standortflora, etwa durch von außen zugeführte „probiotisch" wirkende Mikroorganismen, möglicherweise eine Rolle bei der Infektionsprophylaxe zu. Dies können insbesondere bei der Infektionsprophylaxe gegen darmpathogene Erreger Lactobacillen, apathogene *E. coli* oder Bifidobakte-

**Tabelle 12.2:** Durch Vektoren übertragene Mikroorganismen

| Erkrankung | Erreger | Überträger/Reservoir |
|---|---|---|
| Q-Fieber | *Coxiella burnetii* | Zecke/Rind, Schaf |
| Fleckfieber | *Rickettsia prowazekii* | Laus/Mensch |
| Pest | *Yersinia pestis* | Rattenfloh/Ratte |
| Lyme-Borreliose | *Borrelia burgdorferi* | Zecke/Mensch |
| Felsengebirgsfleckfieber | *Rickettsia rickettsii* | Zecke/Mensch |
| Tularämie | *Francisella tularensis* | Zecke/Feldhase, Nager |
| Malaria | *Plasmodium falciparum* | *Anopheles*-Mücke/Mensch |
| Frühsommer-Meningo-encephalitis | FSME-Virus | Zecke/Mensch |

rien sein. Schon Elias Metschnikoff (1845–1916) propagierte die Anwendung solcher probiotisch wirkenden Mikroben bei bestimmten Infektionen. Allerdings sind auch hier noch viele Arbeiten zum Verständnis der molekularen Mechanismen der Interaktionen zwischen „Probiotika" und Infektionserregern nötig.

## 12.6 Literatur

Baba, T.; Schneewind, O. *Instruments of Microbial Warfare: Bacteriocin Synthesis, Toxicity and Immunity.* In: *Trends Micobiol.* 6 (1998) S. 66–71.

Bloomfield, S. F.; Stewart, G. S. A. B.; Dodd, C. E. R.; Booth, I. R.; Power, E. G. M. *The Viable But non Culturable Phenomenon Explained?* In: *Microbiol.* 144 (1998) S. 1–3.

Domingue, G. J.; Woody, H. B. *Bacterial Persistance and Expression of Disease.* In: *Clin. Microbio.l Rev.* 10 (1997) S. 320–344.

Eiff, C. V.; Heilmann, C.; Proctor, R. A.; Woltz, C.; Peters, G.; Götz, F. *A Side-Directed Staphylococcus aureus hemB Mutant Is a Small Colony Variant Which Persists Intracellularly.* In: *J. Bacteriol.* 179 (1997) S. 4706–4712.

Gray, K. M. *Intercellular Communication and Group Behaviour in Bacteria.* In: *Trends Microbiol.* 5 (1997) S. 184–188.

Isenberg, H. D. *Pathogenicity and Virulence: Another View.* In: *Clin. Microbiol. Rev.* 1 (1988) S. 40–53.

Lugtenberg, B. J. J.; Dehlers, L. C. *What Makes Pseudomonas Bacteria Rhizosphere Competent?* In: *Environm. Microbiol.* 1 (1999) S. 9–13.

Meslin, F.-X. *Global Aspects of Emerging and Potential Zoonoses: A WHO Perspective.* In: *Emerg. Infect. Dis.* 3 (1997) S. 223–228.

Palmer, R. J.; White, D. C. *Developmental Biology of Biofilms: Implications for Treatment and Control.* In: *Trends Microbiol.* 5 (1997) S. 435–440.

Riley, M. A.; Gordon, D. M. *The Ecological Role of Bacteriocins in Bacterial Competition.* In: *Trends Microbiol.* 7 (1999) S. 129–133.

Tannock, G. W. *Probiotic Properties of Lactic-Acid Bacteria: Plenty of Scope for Fundamental R and D.* In: *Trends Biotechnol.* 15 (1997) S. 270–274.

Wainweight, M. *Living Alternatives to Antibiotics.* In: *SGM Quarterly* 5 (1998) S. 128–129.

# 13. Pflanzenpathogene Bakterien: Parallelen zur Humanpathogenität

J. Hacker

Die Interaktionen zwischen Bakterien und Pflanzenzellen zeigen auf molekularem Niveau erstaunlich viele Parallelen zu den Wechselwirkungen von Bakterien und humanen beziehungsweise tierischen Zellen. Dies gilt für die symbiontischen Wechselwirkungen zwischen Rhizobien und Wirtspflanzen, die auf sehr spezifischen Erkennungsprozessen beruhen, wie sie für die Kolonisierung von humanpathogenen Organismen auf Wirtszellen beschrieben sind. Aber auch die Wechselwirkungen von pathogenen Bakterien mit Pflanzenzellen zeigen Parallelen zur Interaktion von humanpathogenen Mikroben mit Animalzellen. Darüber hinaus haben neuere Untersuchungen gezeigt, daß das Abwehrsystem von Pflanzen aus unspezifischen und spezifischen Komponenten zusammengesetzt ist, wie dies für die entsprechenden Systeme von Vertebraten schon lange bekannt war (siehe auch Kapitel 3 und 4).

Ein Beispiel für solche parallelen Mechanismen in human- und phytopathogenen Systemen stellt die Wechselwirkung zwischen Bakterien der Art *Agrobacterium tumefaciens* und Pflanzenzellen dar. *A. tumefaciens* induziert die Proliferation von Pflanzenzellen und löst so das Phänomen der Wurzelhalsgallen aus. Prinzip dieser Interaktion ist es, daß 35-kb-bakterielle-DNA (T-DNA), die auf dem Ti-(*tumor induction*-)Plasmid vorliegt, in Pflanzenzellen übertragen wird. Hier bilden diese ehemals bakteriellen Gene dann ungewöhnliche Pflanzenhormone (Auxine, Cytokine), die zu Tumorbildungen führen.

Sowohl human- als auch phytopathogene Bakterien reagieren auf Signale des Wirtes. Im Gegensatz zu human- oder veterinärmedizinisch relevanten Systemen

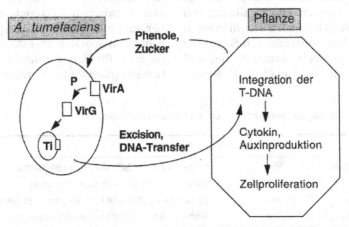

**13.1** Schematische Darstellung der Vorgänge bei der Interaktion von *A. tumefaciens* mit einer Pflanzenzelle.

sind diese Signale bei der Interaktion zwischen *A. tumefaciens* und Pflanzen bekannt (Abbildung 13.1). Bei diesen Signalsubstanzen handelt es sich um kleine pflanzliche Zuckermoleküle und phenolische Verbindungen, die an Sensorproteine (VirA) von einem Zwei-Komponenten-System (siehe Kapitel 11) des Bakteriums binden. Nach entsprechenden Phosphorylierungen eines Regulators (VirG) werden dann die Pilibildung und der Transfer des Ti-Plasmids von den Bakterien in die Pflanzenzellen induziert. Die dabei verwendete bakterielle Exportmaschinerie hat Ähnlichkeit mit Typ-IV-Proteinexportsystemen für Toxine, die bei den humanpathogenen Bakterien *Bordetella pertussis* und *Helicobacter pylori* identifiziert wurden (siehe Kapitel 9).

Neben *A. tumefaciens*, bei dem es sich nicht um ein Pflanzenpathogen im klassischen Sinne handelt, sind eine Reihe von phytopathogenen Organismen bekannt, die als Infektionserreger bei Nutzpflanzen eine große volkswirtschaftliche Rolle spielen. Hierzu zählen *Erwinia amylovora* (Erreger des Feuerbrandes beim Kernobst), *Pseudomonas aeruginosa, Xanthomonas campestris, Pseudomonas syringae* und *Ralstonia (Pseudomonas) solanacearum* als bakterielle Ereger sowie verschiedene pathogene Pilze. Als Pathogenitätsfaktoren von phytopathogenen Bakterien sind extrazelluläre Enzyme, Polysaccharide und Toxine beschrieben, die ein breites Wirtsspektrum zeigen. Die Parallelität von Pathogenitätsmechanismen bei humanpathogenen und phytopathogenen Bakterien wird durch die Beobachtung belegt, daß das Ausschalten von Genen in *P. aerugi-*

*nosa*, die für das Exotoxin S, eine Phospholipase und einen Regulator codieren, zu einer Reduktion der bakteriellen Virulenz in einem animalen (Maus) und einem pflanzlichen Infektionssystem führte.

Bei spezifischen Interaktionen zwischen phytopathogenen Bakterien und Pflanzen spielen die Produkte der bakteriellen *hrp-* (*hypersensitivity reaction and pathogenicity-*) und der *avr-*(*avirulence-*)Gene eine wichtige Rolle (Tabelle 13.1). Avr-Moleküle werden dabei von Hrp-Proteinen, die ein Typ-III-Sekretionssystem bilden, aus der Bakterienzelle ausgeschleust und wahrscheinlich direkt in die Pflanzenzelle transportiert (Abbildung 13.2). Einzelne Proteine von Typ-III-Systemen phytopathogener Bakterien haben große Ähnlichkeit mit Komponenten von Typ-III-Systemen humanpathogener Salmonellen, Yersinen und Shigellen sowie mit den Proteinen des Flagellenapparats verschiedener Organismen (siehe auch Kapitel 9 und Tabelle A.11 im Anhang). Möglicherweise bilden die Proteine des pflanzlichen Typ-III-Sekretionssystems bei der Interaktion mit der Pflanzenzelle eine Fimbrienstruktur, durch die dann die Avr-Targetmoleküle transportiert werden. Binden die Avr-Proteine nun an pflanzliche R-Genprodukte, so wird in der Pflanze eine Abwehrreaktion (Hypersensitivitätsreaktion) induziert, die zu einem lokalen Absterben von Pflanzenzellen und zur Eliminierung des infizierten Gewebes führt. Die Interaktion zwischen bakteriellen Avr-Proteinen und pflanzlichen R-Genprodukten ist genau aufeinander abgestimmt und stellt die Basis für eine spezifische Abwehrreaktion dar (*gene for gene hypothesis*). Kommt

**Tabelle 13.1:**    Pflanzenpathogenität: Faktoren von Pflanzen und Bakterien

| Faktor | Symbol | Bedeutung |
|---|---|---|
| Hypersensitivitätsreaktion | HR | schneller lokaler Zelltod in Pflanzengewebe |
| Resistenzgen | R-Gen | codiert für pflanzliche Resistenzfaktoren |
| Avirulenzgene | *avr* | codieren für bakterielle Proteine, die an R-Genprodukte binden |
| Hypersensitivitätsreaktion | *hrp* | Gene, codieren meist für Typ-III-Sekretionssysteme |

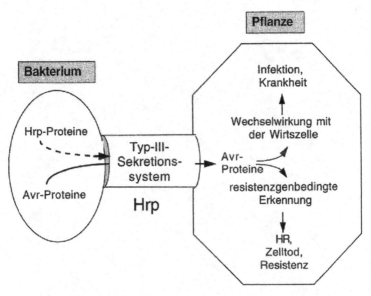

**13.2** Schematische Darstellung der Vorgänge bei der Interaktion von phytopathogenen Bakterien mit einer Pflanzenzelle.

es zu keiner Avr-R-Wechselwirkung, wird die Infektionserkrankung schnell voranschreiten.

# 13.1 Literatur

He, S. Y. *Hrp-Controlled Interkingdom Protein Transport: Learning from Flagellar Assembly?* In: *Trends Microbiol.* 5 (1997) S. 489–495.

Kannenberg, E. L.; Brewin, N. J. *Host-Plant Invasion by Rhizobium: The Role of Cell-Surface Components.* In: *Trends Microbiol.* 2 (1994) S. 277–283.

Rahme, L. G.; Stevens, E. J.; Wolfort, S. F.; Shao, J.; Tompkins, R. G.; Ausubel, F. M. *Common Virulence Factors for Bacterial Pathogenicity in Plants and Animals.* In: *Science* 268 (1995) S.1899–1902.

Van den Ackerveken, G.; Bonas, U. *Bacterial Avirulence Proteins as Triggers of Plant Disease Resistance.* In: *Trends Microbiol.* 5 (1997) S. 394–398.

Walden, R.; Wingender, R. *Gene-Transfer and Plant-Regeneration Techniques.* In: *Trends Biotechn.* 13 (1995) S. 324–331.

# 14. Evolutionäre Infektionsbiologie

J. Hacker

## 14.1 Evolutions-mechanismen

Eine evolutionäre Infektionsbiologie versucht, Infektionen, Erreger und Wirtsorganismen in ihrer geschichtlichen Entwicklung zu sehen und die Frage nach dem Warum einer Pathogen-Wirt-Beziehung zu beantworten. Ausgangspunkte sind die von Charles Darwin (1809–1882) formulierten Prinzipien der genetischen Variantenbildung und Selektion. Auch bei Evolutionsvorgängen von Prokaryoten handelt es sich um so ein Wechselspiel zwischen der Herausbildung neuer genetischer Bakterienvarianten auf der einen Seite und der Selektion dieser Varianten durch „Umweltfaktoren". Wie in Abbildung 14.1 dargestellt, werden neue genetische Varianten von Bakterien durch Punktmutationen, DNA-Umlagerungen (*rearrangements*) und horizontalen Gentransfer erzeugt. Zur Genomstabilität tragen als „Gegenspieler" der Variabilität Reparaturmechanismen der DNA, Restriktion und Modifikation sowie Barrieren, die einem DNA-Austausch entgegenstehen, bei.

Auch die Evolution pathogener Mikroorganismen läßt sich auf diese allgemeinen Prinzipien zurückführen. Die evolutionäre Infektionsbiologie versucht nun, die molekularen Mechanismen, die zur Evolution pathogener Erreger geführt haben, zu verstehen. Weiter analysiert sie die Rolle der Wirtsselektion und berücksichtigt auch Selektionsprozesse in der Umwelt. Dabei muß unterschieden werden zwischen Prozessen kurzfristiger Anpassung (Mikroevolution) und der langfristigen Entwicklung neuer Arten und Varianten (Makroevolution).

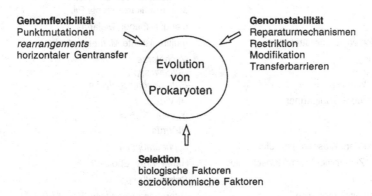

**14.1** Schematische Darstellung der Prozesse, die zur Evolution von Prokaryoten beitragen. (Verändert nach Arber, 1993.)

## 14.2 Neue Selektions-bedingungen, neue Pathogene

In den vergangenen beiden Jahrzehnten wurden etwa 30 neue Krankheitserreger beschrieben (siehe Kapitel 22). Es lassen sich drei Gruppen „neuer Pathogene" unterscheiden:

1. Bestimmte Mikroorganismen traten wahrscheinlich schon vor langer Zeit als Infektionserreger auf; aufgrund einer verbesserten diagnostischen Methodik sind sie jedoch erst seit kurzer Zeit nachweisbar (zum Beispiel *Helicobacter pylori, Chlamydia pneumoniae*).
2. Wegen neuer Selektionsbedingungen und größerer Erregervariabilität treten völlig neue Erreger wie das HI-Virus oder der Erreger der Legionärskrankheit, *Legionella pneumophila*, auf.
3. Es entwickeln sich neue Varianten von schon lange bekannten pathogenen Er-

regern wie enterohämorrhagische *E. coli*-Stämme (EHEC) oder *toxic shock syndrome toxin*-(TSST-)produzierende *Staphylococcus aureus*-Stämme.

Die mikroevolutiven Bedingungen, unter denen neue potentiell pathogene Varianten selektioniert werden, liegen vornehmlich im nichtbiologischen, sozioökonomischen Bereich. Einige dieser Faktoren, die bei der Herausbildung neuer pathogener Varianten und Arten eine essentielle Rolle spielen, sind in Tabelle 14.1 zusammengefaßt. Die Selektion neuer Pathogene kann durch unterschiedliche Gegebenheiten begünstigt werden:

- Durch den oftmals extensiven Gebrauch von Antibiotika werden ideale Selektionsbedingungen für neue antibiotikaresistente Krankheitserreger geschaffen. Als Beispiele seien methicillinresistente *S. aureus*-(MRSA-)Stämme, vancomycin-resistente Enterokokken oder multiresistente gramnegative Keime (*Salmonella* spp., *E. coli, Pseudomonas aeruginosa*) genannt (siehe auch Kapitel 19). Nicht

**Tabelle 14.1:** Selektion von Krankheitserregern, sozioökonomische Faktoren

| sozioökonomische Faktoren | Krankheitserreger (Beispiele) |
|---|---|
| Intensivmedizin, unkontrollierte Antibiotikagabe | methicillinresistente *S. aureus* (MRSA), vancomycinresistente Enterokokken (VRE), penicillinresistente *S. pneumoniae*, Vorkommen von *C. difficile*, antimycotikaresistente Pilze |
| Massentourismus | Dengue-Fieber, Malaria |
| Megastädte, schlechte Infrastruktur | multiresistente *M. tuberculosis* |
| Überbevölkerung, schlechte Hygiene, kontaminiertes Wasser | *V. cholerae*, *Shigella* spp., *Entamoeba histolytica* |
| häufig wechselnde Sexualpartner (Promiskuität) | HI-Virus, *N. gonorrhoeae* |
| Drogensucht | HI-Virus |
| technische Vektoren, Wasseraufbereitung | *L. pneumophila* |
| Änderungen im Zusammenleben Mensch–Tier | Hanta-Virus, Ebola-Virus |
| Massentierhaltung, | *Salmonella* spp. |
| neue Lebensmitteltechnologien | enterohämorrhagische *E. coli* (EHEC) |
| Wiederaufforstung, Veränderung von Insektenpopulationen | *B. burgdorferi*, FSME-Viren |

zuletzt kommt es nach Antibiotikakonsum auch verstärkt zum Wachstum von Vertretern intrinsisch resistenter Bakterienarten wie *Clostridium difficile*, dem Erreger der pseudomembranösen Colitis, oder von pathogenen Pilzen wie *Candida albicans*, die dann ebenfalls Infektionen auslösen können.

- Durch bestimmte sozioökonomische Entwicklungen wird die Übertragung (Transmission) von Krankheitserregern gefördert oder erst ermöglicht. Dies gilt unter anderem für die Übertragung von *Mycobacterium tuberculosis* von Mensch zu Mensch durch Aerosolbildung, etwa in überfüllten oder schlecht gewarteten Nahverkehrsmitteln. Durch häufig wechselnde Sexualkontakte kommt es zur Transmission von Gonokokken und HIV. Weiterhin führen Aufforstungen in Mitteleuropa zur Herausbildung neuer Arthropodenpopulationen, die wiederum die Transmission von pathogenen Bakterien wie *Borrelia burgdorferi* fördern können. Schlecht aufbereitetes Wasser in überbevölkerten Gebieten oder kontaminierte Nahrungsmittel führen zur Verbreitung von pathogenen Mikroorganismen (beispielsweise *Vibrio cholerae*, *Salmonella* spp., EHEC). Ein Beispiel für die Verbreitung von Erregern durch „technische Vektoren" ist die Übertragung von Legionellen durch sogenannte lufttechnische Anlagen wie Klimaanlagen oder Luftbefeuchter (siehe Abschnitt 21.6). Verstärkte Reisetätigkeit und Massentourismus bewirken ebenfalls eine Transmission von Infektionserregern, was unter anderem zum Auftreten von typischen Tropenkrankheiten (Malaria) in gemäßigten Zonen führt.

- Durch neue landwirtschaftliche Technologien und Änderungen der natürlichen Umwelt (Erwärmung) werden Bedingungen geschaffen, unter denen Krankheitserreger außerhalb des Wirtes besser überleben können. Hierbei spielt auch eine Rolle, daß Krankheitserreger in der Lage sind, in Ruhestadien (*viable but non culturable*, VBNC; *small colony*

*variants*, SCVs; siehe Kapitel 12) oder als Endosporen (zum Beispiel *Clostridium tetani*) längere Zeit außerhalb des Wirtes in der Umwelt zu überleben.

Die genannten gesellschaftlichen Faktoren stellen eine wichtige Komponente bei der kurzfristigen Evolution neuer pathogener Varianten dar. In den folgenden Abschnitten soll nunmehr vornehmlich auf die längerfristig wirkenden makroevolutiven Prozesse der Erregerseite eingegangen werden.

## 14.3 Das Klonkonzept

In der Ära der klassischen Mikrobiologie zum Ende des vergangenen Jahrhunderts herrschte die Meinung vor, daß Stämme bestimmter obligat pathogener Spezies wie *V. cholerae* oder *Yersinia pestis per se* pathogen seien. Dieses auf der taxonomischen Zuordnung der Isolate („taxonomischer Ansatz") beruhende Konzept hielt der Realität nicht stand, da auch bei solchen obligat pathogenen Mikroorganismen, noch mehr allerdings bei fakultativ pathogenen Mikroorganismen, die Virulenzleistungen einzelner Stämme und nicht die Artzugehörigkeit ihre Pathogenität determinieren. Diese Beobachtung und die Tatsache, daß die serologischen Eigenschaften unterschiedlicher Varianten einer Spezies, wie *E. coli*, sehr stark differieren können, führte dann in den siebziger Jahren zur Formulierung der Klonhypothese als einer neuen Konzeption mit dem Anspruch, die Evolution pathogener Mikroorganismen zutreffend beschreiben zu können.

Ein Klon wird als eine Gruppe von Mikroorganismen einer Art definiert, die von einem gemeinsamen Vorfahren abstammen, die ihre genetische Information vertikal, das heißt von Generation zu Generation, weitergeben und die identische oder sehr ähnliche Eigenschaften aufweisen.

Zusätzlich zur homogenen serologischen Beschaffenheit von Klonen (zum Beispiel gleiche O-, K-, H-Antigene bei *E. coli*) werden Muster der *multilocus enzyme electrophoresis* (MLEE), die sogenannten *electrophoretic types* (ETs) zur Charakterisierung eines Klons herangezogen. Mit Hilfe der MLEE-Methode werden bis zu 35 verschiedene Enzyme elektrophoretisch aufgetrennt, wobei sich Mutationen innerhalb der Strukturgene in veränderten Aminosäuresequenzen und letztlich in veränderten Laufeigenschaften der Enzyme äußern. Solche Enzymmuster, wie sie in Abbildung 14.2 dargestellt sind, stellen die Grundlage für Dendrogramme dar, die die Verwandtschaft verschiedener Stämme zueinander widerspiegeln. Gleiche oder nur wenig veränderte ET-Muster sind charakteristisch für einen Klon. Da Vertreter eines Klons in ganz unterschiedlichen geographischen Bereichen isoliert werden können, gehen die Vertreter des Klonkonzepts davon aus, daß sich in der Evolution besonders „erfolgreiche" Klone herausgebildet hätten, die sich in ihren Populationen durchsetzen können. Dabei lassen sich distinkte „Pathotypen" bestimmter Spezies definierten Klonen zuordnen. So bilden zum Beispiel spezifische *E. coli*-K1-Meningitis-Isolate oder *Neisseria meningitidis*-Kapseltyp B-Stämme distinkte Klone.

Mit der Etablierung leistungsfähigerer DNA-Sequenzierungstechniken und der Vervollkommnung der Pathogenitätsanalyse zeigte sich, daß die klassische Klonhypothese zwei Ereignisse von evolutionsbiologischer Relevanz unberücksichtigt läßt: Zum einen kommt es innerhalb bestimmter Gene häufig zu „neutralen" Mutationen, die die letzte Base eines Tripletts betreffen und phänotypisch nicht sichtbar werden. Zum anderen können sich auch gleiche oder ähnliche Klone im Hinblick auf Struktur und Expression einzelner Virulenzgene stark unterscheiden. Diese Unterschiede werden auf Rearrangements und intragenetische oder intergenetische Rekombination nach horizontalem Gen-

transfer zurückgeführt (vergleiche Abbildung 14.1). Scheinbar spielen diese genetischen Mechanismen für das auch im makroevolutiven Sinne „schnelle" Herausbilden neuer Pathotypen und damit für die Evolution pathogener mikrobieller Varianten eine weitaus größere Rolle als die Generation neuer Klone durch „langsame" Punktmutationen. Trotz dieser Einschränkungen stellt die Klonhypothese einen wichtigen Beitrag zur Etablierung einer evolutionären Infektionsbiologie dar.

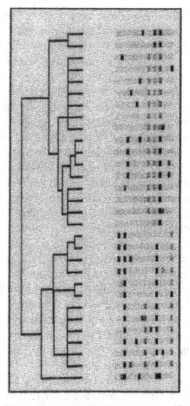

**14.2** Links: Genetischer Stammbaum (Dendrogramm) von Bakterienstämmen auf der Grundlage der MLEE-Analyse. Die genetische Verwandtschaft wird durch den Abstand der durch Linien symbolisierten Stämme angegeben. Rechts: Eine schematisierte MLEE-Analyse. (Aus Whittam, 1996.)

# 14.4 Punktmutationen, Rearrangements und „Quantensprünge der Evolution"

Zu den pathogenen Mikroorganismen zählen neben den Bakterien auch Viren, Pilze und Parasiten. In der Folge sollen vor allem die molekularen Prozesse betrachtet werden, die zur Evolution pathogener Prokaryoten beitragen. Für die Evolution der bakteriellen Pathogenität sind Veränderungen in drei Klassen von Genen bedeutsam:

1. Gene, deren Produkte zum Metabolismus und zur Struktur der Mikroorganismen beitragen (*housekeeping genes*),
2. Gene, deren Produkte im engeren Sinne Pathogenitätsfaktoren codieren und
3. Gene, deren Produkte zur Resistenz der Keime gegen Antibiotika beitragen.

Es gibt Beispiele, bei denen Gene zu zwei dieser Klassen gehören, wie Gene für äußere Membranproteine bei Enterobakterien, die Strukturproteine darstellen, aber gleichzeitig als Virulenzfaktoren wirken (siehe Abschnitt 7.4), oder DNA-Gyrase-Gene, deren Produkte für die DNA-Replikation essentiell sind und bei der Resistenz gegen Quinolone eine Rolle spielen (siehe Kapitel 19). Interessanterweise sind die evolutionsbiologischen Mechanismen, die zur Entwicklung neuer bakterieller Varianten führen können, bei allen drei Klassen von Genen ähnlich, wobei Parallelen besonders zwischen Virulenz- und Resistenzgenen gefunden werden.

Punktmutationen führten zu einer „langsamen" evolutiven Entwicklung. Mittlerweile liegen DNA-Sequenzdaten für einige Gruppen von Virulenzgenen vor, die bei verschiedenen pathogenen Stämmen oder Arten vorkommen, beispielsweise für die *eae*-Gene und die *stx*-Gene. *eae*-Gene codieren für Adhäsine von enteropathogenen und enterohämorrhagischen *E. coli*, *stx*-Gene für Shiga-Toxine verschiedener Enterobakterien oder P- und S-Adhäsingene (*pap*, *sfa*) von extraintestinalen *E. coli*. Aufgrund der Punktmutationen in den entsprechenden Genen lassen sich „Stammbäume" aufstellen, die die evolutive Distanz zwischen zwei Isolaten beschreiben können und die offensichtlich nicht immer identisch mit den Dendrogrammen sind, die aufgrund der ET-Muster erarbeitet werden (siehe Abbildung 14.2).

Neben Punktmutationen können auch Umlagerungen von Genen und Genclustern zu neuen Varianten von schon im Genom vorhandenen Genen führen, die unter Umständen einen Selektionsvorteil gegenüber den ursprünglichen Varianten aufweisen. Derartige Rearrangements können mit relativ hoher Frequenz insbesondere bei Arten mit natürlicher Kompetenz auftreten. So werden Rearrangements, wie für die *pil*-Gene von *Neisseria gonorrhoeae*, die für die Piliausbildung verantwortlich sind, mit Frequenzen von $10^{-2}$ bis $10^{-3}$ gefunden. Mit Hilfe derartiger Mechanismen können somit sehr effizient neue Varianten gebildet werden (siehe auch Kapitel 10). Diese Umlagerungen sind Ausdruck einer „intrinsischen Genomplastizität" (W. Arber), die vor allem bei pathogenen Bakterien konstatiert wird und die einen wichtigen bakteriellen Anpassungsprozeß während einer Infektion darstellt.

Beim Vergleich zwischen pathogenen Stämmen und apathogenen Varianten gleicher oder verwandter Arten zeigte sich nun, daß diese sich nicht vornehmlich durch Punktmutationen und Umlagerungen in schon vorhandenen Genen, sondern durch Präsenz beziehungsweise Nichtpräsenz ganzer Gencluster unterscheiden. Dies gilt auch für Unterschiede zwischen antibiotikasensitiven und -resistenten Varianten. Diese wichtigen Befunde führten zu dem Konzept, daß zur Evolution pathogener Mikroorganismen ganz wesentlich die Aufnahme fremder DNA beiträgt, was zu „Quantensprüngen der Evolution" (S. Falkow) führte und noch immer führt. Diese Quantensprünge, die Voraussetzung für eine „schnelle" evolutive Geschwindigkeit sind, gehen entscheidend auf horizontale Gentransferprozesse zurück.

# 14.5 Horizontaler Gentransfer

## 14.5.1 Transformation und Entstehung von Mosaikgenen

Der horizontale Gentransfer, das heißt der Austausch von genetischem Material zwischen Stämmen einer Art, aber auch zwischen Bakterien unterschiedlicher Spezies, Gattungen und Familien, stellt einen Schlüsselmechanismus der evolutionären Infektionsbiologie dar. Während viele Bakterien auf das Wirken von „Genfähren" wie Bakteriophagen oder Plasmiden angewiesen sind, um horizontalen Gentransfer zu realisieren, sind einige Arten in der Lage, fremde DNA via Transformation direkt aufzunehmen, da sie eine natürliche Kompetenz für DNA-Moleküle besitzen. Zu diesen pathogenen Organismen zählen *Streptococcus pneumoniae*, *Neisseria meningitidis*, *Neisseria gonorrhoeae*, *Haemophilus influenzae* und *Helicobacter pylori*. In Mikrokolonien dieser Organismen kann es zur Lyse von Bakterien, zur Freisetzung der DNA und zu ihrer Aufnahme durch vitale, neue Zellen kommen. Fremde DNA-Fragmente können dann über identische Sequenzbereiche durch homologe Rekombination in das Genom der entsprechenden Empfängerorganismen aufgenommen werden. So kommt es möglicherweise zur Entstehung von Mosaikgenen, die sich aus Bereichen des Empfängergenoms und aus DNA-Sequenzen der Spenderorganismen zusammensetzen. Mosaikgene können aus DNA-Fragmenten von Bakterien einer Art, aber auch aus Genbereichen von Stämmen unterschiedlicher Arten bestehen.

Beispiele für solche Mosaikgene sind die Pililoci (*pil*) von *N. gonorrhoeae*, die IgA-Protease-Gene (*iga*) unterschiedlicher *Neisseria*-, *Streptococcus*- und *Haemophilus*-Spezies oder die *opc*-Loci von *N. meningitidis*, die für C5 *outer membrane proteins* codieren. Während die Bildung von Mosaikgenen, die für Zellwandstrukturen codieren, die Entwicklung neuer serologischer Varianten zur Folge hat, die einen Selektionsvorteil bei der Auseinandersetzung mit dem Immunsystem darstellen können, vermitteln einige neue Penicillinbindeproteine (Pbp) eine Resistenz gegen Penicillinantibiotika. In Abbildung 14.3 sind Varianten verschiedener Penicillinbindeproteine von Pneumokokken dargestellt, die sich nach horizontalem Gentransfer gebildet haben und sich hinsichtlich ihrer Empfindlichkeit gegenüber dem Antibiotikum Penicillin diametral unterscheiden. Während die ursprünglich bei

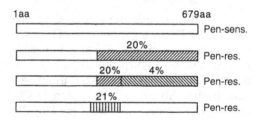

**14.3** Schematische Darstellung von Penicillinbindeproteinen (Pbp2b) bei *S. pneumoniae* nach Bildung von verschiedenen *pbp*2b-Mosaikgenen. Der obere Balken repräsentiert ein Penicillinbindeprotein, das Empfindlichkeit gegenüber Penicillin vermittelt, die unteren drei Balken repräsentieren Proteine, die Resistenz vermitteln. Die Pbp2bs stellen durch horizontalen Gentransfer und Bildung von Mosaikgenen entstandene Varianten dar, deren Aminosäuresequenzen (aa) sich von den Sequenzen der sensiblen Varianten unterscheiden. Die Prozentzahlen geben den Prozentsatz an unterschiedlichen Aminosäuren, verglichen mit dem *S. pneumoniae*-Protein an. Unterschiedliche Schraffur zeigt die Herkunft der pbp2b-Gene von unterschiedlichen Spezies an.

*S. pneumoniae* gefundene Pbp-Variante sensitiv gegenüber Penicillin war, treten nunmehr gehäuft Stämme auf, die eine Resistenz gegen dieses Antibiotikum vermitteln.

Die Aufnahme von Fremd-DNA und die Bildung von Mosaikgenen sind auch nach Transduktionsprozessen (siehe Abschnitt 14.5.2) oder nach Konjugation und anschließendem Hfr-Transfer, etwa bei Enterobakterien, möglich. Allerdings finden solche Prozesse seltener statt als Transformationsprozesse bei natürlich kompetenten Bakterien. Es wird darüber spekuliert, daß es sich bei einigen *rfb*-Loci von Enterobakterien und bei der O139-*rfb*-Variante von *V. cholerae,* die für Teile des Lipopolysaccharids (LPS) codieren, um durch horizontalen Gentransfer entstandene Mosaikgene handeln könnte.

## 14.5.2 Bakteriophagen und Transduktion

Bakteriophagen sind bei Prokaryoten ubiquitär verbreitet. Neben einem lytischen Zyklus können sie auch ins Genom ihrer Wirtszellen integrieren und so als temperente Prophagen in den Bakterienzellen verbleiben (Lysogenie). Zum horizontalen Gentransfer und zur Generation neuer pathogener Varianten können Phagen über zwei Mechanismen beitragen: Zum einen sind sie in der Lage, bei einer Excision aus dem Chromosom benachbarte Gene „mitaufzunehmen" und dann auf andere Bakterien zu übertragen (Transduktion). Die Bildung mancher Mosaikgene mag so zu erklären sein. Zum anderen tragen bestimmte Bakteriophagen in ihrem Genom Gene, die für Virulenzfaktoren, vornehmlich für Toxine, codieren. Wie auch aus Tabelle A.16 im Anhang hervorgeht, codieren Bakteriophagen für eine Reihe der potentesten Toxine, unter anderem für das Diphtherietoxin, das Choleratoxin, das Shiga-Toxin und das Botulinumtoxin oder die Superantigene von *S. aureus* und *S. pyogenes.*

Für die Integration in das Genom benutzen Phagen spezielle *attachment sites,* die häufig in tRNA-Genen oder Loci für kleine regulatorische RNAs lokalisiert sind. Da die codierten RNAs eine Rolle bei der Regulation anderer Virulenzgene spielen können, sind zusätzliche Effekte auf die Pathogenität durch Phagenintegration und Excision nicht ausgeschlossen. Für den Choleratoxin-(Ctx-)konvertierenden Phagen wurde weiter gezeigt, daß seine Übertragungsfrequenz im Darm von Versuchstieren weitaus höher ist als unter Laborbedingungen. Diese Daten sprechen für einen bedeutenden Beitrag von bakteriophagenvermitteltem Gentransfer bei der Evolution pathogener Varianten *in vivo.*

## 14.5.3 Plasmide und Transposons

Entscheidend beteiligt am horizontalen Gentransfer und damit an der Evolution pathogener Mikroorganismen sind Plasmide, die als extrachromosomale, selbstreplizierende genetische Elemente definiert sind. Größere Plasmide können mittels Konjugation zwischen Stämmen gleicher und unterschiedlicher Arten übertragen werden. Ähnlich wie Bakteriophagen können Plasmide nach Excision und Hfr-(*high frequency of recombination-*)Transfer ins Chromosom integrieren und dabei Donorgene transferieren. Darüber hinaus sind viele Plasmide *per se* Träger unterschiedlicher Virulenz- und Resistenzgene. Eine Zusammenstellung wichtiger, von Plasmiden codierten Gene pathogener Bakterien ist in Tabelle A.17 im Anhang gegeben.

Größere Plasmide sind modular aufgebaut, das heißt, sie tragen neben den für Replikation und Transfer essentiellen Genen und den Virulenz- beziehungsweise Resistenzloci vielfach Insertions-(IS-)Sequenzen und Transposons (Tn). In Abbildung 14.4 sind einige dieser genetischen Elemente dargestellt, die in der Lage sind, innerhalb des Genoms ihre Lage zu verändern (zu transponieren), und die dabei entscheidend zur genetischen Flexibilität von

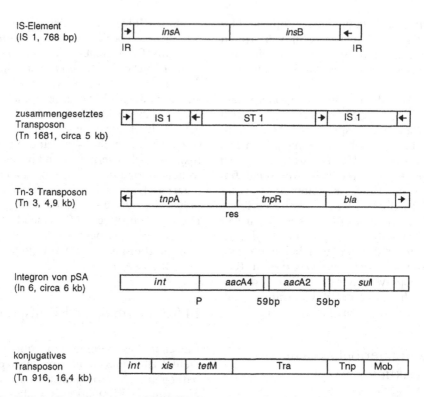

**14.4** Symbolische Darstellung von mobilen DNA-Elementen. In Klammern stehen die exakte Bezeichnung der Elemente und ihre Größe in Basenpaaren (bp) oder Kilobasen (kb). Die Boxen symbolisieren Genabschnitte. Die Pfeile symbolisieren DNA-*repeat*-Bereiche. IR = *inverted repeat*, *ins*A, B = Transposasegen, ST1 = hitzestabiles Enterotoxin I, *tnp*A = Transposasegen, *tnp*R = Resolvasegen, *aac*A2 = Aminoglykosidacetyltransferasegen, res = *resolution site*, *int* = Integrasegen, *xis* = Excisasegen, *tet*M = Gen für Tetracyklinresistenz, Tra = Transferregion, Tnp = Region für Transposition, Mob = Mobilisierungsregion.

Bakterien beitragen. Während IS-Elemente relativ einfach aufgebaut sind und in der Regel nur für ein Enzym, eine Transposase, codieren, das essentiell für die Transponierung ist, bestehen die komplexer aufgebauten Transposons aus distinkten Strukturgenen, die von IS-Elementen flankiert werden. Häufig sind Resistenzgene (unter anderem das *cat*-Gen auf dem Transposon Tn9, das *tet*-Gen auf Tn10 oder das *kan*-Gen auf Tn5) auf Transposons lokalisiert. Virulenzgene wie das Gen für das STI-Enterotoxin von *E. coli* können ebenfalls auf zusammengesetzten Transposons vorkommen. Auch das Aerobaktingen (*aer*) von *E. coli* wird von zwei IS1-Elementen flankiert, was für seine genetische Flexibilität

spricht; allerdings wurde bisher noch keine Transposition eines „*aer*-Transposons" beschrieben.

Eine Sonderform von Transposons sind die Integrons, bei denen es sich um Strukturen handelt, die aus Genkassetten zusammengesetzt sind und mehrere Resistenzgene, ein Integrasegen und eine Region für die Rekombination, umfassen. Bei dem *Salmonella typhimurium*-Klon DT104 wurde eine Resistenz-Integron-Struktur sogar auf dem Chromosom beschrieben. Integrons von *V. cholerae* tragen neben Resistenzgenen auch Gene, die für Virulenzfaktoren codieren. Dies zeigt, daß die Evolution von Resistenz- und Virulenzvarianten pathogener Bakterien auf ähnliche Mechanismen zurückzuführen ist.

Konjugative Transposons wiederum sind noch komplexere genetische Elemente als Integrons, die auch für Resistenzfunktionen codieren und neben ihrer Transposition außerdem ihren konjugativen Transfer determinieren können.

### 14.5.4 Pathogenitätsinseln und *genomic islands*

Ausgehend von den durch Plasmide oder Bakteriophagen initiierten Transfer- und Rekombinationsprozessen haben sich in den Genomen vieler pathogener Bakterien Strukturen gebildet, die als Pathogenitätsinseln (PAIs) bezeichnet werden. Meist sind Pathogenitätsinseln im Chromosom der Bakterien lokalisiert. PAIs wurden zunächst bei uropathogenen *E. coli*-Stämmen entdeckt. Mittlerweile sind derartige Strukturen aber für viele andere gramnegative (zum Beispiel *Salmonella* spp., *H. pylori*) und grampositive (*Listeria* spp., *C. difficile, S. aureus*) pathogene Bakterien beschrieben. Eine Zusammenstellung der wichtigsten Pathogenitätsinseln ist in Tabelle A.18 im Anhang gegeben.

Das Vorkommen von Pathogenitätsinseln spiegelt eindrucksvoll die Tatsache wider, daß die Evolution der Pathogenität in „Quantensprüngen" vonstatten geht. Wie aus Tabelle 14.2 hervorgeht, stellen PAIs distinkte DNA-Elemente dar, die in pathogenen Stämmen bestimmter Spezies vorkommen, in verwandten apathogenen Varianten dagegen nicht. Sie codieren für Virulenzfaktoren (Adhäsine, Toxine, Invasine oder Eisenaufnahmesysteme) und/ oder Regulatorproteine. Die Vorstellung, daß PAIs oder ihre Vorgängerstrukturen (Plasmide, Phagen) mittels horizontalem Gentransfer übertragen wurden, wird durch die Tatsachen gestützt, daß sie meist einen zum Restgenom unterschiedlichen G+C-Gehalt aufweisen, daß sie häufig intakte oder kryptische Mobilitätsgene (IS-Elemente, Replikationsorigins von Plasmiden, Phagenintegraseloci) tragen und daß PAI-Strukturen vielfach in tRNA-

**Tabelle 14.2:** Eigenschaften von Pathogenitätsinseln (PAIs)

- Vorkommen in pathogenen Stämmen, fehlen in nichtpathogenen Stämmen derselben Art oder einer verwandten Art
- große genomische DNA-Fragmente, meist im Chromosom
- Vorkommen (oft mehrerer) Virulenzgene
- G+C-Gehalt und *codon usage* unterschiedlich zum Restgenom
- stellen distinkte genetische Elemente dar, oft flankiert von *direct repeats* (DRs)
- sind mit tRNAs und (oft kryptischen) *mobility*-Genen (IS-Elementen, Integrasen, Transposasen) assoziiert
- Instabilität

Gene inseriert sind. tRNA-Loci sind auch bevorzugte Insertionsorte für Bakteriophagen.

Weiterhin ist bekannt, daß PAIs oftmals deletieren – eine Eigenschaft, die möglicherweise spezielle Adaptationsmechanismen während einer Infektion begründet. Ein Modell für die Entstehung und Struktur von PAIs ist in Abbildung 14.5 dargestellt. Das Modell geht von der Hypothese aus, daß sich PAIs aus ehemaligen Plasmid- und Bakteriophagensequenzen zusammensetzen und daß derartige Strukturen nach ihrer Integration ins Chromosom einer abermaligen Veränderung durch Punktmutationen und Umlagerungen unterliegen, die letztlich zur relativ stabilen chromosomalen Inkorporation dieser Elemente führen. Damit stellen PAIs Schlüsselstrukturen für die Erklärungsmuster einer evolutionären Infektionsbiologie dar.

Die zunehmende Menge an DNA-Sequenzdaten (siehe Kapitel 17) zeigt jedoch, daß es sich bei Pathogenitätsinseln um DNA-Fragmente handelt, die in strukturell ähnlicher Art auch im Genom vieler nichtpathogener Organismen vorkommen. Hier werden sie *genomic islands* (Genominseln") genannt, wobei sie für verschiedene Funktionen wie metabolische Leistungen, Sekretionssysteme, Symbiosefak-

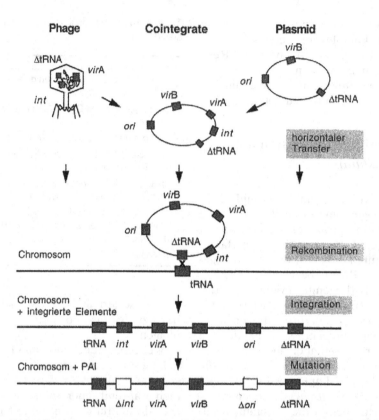

**14.5** Schematische Darstellung des horizontalen Gentransfers und der Bildung von Pathogenitätsinseln (PAIs). Genome von Bakteriophagen und Plasmiden bilden Cointegrate und können nach horizontalem Gentransfer und anschließender Rekombination in Chromosomen der Rezipienten integrieren. Durch Mutationen und/oder Deletionen können so die Grundlagen für die Bildung von PAIs gelegt werden. *vir* = Virulenzgen, *ori* = *origin of replication*, *int* = Integrasegen, tRNA = Gen für tRNA-Synthese.

toren oder Resistenzen codieren können. Viele dieser Genominseln tragen allgemein zur Fitneß der Mikroben bei (*fitness islands*). Unter bestimmten Selektionsbedingungen, die unabhängig von pathogenetischen Prozessen ablaufen können, werden diese Inseln dann einen Vorteil bringen und so evolutionsbiologische Bedeutung erlangen. Ein Ziel der evolutionären Infektionsbiologie sollte es sein, die Prozesse zu definieren, die zur Herausbildung unterschiedlicher Genominseln führen.

## 14.6 Genomplastizität *versus* genetische Stabilität

Wie Abbildung 14.1 zeigt, konkurrieren bei der Evolution der Prokaryoten Mechanismen, die die genetische Flexibilität der Organismen erhöhen, mit Prozessen, die zur Stabilität des genetischen Materials beitragen. Zu diesen Stabilitätsmechanismen, die die „genetische Integrität" der Organismen gewährleisten, zählen:

- DNA-Reparaturprozesse, die Fehler der Replikation, aber auch spontan auftretende oder induzierte Mutationen korrigieren;
- Restriktions- und Modifikationssysteme, die das eigene Genom schützen und fremde DNA abbauen;
- Mechanismen, die „genetische Barrieren" begründen und Gentransfer minimieren. Hierzu zählen physikalische Barrieren (zum Beispiel die Zellwand), die das Wirtsspektrum der „Genfähren" (Bakteriophagen und Plasmide) einschränken. Ferner hat eine Beschränkung effizienter Rekombinationsprozesse auf homologe Bereiche des Genoms (homologe Rekombination) die ineffiziente Rekombination zwischen heterogenen DNA-Fragmenten (illegitime Rekombination) zur Folge.

„Erfolgreiche" Evolutionsprozesse, die zur schnellen Entstehung von neuen bakteriellen Pathotypen führen, benötigen jedoch neue bakterielle Varianten, die die Chance haben müssen, sich unter ändernden Selektionsbedingungen durchzusetzen. Im Zuge der mikrobiellen Evolution stehen sich also genetische Stabilität auf der einen und Genomflexibilität auf der anderen Seite gegenüber.

Wie in Abschnitt 14.2 dargelegt, sind gerade pathogene Mikroorganismen einem starken Selektionsdruck unterworfen. Es gibt nun Belege dafür, daß diese pathogenen Mikroorganismen über ein besonders hohes Maß an genetischer Flexibilität verfügen. Dies ist auf mehrere Ursachen zurückzuführen: Zum einen kommen bei pathogenen Bakterien, wie für Vertreter der *Enterobacteriaceae* gezeigt wurde, gehäuft Mutatormutanten vor, das heißt Varianten, die DNA-Reparaturvorgänge nur unzureichend auszuführen vermögen und den DNA-Transfer begünstigen. Weiterhin gibt es Belege dafür, daß das Wirtsspektrum von bestimmten Plasmiden (*large host range plasmids*) und Bakteriophagen relativ breit ist, so daß Gene auch zwischen nichtverwandten Gruppen von Bak-

terien transferiert werden können. Weiterhin verfügen gerade pathogene Bakterien über eine große Anzahl von IS-Elementen und Transposons. Virulenzgene und vor allem Resistenzgene sind sogar häufig Bestandteile dieser genetischen Elemente. Transposible Elemente stehen auch als Targets für die Integration von fremder DNA zur Verfügung. tRNA-Gene wirken ebenfalls als solche Landmarken bei der Aufnahme fremder DNA (Abbildung 14.5). PAIs verfügen vielfach über Gene, die Sequenzen von IS-Elementen, Transposons oder Bakteriophagen tragen und die die hohe Dichte dieser genetischen Elemente bei pathogenen Bakterien belegen. Auch die Tatasche, daß PAIs relativ häufig deletieren können, wobei *direct repeats* (DRS) für die innerchromosomale Rekombination genutzt werden, ist Ausdruck der genomischen Plastizität pathogener Mikroorganismen. Möglicherweise stellen diese Deletionen, die für pathogene *E. coli*, *Yersinia* spp., *Helicobacter* spp. und andere Pathogene beschrieben sind, aber auch zusätzliche Adaptationsmechanismen dar. Alle diese Mechanismen tragen dazu bei, dem hohen Selektionsdruck zu begegnen, der letztlich eine treibende Kraft bei der Evolution neuer pathogener Mikroorganismen darstellt.

## 14.7 Literatur

Arber, W. *Evolution of Prokaryotic Genomes.* In: *Gene* 135 (1993) S. 49–56.

Briggs, C. E.; Fratamico, P. M. *Molecular Characterization of an Antibiotic Resistance Gene Cluster of Salmonella typhimurium DT 104.* In: *Antimicrob. Agent Chemotherap.* 43 (1999) S. 846–849.

Falkow, S. *The Evolution of Pathogenicity in Escherichia coli, Shigella and Salmonella.* In: *Escherichia coli and Salmonella: Cellular and Molecular Biology.* Washington, D. C. (ASM Press) 1996. S. 2723–2729.

Hacker, J.; Blum-Oehler, G.; Mühldorfer, I.; Tschäpe, H. *Pathogenicity Islands of Virulent*

*Bacteria: Structure, Function and Impact on Microbiol Evolution.* In: *Molec. Microbiol.* 23 (1997) S. 1089-1097.

Hendrix, R. W.; Smith, M. C. M.; Burns, R. N.; Ford, M. E.; Hatfull, G. F. *Evolutionary Relationships Among Diverse Bacteriophages and Prophages: All the World's a Phage.* In: *Proc. Natl. Acad. Sci. USA* (1999) S. 2192–2197.

Kaper, J.; Hacker J. (Hrsg.) *Pathogenicity Islands and Other Mobile Virulence Elements.* Washington, D. C. (ASM Press) 1999.

LeClerc, J. E.; Li, B.; Payne, W. L.; Cebula T. A. *High Mutation Frequencies Among Escherichia coli and Salmonella Pathogens.* In: *Sciences* 274 (1996) S. 1208–1211.

Lederberg, J. *Emerging Infections: An Evolutionary Perspective.* In: *Emerg. Infect. Dis.* 4 (1998) S. 366–371.

Whittam, T. S. *Genetic Variation and Evolutionary Processes in Natural Populations of Escherichia coli.* In: *Escherichia coli and Salmonella: Cellular and Molecular Biology.* Washington, D. C. (ASM Press) 1996. S. 2708–2720.

# 15. Zelluläre Mikrobiologie

T. Ölschläger und J. Heesemann

Das Zusammenleben von Mikroorganismen mit höheren vielzelligen Lebewesen hat zu einer coevolutionären Anpassung geführt, die sich insbesondere bei invasiven Erregern in der wechselseitigen Erkennung, Kontaktaufnahme und Modulation von zellulären Regelmechanismen manifestiert. Die wirtsseitigen Mechanismen wurden bereits in Kapitel 3 besprochen. Die mikrobiellen Komponenten, die zelluläre Prozesse modulieren beziehungsweise steuern, werden seit einigen Jahren intensiv untersucht. Dieses Forschungsgebiet wird als zelluläre Mikrobiologie bezeichnet und befaßt sich mit mikrobiellen Komponenten, die auf Signaltransduktionsprozesse, Genregulation, Cytoskelettumlagerungen und intrazellulär vesikuläre Transportprozesse der Wirtszellen wirken. Da viele dieser mikrobiellen Komponenten Funktionen wirtseigener Komponenten simulieren, besteht der Verdacht, daß sie eukaryotischen Ursprungs sind. Ein überraschendes Ergebnis der zellulärmikrobiologischen Forschung ist, daß sich diese mikrobiellen modulierenden Komponenten als besondere Werkzeuge zur Analyse von zellulären Prozessen nutzen lassen. In den folgenden Abschnitten werden diese Prozesse unter Berücksichtigung von exemplarischen mikrobiellen Pathogenitätsfaktoren dargestellt.

## 15.1 Anatomie der eukaryotischen Zelle

Die Zellen der Eukaryoten unterscheiden sich von jenen der Prokaryoten in mehrfacher Hinsicht. Das wichtigste Unterscheidungsmerkmal ist die Präsenz eines Zellkerns in den eukaryotischen Zellen, welcher das Erbmaterial in Form der DNA enthält. Daneben enthalten die eukaryotischen Zellen weitere sogenannte Organellen, die wie der Zellkern von einer Doppelmembran umgeben sind. Hierbei handelt es sich um die Mitochondrien und bei pflanzlichen Zellen zusätzlich um die Chloroplasten. Nach der Endosymbiontentheorie sind diese Organellen aus Prokaryoten hervorgegangen, die von den Vorläufern der heutigen Eukaryoten vor über 500 Millionen Jahren aufgenommen wurden. Als wichtige Organellen, die nur von einer einfachen Membran umgeben sind, müssen das endoplasmatische Reticulum (ER), der Golgi-Komplex und eine Vielzahl unterschiedlicher Vesikel genannt werden.

Die eukaryotischen Zellen besitzen zudem ein Cytoskelett, das bei allen eukaryotischen Zellen aus Aktinfilamenten und Mikrotubuli aufgebaut ist. Die Mikrofilamente bestehen aus globulären Aktinmolekülen, die zu 5–7 nm dicken fädigen Strukturen zusammengelagert sind. Die Mikrotubuli dagegen bestehen aus zwei globulären Proteinarten, dem $\alpha$- und dem $\beta$-Tubulin. Die Untereinheiten $\alpha$- und $\beta$-Tubulin liegen als Dimere im Cytosol vor und lagern sich zu hohlzylinderförmigen Filamenten zusammen, die einen Durchmesser von 24 nm mit 5 nm Wandstärke aufweisen. Beide Cytoskelettkomponenten sind dynamische Strukturen, die einem ständigen Auf- und Abbau unterliegen.

Das Cytoskelett enthält zudem noch eine dritte, weniger dynamische Komponente: die Intermediärfilamente. Diese sind im Gegensatz zu den Mikrofilamenten und Mikrotubuli je nach Zellart aus unterschiedlichen, zylindrischen Proteinuntereinheiten aufgebaut. Beispiele für intermediäre Filamente sind die Cytokeratinfilamente der Epithelzellen, die Desminfilamente der Muskelzellen sowie die Glia- und Neurofilamente der Gliazellen beziehungsweise der Neuronen und die Vimentinfilamente der Bindegewebs- und Stützzellen. Die Hauptfunktion der Intermediärfilamente besteht vermutlich darin, mechanische Kräfte, die auf die Zelle wirken, aufzufangen, das heißt eine Gerüstfunktion auszuüben. Mikrotubuli und Mikrofilamente sind vor allem mitverantwortlich für mechanische Eigenschaften der Zelle und für ihre Gestalt. Mikrotubuli jedoch sind auch essentiell für die geordnete Verteilung der Chromosomenpaare auf die Tochterzellen vor der eigentlichen Zellteilung. Sie fungieren außerdem als Leitstrukturen für den intra- und transzellulären Vesikeltransport mittels molekularer Motoren und bilden zusammen mit Dynein die wichtigste Komponente in Cilien von Flimmerepithel oder in Geißeln von Spermien. Aktinfilamente sind ebenfalls für die mechanische Stabilität einer Zelle mitverantwortlich. Bei Epithelzellen sind sie mit lateralen Kontaktstellen zu Nachbarzellen (Desmosomen) und mit basalen Kontaktstellen (Hemidesmosomen, fokalen Adhäsionskomplexen), zur Basalmembran beziehungsweise extrazellulären Matrix verbunden (siehe Abbildung 15.1). Aktinfilamente sind aber auch für die Ausbildung statischer sowie dynamischer Zellausstülpungen mitverantwortlich. So bilden sie das Cytoskelett der Mikrovilli auf resorptiven Epithelien und die Pseudopodien von Phagocyten.

Die Begrenzung der Zelle nach außen bildet die Cytoplasmamembran. Sie besteht nicht nur aus einer Lipiddoppelschicht, sondern enthält zudem viele integrale und an der Zelloberfläche verankerte Glykoproteine. Proteine der Cytoplasmamembran sind unter anderem verantwortlich für die Verankerung der Zellen in der extrazellulären Matrix, der Verbindung zu Nachbarzellen, den Stofftransport über die Membran hinweg und die interzelluläre Kommunikation (Rezeptoren für Botenstoffe). Wichtig im Zusammenhang mit der Infektionsbiologie ist die Tatsache, daß Membranproteine wie auch Lipidkomponenten der Cytoplasmamembran als Rezeptoren für Mikroorganismen oder Toxine dienen können. An diese Rezeptoren können mikrobielle Komponenten oder ganze Mikroorganismen adhärieren und Signale induzieren, die zur Internalisierung der Liganden führen beziehungsweise erregergünstige Zellaktivitäten induzieren.

## 15.2 Aufbau der Epithelgewebe des Wirtes

Epithelien sind flächenhafte Zellverbände, die die Oberfläche des Körpers (Oberhaut/Epidermis mit Hornschicht, *Stratum granulosum* und *Stratum basale*), die Innenauskleidung von Respirations- und Gastrointestinaltrakt (einschichtiges Epithel), von Harnblase und Rachenhöhle (mehrschichtiges Epithel) sowie der Blut- und Lymphgefäße (Endothel) bedecken. Unabhängig vom Zelltyp sind alle Epithelzellen durch sogenannte *tight junctions* lateral miteinander verbunden (vertikale Diffusionsbarriere) und basal fest auf einer extrazellulären Matrix (ECM) über fokale Kontakte verankert (Abbildung 15.1). Die Epithelien dienen nicht nur als eine Abgrenzungsschicht zur Aufrechterhaltung von Kompartimenten, sondern

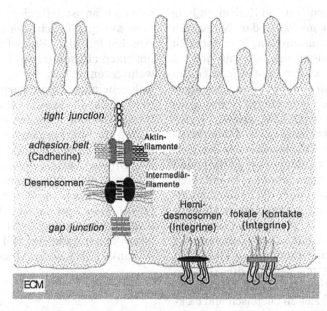

**15.1** Darstellung der Verbindungen von Epithelzellen untereinander sowie zur extrazellulären Matrix (ECM). Die Epithelzellen sind miteinander durch *tight junctions* verbunden. Kräfte, die die Zellen voneinander trennen könnten, werden durch den *adhesion belt* und die Desmosomen und die darüber verbundenen Cytoskelettkomponenten wie Aktinfilamente beziehungsweise Intermediärfilamente aufgefangen. Die Kontaktstellen zur Basalmembran sind durch Hemidesmosomen, verbunden mit den Intermediärfilamenten und über fokale Kontakte, verbunden mit Aktinfilamenten, dargestellt. Bei den transmembranen Rezeptoren in diesen beiden Strukturen handelt es sich vorwiegend um Integrine.

erfüllen auch Aufgaben für gewünschten Stofftransport.

Das Epithel im Verdauungstrakt nimmt Wasser und Nährstoffe auf und leitet sie an das darunterliegende Gewebe weiter. Die Aufnahme aus dem Darmlumen geschieht mittels spezifischer, nur im apikalen (oberen) Teil des Darmepithels (Bürstensaumzellen/Enterocyten) vorhandener transmembraner Transportproteine (zum Beispiel Glucosepumpe). Auf dem basolateralen (unteren) Teil der Cytoplasmamembran sind Proteine für gerichteten Stofftransport vorhanden. Die spezifische Trennung der jeweiligen Transportsysteme im apikalen beziehungsweise basolateralen Teil der Zelle wird durch die *tight junctions* aufrechterhalten. Diese mechanisch stabile und dichte Verbindung ist aus Transmembranproteinen aufgebaut, die direkt an jene der Nachbarzellen binden.

Transmembrane Glykoproteine, wie die E-Cadherine, bilden unterhalb der *tight junctions* einen Gürtel aus punktförmigen *adherence junctions* (*adhesion belt*). Dieser *adhesion belt* stellt allerdings keine Diffusionsbarriere dar. Die *adherence junctions* sind vielmehr dadurch gekennzeichnet, daß sie intrazellulär über spezifische Bindeproteine mit den Aktinfilamenten verbunden sind (siehe Abbildung 15.1).

Im Gegensatz dazu sind die ebenfalls punktförmigen, als Desmosomen bezeichneten Zellverbindungen mit den intermediären Filamenten verknüpft. Die intermediären Filamente der Epithelzellen sind Keratinfilamente, die über Proteine (Desmoplakine) auf der cytoplasmatischen Seite der Cytoplasmamembran mit den Transmembranproteinen Desmogleine in Verbindung stehen. Über die extrazellulären Domänen der Desmoplakine verbinden die Desmosomen benachbarte Zellen.

Einen weiteren Typ von Zellverbindung stellen die *gap junctions* dar. Sie setzen sich aus einer Ansammlung von Kanälen (Connexons) zusammen, die aus jeweils zwei Hälften bestehen, wobei jede Hälfte die Cytoplasmamembran einer Nachbarzelle überbrückt. Jede Hälfte ist aus sechs Molekülen eines 30 kDa großen Transmembranproteins aufgebaut. Bemerkenswert ist, daß diese Connexons von den Zellen reguliert, das heißt gezielt geöffnet und geschlossen, werden können. Somit können die Zellen den über die Connexons erfolgenden Austausch von kleinen Molekülen kontrollieren. Der von den Connexons gebildete Kanal hat einen Durchmesser von 1,5–2 nm und erlaubt den Durchtritt von Molekülen mit einem Molekulargewicht von bis zu 1 500 Dalton. Durch die Connexons sind Zellen chemisch und elektrisch gekoppelt. Sie spielen daher eine wichtige Rolle bei der koordinierten Aktivität von Zellverbänden.

Alle Epithelzellen sind auf der darunterliegenden Basalmembran spezifisch verankert. Die Basalmembran ist eine spezielle Form der extrazellulären Matrix, die aus folgenden Komponenten besteht:

* Typ-IV-Kollagen,
* Proteoglykanen,
* Fibronectin,
* Laminin,
* Entaktin.

Die Verankerung der Zelle auf der Basalmembran erfolgt über Integrine, die als Hemidesmosomen oder fokale Adhäsionen organisiert sind. In Hemidesmosomen sind $\alpha_6\beta_4$-Integrine mit intermediären Filamenten und in fokalen Adhäsionen Integrine mit Aktinfilamenten über Talin und Vinculin verbunden.

Das Endothel besteht aus stark abgeflachten Zellen, die insbesondere im arteriellen Schenkel der Gefäße über *tight junctions* dicht miteinander verbunden sind. Jedoch ist das Endothel der venösen Blutkapillaren im Bereich der Organe nicht mehr über *tight junctions* geschlossen, sondern gefenstert, das heißt, die Basalmembran ist teilweise vom Kapillarlumen aus zugänglich. Dies ist in solchen Abschnitten der Blutgefäße notwendig, um einen effizienten Stoffaustausch zu gewährleisten. Hier bildet das Endothel wahrscheinlich keine Barriere für Bakterien. Auch die jenseits der endothelialen Basalmembran lokalisierten Pericyten sollten für Mikroorganismen kein Hindernis bilden, da sie ebenfalls im Bereich der die Organe versorgenden Blutkapillaren gefenstert sind. Eine Ausnahme bilden die Mikrokapillaren im Zentralnervensystem (ZNS). Hier sind die Endothelzellen über *tight junctions* miteinander verbunden und bilden einen wichtigen Teil der Blut-Hirn-Schranke (BHS, siehe Abschnitt 2.7).

## 15.3 Prinzipien der Signaltransduktion

Ähnlich wie Bakterien sind auch eukaryotische Zellen in der Lage, mit ihrer Umwelt zu kommunizieren und zu reagieren. Sie können extrazelluläre Signalstoffe (Stimuli) über spezifische membranständige Rezeptoren registrieren (Rezeptor-Liganden-Reaktion) und dann in rezeptorspezifische Reaktionsprogramme umsetzen, die zur Aktivierung von Transkriptionsfaktoren und Umlagerungen des Cytoskeletts führen (Abbildung 15.2).

Als Rezeptorliganden können kleine Peptide wie Wachstumsfaktoren (zum Beispiel *epidermal growth factor*, EGF; *platelet derived growth factor*, PDGF) Peptidhormone (zum Beispiel Insulin), Cytokine, extrazelluläre Matrixproteine, zellassoziierte Liganden von benachbarten Zellen (zum Beispiel T-Zell-Rezeptor-MHC-Komplex) und mikrobielle Komponenten (LPS, FMP, Adhäsine, Invasine) fungieren.

Die Rezeptoren lassen sich aufgrund ihrer Struktur und ihres initiierten Reaktionsprogramms verschiedenen Gruppen zuordnen. Die G-Protein-gekoppelten Re-

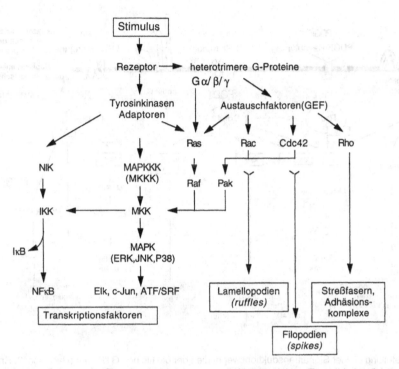

**15.2** Vereinfachtes Schema der Signaltransduktionswege mit Aktivierung von Transkriptionsfaktoren und Cytoskelettumlagerungen. NIK = NFκB-induzierende Kinase; IKK = IκB-Kinase; NFκB = nuclearer Faktor κB; MAPKKK = mitogenaktivierte Kinasekinasekinase; ERK = extrazelluläre signalregulierte Kinase; Ras = GTP-bindendes Protein; Raf = Ras-aktivierte Serin/Threoninkinase (MKKK); Pak = p21-aktivierte Kinase; IκB = Inhibitor von κB.

zeptoren haben einen ligandenspezifischen extrazellulären N-Terminus, sieben helikale Membrandomänen und eine cytoplasmatische Domäne für die Signalübertragung. Die Interaktion mit dem Liganden (zum Beispiel Chemokinen, Chemotaxinen und Bradykinin) führt zur Aktivierung des mit der cytoplasmatischen Rezeptordomäne assoziierten heterotrimeren G-Proteins (Gαβγ). Die Gα-Untereinheit wird durch Austausch von GDP (Guanosindiphosphat) gegen GTP (Guanoosintriphosphat) aktiviert. Es gibt über 16 verschiedene Gα-Untereinheiten mit unterschiedlichen Bindungspartnern und Effektorfunktionen wie zum Beispiel Stimulierung (Gs) oder Inhibierung (Gi) von Adenylcyclase, Aktivierung von GDP/GTP *exchange factors* (GEFs) und andere (Abbildung 15.3).

Bei einer zweiten Gruppe von Rezeptoren führt die Ligandeninteraktion zur Rezeptordimerisierung und zur Aktivierung einer Proteintyrosinkinaseaktivität der cytoplasmatischen Domäne. Durch Autotyrosinphosphorylierung entstehen dann SH2-Bindungsmotive (Src-Homolog), die cytoplasmatische Tyrosinkinasen zum Beispiel der Src–Familie oder Phospholipasen (zum Beispiel PLC-γ) rekrutieren. Diese Rezeptoren werden deshalb als Rezeptortyrosinkinasen (RTKs) bezeichnet. Typische Liganden sind Wachstumsfaktoren (EGF, PDGF, Insulin).

Eine andere Gruppe von Rezeptoren besitzt keine eigene Tyrosinkinaseaktivität wie die RTKs, sondern bindet an der cytoplasmatischen Domäne nach Ligandeninteraktion (Rezeptordimerisierung) sogenannte Nicht-Rezeptor-Proteintyrosin-

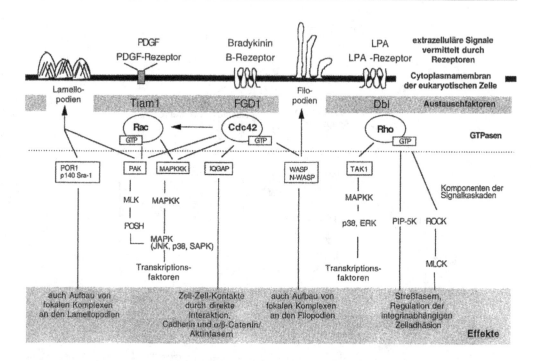

**15.3** Darstellung einiger Signaltransduktionswege, die über die kleinen GTPasen (Rac, Cdc42, Rho) gesteuert werden. Die Aktivierung dieser kleinen GTPasen kann durch extrazelluläre Signale via verschiedener transmembraner Rezeptorproteine (siehe Abbildung) oder durch Stimulierung mittels bakterieller Proteine (siehe Text) erfolgen. LPA = lysophosphatidic *acid*; PDGF = *platelet-derived growth factor*, p140Sra-1 = 140 KDa-*specifically* Rac1-*associated protein*; POR1= *partner of* RAC; PAK = p21-*activated kinase*; MAPKKK = nitrogenaktivierte Kinasekinasekinase; IQGAP = IQ-related GTPAse activating protein (IQ-Domäne); WASP = Wiskott-Aldrich *syndrome protein*; TAK1 = *transforming growth factor beta activated kinase* 1; MLK = *mixed lineage kinase*; MAPKK = mitogenaktivierte Kinasekinase; POSH = *plenty of* SH3 *domains*; JNK = C-JunNH2-terminale Kinase; SAPK = *stress activated protein kinase*; ERK6 = extrazellulär regulierte Kinase;  PIP-5K = Phosphatidylinositolphosphat–5–Kinase; ROCK = Rho-Kinase; MLCK = *myosin light chain kinase* (siehe auch Abbildung 15.2 und 15.4).

kinasen (NRTKs), die dann die cytoplasmatische Domäne des Rezeptors tyrosinphosphorylieren. Hierzu gehören Cytokinrezeptoren mit den Januskinasen (JAKs), die direkt die Transkriptionsfaktoren der STAT-(*signal transducer and activator of transcription-*)Familie phosphorylieren beziehungsweise aktivieren. Auch der IgG-Antikörper-Rezeptor FcγRIIA wird durch Src-Kinasen tyrosinphosphoryliert, was dann zur Aktinpolymerisierung und Internalisierung zum Beispiel der gebundenen Erreger führt.

Schließlich gibt es auch Rezeptoren wie die Integrine (bestehend aus α- und β-Kette), die keine enzymatische Aktivität besitzen und auch nicht phosphoryliert werden. Vielmehr führt die Dimerisierung durch Liganden (zum Beispiel ECM-Proteine, Zelladhäsionsmoleküle) zur Rekrutierung von Adapterproteinen wie Talin und Paxillin. Diese Adaptorproteine binden dann die sogenannte *focal adhesion kinase* (FAK, eine NRTK). Die von den Rezeptoren aktivierten Kinasen aktivieren dann über bestimmte Kinasekaskaden (zum Beispiel mitogenaktivierte Kinase-(MAPK-)Familie) Transkriptionsfaktoren. Darüber hinaus kann die Rezeptoraktivierung auch über die kleinen G-Proteine der Rho-Familie (Rho, Rac, Cdc42) Cytoskelettumlagerungen bewirken (siehe Abbildung 15.2–15.4).

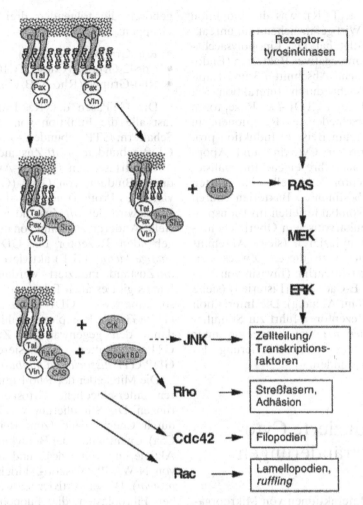

**15.4** Transduktion extrazellulärer Signale über das *clustering* von Integrinen. Integrine sind transmembrane Proteinrezeptoren, die Heterodimere aus je einer α- und einer β-Untereinheit bilden. Über die cytosolische Domäne der β-Untereinheit sind die Integrine mit dem Aktinanteil des Cytoskeletts verbunden. Das *clustering* kann daher zu einer Umorganisation des Cytoskeletts, das heißt zur Bildung von Streßfasern, Filopodien oder Lamellopodien sowie zur Ausbildung von Adhäsionsstrukturen wie Hemidesmosomen und fokalen Kontakten führen. Es können aber auch Signalkaskaden aktiviert werden, die zu einer Anregung der Zellteilung führen, sofern gleichzeitig eine Stimulierung durch Wachstumsfaktoren über Rezeptortyrosinkinasen erfolgt.

# 15.4 Interaktion von Mikroorganismen mit Wirtszellrezeptoren

Mikroben „mißbrauchen" eukaryotische Rezeptoren zu ihren Gunsten auf vielfache Weise. So nutzen sie Zuckerstrukturen an der Zelloberfläche, um sich mittels ihrer eigenen Adhäsine an der Wirtszelle festzusetzen. Kohlehydratseitenketten von Glykolipiden werden von bakteriellen Toxinen als Rezeptor genutzt, um in die Wirtszelle zu gelangen (vergleiche Abschnitt 6.3). Superantigene verbinden Immunzellen auf unphysiologische Weise (Vernetzung von MHC-Klasse-II mit T-

Zell-Rezeptor, TCR), was die Induktion von für den Wirt gefährlichen Immunreaktionen zur Folge hat. Das Lipopolysaccharid (LPS) gramnegativer Bakterien (Endotoxin, vergleiche Abschnitt 7.3 und Kapitel 3) verursacht durch Interaktion mit CD14 und den TOL-*like*-Rezeptoren (TLRs) verschiedenste Reaktionen in Wirtszellen (zum Beispiel Induktion proinflammatorischer Cytokine und Apoptose). Aber auch ihre eigene Internalisierung in nichtprofessionelle Phagocyten vermögen bestimmte Bakterien durch Interaktion von bakteriellen Invasionsproteinen mit eukaryotischen Oberflächenrezeptoren zu induzieren (siehe Abschnitt 6.2). Sie nutzen zu diesem Zweck beispielsweise $\beta$1-Integrine (Invasin von Yersinien) oder E-Cadherin (Listerien) (siehe Tabelle A.19 im Anhang). Die Interaktion mit diesen Rezeptoren führt zur Stimulierung verschiedener Signalwege, die unter anderem in eine Umstrukturierung des Cytoskeletts münden.

# 15.5 Induzierte Cytoskelettveränderungen

Spezifische Interaktionen von Mikroorganismen mit Zellrezeptoren führen in der Regel zur Induktion rezeptortypischer Signaltransduktionskaskaden. Neben der Interaktion mit einem Rezeptor kann auch die direkte Translokation eines mikrobiellen Modulins eine Cytoskelettveränderung hervorrufen (zum Beispiel SopE von Salmonellen wirkt wie ein GEF für Cdc42, Rac und Rho).

Die bisher am besten untersuchten Signalkaskaden, die die Organisation des Aktincytoskeletts beeinflussen, werden von kleinen GTP-bindenden Proteinen mit GTPase-Aktivität kontrolliert, die der Rho-(ras *homologue*-)Familie angehören, die wiederum Teil der Ras-Superfamilie ist (siehe Abbildung 15.2). Zur Rho-Familie

gehören die folgenden drei wichtigsten Gruppen:

- Rac-Gruppe (Rac1 bis 3),
- Cdc42-Gruppe (Cdc42, TC10),
- Rho-Gruppe (Rho A, B, C ...).

Die GTPasen der Ras-Familie haben fast alle die Funktion von molekularen Schaltern: GTP-gebunden → *on*–Zustand; GDP-gebunden → *off*-Zustand. Aufgrund ihrer intrinsischen GTPase-Aktivität, die durch Bindung von GAP (GTPase-aktivierendes Protein) noch verstärkt werden kann, wird der *off*-Zustand wiederhergestellt. Andererseits kann von einem signalgebenden Rezeptor ein GDP/GTP *exchange factor* (GEF) aktiviert und so der *on*-Zustand induziert werden. Darüber hinaus gibt es auch Faktoren, die die Dissoziation von GDP- beziehungsweise GTP-GTPase-Komplexen inhibieren und damit den gegenwärtigen Zustand des GTPase-Schalters stabilisieren (GDI, GDP/GTP *dissociation inhibitor*).

Die Mitglieder der Rho-Familie induzieren unterschiedliche Cytoskelettveränderungen. Die Stimulierung von Rezeptoren durch Chemotaxine (zum Beispiel FMP, C5a), Chemokine oder Bradykinin führt zur Aktivierung von Cdc42 und nachfolgend von N-WASP (Wiskott-Aldrich *syndrome protein*). Dieser Aktivierungsweg induziert bei Fibroblasten die Filopodienbildung. Darüber hinaus kann Cdc42 auch die sogenannte p21 *activated proteinkinase* (PAK) aktivieren, die einerseits den Aktinfaserumbau kontrolliert und andererseits die MAP-Kinasenkaskade induziert (Aktivierung von Transkriptionsfaktoren). Zusätzlich kann aktiviertes Cdc42 auch eine Verbindung mit dem Effektor IQGAP eingehen und wahrscheinlich die Ausbildung von Zell-Zell-Kontakten auslösen, indem Cdc42/IQGAP mit dem Cadherin-$\beta$-Catenin-Komplex interagiert.

Rezeptortyrosinkinasen (RTKs) wie der PDGF-Rezeptor können Rac-abhängige Signalkaskaden induzieren, die einerseits zu trichterförmigen Ausstülpungen der Zellmembran, den Lamellopodien (*ruffles*), führen und andererseits MAP-Kinasen und NFκB aktivieren. Streßfasern und lokale Adhäsionen werden durch Stimulierung von Integrinen (Integrin*clustering*) oder *lysophatidic acid*-(LPA-)Rezeptor über die Aktivierung von Rho-abhängigen Kaskaden induziert. Die Clusterbildung der Integrine führt zunächst zur Phosphorylierung der FAK (*focal adhesion kinase*) und Tyrosinphosphorylierung von p130$^{CAS}$ mit anschließender Rekrutierung der Adapterproteine Crk und DOCK180 und Aktivierung von Rho (siehe Abbildung 15.4). Die Clusterbildung der Integrine kann auch zur Aktivierung des JNK-Signalweges oder zusammen mit Wachstumsfaktoren zur Aktivierung des Ras-Signalweges führen. Dies ist insbesondere für Zellen von Bedeutung, für die die Verankerung auf einer festen Unterlage (gewöhnlich der extrazellulären Matrix) Voraussetzung zur Proliferation ist.

Invasive Bakterien vermögen Mitglieder der Rho-Familie zu aktivieren, um ihre Internalisierung in Wirtszellen zu induzieren. Die Invasion von *Shigella flexneri* in Epithelzellen erfolgt durch die Aktivierung von sowohl Rho als auch Rac und Cdc42 (vergleiche Abschnitt 21.3). Dabei ist wahrscheinlich die Aktivierung von Cdc42 und Rac für die Induktion der massiven Aktinpolymerisation und Rho für die Verlängerung und Bündelung der schon entstandenen Aktinfilamente verantwortlich. *Salmonella typhimurium* dagegen aktiviert Cdc42 sowie Rac mittels transloziertem SopE, das in der Zelle als GEF wirksam ist. Dieser Aktivierungsprozeß führt zur Internalisierung der Salmonellen über Lamellopodien. Die Aufnahme von *Neisseria gonorrhoeae* ist abhängig von der Rac1-Signalkaskade, und die Interaktion des Invasins von Yersinien mit β1-Integrinen führt initial zur Aktivierung von FAK und Rho.

Bestimmte, fakultativ intrazelluläre Bakterien verbleiben nach Invasion der Wirtszelle nicht im Endosom/Phagosom, sondern treten ins Cytoplasma der Wirtszelle über. Einige dieser Pathogene, wie *Listeria monocytogenes*, Shigellen und Rickettsien der Zeckenbißfiebergruppe (*spotted fever group*), sind in der Lage, über spezifische Oberflächenproteine Aktin an einem Pol der bakteriellen Zelle zu einem Aktinschweif zu polymerisieren (siehe Abschnitte 6.2 und 21.3). Aktinschweifbildung kann aber auch von bestimmten Viren, zum Beispiel dem Vacciniavirus, induziert werden. Das dafür verantwortliche Virushüllprotein konnte inzwischen identifiziert werden. Die für diese Fähigkeit verantwortlichen bakteriellen Proteine von *L. monocytogenes* (ActA) und *Shigella flexneri* (VirG/IcsA) eignen sich hervorragend, um den nur rudimentär verstandenen Vorgang der Aktinpolymerisation weiter aufzuklären. Da diese Bakterien einen den Wirtszellen eigenen Mechanismus zu ihren Zwecken ausnutzen, wird nach dem eukaryotischen Widerpart zu ActA und VirG/IcsA gesucht. Während Listerien die Aktinschweifbildung durch Rekrutierung von VASP (*vasodilator stimulated protein*) mittels ActA erreichen, bindet VirG/IcsA der Shigellen sowohl Vinculin als auch N-WASP. Von N-WASP ist bekannt, daß es zusammen mit Cdc42 an der Ausbildung von Filopodien beteiligt ist (siehe oben). Allerdings wird bei der Aktinpolymerisierung durch *Shigella* N-WASP nicht durch IcsA selbst aktiviert. Die intracytoplasmatische Ausbreitung der Shigellen ist also unabhängig von Cdc42, Rac und Rho, die Induktion des Internalisierungsprozesses für Shigellen wird jedoch kontrolliert durch die GTPasen der Rho-Familie. Im Vergleich dazu benötigt ActA von Listerien kein N-WASP für die Aktinpolymerisation, sondern kann direkt an den die Aktinpolymerisation steuernden Arp2/3-Komplex binden.

# 15.6 Zelluläre Mikrobiologie und Toxine

Die bisher am besten definierten mikrobiologischen Werkzeuge für die zelluläre

Mikrobiologie sind bakterielle Toxine (siehe Abschnitt 6.3). Bestimmte Toxine von Clostridien, *Staphylococcus aureus* und von toxischen *Escherichia coli* wirken auf den Mikrofilamentanteil des Cytoskeletts. Beispielsweise ADP-ribosyliert das C2-Toxin von *Clostridium botulinum*-G-Aktin, welches dann an das Plusende von Mikrofilamenten bindet und diese für weitere Aktinanlagerung blockiert. Der unterbrochene Aufbau der Aktinfilamente führt zur Depolymerisierung.

Andere Toxine greifen in die Signaltransduktionskette der kleinen GTP-bindenden Proteine der Rho-Familie ein. Zu diesen Toxinen gehören das A- und B-Toxin von *Clostridium difficile*, CNF (*cytotoxic necrotizing factor*) von pathogenen *E. coli*, das EDIN (*epidermal differentiation inhibitor*) von *S. aureus* und das C3-Toxin von *C. botulinum*. Letzteres kann als ein spezifisches, molekulares Werkzeug eingesetzt werden, um Rho-abhängige Prozesse zu studieren. Der cytotoxisch nekrotisierende Faktor (CNF) von bestimmten *E. coli*-Stämmen deamidiert den Glutaminrest (Q63→E63) von Rho, was zu einem stabilen Rho-GTP-Komplex (permanent aktiv) führt. Die *C. difficile*-Toxine A und B monoglucosylieren die jeweiligen Threoninreste in den Effektordomänen von Rho, Rac und Cdc42. Das Zonula-Occludens-Toxin (ZOT) von *Vibrio cholerae* führt ebenfalls zu einem Umbau des Mikrofilamentanteils des Cytoskeletts und zur Auflösung von *tight junctions*. ZOT bewerkstelligt dies aber über eine induzierte Zunahme der Menge an Proteinkinase $C\alpha$.

Pertussistoxin (PTX) und Choleratoxin (CTX) gehören ebenfalls zur Familie der ADP-Ribosyltransferasen. Beide aktivieren die Adenylcyclase über ADP-Ribosylierung von $G\alpha$-Proteinen: CTX aktiviert Gs, und PTX inaktiviert Gi.

Schwieriger zu handhaben als Werkzeuge sind Moduline, die über ein Typ-III-Proteinsekretionssystem in die Zelle „injiziert" werden (setzt bisher die Infektion voraus). Für die Zellbiologie interessant sind die translozierten Proteine von Salmonellen (SopE aktiviert das Cdc42 und Rac) und von Yersinien (YopP/YopJ inhibiert die MAP-Kinasenkaskade und NF$\kappa$B über Interaktion mit MKK und IKK; YopT inhibiert Rho).

## 15.7 Endocytose und Vesikeltransport

Funktionierender Vesikeltransport und hochspezifische Fusion von Vesikeln, die Neurotransmitter enthalten, mit der präsynaptischen Membran sind die Voraussetzung für die Signalübertragung an den chemischen Synapsen (zum Beispiel Muskelendplatte). Tetanus- und Botulinustoxin sind Zinkendopeptidasen, welche die Dockingproteine SNAP-25, VAMP/Synaptobrevin und Syntaxin in den Membranen der Neurotransmittervesikel durch Spaltung inaktivieren. Darauf aufbauende Untersuchungen ergaben schließlich, daß das vSNARE-tSNARE-Modell für die Vesikelfusion mit der Synapsenmembran nicht nur für Neuronen gilt, sondern ein generelles Prinzip darstellt.

Die *vesicular* SNAP *receptors* (vSNAREs) sind Proteine in Membranen von Vesikeln, die *target* SNAP *receptors* (tSNAREs) dagegen Proteine in den Membranen, mit denen die Vesikel fusionieren. Eine wichtige Familie von tSNAREs stellen die Syntaxine dar, von denen einige typisch sind für bestimmte Zielmembranen (Tabelle 15.1). Die Bindung

**Tabelle 15.1:** Syntaxine aus der Familie der tSNAREs, die für bestimmte Zielmembranen tierischer Zellen typisch sind

| Syntaxin | Zielmembran |
|---|---|
| Syn1 bis Syn4 | Cytoplasmamembran |
| Syn5, Syn16 | Golgi |
| Syn6, Syn10 | *trans golgi network* (TGN) |
| Syn7, Syn13 (12)*, Syn11 | Endosomen |

\* Syn13 wird teilweise auch als Syn12 bezeichnet.

von vSNAREs an nur die entsprechenden tSNAREs soll die Fusion der Vesikel mit der richtigen Zielmembran bestimmen. Ein erster, wenn auch noch reversibler Kontakt wird allerdings durch Rab-Proteine, eine Unterfamilie kleiner Ras-ähnlicher GTPasen, und verschiedene Rab-Effektoren vermittelt. Die darauffolgende Bindung von vSNAREs an die passenden tSNAREs führt zu einem irreversiblen Andocken. An den vSNARE-tSNARE-Komplex binden dann SNAP (*soluble* NSF *attachment protein*) und NSF (*N-ethylmaleimide-sensitive factor*; Abbildung 15.5). Zur Fusion der Vesikel mit der Zielmembran reichen diese Interaktionen noch nicht aus. Für die eigentliche Fusion der vesikulären mit der Zielmembran ist ATP-Hydrolyse durch die Trimere ATPase-NSF notwendig. Vermutet wird zudem, daß auch Calciumströme zur Induktion der Membranfusion notwendig sind. Mögli-

cherweise ist zudem die ATPase-Aktivität von NSF notwendig, um die Trennung der vSNAREs von den tSNAREs am Ende des Fusionsprozesses zu erreichen. Ganz offensichtlich sind also die SNAREs essentiell für den funktionierenden Membranfluß sowohl bei Endo als auch Exocytose.

Die Vermutung liegt nahe, daß fakultativ intrazelluläre Pathogene gezielt zu ihren Gunsten in den Endocytoseprozeß eingreifen. Deshalb kann die Analyse dieser Bakterien und ihrer Produkte bei der Aufklärung von Endocytoseprozessen und des Vesikeltransports wertvolle Dienste leisten. Erfolgt die Endocytose über clathrindekorierte Invaginationen der Cytoplasmamembran (*coated pits*), werden kurzlebige (< 1 min) und kleine (< 100 μm) noch mit Clathrin und zudem dem AP2-Adapterkomplex dekorierte Vesikel als erste endosomale Kompartimente beobachtet. Diese fusionieren mit den frühen

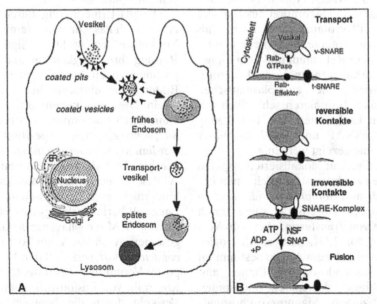

**15.5** Endocytose, Vesikeltransport durch die rezeptorvermittelte Endocytose. Dieser Internalisierungsmechanismus beginnt mit dem *clustering* von Rezeptoren mit gebundenen Liganden in sogenannten *coated pits* auf der Cytoplasmamembran (A). Der *coat* besteht dabei hauptsächlich aus Clathrin (▼▼). Durch Abschnürung von der Cytoplasmamembran entstanden Vesikel. Diese verlieren dann den *coat* und fusionieren mit frühen Endosomen. Der Inhalt der *coated vesicles* wird mittels Transportvesikeln in die späten Endosomen transportiert, die wiederum mit Lysosomen fusionieren können. Bei all diesen Fusionsereignissen sind die Rab-GTPase und die SNAREs beteiligt (B).

Endosomen, in denen die Aufteilung in zu recyclierende Komponenten und zum Abbau bestimmte Stoffe stattfindet. Die frühen Endosomen sind generell peripher lokalisiert und zeichnen sich durch eine hohe Konzentration an internalisiertem Transferrin sowie LDL- und α2-Makroglobulinrezeptoren aus. Weitere Charakteristika der frühen Endosomen sind die Präsenz der Moleküle Rab4, Rab5 und Rab11 sowie der $Na^+$-$K^+$-ATPase in der endosomalen Membran.

In dieses endosomale Kompartiment gelangen vermutlich zunächst auch alle internalisierten Bakterien. Von den frühen Endosomen werden zum einen Vesikel abgeschnürt, die wieder mit der Cytoplasmamembran fusionieren. Weiterhin werden Vesikel frei, die als endosomale Carriervesikel bezeichnet werden. Diese sind relativ große (circa 0,5 $\mu$m) und langlebige (circa 15 bis 30 Minuten) Vesikel sowie in transmissionselektronenmikroskopischen Aufnahmen als multivesikulär erscheinende Vakuolen. Sie tragen typischerweise eine cytoplasmatische Dekoration aus fünf der sieben COPI-Proteine, die zuerst als typische coat-Proteine der zwischen endoplasmatischem Reticulum und dem Golgi-Komplex zirkulierenden Vesikel identifiziert wurden. Die endoplasmatischen Carriervesikel fusionieren schließlich mit den späten Endosomen. Die Beteiligung von NSF, αSNAP und Rab7 an dieser Fusion konnte gezeigt werden.

Die perinucleär lokalisierten, späten Endosomen zeichnen sich durch einen hohen Gehalt an lysobiphosphatidic acid in der endosomalen Membran sowie durch das Fehlen von Transferrin, aber dem Vorhandensein von LDL- und α2-Makroglobulin und anderen zum Abbau bestimmten Liganden im endosomalen Lumen aus. Die Membranen der späten Endosomen enthalten zudem Mannose-6-Phosphat-(M-6-P-)Rezeptoren, Rab7 und Rab9 sowie Lgps (lysosomal glycoproteins) und lamps (lysosome associated proteins), jedoch nicht die $Na^+$-$K^+$-ATPase. Der saure pH-Wert der späten Endosomen, der nied-

riger als 6,0 ist, wird durch die Aktivität einer anderen ATPase erreicht. Elektronenoptisch stellen sich die späten Endosomen typischerweise als MVBs (multi vesicular bodies) dar. Dieses Bild kommt durch Einstülpungen der endosomalen Membran zustande und nicht durch ins Innere dieser Endosomen abgeschnürte Vesikel.

Die Lysosomen gelangen nach den späten Endosomen in diesen zellulären Abbauweg und dienen dem terminalen Abbau internalisierter Substanzen sowie der Lagerung unverdaulichen Materials. Ihre Membran enthält neben den lamps noch limps (lysosomal integral membrane proteins), LAP (lysosomal acid phosphatase) und CD63. In der lysosomalen Membran sind jedoch noch keine M-6-P-Rezeptoren vorhanden. Der pH-Wert in den Lysosomen liegt zwischen 5,5 und 6. Die Lysosomen erscheinen in elektronenmikroskopischen Aufnahmen oft als elektronendichte Körper. Sie können aber auch eine heterogene Morphologie zeigen.

Die pH-Erniedrigung durch eine spezifische ATPase in den Membranen von Vesikeln ist ein wichtiges Signal für ihre Reifung, ihre Fähigkeit, mit anderen Kompartimenten zu fusionieren, und für die Bildung von endocytischen Transportvesikeln. Die dafür verantwortliche ATPase kann durch Bafilomycin, ein Produkt von Streptomyces griseus, spezifisch inhibiert werden. Mycobacterium tuberculosis dagegen hat die Fähigkeit, den Einbau dieser ATPase in die Endosommembran zu verhindern – eine Voraussetzung für die Langzeitüberlebensfähigkeit von M. tuberculosis in Makrophagenendosomen/-phagosomen. Auch VacA, ein Toxin von Helicobacter pylori, wirkt auf den Vesikeltransport. Vermutlich beeinflußt VacA die Kontrolle von Fusionsprozessen zwischen Vesikeln durch die beobachtete Akkumulation von Rab7, einem Mitglied der zuvor schon erwähnten Familie von kleinen GTP-bindenden Proteinen, auf Vakuolen von Wirtszellen. Auch der Erreger der Legionärskrankheit, Legionella *pneumophila*, überlebt in der eukaryotischen Vakuole, indem er die Fusion mit Lysosomen verhindert.

# 15.8 Mikroben und Apoptose

Eukaryotische Zellen können auf zwei unterschiedliche Weisen absterben: entweder durch Apoptose oder durch Nekrose. Nekrose ist die Folge von schweren mechanischen oder chemischen Verletzungen der Zellen. Nekrotische Zellen sind gekennzeichnet durch Zerstörung von Organellen, Chromatinauflockerung, Schwellung und Freisetzung von intrazellulären Komponenten. Apoptotische Zellen zeigen dagegen Chromatinkondensation, nucleäre Segmentation, cytoplasmatische Vakuolisierung, Zellschrumpfung, Cytoplasmaabschnürungen und DNA-Fragmentierung. Für vielzellige eukaryotische Organismen ist die Möglichkeit, den programmierten Zelltod (PZT, Apoptose) zu induzieren, essentiell für die (embryonale) Entwicklung und die Gewebshomöostasis. Ein komplexes Netzwerk an Signalkaskaden ist in Zellen von höheren Eukaryoten vorhanden, die verschiedenste Signale so weiterleiten können, daß schließlich Apoptose eintritt oder verhindert wird.

Gemeinsam ist allen diesen apoptotischen Signaltransduktionswegen, daß die Ausführung der Apoptose durch Caspasen vermittelt wird. Caspasen sind evolutionär konservierte Cysteinproteasen, die ihre Zielproteine stromabwärts von spezifischen Aspartatresten spalten. Die Caspasen werden als inaktive Vorläufer synthetisiert und durch andere Caspasen oder autoproteolytisch aktiviert. Mitglieder der Familie von proapoptotischen Proteinen (Bad, Bax, Bik und Bak) sowie ihre antiapoptotischen Gegenspieler, Bcl-2 und $Bcl_{xL}$, können Homodimere oder Heterodimere bilden. Veränderungen in der relativen Konzentration von pro- und antiapoptotischen Proteinen verstärken oder schwächen die Induktion der Apoptose. Vermutlich wirken diese Proteine auf die mitochondriale Membran und regulieren die Freisetzung von Cytochrom c, einem entscheidenden endogenen Vermittler der Caspaseaktivierung. Exogene Signale können über entsprechende Rezeptoren ins Zellinnere übermittelt werden und induzieren über bestimmte Caspasen den programmierten Zelltod (Tabelle 15.2). Interessanterweise wurden auch Rezeptoren gefunden, die zwar dieselben Liganden binden wie jene Rezeptoren, die das Signal in die Zelle weiterleiten, die jedoch Attrappen darstellen, da sie keine Signalübermittlung auslösen. Diese Pseudorezeptoren sind wahrscheinlich an der Modulation der Apoptosesignale beteiligt (Abbildung 15.6).

**Tabelle 15.2:** Signaltransduktionskaskade – ausgelöst durch extrazelluläre Reize, die Apoptose induzieren

| Stimulus | Sensor | Adapter | Initiator | Effektor | Effekt |
|---|---|---|---|---|---|
| Apo2L | DR4, DR5 | ? | ? | Caspase 3 | Apoptose |
| FasL | Fas | FADD | Caspase 8 | Caspase 3 | Apoptose |
| TNF | TNFR1 | TRADD – FADD | Caspase 8 | Caspase 3 | Apoptose |
| Apo3L | DR3 (Apo3) | TRADD – FADD | Caspase 8 | Caspase 3 | Apoptose |
| UV | ? | Apaf1 | Caspase 9 | Caspase 3 | Apoptose |

DR = *death receptor*; FADD = *fas associated death domain*, TNF = Tumornekrosefaktor; TNFR = TNF-Rezeptor; UV = UV-Strahlung; TRADD = TNF-Rezeptor-*associated death domain*.

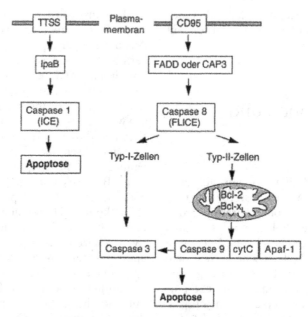

**15.6** Signalwege, die zur Induktion der Apoptose führen. Beispielhaft sind zwei der vielen Induktionswege dargestellt. Die Apoptose von Wirtszellen induzieren *Salmonella* (SipB, *Salmonella invasion protein* B) oder *Shigella* (IpaB, *invasion plasmid antigen* B) durch Aktivierung der Caspase 1 (ICE, *interleucin* 1 *β converting enzyme*). Die bakteriellen Effektoren SipB beziehungsweise IpaB werden dazu mittels eines Typ-III-Sekretionssystems (TTSS) von den Mikroorganismen in die eukaryotischen Zellen injiziert. Über transmembrane Wirtszellrezeptoren (zum Beispiel CD95), anschließende Aktivierung von Caspase 3 sowie die Schädigung von Mitochondrien und die folgende Stimulierung von Caspase 9 kann ebenfalls Apoptose induziert werden.

Die über Leben oder Tod einer Zelle entscheidenden Signalwege können auch von pathogenen Bakterien manipuliert werden. Der parodontogene Erreger *Actinobacillus actinomycetemcomitans* ist in der Lage, in Lymphocyten und natürlichen Killerzellen Apoptose auszulösen. Verschont bleiben dagegen Fibroblasten, Endothel- und Epithelzellen. Dies wird durch niedrige Konzentrationen eines von *A. actinomycetemcomitans* gebildeten spezifischen Leukotoxins erreicht. Der Erreger von Keuchhusten, *Bordetella pertussis*, tötet alveolare Makrophagen durch Induktion der Apoptose. Damit zerstört dieser Erreger die erste Verteidigungslinie des Wirtes und gewährleistet, daß er im oberen Teil des Respirationstraktes verbleibt, von wo aus eine gute Transmission möglich ist. Der Virulenzfaktor Ac-Hly (*adenylate cyclase hemolysin*) ist notwendig und hin-

reichend zur Auslösung der Apoptose. Wahrscheinlich induzieren diese porenbildenden Toxine über $Ca^{2+}$-Einstrom und $K^+$-Ausstrom Apoptose. Dieser Mechanismus könnte auch für die apoptotische Wirkung von Listeriolysin, *S. aureus* α-Toxin und *E. coli*-Hämolysin zutreffen.

Auch *Corynebacterium diphtheriae* ist in der Lage, Apoptose in verschiedenen Epithel- und Myeolidzellinien auszulösen. (Ob diese *in vitro*-Befunde auch Bedeutung in der *in vivo*-Situation haben, ist noch ungeklärt.) *C. diphtheria* erreicht dies mittels des Diphtherietoxins (DTX). Für DTX konnten zwei Aktivitäten nachgewiesen werden. Bei der einen handelt es sich um die schon länger bekannte ADP-Ribosylierung von EF-2, wodurch die Proteinsynthese inhibiert wird. Diese DTX-Aktivität ist zwar notwendig, aber nicht hinreichend, um den PZT zu induzieren.

Vermutlich müssen zusätzlich DNA-Schäden durch die Nucleaseaktivität von DTX dazukommen. DNA-Schäden sind ein wohlbekannter Stimulus der Apoptose.

Enterohämorrhagische *Escherichia coli* (EHEC) und *Shigella dysenteriae* produzieren Toxine der Shiga-Familie, die Apoptose in reifen, differenzierten, absorptiven Villusepithelzellen im Kaninchendarm induzieren können, Kryptenzellen scheinen dagegen resistent zu sein. Von diesem AB-Toxin genügt die B-Untereinheit, die an den Gangliosid-Gb3-Rezeptor bindet, um Apoptose zu induzieren.

Unabhängig von Shiga-Toxinen können Shigellen Apoptose in Makrophagen auslösen, indem sie das *invasion plasmid antigen* B (IpaB) mittels eines Typ-III-Sekretionssystems (TTSS, siehe Kapitel 9) in das Cytosol von Makrophagen injizieren. IpaB bindet dann an ICE (*interleukin* IL-1β *converting enzyme*), die Caspase 1. Die aktivierte Caspase 1 ist nicht nur an der Induktion des PZT beteiligt, sondern aktiviert auch noch proteolytisch IL-1β. Dieses Interleukin dirigiert nun neutrophile Granulocyten an den Infektionsherd im Colon, nachdem es durch Lyse der apoptotischen Makrophagen freigesetzt wurde. Die IL-1β-Freisetzung hat unterschiedliche Konsequenzen für die Shigellen. Der günstige Effekt ist die Öffnung der *tight junctions* zwischen den Mucosaepithelzellen, durch die Einwanderung der PMNs aus dem Gewebe ins Darmlumen möglich wird. Somit wird den Shigellen der Weg freigegeben, die basolaterale Seite der Epithelzellen und die Basallamina zu erreichen. Erst dadurch wird das klinische Bild der Dysenterie induziert. Andererseits sind die angelockten PMNs in der Lage, die Shigellen nach Phagocytose zu vernichten, da die Shigellen in PMNs keine Apoptose auszulösen vermögen.

Das verantwortliche Agens für die durch Salmonellen ausgelöste Apoptose könnte das zu IpaB homologe *Salmonella*-Invasionsprotein B (SipB) sein. SipB-Mutanten sind nicht mehr cytotoxisch für Makrophagen. Unklar ist jedoch, ob *Salmo-nella* in die Makrophagen invadieren muß, um Apoptose zu induzieren, oder ob dazu auch extrazelluläre Salmonellen in der Lage sind. Für Yersinien wurde dagegen klar gezeigt, daß sie Apoptose sowohl von menschlichen als auch von Mausmakrophagen zu induzieren vermögen, ohne in diese einzudringen. Dazu wird von diesen Bakterien YopJ (*Y. pseudotuberculosis*) beziehungsweise YopP (*Y. enterocolitica*), zwei homologe Proteine, in Makrophagen transloziert. Durch Inhibition der MAP-Kinase MKK und der IκB-Kinase (IKK) wird das Gleichgewicht zwischen apoptose- und antiapoptoseregulierenden Signalketten zugunsten der Apoptose gestört (siehe Abbildung 15.2).

Offensichtlich können pathogene Bakterien auf verschiedene Weise, etwa durch Veränderung der Permeabilität der Cytoplasmamembran (porenbildende Toxine), durch direkte oder indirekte (über Cytochromoxidasefreisetzung aus Mitochondrien) Aktivierung von Caspasen oder durch Störung von Signaltransduktionskaskaden, den programmierten Zelltod herbeiführen. Da der programmierte Zelltod in der Regel keine Entzündungsreaktion mit proinflammatorischen Cytokinen hervorruft und apoptotische Zellen über sogenannte *silent phagocytosis* (ohne ROI) abgeräumt werden, könnte hierin der Gewinn für den Erreger liegen.

# 15.9 Literatur

Alberts, B.; Bray, D.; Lewis, J.; Raff, M.; Roberts, K.; Watson, J. D. (Hrsg.) *Molecular Biology of the Cell.* New York (Garland Publishing) 1994.

Aspenström, P. *Effectors for the Rho GTPase.* In: *Curr. Opin. in Cell Biol.* 11 (1999) S. 95–102.

Bajjalieh, S. M. *Synaptic Vesicle Docking and Fusion.* In: *Curr. Opin. in Neurobiol.* 9 (1999) S. 321–328.

Bobak, D. A. *Clostridial Toxins: Molecular Probes of Rho-Dependent Signaling and Apopto-*

*sis.* In: *Molec. and Cell. Biochem.*193 (1999) S. 17–42.

Finlay, B. B.; Cossart, P. *Exploitation of Mammalian Host Cell Functions by Bacterial Pathogens.* In: *Science* 276 (1997) S. 718–725.

Giancotti F. G.; Ruoslahti E. *Integrin Signaling.* In: *Science* 285 (1999) S. 1028–1032.

Hall, A. *Rho GTPases and the Actin Cytoskeleton.* In: *Science* 279 (1998) S. 509–514.

Li, H.; Yuan, J. *Deciphering the Pathways of Life and Death.* In: *Curr. Opin. in Cell Biol.* 11 (1999) S. 261–266.

Moss, J. E.; Aliprantis, A. O.; Zychlinsky, A. *The Regulation of Apoptosis by Microbial Pathogens.* In: *Int. Rev. Cytol.* 187 (1999) S. 203–259.

Mukherjee, S.; Ghosh, R. N.; Maxfield, F. R. *Endocytosis.* In: *Physiological Rev.* 77 (1997) S. 759–791.

Pawson, T.; Syxton, T. M. *Signaling Networks – Do All Roads Lead to the Same Genes?* In: *Cell* 97 (1999) S. 675–678.

Schaefer H. J.; Weber, M. J. *Mitogen-Activated Protein Kinases: Specific Messages From Ubiquitous Messengers.* In: *Molec. and Cell. Biol.* 19/4 (1999) S. 2435–2344.

Schoenwaelder, S. M.; Burridge, K. 1999. *Bidirectional Signaling Between the Cytoskeleton and Integrins.* In: *Curr. Opin. in Cell Biol.* 11 (1999) S. 274–286.

# 16. *In vivo*-Expression der Pathogenität

M. Hensel

## 16.1 *In vitro*- und *in vivo*-Genexpression

Verschiedene Untersuchungen zeigten, daß die Virulenz eines Erregers keine feste, unveränderliche Eigenschaft ist. Vielmehr kann es durch Kultivierung von Erregern unter Laborbedingungen zum Verlust der Expression virulenzassoziierter Gene oder zum Verlust eines Virulenzplasmids oder einer Pathogenitätsinsel kommen. Zudem ist häufig auch eine Abschwächung der Virulenz durch Kultivierung zu beobachten. Hierfür können die Akkumulation von Mutationen in Virulenzgenen in Abwesenheit des Selektionsdrucks, aber auch die Änderung der DNA-Topologie (*supercoiling* der DNA, Bindung histonähnlicher Proteine wie H-NS) mit veränderten globalen Mustern der Genexpression verantwortlich sein. Diese Effekte stellen möglicherweise Probleme für die experimentelle Untersuchung von Pathogenitätsfaktoren dar, sind jedoch durch Verwendung von frischen Isolaten und der Kontrolle der Virulenz des verwandten Laborstamms in einem Infektionsmodell zu erfassen.

Ein Hauptproblem der Infektionsbiologie stellt sich jedoch durch die Regulation der Expression von Virulenzfaktoren. In vielen Fällen erfolgt die Expression als Reaktion auf im Wirtsorganismus vorliegende Streßfaktoren. Die Komplexität der Faktoren, die während der Pathogenese auf ein Pathogen einwirken, ist am Beispiel von *Salmonella typhimurium* dargestellt (Abbildung 16.1). Bemerkenswert ist dabei, daß bestimmte Streßfaktoren wie die Temperaturänderung sowohl Gene, die zur allgemeinen Streßantwort in pathogenen wie nichtpathogenen Bakterien gehören (vergleiche Kapitel 11), als auch spezielle Virulenzgene aktivieren. Virulenzfaktoren werden fast niemals konstitutiv exprimiert, die Expression erfolgt meist genau reguliert unter den Bedingungen, bei denen die Expression für den Erreger sinnvoll ist. Unter anderem konnte gezeigt werden, daß die Expression bestimmter Virulenzgene bei *Vibrio cholerae* durch den Mucus des Darmepithels, bei *Yersinia* spp. durch Temperaturerhöhung von 25 °C auf 37 °C oder bei *Salmonella typhimurium* durch Sauerstofflimitierung und hohe Osmolarität induziert werden kann. In einigen Fällen kann durch die Wahl entsprechender Anzuchtbedingungen auch *in vitro* eine Expression bestimmter Virulenzfaktoren erzielt werden. Besonders hilfreich für die Analyse der Expression von Virulenzfaktoren sind dabei Experimente, bei denen das Verhalten von pathogenen Mikroorganismen unter Bedingungen, die den in natürlichen Habitaten herrschenden Verhältnissen nahekommen, simuliert werden. Weiterhin sind Studien sinnvoll, die die Reaktion der Erreger nach Interaktion mit kultivierten eukaryotischen Zellinien aufzeigen.

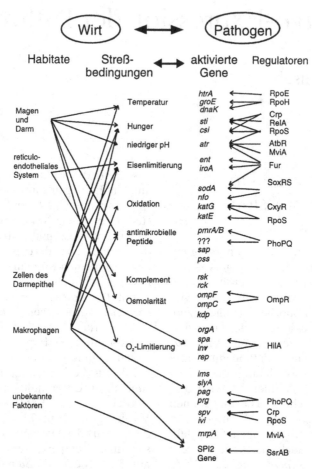

**16.1** Bakterielle Streßantwort auf Streßfaktoren während der Infektion eines Wirtsorganismus. Am Beispiel der detailliert untersuchten Pathogenese von *Salmonella typhimurium* soll die Komplexität der Streßfaktoren dargestellt werden, die ein invasives Bakterium erfährt. Diverse Regulationssysteme des Bakteriums reagieren auf Streßfaktoren und regulieren die Expression von Gruppen von Genen zur Reaktion auf diese Signale. (Modifiziert nach Foster und Spector, 1995.)

## 16.2 Genexpression in der stationären Phase

In natürlichen Habitaten werden Mikroorganismen mit Situationen konfrontiert, die sich grundlegend von den Bedingungen bei der Kultivierung im Labor unterscheiden. So erfahren auch pathogene Mikroorganismen während der Infektion und Kolonisation eines Wirtsorganismus Bedingungen, die eine optimale Vermehrung beeinträchti-gen oder verhindern. Mikroorganismen sind im Wirt diversen Nährstofflimitierungen ausgesetzt und erfahren Streßsituationen unter anderem durch niedrigen pH, erhöhte Temperatur und veränderte Osmolarität. Zudem werden fortlaufend makromolekulare Strukturen des Mikroorganismus durch defensive Vorgänge des Wirtsorganismus geschädigt.

Bei der Analyse der bakteriellen Physiologie zeigten sich zahlreiche Unterschiede zwischen den sich mit optimaler Rate replizierenden Zellen in der logarithmischen Wachstumsphase und Zellen in der stationären Wachstumsphase, in der keine Zunahme der Zellzahl zu beobachten ist. So sind stationär wachsende Bakterien stärker resistent gegen eine Vielzahl von Agentien mit antibakterieller Aktivität und können generell besser unter verschiedenen Streßbedingungen überleben als Zellen aus der logarithmischen Wachstumsphase. Ursache für diese erhöhte Streßtoleranz ist die Expression von Systemen zum Schutz von DNA, Proteinen und der Membran. Für den Modellorganismus *Escherichia coli* konnte gezeigt werden, daß eine große Zahl von Genen für diese Schutzfunktionen spezifisch beim Übergang von der logarithmischen in die stationäre Wachstumsphase induziert werden.

Als ein globales regulatorisches Element für diesen Vorgang wurde der alternative Sigmafaktor $\sigma^S$ identifiziert. Der Sigmafaktor stellt eine Untereinheit der RNA-Polymerase dar und ist für die Initiation der Transkription entscheidend. Durch einen Wechsel zum Sigmafaktor $\sigma^S$ wird die Transkription einer Gruppe von Genen beim Übergang in die stationäre Phase global induziert. Die Charakterisierung von $\sigma^S$-abhängig exprimierten Genen zeigte, daß viele dieser Gene für protektive Leistungen während der stationären Phase relevant sind. Beispiele für $\sigma^S$-abhängige Loci sind *proU/proP* (Osmoprotektion), *katE* (Schutz vor Sauerstoffradikalen) und *dacC* (Stabilisierung der Zellwand). Während diese Gene durch verstärkten Schutz des Bakteriums als defensive „unspezifische" Pathogenitätsfaktoren verstanden werden können (siehe Kapitel 8), wurden bei *S. typhimurium* zudem auch $\sigma^S$-abhängige offensive Virulenzfaktoren identifiziert. Gene des Virulenzplasmids, die für die Proliferationsrate von Salmonellen während der Kolonisierung des Wirtsgewebes wichtig sind, werden in der stationären Phase $\sigma^S$-abhängig exprimiert. Zudem konnte nachgewiesen werden, daß der in der Virulenz im Tiermodell stark

attenuierte Laborstamm *S. typhimurium* LT2A eine Mutation im Gen *rpoS* für den alternativen Sigmafaktor $\sigma^S$ trägt. Durch Rückmutation zum intakten *rpoS* wurde eine dem Wildtyp vergleichbare Virulenz wiederhergestellt. Die Fähigkeit eines Bakteriums, während der Infektion eine Gruppe von Gene in der stationären Phase zu exprimieren, kann als eine wichtige Voraussetzung für die Pathogenität gewertet werden. Es ist anzunehmen, daß weitere spezifische und unspezifische Virulenzfaktoren in ihrer Expression von der Wachstumsphase abhängig sind.

# 16.3 Experimentelle Ansätze zur Analyse der *in vivo*-Genexpression

Aus den oben beschriebenen Beobachtungen ergeben sich zwei Konsequenzen: 1) Es gilt, die Bedingungen zu identifizieren, unter denen die Virulenzfaktoren des jeweiligen Erregers exprimiert werden, um diese dann experimentell analysieren zu können. 2) Zur Identifizierung unbekannter Virulenzfaktoren sollten Selektionssysteme eingesetzt werden, mit deren Hilfe die Expression von Virulenzfaktoren *in vivo* studiert werden kann. Welche Möglichkeiten stehen zur Verfügung, um die Expression *in vivo*, also während der Auseinandersetzung zwischen Pathogen und Wirt zu untersuchen? Denkbar wäre es, Momentaufnahmen der Expression genetischer Information auf der Ebene des exprimierten Gens, des Transkripts oder des Proteins zu erhalten. Im folgenden sollen einige experimentelle Ansätze vorgestellt werden, die versuchen, solche Momentaufnahmen bei der Interaktion zwischen Pathogen und Zielzelle oder Pathogen und Wirtsorganismus zu liefern.

## 16.3.1 Proteomanalyse und Subtraktionstechniken

In Analogie zur Bezeichnung Genom wird die Gesamtheit der Proteine einer Zelle als Proteom bezeichnet (siehe auch Kapitel 17). In Abhängigkeit von den Expressionsmustern unter unterschiedlichen Wachstumsbedingungen ergeben sich Unterschiede in der Zusammensetzung des Proteoms. So zeigt auch die Analyse der Proteinmuster von Mikroorganismen, daß während des Kontakts mit Wirtszellen oder während des intrazellulären Wachstums die Expression zahlreicher Proteine reprimiert oder induziert wird. Eine experimentelle Schwierigkeit bei der Proteomanalyse ergibt sich jedoch aus der Notwendigkeit, zwischen Proteinsynthese des Pathogens und der Wirtszelle zu unterscheiden. Durch besondere Markierungsverfahren können spezifisch bakterielle Proteine markiert werden, die während einer intrazellulären Episode synthetisiert werden. Eine hochauflösende Darstellung der komplexen Proteingemische kann durch eine zweidimensionale (2D) Gelelektrophorese erfolgen. Während die Proteomanalyse Informationen über die Änderung der globalen Proteinexpression in Experimenten mit Zellkulturen liefern kann, unterliegt diese Technik jedoch Beschränkungen, wenn das Proteom eines Bakteriums während der Infektion eines Wirtsorganismus untersucht werden soll.

Auf der Identifizierung und anschließenden Analyse der spezifisch unter Infektionsbedingungen synthetisierten mRNA basieren die Methoden *differential display* und subtraktive Hybridisierung (siehe Abschnitte 23.5 und 23.6). Diese Methoden wurden zunächst zur Analyse von Eukaryoten, zum Beispiel von pflanzenpathogenen Pilzen, eingesetzt. Die Anwendung auf bakterielle Pathogene ist problematisch, da bakterielle mRNA nicht wie eukaryotische mRNA über den *polyA*-Schwanz isoliert und zudem mRNA während der Infektion nur schwer in ausreichenden Mengen gewonnen werden kann.

Jedoch wurden diese Techniken kürzlich zur Identifizierung von intrazellulär (hier in Makrophagen) aktivierten Genen von Mycobakterien und Legionellen angewandt.

## 16.3.2 Genetische Methoden

Die weitaus größte Zahl von Ansätzen zur Analyse der *in vivo*-Expression basiert auf genetischen Methoden, insbesondere dem Einsatz von Mutagenese- und Reportergentechniken. Fusionen mit dem Reportergen *lacZ*, das für das Enzym $\beta$-Galactosidase codiert, wurde unter anderem eingesetzt, um intrazellulär induzierte Gene von *Listeria monocytogenes* zu identifizieren. Die Methode *differential fluorescence induction* (DFI) (siehe Abschnitt 23.10) bietet die Möglichkeit zur Analyse der bakteriellen Genexpression in infizierten Wirtszellen. Durch den Einsatz des Reporters *green fluorescent protein* (GFP) ist die Analyse in lebenden Zellen möglich und erlaubt zudem die Selektion von Reportergenfusionen, die unter Infektionsbedingungen aktiviert werden.

Die bisher beschriebenen Methoden basieren im wesentlichen auf der Verwendung von eukaryotischen Zellkulturlinien zur Untersuchung mikrobieller Virulenzfaktoren. Es wurden bisher nur wenige Methoden beschrieben, die eine Analyse der Expression von Virulenzfaktoren *in vivo* ermöglichen, also auf der Verwendung eines Infektionsmodells basieren. Zunächst können Fusionen von bereits bekannten Virulenzgenen mit Reportergenen erzeugt werden, die eine Analyse der Expression während der Infektion im Tiermodell ermöglichen. So ist zum Beispiel durch histochemische Verfahren der Nachweis des Reporters $\beta$-Galactosidase in Gewebeschnitten möglich; es können somit Informationen über die Expression des zu untersuchenden Virulenzfaktors *in vivo* gewonnen werden. Bei Verwendung des Reporters GFP ist keine Substratzugabe notwendig, so daß eine Visualisierung der Genexpression von Fusionen mit GFP direkt durch Fluoreszenzmikroskopie oder konfokale Lasermikroskopie erfolgen kann (siehe Abschnitt 23.9). Die Visualisierung von lebenden Pathogenen in lebenden Wirtsorganismen wird durch die Verwendung von hochempfindlichen Detektionssystemen möglich. Hierzu wurden *S. typhimurium*-Stämme mit einem konstitutiv Luciferase (Lux) exprimierenden Plasmid transformiert und dann zur Infektion von Mäusen eingesetzt. Der Verlauf der Infektion und das Schicksal der injizierten Salmonellen konnten mittels Visualisierung der Lichtemission durch den Einsatz einer hochempfindlichen CCD-Videokamera direkt *in situ* im lebenden Versuchstier verfolgt werden. Jedoch wurde diese Technik noch nicht zur Analyse der Genexpression *in vivo* eingesetzt.

Neben diesen Ansätzen zur Detektion und Analyse der Expression von bekannten Virulenzfaktoren während der Interaktion mit Zielzellen oder der Infektion *in vivo* wurden zwei Methoden entwickelt, um Infektionsmodelle zur Identifizierung von *in vivo* exprimierten Genen zu nutzen. Zunächst war die Überlegung, daß Gene, die spezifisch *in vivo* exprimiert werden, für die Pathogenität von Bedeutung sein können, Grundlage zur Entwicklung der *in vivo expression technology* (IVET) (siehe Abschnitt 23.7). IVET nutzt einen *promoter trap*-Ansatz, um *in vivo* aktivierte Gene zu identifizieren. Durch diese Methode kann also ein Abbild der Genexpression eines Pathogens während der Infektion erhalten werden. Die Überlegung, daß in Infektionsmodellen alle durch Inaktivierung von Virulenzgenen attenuierten Mutanten „herausgefiltert" werden sollten, führte zur Entwicklung von *signature-tagged mutagenesis* (STM) (siehe Abschnitt 23.8). Im Gegensatz zur konventionellen Analyse der Virulenz individueller Mutanten ermöglicht STM durch eine genetische Markierung die parallele Identifizierung von attenuierten Mutanten. Da

sich hierbei große Zahlen von Mutanten analysieren lassen, kann die negative Selektion in einem Tiermodell der Infektion durchgeführt werden. Im Gegensatz zu IVET werden bei STM nicht ausschließlich *in vivo* exprimierte Gene identifiziert.

### 16.3.3 DNA-Chip-Technologie

Eine völlig neue Möglichkeit der Analyse der *in vivo*-Expression könnte sich aus der Verfügbarkeit der Genomsequenzen verschiedener bakterieller Pathogene ergeben (siehe Kapitel 17). Zunächst können mögliche Virulenzgene aufgrund der Sequenzähnlichkeit zu bekannten Genen identifiziert werden. Darüber hinaus erlauben diese Sequenzen die Erzeugung von sogenannten DNA-Chips. Auf DNA-Chips kann durch eine extrem dichte Anordnung von synthetischen DNA-Fragmenten jedes Gen aus dem Genom eines Bakteriums repräsentiert werden. Ein DNA-Chip läßt sich zur Hybridisierung nutzen, und DNA-DNA-Hybride oder DNA-RNA-Hybride können mit Hilfe der konfokalen Lasermikroskopie erkannt werden. Durch eine Computeranalyse können Hybridisierungssignale den entsprechenden Genen zugeordnet werden. Eine parallele Expressionsanalyse aller Gene des Genoms kann nach Gewinnung von Transkripten und Herstellung von fluoreszenzmarkierten DNA-Sonden durch Hybridisierung mit dem DNA-Chip erfolgen. Auf diese Weise wird es möglich, eine Momentaufnahme des Expressionszustandes aller Gene eines Organismus zu einem bestimmten Zeitpunkt und einer definierten Wachstumssituation zu erhalten. Die Methodik wurde bereits unter *in vitro*-Bedingungen an *Streptococcus pneumoniae* evaluiert und könnte in absehbarer Zeit auch auf die Analyse der Genexpression mikrobieller Pathogene *in vivo* übertragen werden.

# 16.4 Literatur

Abu Kwaik, Y.; Pederson, L. L. *The Use of Differential Display-PCR to Isolate and Characterize a Legionella pneumophila Locus Induced During the Intracellular Infection of Macrophages.* In: *Mol. Microbiol.* 21 (1996) S. 543–556.

Contag, C. H.; Contag, P. R.; Mullins, J. I.; Spilman, S. D.; Stevenson, D. K.; Benaron, D. A. *Photonic Detection of Bacterial Pathogens in Living Hosts.* In: *Mol. Microbiol.* 18 (1995) S. 593–603.

Cotter, P. A.; Miller, J. F. *In vivo and ex vivo Regulation of Bacterial Virulence Gene Expression.* In: *Current Opinion Microbiol.* 1 (1998) S. 17–26.

Foster, J.W.; Spector, M. P. How *Salmonella Survive Against the Odds.* In: *Annu. Rev. Microbiol.* 49 (1995) S. 145–174.

Hengge-Aronis, R. *Survival of Hunger and Stress: The Role of rpoS in Stationary Phase Regulation in Escherichia coli.* In: *Cell* 72 (1993) S. 165–168.

Hensel, M.; Shea, J. E.; Gleeson, C.; Jones, M. D.; Dalton, E.; Holden, D. W. *Simultaneous Identification of Bacterial Virulence Genes by Negative Selection.* In: *Science* 269 (1995) S. 400–403.

Klarsfeld, A. D.; Goosens, P. L.; Cossart, P. *Five Listeria monocytogenes Genes Preferentially Expressed in Infected Mammalian Cells: plcA, purH, purD, pyrE and an Arginine ABC Transporter Gene arpJ.* In: *Mol. Microbiol.* 13 (1994) S. 585–597.

Lockhart, D. J.; Dong, H.; Byrne, M. C.; Follettie, M. T.; Gallo, M. V.; Chee, M. S.; Mittmann, M.; Wang, C.; Kobayashi, M.; Horton, H.; Brown, E. L. *Expression Monitoring by Hybridization to High-Density Oligonucleotide Arrays.* In: *Nat. Biotechnol.* (1994) S. 1675–1680.

Mahan, M. J.; Slauch, J. M.; Mekalanos, J. J. *Selection of Bacterial Virulence Genes That Are Specifically Induced in Host Tissues.* In: *Science* 259 (1993) S. 686–688.

Mekalanos, J. J. *Environmental Signals Controlling Expression of Virulence Determinants in Bacteria.* In: *J. Bacteriol.* 174 (1992) S. 1–7.

Plum, G.; Clark-Curtiss, J. E. *Induction of Mycobacterium avium Gene Expression Following Phagocytosis by Human Macrophages.* In: *Infect. Immun.* 62 (1994) S. 476–483.

Saizieu, A. de; Certa, U.; Warrington, J.; Gray, C.; Keck, W.; Mous, J. *Bacterial Transcript Imaging by Hybridization of Total RNA to Oligonucleotide Arrays.* In: *Nature Biotechnol.* 16 (1998) S. 45–48.

Valdivia, R. H.; Falkow, S. *Fluorescence-Based Isolation of Bacterial Genes Expressed Within Host Cells.* In: *Science* 277 (1997) S. 2007–2011.

Wilmes Riesenberg, M. R.; Foster, J. W.; Curtiss, R. *An Altered rpoS Allele Contributes to the Avirulence of Salmonella typhimurium LT2.* In: *Infect. Immun.* 65 (1997) S. 203–210.

# 17. Genome, Transkriptome und Proteome

J. Reidl

## 17.1 Grundlagen der bakteriellen Genomforschung

Genomik ist ein Kunstwort und leitet sich aus den Begriffen Genom und Analytik ab. Die Genomanalyse ist ein sehr junges Feld der molekularen Biologie. Seit den späten siebziger Jahren wurden einzelne Gene, Operone und codierende Regionen von zusammenhängenden Biosynthesewegen teilweise oder komplett sequenziert. Inzwischen ist die Komplettsequenzierung ganzer Genome möglich. Das Interesse konzentriert sich vor allem auf die Aufschlüsselung der Genome von pathogenen oder industriell relevanten Mikroorganismen. So wurden die ersten kompletten DNA-Sequenzen von *Haemophilus influenzae* ($1,8 \times 10^6$ bp) und *Mycoplasma genitalium* ($0,58 \times 10^6$ bp) 1995 durch C.

Venter und Kollegen publiziert. Seither werden die Genome weiterer Organismen veröffentlicht, darunter auch das Genom eines eukaryotischen Vertreters, *Saccharomyces cerevisiae* ($13 \times 10^6$ bp). Die Sequenzierung von über 50 mikrobiellen Genomen ist in Arbeit, wobei die kompletten DNA-Genomsequenzen von über 20 Organismen bereits fertiggestellt wurden (siehe Tabelle A.20 im Anhang). Einen Überblick zum Stand laufender Sequenzierungsprojekte gibt Tabelle 17.1.

Neue Entwicklungen in der Sequenzierungstechnik und Informatik haben die Genomanalysen in diesem Umfang erst in diesem Jahrzehnt erlaubt. Als eines der ersten vollständig sequenzierten Genome eines komplett lebensfähigen Organismus überhaupt wurde 1995 das Genom *von H. influenzae* veröffentlicht. Zur Ermittlung der DNA-Sequenz des *H. influenzae*-Genoms wurde das Chromosom drei- bis neunfach sequenziert. Die Fehlerrate wurde mit einem Fehler auf 5000 bis

**Tabelle 17.1:** Genomgrößen verschiedener Organismen

| Organismus | Genomgröße ($10^6$ bp) | bereits sequenziert |
|---|---|---|
| *E. coli* | 4,2 | ja |
| Hefe | 13 | ja |
| Nematoden | 100 | teilweise |
| *Drosophila* | 130 | teilweise |
| Maus | 3000 | teilweise |
| Mensch | 3000 | teilweise |

10 000 Basen angegeben. Als ein Ergebnis der Genomanalyse von *H. influenzae* fand man 1 743 codierende Gene, für 1 007 Gene konnte eine hohe Ähnlichkeit zu bekannten Genen festgestellt werden. Zu 736 Genen ließ sich hingegen keine eindeutige Homologie finden. Von den 736 Genen ohne eindeutige Homologiezuordnung codieren 347 für hypothetische Genprodukte.

In den nächsten Jahren werden sich die Datenbänke durch viele Eintragungen aus den Genomsequenzierungen weiter füllen. Darunter wird eine Vielzahl an Gen/Proteingruppen (Superfamilien) zu finden sein, die sich durch hohe Homologien auszeichnen und daher vermutlich einer evolutiv konservativen Entwicklung unterlagen. Aus den bisher vorliegenden Daten ist zu erkennen, daß zu etwa einem Drittel aller abgeleiteten Leseraster eines Genoms noch keine Homologien zu bekannten Genen gefunden werden konnten. Darunter fallen viele Gene, die untereinander hoch homolog sind und andeuten, daß sie zur gleichen Gen/Proteinfamilie gehören, deren Funktionen aber noch nicht bekannt sind. Weiterhin beinhalten die unbekannten Leseraster aber auch Gene, die zu keinen bisher abgeleiteten Proteinen eine Homologie zeigen. Die korrespondierenden Proteine spiegeln eventuell eine speziesspezifische Entwicklung wider und spielen vielleicht eine wesentliche Rolle bei der evolutiven Entwicklung beziehungsweise Abgrenzung dieser Organismen von anderen Spezies (divergente Entwicklung). Phylogenetisch gesehen sind daher Genomanalysen der ultimative Schritt zur Erfassung von relevanten Eigenschaften, der Suche nach evolutiven Markerproteinen und deren Funktion. Darüber hinaus wird die Analyse sogenannter nichtcodierender Bereiche (intergener Regionen) dazu beitragen, Regulations- und Strukturmotive aufzudecken, welche speziesspezifisch bisher überhaupt noch nicht erfaßbar waren.

## 17.2 Genomanalysen: Zukünftige infektions-biologische Anwendungen

Durch die Ermittlung der gesamten Erbinformation eines pathogenen Organismus erhält man hauptsächlich einen Überblick über die codierenden Gene und Genregionen, woraus man metabole/anabole, DNA-Rekombinations- und Virulenzeigenschaften ableiten kann. Zur Untersuchung verschiedener Pathotypen einer Spezies werden geeignete Genomdifferenzierungstechniken, zum Beispiel *representational difference analysis* (RDA) herangezogen (vergleiche Abschnitt 25.5). Im Vordergrund stehen hier vor allem Analysen zur Abgrenzung apathogener von pathogenen Stammvarianten. Solche Analysen können zur Aufdeckung neuer Pathogenitätsinseln (PAIs) und zusätzlich erworbener Plasmide und Phagen führen, die mit Virulenzgenen assoziiert sind. Diese Erkenntnisse und das Basiswissen um die physiologischen Charakteristika lassen sich dann gezielt heranziehen, um Angriffsziele oder Forschungsschwerpunkte zu definieren, die der Entwicklung von neuen Chemotherapeutika (Antibiotika), der Konstruktion von Vakzinen oder alternativen Formen der antimikrobiellen Therapie dienen. Zum Beispiel konnte mit Hilfe der Genomanalyse eine PAI (siehe Kapitel 14) bei *Helicobacter pylori* identifiziert werden, deren codierende Genprodukte wahrscheinlich bei der Ausbildung des Magenulcus mitwirken. Andere Zielgene stellen Zwei-Komponenten-Regulationssysteme dar, die beispielsweise für die Regulation von Virulenzfaktoren beschrieben worden sind (zum Beispiel *phoPQ, Salmonella typhimurium; algR1, 2, Pseudomonas aeruginosa; bvgAS, Bordetella pertussis*), alternative $\sigma$-Faktoren (*rpoS* in *S. typhimurium, E. coli*) und zellwandsynthesecodierende Operone. Diese Gene können durch die Genomanalysen identifiziert und anschließend charakterisiert werden, um gezielt Hemmstoffe zu finden, welche die Aktivität einzelner Biosyntheseenzyme hemmen.

Das Feld der Genomanalysen stellt für die Diagnostik zukünftig ein sehr wichtiges Instrument dar, mit dem man in der Lage sein wird, bestimmte pathogene Organismen aufgrund ihrer Erbinformation sicher und schnell nachzuweisen. Es werden Hybridisierungstechniken entwickelt, die als sogenannte *microarray*-Systeme aufgebaut sein können. Hierfür werden langkettige synthetische Oligonucleotide auf Biochips aufgebracht (chemisch fixiert, mehrere tausend Oligos auf kleinstem Raum zum Beispiel 1 mm$^2$). Diese Biochips dienen dann als Sonden, mit deren Hilfe etwa aus biologischem Material (Blut, Schleim, Kot) die entsprechenden Infektionskeime nachgewiesen und identifiziert werden können (vergleiche Abschnitt 16.3.3).

Ein erweitertes Entwicklungsgebiet hierzu stellt die Analyse des Transkriptoms dar. Dabei sollen die Biochips zur Hybridisierung mit isolierter mRNA oder cDNA herangezogen werden. Diese Technik könnte für das Studium der Expression spezifischer Virulenzgene Anwendung finden. Weiterhin wird diese Technik möglicherweise dazu dienen, während der Diagnose nicht nur bestimmte Infektionskeime zu identifizieren, sondern direkt deren exprimierte Virulenzdeterminanten zu bestimmen.

# 17.3 Analysen der Proteinmuster

Der Begriff Proteom bezeichnet die Gesamtheit aller Proteine eines Organismus. Die Proteomik (Proteomforschung) versucht einen Zusammenhang zwischen Genen, Genprodukten (Proteinen) und ihrer Expressionskontrolle herzustellen.

Dabei erfassen die Proteomanalysen die exprimierten Proteine eines Organismus unter bestimmten Umweltbedingungen. Im Zusammenhang mit den parallel gewonnenen Ergebnissen der Genomik liefert die Proteomik mehr Information als nur die Sekundärstruktur von Genprodukten. Zum Beispiel gibt die Proteomik Aufschluß darüber,

- ob und wann Genprodukte produziert werden,
- in welcher Quantität Proteine synthetisiert werden,
- welcher Grad der posttranslationellen Modifizierung vorliegt,
- welche Effekte von Gen-*knock out*-Mutanten oder der Überexpression von Genen verursacht werden und
- in welchem Ausmaß das selektive An- und Ausschalten bestimmter Gene in Abhängigkeit von Umweltfaktoren, Streß, Krankheit oder anderen Faktoren beobachtet werden kann.

Am Beispiel von *E. coli* wurde gezeigt, wie die 2-D-PAGE-Analyse (2-dimensionale Polyacrylamidgelelektrophorese) zur Identifizierung von Genprodukten herangezogen werden kann. Die Arbeiten dazu begannen schon 1980, und die Daten können nach der vollständigen Sequenzierung des *E. coli*-K-12-Genoms eventuell vollständig erfaßt werden. Die Codierungskapazität von *E. coli* umfaßt laut Genomanalyse rund 4 405 codierende Leseraster, wovon ungefähr 1 600 Proteine durch ihre Position auf dem 2-D-PAGE erfaßt wurden. Davon konnten bisher 223 Proteine identifiziert werden.

Fragen zur Erfassung bestimmter Regelkreise und deren Auswirkungen stehen in diesem Zusammenhang im Vordergrund. Dazu setzt man die Zellen definierten Umwelteinflüssen aus und trennt das Proteom über eine 2-D-PAGE-Analyse auf. Aus den unterschiedlichen „Fingerabdrücken" der Muster dieser 2-D-PAGEs lassen sich unterschiedlich exprimierte oder induzierte Proteine nachweisen und identifizieren. Zum Beispiel bewirken

Streßbedingungen (Hunger, unterschiedliche Osmolarität, Hitze oder pH-Veränderungen) die Aktivierung bestimmter Regulatoren, die wiederum die Expression ganzer Gruppen von Genprodukten stimulieren. Durch diese Technik hat man beispielsweise gefunden, daß die Synthese der $\sigma$B-RNA-Polymerase von *Bacillus subtilis* für die koordinierte Expression nahezu aller Streßproteine nötig ist. Durch die Identifizierung dieser Regulatoren sowie deren Zielgene können ganze Enzymkaskaden und biosynthetische (anabole, katabole) Regelkreise aufgedeckt und charakterisiert werden.

Veränderte Umwelteinflüsse sind auch bei pathogenen Mikroorganismen eine wichtige Stellgröße und führen sehr oft zur Expression oder Repression spezifischer Virulenzfaktoren. Beispielsweise stehen eine Reihe von Toxinen unter der Kontrolle der eisenabhängigen Transkriptionsregulation (zum Beispiel Diphtherie, Shiga-, Shiga-*like*-Toxin und Exotoxin A), andere unter der Kontrolle von pH, Temperatur und Osmolarität (zum Beispiel Virulenzfaktoren in *Salmonella typhimurium*, *Vibrio cholerae*, *Listeria monocytogenes* und *Bordetella pertussis*). Die Verschachtelungen dieser Regulationskreise sind höchst komplex und können einerseits durch genetische Techniken (siehe Kapitel 12) oder auch durch die Ansätze der Proteomik aufgeklärt werden.

Umfangreiche Genomsequenzierungen und die Identifizierung der codierenden Gene liefern die Voraussetzung zur schnellen Identifizierung der durch 2-D-PAGE isolierten Genprodukte. Dazu werden die isolierten Proteine durch hochtechnisierte Methoden wie MALDI-TOF-, ESI-Massenspektrometrie und Edman-Sequenzierung ansequenziert, anschließend mit Genomdatenbanken verglichen und annotiert. Die durch die Proteomanalysen gewonnene Information kann dann direkt eingesetzt werden, um entsprechende Gene gentechnisch zu verändern. Die Effekte dieser Mutationen lassen sich wiederum gezielt nach medizinischen oder industriellen Anwendungsmöglichkeiten untersuchen.

Bereiche, die in Zukunft von dieser Technik besonders beeinflußt werden, sind:

- die Entwicklung von neuen Therapeutika (zum Beispiel Antibiotika), die durch die Analyse der biochemischen Basis des Krankheitsmechanismus entwickelt werden können; dies wird durch die Auffindung der krankheitsbedingten oder verursachenden Proteine und die Identifizierung von neuen molekularen Zielstrukturen für Therapeutika erreicht;
- die Beschleunigung der Therapieentwicklung und Diagnostik, wobei sich neue sensitive Marker identifizieren lassen; zum Beispiel könnten früh erkennbare Indikatoren isoliert und in Zukunft zur schnelleren Diagnose herangezogen werden.

# 17.4 Literatur

Antelmann, H. et al. *First Steps From a Two-Dimensional Protein Index Towards a Response-Regulation Map for Bacillus subtilis.* In: *Electrophoresis* 18 (1997) S. 1451–1463.

Danchin, A. *Why Sequence Genomes?* In: *Molec. Microbiol.* 18 (1995) S. 371–376.

Fleischmann, R. D. et al. *Whole-Genome Random Sequencing and Assembly of Haemophilus influenzae Rd.* In: *Science* 269 (1995) S. 496–512.

Fraser, C. M.; Fleischmann, R. D. *Strategies for Whole Genomic Sequencing and Analysis.* In: *Electrophoresis* 18 (1997) S. 1207–1216.

Frosch, M.; Reidl, J.; Vogel, U. *Genomics in Infectious Diseases: Approaching the Pathogen.* In: *Trends Microbiol.* 6 (1998) S. 346–349.

Herrmann, R. *Sequenzanalysen bakterieller Genome.* In: *Biospektrum* 3 (1997) S. 32–38.

Humphery-Smith, I. et al. *Proteom Research: Complementary and Limitations With Respect to the RNA and DNA Worlds.* In: *Electrophoresis* 18 (1997) S. 1217–1242.

Link, A. J. et al. *Comparing the Predicted and Observed Properties of Proteins Encoded in the Genome of Escherichia coli K-12.* In: *Electrophoresis* 18 (1997) S. 1259–1313.

Marshall, A.; Hodgson J. *DNA Chips: An Array of Possibilities.* In: *Nature Biotechnology* 16 (1998) S. 27–31.

Perret, X.; Freiberg, C.; Rosenthal, A.; Broughton, W. J.; Felley, R. *High-Resolution Transcriptional Analysis of the Symbiotic Plasmid of Rhizobium sp. NGR 234.* In: *Molec. Microbiol.* 32 (1999) S. 415–425.

Reidl, J. *Methods and Strategies for the Detection of Bacterial Virulence Factors Associated with Pathogenicity Islands, Plasmids, and Bacteriophages.* In: Kaper, J. B.; Hacker, J. (Hrsg.) *Pathogenicity Islands and Other Mobile Virulence Elements.* Washington, D.C., ASM Press (1999) S. 13–32.

Strauss, E. J.; Falkow, S. *Microbiol Pathogenesis: Genomics and Beyond.* In: *Science* 276 (1997) S. 707–712.

# 18. Molekulare Diagnostik und Epidemiologie

J. Hacker, J. Heesemann

## 18.1 Spezies- und Subspeziesbestimmung

### 18.1.1 Klassische Methoden

Die Diagnostik von Infektionskrankheiten erfolgt in enger Zusammenarbeit von klinisch tätigen Ärzten, die die Verdachtsdiagnose stellen und die Untersuchungsproben (zum Beispiel Blut, Urin und Abstriche) entnehmen, und Laborärzten, die die Proben mikrobiologisch untersuchen. Das Patientenmaterial wird zur Anzucht von Mikroorganismen auf reichhaltige Nährböden (zum Beispiel Blut- und Kochblutagar) und gegebenenfalls auf Selektivnährböden ausgestrichen oder in Anreicherungsbrühen inokuliert. Darüber hinaus wird die Gramfärbung zur mikroskopischen Differenzierung von grampositiven und gramnegativen Stäbchen beziehungsweise Kokken durchgeführt. Bei bestimmten Verdachtsdiagnosen werden Spezialfärbungen nach Ziehl-Neelsen für Mycobacterienarten oder nach Neisser für Diphtherieerreger durchgeführt.

Die mikrobiologische Labordiagnostik zielt auf eine schnelle Identifikation und Charakterisierung von Krankheitserregern ab. Die Speziesidentifizierung von Mikroorganismen und die Bestimmung ihrer Eigenschaften bilden die Grundlage für schnelle therapeutische und gegebenenfalls prophylaktische Maßnahmen. Seit den wegweisenden Arbeiten von Robert Koch und seiner Schüler ist das Anlegen einer mikrobiologischen Reinkultur eines der „Herzstücke" der mikrobiologischen Diagnostik. Wie später zu zeigen sein wird, sind mit dieser Methode jedoch eine Reihe von Krankheitserregern nicht zu erfassen. Dazu zählen Bakterien, die sich in einem „Schlafstadium" befinden (VBNC, *viable but non culturable*; SCV, *small colony variants*; siehe Kapitel 12) und nicht oder schwer kultivierbare Mikroorganismen. Dennoch lassen sich mit Hilfe von Spezialmedien und Nährböden auch anspruchsvolle Mikroorganismen im Labor kultivieren und hinsichtlich ihrer Artzugehörigkeit und ihrer Eigenschaften charakterisieren. Für die Anzucht bestimmter Mikroorganismen werden aufwendige Spezialnährmedien verwendet, wie die serumhaltigen Medien für die Kultivierung von *Borrelia burgdorferi* oder *Mycoplasma pneumoniae*. Auch für die Anzucht anaerober (zum Beispiel *Clostridium difficile*, *Bacteroides fragilis*) oder mikroaerophiler Mikroorganismen (zum Beispiel *Helicobacter pylori*) sind spezielle Techniken notwendig. Einige Bakterienarten sind so anspruchsvoll, daß sie nur in Zellkulturen, immundefizienten Mäusen oder anderen Versuchstieren kultiviert werden können (zum Beispiel *Chlamydia* spp., *Tropheryma whippelii*, *Mycobacterium leprae*).

Die Spezies- und Subspezieszuordnung von Mikroorganismen beruht im wesentlichen auf der Analyse der metabolischen Leistungen („Bunte Reihe") und auf morphologischen Gesichtspunkten. Von verschiedenen Firmen werden heute kommerzielle Systeme angeboten (zum Beispiel API 20 E®, Titerteck-Enterobac®), die die traditionelle „Bunte Reihe" ersetzen. Durch Analyse verschiedener biochemischer Reaktionen, unter anderem dem Nachweis von oxidativem oder fermentativem Substratabbau, von Atmungskettenenzymen und von anderen enzymatischen Reaktionen ist es möglich, eine taxonomische Zuordnung der möglichen Krankheitserreger zu treffen und sie in Biotypen/Biovare zu subtypisieren. Eine weitere Feintypisierung kann mit spezifischen Antiseren gegen hitzestabile Antigene (Lipopolysaccharide: O-Antigen; Kapselpolysaccharide: K-Antigen) und hitzelabile Oberflächenantigene (Flagellen: H-Antigen; Fimbrien: F-Antigen) erfolgen (Serotyp/Serovare).

Weiterhin stellt die Serologie eine wichtige klassische diagnostische Methode dar. Sie beruht auf dem Nachweis klassenspezifischer Serumantikörper (IgG, IgA, IgM), die die Mikroorganismen im Körper des Patienten „hinterlassen" haben (humorale Immunantwort). Diese können mit Hilfe konventioneller Tests (Agglutination, Komplementbindungsreaktion), aber auch mit Hilfe von modernen Immunoassays (Immunoblot oder *enzyme linked immuno sorbent*-(ELISA-)Systemen) mittels definierter Antigene nachgewiesen werden. Serologische Verfahren werden auch verwendet, um Krankheitserreger oder ihre Antigene mit spezifischen Antikörpern (Kaninchenantiseren oder monoklonalen Antikörpern von der Maus) nachzuweisen. Antikörper, die mit fluoreszierenden Farbstoffen gekoppelt sind (zum Beispiel Carbocyanin, Rhodamin und Fluorescein) werden für den immunofluoreszenzmikroskopischen Nachweis verwendet. In Liquor, Serum und Urin können lösliche Erregerantigene durch Latexagglutination detektiert werden (1–10$\mu$m große Latexkugeln beschichtet mit spezifischen Antikörpern).

## 18.1.2 Molekulare Methoden

Die klassischen Methoden der mikrobiologischen Laboratoriumsdiagnostik stoßen auf Grenzen beispielsweise hinsichtlich Zeitaufwand, Sensitivität (nicht oder schwer anzüchtbare Mikroorganismen) und Abschätzung der Pathogenität von Erregern. Molekulare Methoden, die sich in der letzten Zeit insbesondere auf den Nucleinsäurenachweis konzentrieren, haben hier Verbesserungen geschaffen. Wie aus Tabelle 18.1 hervorgeht, handelt es sich bei den nicht oder schwer kultivierbaren Mikroorganismen um eine wichtige Gruppe von Krankheitserregern. Einige der in dieser Tabelle aufgeführten Mikroorganismen sind für schwere Infektionen verantwortlich. Erst in letzter Zeit ist es gelungen, sie mit Hilfe von molekularen Methoden zu identifizieren und sicher nachzuweisen. Auch die in Schlafstadien (VBNC, SCV) vorkommenden Mikroorganismen wie Staphylokokken oder Vibrionen lassen sich mit Hilfe konventioneller Tests nur schwer nachweisen.

Eine Schlüsselrolle beim Nachweis von Krankheitserregern mit Hilfe molekularer Methoden spielen die ribosomalen RNA-Moleküle beziehungsweise ihre korrespondierenden Gene (siehe Abschnitt 18.1). Ribosomale RNA-Moleküle von Bakterien werden von den 5S-, 16S- und 23S-RNA-spezifischen Genen, die in den

**Tabelle 18.1:** Nicht oder schwer kultivierbare Mikroorganismen

| Mikroorganismus | ausgelöste Infektionen |
|---|---|
| *Ehrlichia chaffeensis* | Ehrlichiose |
| *Bartonella henselae* | bazilläre Angiomatose |
| *Tropheryma whippelii* | Morbus Whipple |
| *Chlamydia pneumoniae* | Pneumonie, Arteriosklerose (?) |
| *Chlamydia trachomatis* | Trachom, Urethritis |
| *Atypische Mykobakterien* | systemische Infektionen |
| *Mycobacterium leprae* | Lepra |
| *Pneumocystis carinii* | Pneumonie |
| *Treponema pallidum* | Lues/Syphilis |

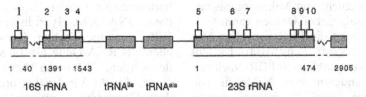

**18.1** Schematische Darstellung eines rRNA-Operons von *E. coli*. Die 16S- und 23S-rRNA-spezifischen Gene und die tRNA-Loci sind als schwarze Balken dargestellt. Die unteren Zahlen repräsentieren die Zahl der Nucleotide in den Genen, die oberen Zahlen symbolisieren Regionen für mögliche PCR-Primer in den konservierten Genregionen der 16S- und 23S-rRNA-Gene.

Chromosomen lokalisiert sind, codiert. Analoge Gene (5,8S, 18S und 28S) sind auch in Chromosomen von eukaryotischen Organismen vorhanden. Besonders häufig werden die 16S-rRNA-spezifischen Gene zur Lösung diagnostischer Fragen verwendet, da sie aus konstanten und variablen, speziesspezifischen Bereichen bestehen. In Datenbanken sind mittlerweile DNA-Sequenzen von über 7000 16S-rRNA-Genen vorhanden, so daß gruppen-, aber auch speziesspezifische Gensonden beziehungsweise PCR-Primer hergestellt werden können. Mit Hilfe von 16S-rRNA-Sequenzanalysen lassen sich Krankheitserreger, aber auch andere Mikroorganismen phylogenetisch präzise zuordnen. Die auf der Basis der 16S-rRNA-Sequenzen durchgeführte Spezieszuordnung hat die molekulare Taxonomie von Mikroorganismen insgesamt revolutioniert. Es wird damit gerechnet, daß nach der Genomsequenzierung von vielen Mikroorganismen auch andere konservierte Moleküle, wie beispielsweise Elongationsfaktoren oder ATPasen, für molekulare, taxonomische Fragestellungen herangezogen werden können.

Die Methoden der molekularen Diagnostik sind vor allem auf der Basis der Polymerasekettenreaktionen (PCR) mit Hilfe spezifischer Oligonucleotidprimer und auf der Basis von DNA-DNA-Hybridisierungen beziehungsweise RNA-DNA-Hybridisierungen mit Hilfe spezifischer Gensonden entwickelt worden. Wie in Tabelle 18.2. dargestellt ist, bieten die nucleinsäurebasierten molekularen Dia-gnosetechniken eine Reihe von Vorteilen gegenüber den konventionellen Methoden. Sie sind schnell anzuwenden und sehr sensitiv. Darüber hinaus können auch Varianten bestimmter Spezies weiter differenziert werden, und die Differenzierung kann unabhängig vom Immunstatus und vom klinischen Bild erfolgen. Auf den Nachweis von nicht kultivierbaren Mikroorganismen wurde bereits hingewiesen. Ein weiterer Vorteil besteht in der Automatisierbarkeit dieser Methoden. Die Umsetzung molekularbiologischer Methoden für die Infektionsdiagnostik hat erst vor wenigen Jahren begonnen, so daß ein Abwägen der Vor- und Nachteile noch nicht möglich ist. Es ist aber absehbar, daß die

**Tabelle 18.2:** Nucleinsäurebasierte Erregernachweistechniken – Vor- und Nachteile

| Vorteile | Nachteile |
|---|---|
| schnell | anfällig gegenüber Kontamination (falsch positiv) |
| sensitiv und spezifisch (PCR unter Einhaltung strenger Vorkehrungen) | anfällig gegenüber Inhibitoren (falsch negativ) |
| Varianten können differenziert werden | auch tote Organismen werden detektiert (zum Beispiel bei erfolgreicher Therapie) |
| Nachweis unabhängig von Immunstatus und klinischem Bild | unvollständige Erfassung von Mischinfektionen |
| Nachweis nicht kultivierbarer Organismen möglich | Befundinterpretation zum Teil schwierig |
| automatisierbar | kostenintensiv |

klassische Anzucht von Mikroorganismen nicht völlig aufgegeben werden kann.

Zur Zeit zeigt die PCR von allen Methoden die höchste Sensitivität. Es gibt eine Reihe von etablierten PCR-Nachweisen, unter anderem zum Nachweis von *Pneumocystis carinii, Toxoplasma gondii, Neisseria gonorrhoeae*. Viren werden ebenfalls mit Hilfe der PCR nachgewiesen, RNA-Viren mittels RT-(*reverse transcripted-*)PCR. Neben rRNA-spezifischen Genen können außerdem andere, speziesspezifische DNA-Sequenzen für eine PCR

herangezogen werden. Dies gilt auch für die DNA-DNA-Hybridisierungen mit Hilfe von spezifischen Gensonden, wo ebenfalls RNA-Gene als Targets verwendet werden. Es können aber auch andere Gene, die für Virulenzfaktoren oder andere Genprodukte codieren, als Targets Verwendung finden.

Durch die methodischen Weiterentwicklungen der Nucleinsäuresequenzierungstechniken werden neuerdings DNA-Sequenzierungen durchgeführt, um schnell eine Spezieszuordnung bestimmter Krank-

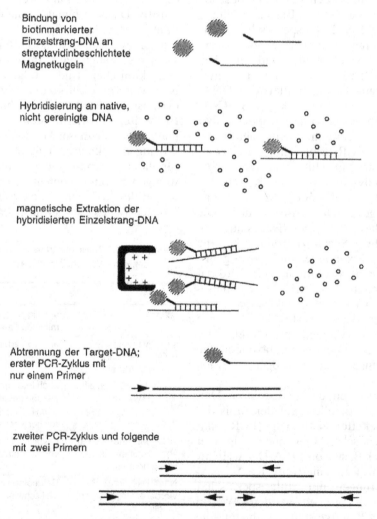

Bindung von biotinmarkierter Einzelstrang-DNA an streptavidinbeschichtete Magnetkugeln

Hybridisierung an native, nicht gereinigte DNA

magnetische Extraktion der hybridisierten Einzelstrang-DNA

Abtrennung der Target-DNA; erster PCR-Zyklus mit nur einem Primer

zweiter PCR-Zyklus und folgende mit zwei Primern

**18.2**   Schema zur Reinigung von nativer DNA durch magnetische Extraktion mittels *magnetic capture hybridization* und anschließende Anreicherung der PCR-Produkte.

heitserreger möglich zu machen. Dies gilt unter anderem zum Nachweis von atypischen Mycobakterien, Chlamydien, *Borrelia*-Arten, *Bartonella henselae* und anderen. Darüber hinaus wird die DNA-Sequenzierung verwendet, um eine Subtypisierung einzelner Gruppen von Krankheitserregern, beispielsweise innerhalb der Staphylokokkengruppe, schnell durchzuführen.

Ein besonderer Vorteil der Nucleinsäuretechniken liegt in der Kopplung der entsprechenden Reagentien mit Magnetpartikeln (Abbildung 18.2). So können DNA-Primer mit spezifischen Enzymen gekoppelt werden, die ihrerseits dann von ebenfalls spezifisch markierten Magnetpartikeln erkannt werden können. Mit Hilfe dieser *magnetic capture*-Methode ist es möglich, aus einem schwer zugänglichen Untersuchungsmaterial (Stuhl- oder Serumprobe), aber auch aus Umweltproben selektiv bestimmte Nucleinsäurefragmente zu isolieren. Magnetpartikelgekoppelte Antikörper werden ebenfalls in der molekularen Diagnostik verwendet. Molekulare diagnostische Methoden auf der Basis von magnetpartikelgekoppelten monoklonalen Antikörpern werden unter anderem verwendet, um bestimmte Toxine (Shiga- oder Choleratoxin) gezielt zu detektieren.

Darüber hinaus werden auch chromatographische und radiometrische Methoden verwendet, um Mikororganismen nachzuweisen beziehungsweise eine Feinanalyse hinsichtlich ihrer taxonomischen Eingruppierung zu erstellen. Die Fourier-Transform-Infrarot-(FT-IR-)Spektrometrie erlaubt ebenfalls eine taxonomische Zuordnung von Mikroorganismen, wobei jedoch auch hier die Kultivierung Voraussetzung ist. Neue Gensonden werden außerdem mit Hilfe der repräsentativen Differenzanalyse (RDA) entwickelt (siehe Abschnitt 23.5). Hierbei werden von Mikroorganismen spezifische Gensequenzen iden-

tifiziert, die dann als diagnostische Targets in Frage kommen. Mit Hilfe der RDA-Methode ist es unter anderem gelungen, das Humane Herpesvirus-(HHV-)8 aus Geweben eines Patienten mit Kaposi-Sarkom zu identifizieren.

## 18.1.3 *In situ*-Hybridisierungen

Die rRNA-spezifischen Gene werden nicht nur als Targetsequenzen für PCR oder als Gensonden verwendet, vielmehr stellen RNA-Moleküle auch selbst ein ideales Target für den *in situ*-Nachweis von Mikroorganismen dar. Eine derartige *in situ*-Hybridisierung geschieht mit Hilfe von fluoreszenzfarbstoffgekoppelten Oligonucleotidsonden, mit deren Hilfe es möglich ist, in Patientenmaterial, aber auch in Umweltproben gezielt Mikroorganismen nachzuweisen (siehe Abschnitt 23.3). Durch geschickte Kombination verschiedener Oligonucleotidsonden sowie durch den Einsatz der Fluoreszenzmikroskopie gekoppelt mit konfokaler Lasermikroskopietechnik ist es jetzt schon möglich, bis zu neun verschiedene Mikroorganismen in einer Probe nachzuweisen. Die *in situ*-Hybridisierung hat auch Bedeutung für den Nachweis von Viren. So wurde beispielsweise das humane Papillomavirus zunächst mit Hilfe der *in situ*-Hybridisierung identifiziert. Aber auch bakterielle Krankheitserreger, insbesondere solche, die schwer oder nicht kultivierbar sind, oder Mischinfektionen lassen sich mit Hilfe der *in situ*-Hybridisierung gezielt nachweisen. Neuerdings werden außerdem mRNA-Moleküle als Targets für eine *in situ*-Hybridisierung verwendet. Diese Technik steckt noch in den Kinderschuhen, ihr wird für die Zukunft allerdings große Bedeutung, auch bei der Detektion bestimmter Transkripte *in situ*, zugemessen.

# 18.2 Pathotypbestimmung

Die medizinische Mikrobiologie mußte frühzeitig erfahren, daß nur in wenigen Fällen, wie zum Beispiel bei *Salmonella typhi* oder *Mycobacterium tuberculosis*, die Bestimmung der Bakterienart auch eine Vorhersage über die Pathogenität und Infektiosität erlaubt. Dieses Problem ist besonders deutlich bei *Escherichia coli*, einer Bakterienart, die ein breites Spektrum unterschiedlicher pathogener und apathogener Varianten hervorgebracht hat (siehe Abschnitt 21.1). Heute wissen wir, daß zu jedem Pathotyp ein charakteristisches Repertoire von Pathogenitätsfaktoren beziehungsweise -genen gehört. Der Nachweis von potentiellen Pathogenitätsfaktoren wird mit klassischen Methoden schon seit Beginn der Kochschen Mikrobiologie durchgeführt, indem zum Beispiel mit Hilfe von Blutagarplatten Hämolysine oder mit Hilfe anderer Nährmedien Lecithinasen und Proteasen nachgewiesen wurden. Unterstützt wurden diese klassischen Methoden durch Tierversuche (zum Beispiel Tetanus- und Botulismustoxinnachweis) und neuerdings auch durch den Einsatz von Zellinien, um in *in vitro*-Tests die Expression von Toxinen (zum Beispiel des Choleratoxins und von *E. coli*-Enterotoxinen) nachzuweisen.

Mit molekularbiologischen Techniken ist es nunmehr möglich, einzelne Virulenzfaktoren, aber auch ganze Gruppen von virulenzassoziierten Genen nachzuweisen, so daß auf Tierversuche immer häufiger verzichtet werden kann. Tabelle 18.3 zeigt einige virulenzassoziierte Gene, die für den molekularen Nachweis geeignet sind. Dies sind zum einen Toxine, die mit Hilfe von immunologischen Tests, aber auch mit Hilfe von Gensonden nachweisbar sind. Zu diesen Pathogenitätsfaktoren zählen auch die Superantigene, die von Staphylokokken und Streptokokken gebildet werden und die besonders bei schweren Infektionsverläufen eine wichtige Rolle spielen können (vergleiche die Abschnitt 21.4 und 21.5). Weiterhin erlaubt es die Molekularbiologie, mit spezifischen Screening-Tests (insbesondere PCR und dem Einsatz von *gene probes* für konservierte Domänen) unbekannte pathogene Mikroorganismen auf die Präsenz von Virulenzfaktoren hin zu untersuchen. Dabei können zum Beispiel Toxine der *RTX*-Gruppe oder auch Adhäsine nachgewiesen werden. Typ-III-

**Tabelle 18.3:** Virulenzassoziierte Gene, die für den molekularbiologischen Nachweis geeignet sind

| Mikroorganismen | Gen | Genprodukt |
| --- | --- | --- |
| *Vibrio cholerae* | *ctx* | Choleratoxin |
| *Corynebacterium diphtheriae* | *dtx* | Diphtherietoxin |
| *Escherichia coli* (EHEC), weitere Enterobakterien | *stx* | Shiga-Toxin |
| *Staphylococcus aureus* | *tst* | *toxic shock toxin* (Superantigen) |
| | *ent* | Enterotoxine |
| *Streptococcus pyogenes* | speA | pyogene Toxine (Superantigene) |
| | *speC* | |
| gramnegative Bakterien, zum Beispiel *E. coli* | *hly*A | RTX-Toxine (Toxine mit glycinreichen Repeat-Sequenzen) |
| *E. coli*, *Neisseria meningitidis* | *cps*-Operon | Sialinsäurekapsel |
| gramnegative Bakterien, zum Beispiel *E. coli*-Fimbrien vom Typ I oder P | *fim*-Operon *pap*-Operon | Adhäsine |
| gramnegative Bakterien, zum Beispiel *Yersinia enterocolitica* | *lcr*D | Typ-III-Sekretionssysteme |

Sekretionssysteme sind häufig mit dem Vorkommen von Invasionsfaktoren gekoppelt. Auch diese Faktoren eignen sich zum Nachweis mit Hilfe von nucleinsäurebasierten Methoden.

Im Rahmen der Gentechnik- und der Sicherheitsdiskussion ist es außerdem wichtig, bestimmte Mikroorganismen als sogenannte „Sicherheitsstämme" zu klassifizieren. Dies gilt besonders für *E. coli*-K-12-Stämme, die sowohl in der molekularbiologischen Forschung als auch in der biotechnologischen Praxis eingesetzt werden. Durch den Einsatz von Gensonden und spezifischer PCR war es möglich festzustellen, daß derartige *E. coli*-K-12-Stämme keine Virulenzfaktoren produzieren und auch die entsprechenden Gene nicht besitzen. Neuerdings ist es mit Hilfe von DNA-Sequenzierungstechniken möglich, Varianten von virulenzassoziierten Genen im Genom schnell zu identifizieren. Dies ist unter anderem dann wichtig, wenn bestimmte Varianten von Virulenzfaktoren einen besonders hohen Beitrag zur Pathogenität und Virulenz von Mikroorganismen leisten. So sind nur bestimmte Varianten des FimH-Proteins von Typ-I-Fimbrien unter anderem in der Lage, an der Invasion der Mikroorganismen in eukaryotische Zellen mitzuwirken.

# 18.3 Resistenzbestimmung

Eine der Hauptaufgaben mikrobiologischer Labors besteht darin, zuverlässige Aussagen über die Resistenz beziehungsweise Empfindlichkeit von Krankheitserregern gegenüber den eingesetzten antimikrobiellen Chemotherapeutika zu machen. Bis heute werden eine Reihe von klassischen Testverfahren eingesetzt, um Resistenzen nachzuweisen. Hierbei handelt es sich vor allem um phänotypische Testverfahren, die darauf beruhen, daß in Gegenwart von Antibiotika oder anderen Chemotherapeutika das Wachstum der Mikroorganismen gehemmt wird. Häufig wird der Agardiffusionstest eingesetzt, bei demvantibiotikahaltige Plättchen auf Agarplatten aufgebracht werden, auf denen der zu untersuchende Mikroorganismus vorher ausplattiert wurde. Die Bewertung der Hemmhofgröße um die Antibiotikaplättchen zeigt den Einfluß der Anibiotika auf das Wachstum der Mikroorganismen an. Die minimale Hemmkonzentration (MHK) wird im Röhrchentest bestimmt. Bei abnehmender Antibiotikakonzentration werden die Röhrchen mit gleichen Mengen von Bakterien beimpft. Als minimale Hemmkonzentration wird die Antibiotikakonzentration angegeben, in der kein Wachstum von Bakterien mehr sichtbar ist.

Nach neueren Untersuchungen sind etwa 200 bakterielle Gene an der Ausbildung von Resistenzen gegenüber den herkömmlichen Antibiotika von Bakterien beteiligt. Dabei handelt es sich zum Teil um Genfamilien, die verschiedene Varianten eines Resistenztyps repräsentieren. Einige dieser resistenzassoziierten Gene sind in Tabelle 18.4 dargestellt. Auf der Basis der ermittelten DNA-Sequenzen ist es nun möglich, sowohl Gensonden als auch PCR-Reaktionen zu etablieren, um die entsprechenden Resistenzgene nachzuweisen. Dies ist insbesondere dann möglich, wenn die Resistenzgene durch Plasmide zusätzlich in das Genom von Krankheitserregern übertragen wurden oder wenn es sich, wie im Falle des *mec*A-Gens, um zusätzliche integrierte chromosomale Sequenzen handelt, die für entsprechende Resistenzfaktoren codieren (*resistance islands*). Aber auch die Änderung der DNA-Sequenzen von Genen, wie bei der Quinolonresistenz von Enterobakterien, kann mit nucleinsäurebasierten Nachweismethoden analysiert werden. Hierbei können mit Hilfe von DNA-Sequenzierungsreaktionen oder durch den Einsatz spezifischer Primermoleküle Punktmutationen im Gyrasegen schnell identifiziert werden.

**Tabelle 18.4:**   Resistenzassoziierte Gene, die für den molekularen Nachweis geeignet sind

| Mikroorganismus | Targetgen | Antibiotikaresistenz | molekulare Methode |
|---|---|---|---|
| *Staphylococcus*-Spezies | *mec*A | Methicillin/Oxacillin | Hybridisierung, PCR |
| *Streptococcus pneumoniae* | *pbp* 1A, 2B, 2X | $\beta$-Lactam-Antibiotika | PCR |
| *Enterococcus*-Spezies | *van* A, B, C, D | Glykopeptide | Hybridisierung, PCR |
| Enterobacteriaceae | *tem, shv*, andere | $\beta$-Lactam-Antibiotika $\beta$-Lactamase-Gene | Hybridisierung, PCR |
| Enterobacteriaceae | *gyr*A, *par*B | Quinolone | PCR |
| *Mycobacterium tuberculosis* | *rpo*B *kat*G | Rifampicin Isoniazid | PCR |
| *Candida*-Spezies | ERG16 MDR | Azole Azole | PCR Hybridisierung, PCR |

Die Ergebnisse von Resistenzbestim-mungen, seien sie auf klassischer oder auf molekularer Methodenbasis erhoben wor-den, können nun mit Makrorestriktions-mustern und mit anderen epidemiologi-schen Methoden (siehe Abschnitt 18.4) kombiniert werden, um bestimmte multi-resistente Erreger zu identifizieren. Dies ist besonders wichtig unter anderem bei der Beurteilung der Ausbreitung der Methicillinresistenz von *Staphylococcus aureus* oder der Glykopeptidresistenz bei Enterokokkenspezies (siehe Kapitel 19).

## 18.4 Molekulare Epide-miologie

Mit Hilfe epidemiologischer Untersuchun-gen ist es möglich, die Ausbreitung von Krankheitserregern zu verfolgen, Infekti-onsquellen aufzuspüren und Erregerüber-tragungen von Person zu Person festzustel-len. Der Einsatz epidemiologischer Methoden ist für eine effektive Seuchen-bekämpfung unabdingbar. Mit dem Auf-kommen der klassischen Mikrobiologie sind auch epidemiologische Methoden eta-bliert worden, die zunächst auf phänotypi-schen Beobachtungen beruhten. Wie in Tabelle 18.5 dargestellt, sind einige dieser

klassischen Methoden schon seit langer Zeit bekannt. Sie beruhen unter anderem auf der Antibiotikaresistenztestung, der Biotypisierung (siehe Abschnitt 18.1), der Serotypisierung oder der Sensitivität beziehungsweise Resistenz von Krank-heitserregern gegenüber Bakteriophagen (Lysotypie) beziehungsweise gegenüber Bacteriocinen. Mit Hilfe dieser Verfahren ist es schon vor langer Zeit gelungen, bestimmte, besonders häufig vorkom-mende Subgruppen von Krankheitserre-gern zu beschreiben. Hinzu kamen in den siebziger Jahren die auf der Basis der Pro-teinanalytik entwickelten epidemiologi-schen Methoden wie die Multilocusen-zymelektrophorese (siehe Kapitel 14), die Analyse von zellulären Proteinen, insbe-sondere von Membranproteinen mit Hilfe der Polyacrylamidelektrophorese oder das *immunoblot fingerprinting*. Allen diesen Methoden ist gemeinsam, daß sie oftmals keine ausreichende Diskriminierung zulas-sen, um Pathotypen zu identifizieren und ihre Ausbreitung zu beschreiben.

Erst der Einsatz von genotypischen Methoden machte es möglich, individuelle Klone und Stämme zu beschreiben und ihre Ausbreitung zu analysieren. Zunächst wurden derartige Analysen auf der Basis von extrachromosomaler DNA (*plasmid fingerprinting*) durchgeführt. Auch die Spaltung von Gesamt-DNA-Fraktionen mit bestimmten Restriktionsenzymen

**Tabelle 18.5:** Phänotypische und genotypische Methoden der Epidemiologie

**phänotypische Methoden:**
- klassisch:
  Antibiotikaresistenztestung
  Biotypisierung
  Serotypisierung
  Phagentypisierung (Lysotypie)
  Bacteriocintypisierung
- auf Proteinbasis:
  *multilocus enzyme electrophoresis* (MLEE)
  Polyacrylamid-Gelelektrophorese (PAGE)
- zelluläre Proteine
  *immunoblot fingerprinting*

**genotypische Methoden:**
- *plasmid fingerprinting*
- *restrictions fragment length polymorphism* (RFLP) nach Spaltung chromosomaler DNA
- RFLP kombiniert mit DNA-DNA-Hybridisierung
- Pulsfeldgelelektrophorese (PFGE)
- PCRbasierte Methoden
  AP-PCR: *arbitrarily primed PCR*
  RAPD: *random amplification of polymorphic DNA*
  REP: *repetitive extragenic pallindrom PCR*
  ERIC: *enterobacterial repetitive intergenic consensus PCR*
  *rRNA-spacer PCR*
- DNA-Sequenzierung bestimmter Gene

führte zur Feststellung von Restriktions-fragment-Längenpolymorphismen (RFLPs). Als der „Goldstandard" der molekularen Epidemiologie hat sich jedoch die Pulsfeldgelelektrophorese (PFGE) herauskristallisiert, bei der DNA-Fraktionen mit selten schneidenden Restriktionsenzymen gespalten werden, um ein spezifisches Bandenmuster des Genoms von Krankheitserregern zu erhalten. Die entsprechenden Fragmente werden dann in einem elektrischen Wechselfeld aufgetrennt, wobei die Größe der Fragmente möglichst zwischen 200 und zehn Kilobasen schwanken sollte. Optimal ist dabei ein Bandenmuster, das aus 15 bis 25 Banden besteht. Mit Hilfe von computergestützten Standardisierungsmethoden ist es möglich, die entsprechenden Bandenmuster zentral auszuwerten und so bestimmten Datenbanken zuzuordnen. Neben diesen Methoden haben sich außerdem die Auftrennung der DNA nach entsprechender Spaltung und die Hybridisierung mit DNA-Sonden, die häufig repetitive DNA-Elemente repräsentieren, als hilfreich erwiesen. Auch verschiedene PCR-Methoden werden eingesetzt, um molekulare Epidemiologie zu ermöglichen. Diese PCR-Methoden benutzen unterschiedliche Primer und ergeben unterschiedliche Bandenmuster, die dann ebenfalls eine molekularepidemiologische Analyse erlauben.

Neuerdings werden bestimmte Gene beziehungsweise Genbereiche auch einer DNA-Sequenzanalyse unterzogen, um Hinweise auf eine klonale Verbreitung bei bestimmten Mikroorganismen zu erhalten. So wurden bereits Dendrogramme auf der Basis spezifischer Gene, die für Virulenzfaktoren codieren (zum Beispiel *eae*-Adhäsin von pathogenen *E. coli*-Bakterien), erstellt.

# 18.5 Integrierte Ansätze – Einsatz von Mikroarrays

Die momentan durchgeführten DNA-Sequenzanalysen von gesamten Genomen vieler Mikroorganismen machen es möglich, spezifische Mikroarrays (Chips) zu generieren, die repräsentative Zielsequenzen einer gesamten Spezies tragen (vergleiche Kapitel 17). So wurden auf eine Matrix Oligonucleotidprimer aufgebracht, die homolog zu 3 902 *open reading frames* des pathogenen Mikroorganismus *Mycobacterium tuberculosis* sind. Derartige Mikroarrays kann man nun verwenden, um die Präsenz von Genen bei verschiedenen Isolaten pathogener Arten, aber auch bei verwandten Mikroorganismen zu bestimmen. So konnte im Falle des *M. tuberculosis*-Chips gezeigt werden, daß das Genom der verwandten Art, *Mycobacterium bovis*, die genetische Information für

91 *open reading frames* nicht enthält. Bei dem als Impfstamm verwendeten BCG-*M. bovis*-Stamm fehlen 38 Gene im Vergleich mit einem pathogenen *M. bovis*-Bakterium. Die Chiptechnologie macht es also möglich, die Präsenz, aber auch die Expression von Genen *in silico* zu studieren.

Diese Chiptechnologie wird nicht nur in der Infektionsforschung, sondern auch in bestimmten Bereichen der Infektionsdiagnostik zur Anwendung kommen. Zum einen kann man sich vorstellen, Chips zu verwenden, die mit spezifischen Sequenzen (zum Beispiel 16S-rRNA beziehungsweise 18S-rRNA-Sequenzen), die die wichtigsten pathogenen Mikroorganismen abdecken, beschichtet sind. Dabei kann es sich um Bakterien-, Parasiten-, Pilze-, aber auch um virusspezifische Sequenzen handeln. Darüber hinaus ist denkbar, die wichtigsten Resistenzgene mit Hilfe repräsentativer Oligonucleotide auf entsprechenden Chips zu plazieren. Weiterhin ist es möglich, virulenzassoziierte Gene beziehungsweise Teilbereiche davon auf Chips aufzubringen. Es sind verschiedene Kombinationen von Arrays denkbar, die sich im diagnostischen Bereich einsetzen lassen. So könnten bestimmte Erregergruppen hinsichtlich ihrer Präsenz, ihrer Eigenschaften (Virulenzprofil) und ihrer Resistenz analysiert, bestimmte Krankheiten beziehungsweise Krankheitssyndrome mit Chipanalysen diagnostisch schnell aufbereitet oder Proben von Patienten mit Sepsis oder Lebensmittelinfektionen mit Hilfe von Mikrochips analysiert werden. Hier sind natürlich noch viele Fragen offen, insbesondere hinsichtlich Kontaminationen durch die Begleitflora, Sensitivität und Kosten.

In Tabelle 18.6 sind weitere Möglichkeiten einer Diagnose mit Hilfe der Chiptechnologie aufgeführt. Es wird nicht nur möglich sein, erregerspezifische Diagnostik, sondern auch patientenorientierte diagnostische Verfahren in einen derartigen Methodenansatz zu integrieren. So könnten die Expressionsprofile bestimmter Wirts-

**Tabelle 18.6:** Neue Diagnosetechnologien (nach Relman, 1998)

*high-density DNA microarrays* (CHIP)

– Nachweis von Pathogenen
  (*broad range*, Viren, Bakterien, Parasiten, Pilze)
– Virulenzgenfamilien
– Resistenzgenfamilien
– Expressionsprofile von Wirtsgenen
  Nucleinsäuresubtraktionstechnologien
  neue Bioassays (zum Beispiel Toxinnachweis)
– Neurone oder Myocyten auf einem Chip

gene, etwa solche, die für Rezeptoren auf Zelloberflächen beziehungsweise für Cytokine codieren, bei bestimmten Infektionskrankheiten analysiert werden. Mit Hilfe neuer Biochips sollte es auch möglich sein, sensitive Verfahren zum Nachweis von Toxinen und anderen Pathogenitätsfaktoren zu entwickeln. Insgesamt wird die medizinische Mikrobiologie sich der neuen Chiptechnologie nicht verschließen können. Die Zukunft wird zeigen, in welchen Bereichen der Diagnostik und Epidemiologie sich die Biochips bewähren werden.

## 18.6 Literatur

Behr, M. A.; Wilson, M. A.; Gill, W. P.; Salamon, H.; Schoolnik, G. K.; Rane, S.; Small, M. *Comparative Genomics of BCG Vaccines by Whole-Genome DNA Microarray.* In: *Science* 284 (1999) S. 1520–1523.

Fredricks, D. N.; Relman, D. A. *Sequence Based Identification of Microbial Pathogens: A Reconsideration of Koch's Postulates.* In: *Clinical Microb. Rev.* 9 (1996) S. 18–33.

Krimmer, V.; Merkert, H.; von Eiff, C.; Frosch, M.; Eulert, J.; Löhr, J. F.; Hacker, J.; Ziebuhr, W. *Detection of Staphylococcus aureus and Staphylococcus epidermidis in Clinical Samples by 16 S rRNA-Directed in Situ Hybridization.* In: *J. Clin. Microb.* 37/8 (1999) S. 2667–2673.

Kuhnert, P.; Hacker, J.; Mühldorfer, J.; Burnens, A. P.; Nicolet, J.; Frey, J. *Detection System for Escherichia coli-Specific Virulence Genes: Absence of Virulence Determinants in B and C Strains.* In: *Appl. Environm. Microb.* 63 (1997) S. 703–709.

Mühldorfer, I.; Blum, G.; Donohue-Rolfe, A.; Heier, H.; Ölschläger, T.; Tschäpe, H.; Wallner, U.; Hacker, J. *Characterization of Escherichia coli Strains Isolated From Environmental Water Habitats and From Stool Samples of Healthy Volunteers.* In: *Res. Microbiol.* 147 (1996) S. 625–635.

Olive, D. M.; Bean, P. *Principles and Applications of Methods for DNA-Based Typing of Microbial Organisms.* In: *J. Clin. Microbiol.* 37 (1999) S. 1661–1669.

Olsvik, O.; Popovic, T.; Skjerve, E.; Cudjoe, K. S.; Hornes, E.; Ugelstad, J.; Uhlen, M. *Magnetic Separation Techniques in Diagnostic Microbiology.* In: *Clin. Microbiol. Rev.* 7 (1994) S. 43–54.

Pfaller, M. A.; Herwaldt, L. A. *The Clinical Microbiology Laboratory and Infection Control: Emerging Pathogens, Antimicrobial Resistance, and New Technology.* In: *Clin. Infect. Dis.* 25 (1997) S. 858–870.

Relman, D. A. *Detection and Identification of Previously Unrecognized Microbial Pathogens.* In: *Emerg. Infect. Dis.* 4 (1998) S. 382–389.

Trebesius, K.; Harmsen, D.; Rakin, A.; Schmelz, J.; Heesemann, J. *Development of rRNA-Targeted PCR and in Situ Hybridization With Fluorescently Labelled Oligonucleotides for Detection of Yersinia Species.* In: *J. Clin. Microbiol.* 36 (1998) S. 2557–2564.

# 19. Probleme der Therapie von Infektionskrankheiten

W. Ziebuhr

## 19.1 Antibiotikaresistenzentwicklung bei Bakterien

Die Entdeckung und Entwicklung von Antibiotika haben dazu geführt, daß die meisten bakteriellen Infektionskrankheiten heute behandelbar sind. Die Angriffsorte (*targets*) der heute gebräuchlichen Antibiotika sind in Abbildung 19.1 dargestellt. Sie liegen in der bakteriellen Zellwandbiosynthese, der Inhibition der Proteinsynthese und der Hemmung des Nucleinsäurestoffwechsels. Die wichtigsten Antibiotika sind auch in Tabelle A.21 im Anhang dargestellt. Obwohl sich die Antibiotika seit ihrer Einführung vor über 50 Jahren als äußerst erfolgreich erwiesen haben, ist doch ein Anwachsen der Zahl resistenter Erreger zu beobachten. Die Ursachen dafür sind zum Teil in den Entwicklungen der modernen Medizin selbst zu suchen: Neue, erfolgreiche Behandlungsstrategien beispielsweise in der Tumortherapie, Organtransplantation und Intensivmedizin führen auch zu immer mehr immunsupprimierten Patienten.

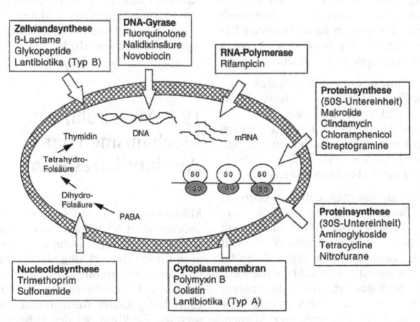

**19.1** Angriffsorte gebräuchlicher Antibiotika in der Bakterienzelle.

Diese Patientengruppe ist hochgradig infektionsgefährdet. Für sie erweist sich der Einsatz von Antibiotika als überlebensnotwendig. Gerade in den Krankenhäusern ist damit die residente Mikroflora einem zunehmenden Selektionsdruck durch Antibiotika ausgesetzt. In der Konsequenz wächst die Anzahl multiresistenter Keime im Hospitalmilieu weltweit an und gewinnen nosokomiale Infektionen mit multiresistenten Erregern an Bedeutung. Aktuelle Beispiele für Problemkeime im Krankenhausmilieu sind:

• methicillin- beziehungsweise oxacillinresistente *Staphylococcus aureus* (MRSA beziehungsweise ORSA),
• Glykopeptidresistenz bei Enterokokken,
• multiresistente *Pseudomonas aeruginosa.*

Doch auch außerhalb von Krankenhäusern treten zunehmend resistente Krankheitserreger auf, wobei es hier weltweit starke regionale Unterschiede gibt. Begünstigt wird diese Entwicklung besonders dann, wenn die Anwendung von Antibiotika keiner strengen ärztlichen Kontrolle unterliegt oder wenn, meist aus Kostengründen, nur unzureichend behandelt wird. Mit Resistenzen im ambulanten Bereich ist derzeit bei folgenden Erregern und Erregergruppen zu rechnen:

• Penicillinresistenz bei Pneumokokken,
• Penicillinresistenz bei *Neisseria gonorrhoeae* und *Neisseria meningitidis,*
• Multiresistenz bei Durchfallerregern (zum Beispiel *Shigella dysenteriae, Salmonella typhimurium*),
• Multiresistenz bei Mycobakterien.

Hier ist zu beachten, daß das Auftreten solcher Stämme zunächst meist auf bestimmte Regionen beschränkt ist. So sind beispielsweise in Spanien über 50 Prozent der Pneumokokkenisolate gegen Penicillin resistent, während in Deutschland die Resistenzrate noch deutlich unter zehn Prozent liegt. Die Chance, daß sich solche Erreger heute schnell weltweit ausbreiten können,

ist mit dem wachsenden Reiseverkehr aber angestiegen (vergleiche Kapitel 14).

Betrachtet man die Resistenzentwicklungen genauer, so kann man bestimmte Erregergruppen erkennen, in denen die Verbreitung von Resistenzdeterminanten besonders stark ausgeprägt zu sein scheint. Hier sind vor allem die grampositiven Kokken (Staphylokokken, Enterokokken, Pneumokokken) zu nennen. Aber auch bei Enterobakterien und Pseudomonaden steigt die Zahl resistenter Stämme. Andere Schwerpunkte in der Resistenzentwicklung liegen in der bereits erwähnten $\beta$-Lactamresistenz bei Meningitiserregern wie Neisserien, Pneumokokken und *Haemophilus influenzae*. Ein besonders ernstes Problem stellen die multiresistenten Mycobakterien in den unterentwickelten Regionen dieser Welt dar. Andere Bakterien zeigen dagegen kaum eine Änderung ihres Empfindlichkeitsspektrums (zum Beispiel A-Streptokokken), obwohl sie seit Jahrzehnten einem hohen Selektionsdruck durch Antibiotika ausgesetzt sind. Die jeweilige Tendenz in der Resistenzentwicklung scheint also nicht nur von äußeren Faktoren wie dem Selektionsdruck abzuhängen. Vielmehr spielt auch die Fähigkeit des Erregers, genetisches Material aufzunehmen, auszutauschen und neu zu arrangieren eine wichtige Rolle.

# 19.2 Molekulare Mechanismen der Antibiotikaresistenz

Mikroorganismen sind in der Lage, sich außerordentlich schnell an veränderte Umweltbedingungen anzupassen. Dies gilt auch für die Entwicklung von Resistenzen und deren Verbreitung. Die meisten Antibiotika sind Naturstoffe, die von Mikroorganismen gebildet werden und die eine wichtige Funktion bei der Erhaltung des

Gleichgewichtes in mikrobiellen Ökosystemen spielen. Auch die Existenz von Resistenzdeterminanten ist in diesem Sinne zu verstehen. Mikroorganismen haben gegen fast alle antibakteriell wirksamen Substanzen Abwehrstrategien entwickelt. Sie bedienen sich dabei einiger wesentlicher Grundmechanismen:

- chemische Modifikation oder Zerstörung des Antibiotikums,
- Veränderung von Zielstrukturen in der Bakterienzelle,
- Efflux des Antibiotikums aus der Zelle.

## 19.2.1 Resistenz durch Modifikation des Antibiotikums

Abbau oder Modifikation eines Wirkstoffes zu einem unwirksamen Metaboliten ist ein Resistenzmechanismus, den viele Bakterien benutzen (siehe Tabelle A.21 im Anhang). Ein Beispiel ist die Resistenzentwicklung gegen $\beta$-Lactame, die seit einem halben Jahrhundert eingesetzt werden und immer noch zur wichtigsten Substanzklasse überhaupt zählen. Die Wirkung der $\beta$-Lactame beruht auf der Hemmung der bakteriellen Zellwandsynthese. Sie greifen in einen der letzten Schritte dieses Prozesses ein, indem sie kovalent an membranständige Penicillinbindeproteine (PBPs) binden und die Quervernetzung des Mureins hemmen. Der molekulare Resistenzmechanismus gegen $\beta$-Lactamantibiotika beruht zum einen auf der Spaltung des $\beta$-Lactamringes durch $\beta$-Lactamasen und zum anderen auf einer verminderten Bindung dieser Antibiotika an alterierte PBPs in der Zellwand. $\beta$-Lactamasen und PBPs gehören zur Familie der Penicillin-Serin-Transferasen und teilen gewisse Strukturhomologien miteinander. Beide Enzymgruppen kommen natürlicherweise in vielen Bakterienarten vor und spielen wahrscheinlich auch eine physiologische Rolle beim Zellwandauf- und -abbau sowie bei der Abspaltung von Tochterzellen. Ausgehend von dieser Enzymfamilie haben sich durch Mutationen zahlreiche neue Enzyme entwickelt, die sich klonal oder durch horizontalen Gentransfer verbreiten. Gegenwärtig sind über hundert $\beta$-Lactamasen bekannt. Sie unterscheiden sich in ihrer Substratspezifität, in ihrer Hemmbarkeit durch $\beta$-Lactamaseinhibitoren und in ihrem Vorkommen bei unterschiedlichen Bakteriengattungen. Durch Mutationen entstehen darüber hinaus ständig weitere Enzymtypen mit neuen Eigenschaften und Substratspezifitäten.

## 19.2.2 Resistenz durch Modifikation der Zielstruktur

Resistenzentwicklung durch die Veränderung des Wirkortes eines Antibiotikums ist ebenfalls ein bei Bakterien häufig vorkommender Resistenzmechanismus (siehe Tabelle A.21). Die $\beta$-Lactamresistenz bietet auch hier ein Beispiel. $\beta$-Lactamantibiotika hemmen die bakterielle Zellwandsynthese, indem sie mit PBPs interagieren. In einigen Bakterienspezies haben sich PBPs entwickelt, an die $\beta$-Lactame nicht mehr binden können. Diese Modifikation der Zielstruktur führt somit zur Resistenz gegen diese Antibiotika, ohne daß die physiologische Funktion der PBPs in der Zellwandsynthese dadurch beeinträchtigt wird. $\beta$-Lactamresistenz durch modifizierte PBPs wurde bei Pneumokokken, Meningokokken und Gonokokken beschrieben. Sie findet sich aber auch in Staphylokokken, wo sie gegenwärtig ein großes praktisches Problem darstellt, da Erreger mit diesem Resistenztyp durch keines der verfügbaren $\beta$-Lactame, einschließlich der modernen Cephalosporine und Carbapeneme, mehr zu beeinflussen sind.

### 19.2.3 Resistenz durch aktiven Efflux des Antibiotikums und Multi-Drug-Resistance

Der Export eines Antibiotikums aus der Bakterienzelle ist ein energieabhängiger Prozeß, der durch membranständige Transportsysteme realisiert wird. Dabei unterscheidet man spezifische Systeme, die nur eine Substanz oder Substanzklasse transportieren können, von sogenannten Multi-Drug-Transportern. Spezifische Effluxsysteme kennt man zum Beispiel bei der Tetracyclinresistenz. Dagegen ist der Begriff der Multi-Drug-Resistance (MDR) in gramnegativen Bakterien mit der Induktion chromosomal codierter Gene verbunden, deren Expression zu einer Resistenz gegen mehrere Antibiotikaklassen gleichzeitig führt. Bei der MDR handelt es sich um einen unspezifischen Export von potentiell toxischen Stoffen aus der Bakterienzelle. Anders als bei den spezifisch arbeitenden Effluxsystemen, die für den Transport nur einer Verbindung zuständig sind, bewirken MDR-Determinanten den Transport von zum Teil völlig unterschiedlichen Antibiotika, aber auch von Schwermetallen, Ethidiumbromid oder Desinfektionsmitteln. Die Expression von MDR-Genen kann durch einzelne Antibiotika oder durch bestimmte Streßsituationen in der Bakterienzelle ausgelöst werden.

## 19.3 Trends in der Entwicklung neuer Antibiotika

Die erwähnten Beispiele zeigen, wie außerordentlich flexibel Bakterien in der Auseinandersetzung mit antibakteriellen Hemmstoffen reagieren können. Die Suche nach neuen Wirkstoffen ist daher eine wichtige Aufgabe der Forschung. Wie bereits ausgeführt, liegen die Angriffsorte der heute gebräuchlichen Antibiotika in der bakteriellen Zellwandsynthese, der Beeinflussung der Proteinsynthese und der Hemmung des Nucleinsäurestoffwechsels (siehe Abbildung 19.1 und Tabelle A.21). Die Zahl der antibiotisch wirksamen Präparate, die derzeit auf dem Markt zur Verfügung stehen und in der Klinik angewandt werden, scheint unüberschaubar groß zu sein. Jedoch entstammen sie nur einigen wenigen Wirkstoffgruppen, die teilweise schon zu Beginn der Antibiotikaära in Gebrauch waren. Bei vielen der modernen Antibiotika wurden durch chemische Modifikation von Grundstrukturen das Wirkspektrum erweitert oder die Stabilität gegenüber Resistenzmechanismen verbessert. Wirkliche Neuerungen auf dem Gebiet der Antibiotikaentwicklung im Sinne neuer Stoffklassen mit alternativen Angriffsorten sind dagegen selten. Zu diesen neueren Wirkstoffen gehören zum Beispiel die Fluorquinolone, die Streptogramine und die Gruppe der Lantibiotika.

### 19.3.1 Fluorquinolone

Die Quinolone sind eine Wirkstoffklasse, die bereits seit mehr als 30 Jahren bekannt ist. Eine breite klinische Anwendung fanden diese Substanzen aber erst seit Beginn der neunziger Jahre, als es gelang, durch Fluorsubstitution an der Ringstruktur die antibakterielle Wirksamkeit dieser Verbindungen zu steigern. Primäre Zielstruktur für alle Quinolone ist die bakterielle DNA-Gyrase, die für die Kondensation und damit für das Verpacken der DNA in die Zelle essentiell ist. Die Bindung von Quinolonen an die bakterielle Gyrase führt zu einem vollständigen Verlust der Enzymfunktion und damit zum Tod der Bakterienzelle. Die Einführung dieser neuen Stoffklasse war ein großer Erfolg, da Quinolone ein breites Wirkspektrum besitzen und eine Resistenzentwicklung sehr unwahrscheinlich erschien.

Ein Grund für diese Annahme lag darin, daß Quinolone in der Natur nicht vorkommen und es somit auch keine Mikroorganismen geben kann, die Quinolonresistenzgene tragen könnten. Heute stellt aber die wachsende Resistenz gegen Quinolone bei Enterobakterien, Staphylokokken und auch bei Pseudomonaden bereits ein ernstes medizinisches Problem dar. Ursachen sind Punktmutationen in den Gyrase- beziehungsweise Topoisomerasegenen, die die Bindung des Antibiotikums an das Enzym verhindern, seine enzymatische Aktivität aber nicht beeinflussen. Trotz des Auftretens dieser Resistenzen bieten die Fluorquinolone noch ein starkes Entwicklungspotential hinsichtlich der Erweiterung ihres Wirkspektrums, der Verbesserung von pharmakokinetischen Eigenschaften und eventuell auch der Überwindung von bakteriellen Resistenzmechanismen.

## 19.3.2 Streptogramine

Streptogramine sind Stoffgemische aus zwei verschiedenen Substanzen: den Makrolactonen (Gruppe-A-Streptogramine) und den zyklischen Hexadepsipeptiden (Gruppe-B-Streptogramine). Die jeweilige Einzelsubstanz hemmt die Proteinsynthese am Ribosom und wirkt bakteriostatisch. Eine Kombination von A- und B-Streptograminen jedoch übt einen synergistischen Effekt aus und wirkt bakterizid auf zahlreiche grampositive Bakterien. Die teilweise dramatischen Veränderungen der Resistenzlage bei grampositiven Kokken gegenüber $\beta$-Lactamen und vielen anderen Antibiotika (zum Beispiel Aminoglykoside, Makrolide, Quinolone, Glykopeptide) macht diese Substanzklasse zu einem hoffnungsvollen Reserveantibiotikum. Allerdings wurden bereits Resistenzmechanismen gegen Streptogramine vom B-Typ beschrieben. Diese Mechanismen beruhen zum einen auf einer Methylierung der Zielstruktur am Ribosom und zum

anderen auf einem aktiven Efflux aus der Bakterienzelle.

## 19.3.3 Oxazolidinone

Die Oxazolidinone sind eine neue Klasse synthetischer Antiinfektiva, die gegenwärtig intensiv erforscht werden. Zu ihnen gehören die Substanzen Linezolid und Eperezolid. Oxazolidinone wirken ausschließlich gegen grampositive Bakterien. *In vitro*-Tests haben gezeigt, daß es sich hier um eine Substanzklasse handelt, die gut gegen multiresistente Staphylokokken und Streptokokken einsetzbar ist. Oxazolidinone hemmen die Proteinsynthese, indem sie die Ausbildung des Initiationskomplexes aus tRNA$^{fMet}$, mRNA und den Ribosomenuntereinheiten verhindern.

## 19.3.4 Lantibiotika

Lantibiotika werden von zahlreichen grampositiven Bakterienspezies gebildet (zum Beispiel Staphylokokken, Enterokokken, *Lactococcus* sp., *Bacillus* sp.). Sie enthalten die seltene, nichtproteinogene Aminosäure Lanthionin. Lantibiotika werden ribosomal synthetisiert und anschließend durch posttranslationale Modifikation in ein aktives Molekül konvertiert. Man teilt die Vielzahl der heute bekannten Peptide nach ihrem Wirkmodus in zwei Gruppen ein: Die Typ-A-Lantibiotika (zum Beispiel Nisin, Epidermin, Gallidermin) wirken auf die bakterielle Cytoplasmamembran, indem sie Poren bilden und so den Zelltod bewirken. Die Typ-B-Lantibiotika (zum Beispiel Mersacidin, Cinnamycin, Duramycin) greifen dagegen in die bakterielle Zellwandsynthese ein (siehe Abbildung 19.1). Dabei benutzen die Typ-B-Lantibiotika andere Targetstrukturen als die bisher bekannten Zellwandsyntheseinhibitoren.

Lantibiotika sind momentan ein Gegenstand intensiver Forschung. Praktische

Anwendung finden Lantibiotika heute schon in der Lebensmittelkonservierung. Einige Substanzen wie etwa Mersacidin scheinen erfolgversprechend bei der Behandlung von systemischen Infektionen durch multiresistente Staphylokokken zu sein.

## 19.4 Neue Konzepte für die Behandlung von Infektionen

Die Resistenzentwicklung bei vielen bakteriellen Krankheitserregern macht die Entwicklung neuer therapeutischer und prophylaktischer Ansätze zu einer Herausforderung für die Zukunft. Im Augenblick werden zwei Hauptstrategien verfolgt. Die erste konzentriert sich auf das Auffinden neuer molekularer Targets in der Bakterienzelle und die Entwicklung von Inhibitoren, durch die das Wachstum von Bakterien gehemmt werden kann. Ein neuer Weg ist dabei auch die Aufklärung der räumlichen Anordnung von Zielstrukturen durch Röntgenstrukturanalyse und die anschließende gezielte Entwicklung von Inhibitoren (*molecular drug design*). Neben den bereits erwähnten „klassischen" Targets werden auch die Zellteilungsmaschinerie und die Proteintransportsysteme (Typ-II-Transportsystem, vergleiche Kapitel 9) als mögliche Zielstrukturen angesehen. Auch die Verwendung von antimikrobiellen Peptiden (Defensinen) als zellwandaktive Substanzen wird diskutiert.

Die zweite neue Strategie zur Bekämpfung von Infektionen ist auf die Beeinflussung von bakteriellen Faktoren gerichtet, die für den Infektionsprozeß essentiell sind. Durch die Hemmung von Virulenzfaktoren soll verhindert werden, daß sich Bakterien als Krankheitserreger im Wirt etablieren können (Abbildung 19.2). Der

Vorteil dieses Ansatzes ist, daß bei einem solchen Konzept die Ausprägung von Resistenzen wahrscheinlich eine untergeordnete Rolle spielen dürfte.

Mit Hilfe der Molekularbiologie und Gentechnik konnten in den letzten Jahren bei vielen Krankheitserregern Virulenzfaktoren identifiziert werden, die entweder nur von pathogenen Mikroorganismen gebildet oder nur zu bestimmten Zeitpunkten der Infektion exprimiert werden (vergleiche Kapitel 6 bis 8). Einige dieser Faktoren kommen als Zielstrukturen für neue Therapeutika in Frage. In erster Linie ist hier an Oberflächenstrukturen zu denken, die die Adhäsion der Bakterien an Wirtszellen oder andere Bestandteile vermitteln. Ebenso ist eine Hemmung von Invasionsmechanismen der Erreger in Zellen und Geweben vorstellbar. Ein anderer Weg wäre die Beeinflussung von wichtigen Stoffwechselvorgängen (zum Beispiel Hemmung der Eisenaufnahme) oder auch die Hemmung der Toxinproduktion. Neben der direkten Hemmung der Funktionen von Virulenzfaktoren wird darüber hinaus diskutiert, den Signalfluß innerhalb der bakteriellen Zelle durch Inhibitoren von Zwei-Komponenten-Systemen und *quorum sensing* zu unterbinden (vergleiche Kapitel 11), um so einen antimikrobiellen Effekt zu erreichen.

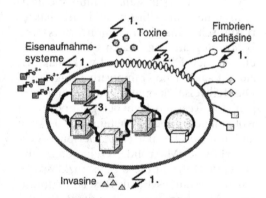

**19.2** Zusammenfassung neuer Zielorte (*targets*) für Antibiotika. In Frage kommen Inhibitoren der Funktion von Virulenzfaktoren (1), des Proteintransports (2) und Beeinflussung von Regulations- und Variationsprozessen (3).

# 19.5 Literatur

Acar, J. F. *Trends in Bacterial Resistance to Fluorquinolones.* In: *Clin. Infect. Dis.* 24/Suppl. 1 (1997) S. S67–73.

Berger-Bächi, B. *Resistance Mechanisms in Grampositive Cocci.* In: *Nova Acta Leopold.* NF 78 (1999) S. 281–294.

Chambers, H. F. *Penicillin-Binding Protein-Mediated Resistance in Pneumococci and Staphylococci.* In: *J. Infect. Dis.* 179/Suppl. 2 (1999) S. 353–359.

Chopra, I.; Hodgson, J.; Metcalf, B.; Poste, G. *The Search for Antimicrobial Agents Effective Against Bacteria Resistant to Multiple Antibiotics.* In: *Antimicrobial Agents Chemother.* 41 (1997) S. 497–503.

Cocherill III, F. R. *Genetic Methods for Assessing Antimicrobiol Resistance.* In: *Antimicrob. Agents Chemoth.* 43 (1999) S. 199–212.

Götz, F. *From New Targets to New Anti-Infective Substances.* In: *Nova Acta Leopold.* NF 78 (1999) S. 281–294.

Jack, R. W.; Tagg, J. R.; Ray, B. *Bacteriocins of Grampositive Bacteria.* In: *Microbiol. Rev.* 59 (1995) S. 171–200.

Medeiros, A. A. *Evolution and Dissemination of β-Lactamases Accelareted by Generations of β-Lactam Antibiotics.* In: *Clin. Infect. Dis.* 24/Suppl. (1997) S. S19–45.

Pechere, J. C. *Streptogramins. A Unique Class of Antibiotics.* In: *Drugs* 51/Suppl. 1 (1995) S. 13–19.

Rotun, S. S.; McMath, V.; Schoonmaker, D. J.; Maupin, P. S.; Tenover, F. C.; Hill, B. C.; Achmann, D. M. *Staphylococcus aureus With Reduced Susceptibility to Vancomycin Isolated From a Patient With Fatal Bacteremia.* In: *Emerg. Infect. Dis.* 5 (1999) S. 147–149.

Sahl, H. J.; Breibaum, G. *Lantibiotics: Biosynthesis and Biological Activities of Uniquely Modified Peptides From Grampositive Bacteria.* In: *Ann. Rev. Microbiol.* 52 (1998) S. 41–79.

# 20. Impfstoffentwicklung

## J. Heesemann

## 20.1 Die Anfänge der Impfstoffentwicklung

Es ist eine bemerkenswerte Tatsache, daß die erste Prävention einer Infektionskrankheit durch aktive Impfung mit einer Lebendvakzine mehr als 100 Jahre vor der Identifizierung des Erregers dieser Erkrankung erfolgte. Im Jahre 1796 hat der englische Arzt Edward Jenner (1749–1823) in England eine kontrollierte Studie zur Effizienz der aktiven Impfung gegen Pocken mit Kuhpockenlymphe durchgeführt. Die Pockenimpfung erwies sich in den folgenden Jahrhunderten als so erfolgreich, daß die WHO 1979 die Erdbevölkerung für pockenvirusfrei erklären konnte. Drei wichtige Tatsachen führten zu diesem Erfolg:

1. die hohe Effizienz der Lebendvakzine,
2. die konsequente Impfung der Gesamtbevölkerung (deutsches Zwangsimpfgesetz von 1874),
3. die Restriktion des Pockenvirus auf den Menschen.

Mit der Identifizierung und Charakterisierung von Infektionserregern zum Ende des 19. Jahrhunderts begann auch die systematische Entwicklung von Impfstoffen (Tabelle 20.1), die mit den Namen Louis Pasteur, Emil v. Behring und Paul Ehrlich verbunden sind. Zunächst wurden am Menschen „Heilseren", die von immunisierten Versuchstieren (zum Beispiel Pferden) gewonnen wurden, zur sogenannten passiven Impfung angewandt. Später folgten aktive Impfungen beim Menschen.

Einige dieser Impfstoffe, wie das Diphtherie- und das Tetanustoxoid (Totimpfstoffe), werden auch heute noch genutzt. Nach der anfänglichen Euphorie mußte man bald feststellen, daß sich nur wenige Totimpfstoffe als wirksam erwiesen. Auch Robert Koch mußte seinen Mißerfolg bei der Tuberkuloseimpfung mit „Tuberkulin" eingestehen. Offensichtlich war man erfolgreich bei Erregern mit einfachen Pathogenitätsprinzipien (zum Beispiel Intoxikation). *Corynebacterium diphtheriae* und *Clostridium tetani* sezernieren jeweils nur ein Exotoxin (vergleiche Abschnitt 6.2), so daß die Induktion von toxinneutralisierenden Antikörpern bereits vollständigen Schutz vermittelt. Dagegen erweisen sich insbesondere Totimpfstoffe gegen Erreger mit komplexer Pathogenität (beispielsweise Erreger der Tuberkulose, Cholera, Malaria und Trypanosomiasis) bisher als wenig wirksam.

Die WHO schätzt, daß über zwölf Millionen infektionsbedingte Todesfälle pro Jahr insbesondere in Entwicklungsländern verhindert werden könnten, wenn es genügend wirksame und praktikable Impfstoffe gäbe. In den letzten 20 Jahren haben die infektionsbiologische und immunologische Forschung zu neuen Erkenntnissen der Pathogenität der Erreger und der Mechanismen der Wirtsabwehr geführt, die jetzt eine gezielte Entwicklung von Totimpfstoffen und „intelligenten" Lebendimpfstoffen ermöglichen.

**Tabelle 20.1:** Geschichte der Impfungen

| Jahr | Impfung | |
|------|---------|---|
| 1796 | E. Jenner | aktive Immunisierung mit Kuhpockenlymphe |
| 1881 | L. Pasteur | aktive Immunisierung gegen Milzbrand |
| 1885 | L. Pasteur | aktive Immunisierung gegen Tollwut |
| 1890 | E. v. Behring | Heilserumgewinnung gegen Diphtherie und Tetanus |
|      | S. Kitasato | durch aktive Immunisierung von Versuchstieren |
| 1897 | P. Ehrlich | Antitoxinwirkung |
| 1913 | E. v. Behring | aktive Immunisierung mit Toxin-Antitoxin-Gemisch |
| 1954 | J. Salk | inaktivierter Polioimpfstoff (IVP) |
| 1957 | A. Sabin | attenuierter Poliovirus-Lebendimpfstoff (Schluckimpfung) |
| 1984 | M. Hilleman et al. | rekombinantes Hepatitis-B-Virus-*surface antigen* (HBsAg) aus Hefen |
| 1993 | J. B. Ulmer | genetische Immunisierung gegen Influenza durch Inokulation von „nackter" DNA |

# 20.2 Prinzipien der Impfstoffentwicklung

Die Infektionsbiologie des Erregers und die protektiven Abwehrmechanismen des Wirtes bestimmen maßgeblich die Strategie der Impfstoffentwicklung. Über folgende Eigenschaften des Erregers sollten Kenntnisse vorliegen:

- Eintrittspforte (zum Beispiel Schleimhäute, Haut, vektorvermittelt intravasal),
- Replikationsort (zum Beispiel invasiv, nichtinvasiv, Organtropismus, Zelltyp, intrazellulär, extrazellulär),
- Replikationsart (zum Beispiel langsam, schnell, mit cytopathischem Effekt),
- Pathogenitätsfaktoren (zum Beispiel Exotoxine, Moduline, Invasine, Adhäsine, Kapselpolysaccharide),
- genetische Variabilität von Pathogenitätsfaktoren (zum Beispiel Gonokokkenadhäsine, Trypanosomenoberflächenantigene),
- Regulation von Pathogenitätsgenen (*in vivo*-Expression),
- Auxotrophien (zum Beispiel Aminosäuren, Purine, Hämin, Eisenaufnahmesysteme).

Als Abwehrmechanismen kommen grundsätzlich humorale und zelluläre Faktoren in Frage. Für die humorale Immunität spielen folgende Punkte eine wichtige Rolle (siehe Kapitel 2 und 3):

1. systemische Immunität (IgG, IgM, IgE),
2. Mucosaimmunität, vermittelt durch spezifische sekretorische IgA-Antikörper,
3. opsonierende Antikörper,
4. neutralisierende Antikörper,
5. antikörperabhängige zellvermittelte Cytotoxizität (ADCC: zum Beispiel K-Zellen).

Hier ist zu bemerken, daß die Antikörper mit nativen Antigenen reagieren, das heißt, sie erkennen in der Regel konformationelle Epitope.

Während die humorale Immunantwort gegen extrazelluläre Erreger in vielen Fällen wirksam ist (unter Einbeziehung von Phagocyten), erfordert die Eliminierung von intrazellulären Erregern zusätzlich eine MHC-Klasse-I-restringierte zelluläre Immunantwort (CD8-T-Zellen, CTL).

Die Immunisierungsstrategie muß daher folgende Punkte berücksichtigen (Abbildung 20.1): Für eine MHC-Klasse-I-restringierte Immunantwort muß das Antigen in den endogenen und für eine MHC-Klasse-II-restringierte Immunantwort in

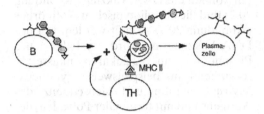

Polysaccarid ( ●)-Protein ( ⊶)-Konjugat

**20.1** Impfstrategien zur Aktivierung antigenspezifischer B-Zellen: Das Polysaccharid-Protein-Konjugat wird von polysaccharidspezifischen B-Zellen erkannt, die das Konjugat internalisieren und Peptide über MHC-Klasse-II-TH-Zellen präsentieren: Aktivierung und Klassen-*switching* führen zu Plasmazellen mit polysaccharidspezifischer Antikörperproduktion.

den exogenen Prozessierungsweg eingeschleust werden; native Antigene sollten ohne Prozessierung mit B-Zell-Rezeptoren direkt interagieren. Darüber hinaus muß die Antigenität der mikrobiellen Produkte gewährleistet sein. Lösliche Polypeptide und Kapselpolysaccharide sind in der Regel schwache Antigene, die erst durch Aggregation oder bei Kapselpolysacchariden durch Konjugation an starke T-Zell-Antigene (zum Beispiel Diphtherie- oder Tetanustoxoid) zu wirksamen Impfstoffen werden (Abbildung 20.1). Die Antigenität kann auch durch Zugabe eines Adjuvans erhöht werden.

Totimpfstoffe gegen Erreger mit komplexer Pathogenität erfüllen die hier aufgeführten Forderungen häufig nicht.

**Tabelle 20.2:** Impferfolge in den USA

| Erkrankung | maximale Inzidenz (Jahr) | Inzidenz 1996 |
|---|---|---|
| Diphtherie | 206 939 (1921) | 2 |
| Masern | 894 134 (1941) | 508 |
| Mumps | 152 209 (1968) | 751 |
| Keuchhusten | 265 269 (1934) | 7 796 |
| Poliomyelitis | 21 269 (1952) | 0 |
| Röteln | 57 686 (1969) | 238 |
| kongenitales Rötelnsyndrom | 20 000 (1964/65) | 4 |

Naturgemäß sind am besten Lebendimpfstoffe (attenuierte Erreger) geeignet, da sie die natürliche Infektion in subklinischer Ausprägung simulieren und damit eine adäquate Immunantwort induzieren. Diese Prinzipien haben besonders zu erfolgreichen Impfstoffen in der Eliminierung von „Kinderkrankheiten" geführt (Tabelle 20.2).

## 20.3 Totimpfstoffe

Als konventionelle Totimpfstoffe werden durch Hitze oder Formalin abgetötete Erreger (Vollkeimimpfstoffe), komplexe Erregerbestandteile (Spaltimpfstoffe) oder Erregereinzelbestandteile (zum Beispiel inaktivierte Toxine, Kapselpolysaccharide) verwendet. Die Antigenität der Totimpfstoffe wird durch Zugabe eines Adjuvans (Aluminiumhydroxid/phosphat-Gel) verstärkt. Außerdem müssen Totimpfstoffe mehrmals intramuskulär appliziert werden (Tag 0, Tag 30, ein Jahr, nach fünf bis zehn Jahren Auffrischungsimpfung), um einen ausreichenden Antikörpertiter zu erzielen. Außer bei Vollkeimimpfstoffen sind ernste Nebenwirkungen bei Totimpfstoffen extrem gering (auch für Schwangere und Abwehrdefiziente geeignet). Der Immunschutz beruht im wesentlichen auf Erregereliminierung beziehungsweise Toxinneutralisierung mittels Antikörper. Zu den am häufigsten angewandten Totimpfstoffen im Säuglingsalter gehört die Kombinationsvakzine aus azelluläre Diphtherietoxoid/Tetanustoxoid/Pertussis-Vakzine und seit einigen Jahren auch der *Haemophilus influenzae*-Kapselpolysaccharid-Typ-b-(Hib-)Konjugatimpfstoff. Aufgrund der guten Wirksamkeit und hohen Sicherheit wird seit einigen Jahren auch wieder verstärkt die inaktivierte trivalente Poliovakzine (IPV) nach Salk eingesetzt. Gegen Grippe wird die Influenzaspaltvakzine (besteht aus Influenzavirus Neuraminidase (N) und Hämagglutinin

(H)) eingesetzt, die jeweils aus dem aktuellen Influenza-HN-Serotyp hergestellt werden muß.

Ein großer Fortschritt bei der Herstellung von Totvakzinen wurde durch Einbeziehung der Gentechnologie erzielt. So erwies sich das in Hefen rekombinant hergestellte Hepatitis-B-(HBs-)Antigen genauso wirksam als Impfstoff wie das aus humanem Plasma gewonnene. Der rekombinante HBsAg-Impfstoff ist darüber hinaus sicher, da das Risiko einer viralen Kontamination im Gegensatz zu Plasmaprodukten ausgeschlossen werden kann.

Die Strukturaufklärung von ADP-ribosylierenden Toxinen (Diphtherie-, Pertussis-, Choleratoxin und anderen) hat eine gezielte Mutagenese der Toxingene (Aminosäuresubstitution im aktiven Zentrum) und damit die Herstellung von rekombinanten inaktiven Toxoiden in nativer Konformation ermöglicht. Die Wirksamkeit und Verträglichkeit solcher rekombinanter Impfstoffe wurden bereits in klinischen Studien für das Pertussistoxoid (PTX) nachgewiesen. Auch ist es gelungen, mutierte bakterielle Toxingene in Pflanzen zu exprimieren, so daß rekombinante rohe Nahrungsmittel (insbesondere Bananen und Tomaten) als orale zum Beispiel gegen Cholera in Zukunft Verwendung finden könnten.

Zu den unkonventionellen Totimpfstoffen können die DNA-Vakzine (Abbildung 20.2) und die antiidiotypischen Antikörper (Abbildung 20.3) gezählt werden. Bei der DNA-Vakzinierung wird ein bakterielles Plasmid mit einer „Eukaryotenkassette" (bestehend aus beispielsweise Cytomegalievirus-Promotor und Gensequenz des Antigens und mit terminaler Polyadenylierungssequenz) intramuskulär oder mittels *gene gun* intracutan injiziert. Die Plasmide gelangen in Muskelzellen (Myocyten) und wahrscheinlich auch in antigenpräsentierende Zellen, wo die Expression erfolgt. Das im Cytoplasma vorliegende Antigen wird dann über den endogenen Prozessierungsweg MHC-Klasse-I-restringierten T-Zellen präsentiert (Abbildung 20.2). Darüber hinaus gelangt Antigen nach Ausschleusung oder Cytolyse auch direkt in Kontakt mit Rezeptoren auf B-Zellen und in den exogenen Prozessierungsweg von APZ, so daß eine humorale Immunantwort induziert wird.

Das Prinzip der Immunisierung mit antiidiotypspezifischen Antikörpern beruht darauf, daß die Epitopbindungsstelle (Idiotyp) des spezifischen Antikörpers der „Negativform" des Epitops des Antigens (zum Beispiel Polysaccharid) entspricht. Durch Immunisierung mit solch einem monoklonalen epitopspezifischen Antikör-

**DNA-Vakzinierung**

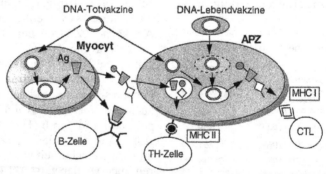

**20.2** Prinzip der DNA-Vakzinierung: Die DNA-Vakzinierung kann als „nackte" DNA (Totvakzine) oder mit dem bakteriellen Vektor (Lebendvakzine) in Myocyten und antigenpräsentierende Zellen eingeschleust werden. In beiden Fällen werden MHC-Klasse-I-, MHC-Klasse-II-restringierte T-Zellen und B-Zellen aktiviert (humorale und zelluläre Immunantwort).

**20.3** Vakzinierung mit antiidiotypischen Antikörpern. Durch Immunisierung werden kapselpolysaccharidspezifische monoklonale Antikörper isoliert (AK1). Die Immunisierung mit AK1 führt zu einer Reihe von Anti-AK1-spezifischen Antikörpern (2), von denen der AK12 das Mimotop des Antigens trägt; AK12 ist damit als Impfstoff geeignet (3).

per (Antigen) werden unter anderem antiidiotypspezifische Antikörper erhalten (Antiidiotyp des Idiotyps = „Positivform"), dessen Antigenerkennungsregion dem „Profil" des ursprünglichen Epitops entspricht (Mimotop). Auf diese Weise kann das Epitop eines schwachen Polysaccharidantigens in ein Mimotop eines starken Proteinantigens umgewandelt werden (Abbildung 20.3).

## 20.4 Adjuvantien

Die Immunogenität von Totimpfstoffen kann durch Zugabe von Adjuvantien gesteigert und gegebenenfalls moduliert werden (Tabelle 20.3). Je nach Art des

Adjuvans lassen sich folgende Wirkungen nutzen: Depotwirkung, Stabilisierung konformationeller Epitope, differentielle Modulation der Immunantwort (CD8-, CD4-, TH1-, TH2-Antwort). Zu den ältesten Adjuvantien (seit 1926) gehören gelartige Aluminiumsalze (Hydroxide, Phosphate), die lösliche Antigene physikalisch binden (Depotwirkung). Sie induzieren eine starke TH2-Typ-Immunantwort. Aufgrund ihrer guten Verträglichkeit werden Aluminiumsalze auch heute noch in der Human- und Veterinärmedizin regelmäßig eingesetzt. Das bekannte Freundsche Adjuvans (FA) aktiviert dagegen neben TH2- auch TH1-Lymphocyten. Das wasserlösliche Antigen wird zu gleichen Teilen mit detergenzhaltigem Mineralöl gemischt, wobei eine Wasser-in-Öl-Emulsion entsteht (inkomplettes FA). Das in den Wassertröpfchen gelöste Antigen

**Tabelle 20.3:** Charakteristika von Adjuvantien

| Adjuvans | Immunantworttyp | | Depotwirkung |
| --- | --- | --- | --- |
| | CD4 | CD8 | |
| Aluminiumsalze | TH2 | – | + |
| Freund-Adjuvans | TH1 und TH2 | (+) | + |
| ISCOM | TH1 und TH2 | ++ | + |
| Mikropartikel | TH1 und TH2 | – | ++ |
| Enterotoxin LT | TH2 | – | – |
| Lipid A | TH1 | – | – |
| ODN/CpG | TH1 | – | – |
| IL-12 | TH1 | – | – |

steht B-Zellen und APZ zur Verfügung, und das Mineralöl wirkt als Depot und Entzündungsinduktor (Freisetzung von Cytokinen). Durch Zugabe von abgetöteten Mycobakterien (komplettes FA) wird die Entzündungsreaktion am Applikationsort verstärkt und damit auch die Adjuvanswirkung (Hsp60/GroE: T-Zell-Immunogen).

Eine besonders ausgeprägte humorale und zelluläre Immunantwort mit extrem geringen Antigenmengen (Nanogramm!) läßt sich durch *immune stimulating complexes* (ISCOMs) erzielen. Mit einer Mischung aus Saponin, Cholesterol, Phospholipiden und Antigen können käfigartig strukturierte Mizellen von etwa 40 nm Durchmesser erhalten werden, die konformationelle Epitope präsentieren und in den endogenen und exogenen Antigenprozessierungsweg Antigen einschleusen.

Eine langdauernde Persistenz des Antigens am Inokulationsort wird durch „Verpackung" des Impfstoffes in biologisch abbaubare Mikropartikel (1–100$\mu$m) oder Nanopartikel (10nm–1$\mu$m) erzielt (zum Beispiel Copolymer aus Milchsäure und Glykolsäure, PLGA). Diese Impfstoffe erzeugen auch nach oraler Gabe eine Immunantwort im MALT.

Seit einigen Jahren ist es möglich, die Immunantwort gezielt mit bakteriellen Produkten oder Cytokinen lokal zu modulieren. Durch Zumischung von Lipopolysacchariden, Muramyldipeptid (MDP) als lipophiles Derivat oder IL-12 zum Impfstoff kann die TH1-Typ-Antwort verstärkt werden. Dagegen begünstigt hydrophiles MDP oder hitzelabiles Enterotoxin (LT) von *E. coli* (insbesondere das mutagenisierte atoxische LT, LTR72, Ala→Arg) die TH2-Typ-Antwort.

Zu den bakteriellen Adjuvantien können auch nichtmethylierte bakterielle DNA mit CpG-Mustern beziehungsweise entsprechende synthetische Oligodeoxynucleotide (ODNs) gezählt werden. Diese ODNs sind in der Lage, B-Zellen und APZ (IL-12-Freisetzung) zu aktivieren und damit eine TH1-Typ-Immunantwort zu fördern. Die ODNs werden von APZ internalisiert. Der genaue Mechanismus der CpG-Wirkung ist aber nicht bekannt.

## 20.5 Lebendimpfstoffe

Als Lebendimpfstoffe werden replikationsfähige, in ihrer Virulenz abgeschwächte (attenuierte) virale und bakterielle Erreger verwendet. In der Humanmedizin sind die sogenannten Schluckimpfstoffe gegen Polioviren vom Typ 1 bis 3 (OPV trivalent nach Sabin) und gegen Typhus (*Salmonella typhi*, *galE*-Mutante Ty21a) sowie die Injektionsimpfstoffe gegen Masern, Röteln, Mumps und Tuberkulose (BCG) in regelmäßigem Gebrauch. Diese klassischen Lebendimpfstoffe wurden durch häufiges Subkultivieren von Viren in Zellkulturen, angebrüteten Hühnereiern, Tierpassagen (Affen) oder von Bakterien auf künstlichen Nährmedien an die *in vitro*-Lebensbedingungen adaptiert und damit auf Verlust von Virulenz (Attenuierung) selektioniert. So haben Calmette und Guérin einen *M. bovis*-Stamm von 1908 bis 1918 etwa 230mal subkultiviert, bis sie den attenuierten Bacille-Calmette-Guérin-(BCG-)Impfstamm erhielten, der auch heute noch als Tuberkuloseimpfstoff verwendet wird.

Das molekularbiologische Korrelat der spontanen Attenuierung bei Polioviren konnte inzwischen durch Genomsequenzierung aufgeklärt werden. Bei den OPVs nach Sabin wurden im RNA-Virusgenom der drei Poliovirustypen 1, 2 und 3 Punktmutationen im 5'-nichtcodierenden Bereich festgestellt, die die Translationseffizienz beeinflussen und damit die Neuropathogenität dieser Viren schwächen. Die Punktmutanten revertieren teilweise bereits während der Immunisierung (Verlust der abgeschwächten Neuropathogenität). Diese Tatsache hat unter anderem dazu beigetragen, daß in Zukunft nur noch die Poliototvakzine (IPV) verwendet werden wird.

Die *galE*-Mutante Ty21a von *S. typhi* wurde durch chemische Mutagenese hergestellt. Sie ist unfähig, UDP-Galactose in UDP-Glucose umzuwandeln. Unter Abwesenheit von Galactose produziert die Mutante rauhes LPS, in Anwesenheit von reichlich Galactose führt die Akkumulation von UDP-Galactose zur Bakteriolyse. Zusätzlich ist die Ty21a unbekapselt (Vi-Antigen-negativ). Der Ty21a-Impfstoff erzeugt beim Menschen etwa 65 Prozent Protektivität gegen Typhus.

Durch gezielte Mutagenese wurden genetisch definierte Mutanten von *Salmonella typhimurium* mit abgeschwächter Virulenz, aber noch wirksamem Immunisierungspotential hergestellt:

*aroA*: Defekt in der Synthese von Chorisminsäure, Enterochelin und anderen aromatischen Verbindungen.

*purA*: Defekt in der Synthese von AMP.

*asd*: Defekt in der Synthese von Diaminopimelinsäure (DAP) und damit der Peptidoglykansynthese.

*ompR*: Defekt im Osmosensorsystem und damit Störung der Regulation von EnvZ/OmpR-abhängigen Virulenzgenen.

Besonders die *aroA*-Mutante hat sich im Mausinfektionsmodell auch als *live carrier* für die Produktion von heterologen Antigenen (Viren, Bakterien, Protozoen) erwiesen. Salmonellen besitzen ein Protein-Typ-III-Sekretions-Translokationssystem (siehe Kapitel 9 und 21), mit dem Fusionsproteine (zum Beispiel SptP fusioniert mit dem Influenzanucleoprotein) in das Cytoplasma von APZ transloziert werden können. Die Epitope der Fusionsproteine werden dann im MHC-Klasse-I-Kontext präsentiert (CTL-Antwort).

Die bakteriellen *live carrier*, wie *S. typhimurium aroA*, *E. coli asd* und *Listeria monocytogenes* (mit regulierbarem Phagenlysegen), haben sich auch als Vektoren für Transgene beziehungsweise DNA-Immunisierung erwiesen. Die Impfstämme tragen ein Plasmid, das dem bei der Immunisierung mit „nackter" DNA entspricht (siehe Totimpfstoffe, Abbildung 20.2). Nach Infektion des Wirtes lysieren die Bakterien im Phagosom oder Cytoplasma und setzen das Plasmid für die Antigenexpression durch die Wirtszelle frei. Die Methode führt zur humoralen und zellulären Immunität mit CTLs (wie bei DNA-Vakzinierung). Zusammengefaßt bieten Lebendimpfstoffe vielfältige Möglichkeiten, um gezielte und lang andauernde Immunantworten zu erreichen, insbesondere auch der mucosaassoziierten Immunantwort (MALT).

# 20.6 Literatur

Arakawa, T.; Chong, K.; Langridge, W. H. *Efficacy of a Food Plant-Based Oral Cholera Toxin B Subunit Vaccine.* In: *Nature Biotechnol.* 16 (1998) S. 292–297.

Cox, J. C.; Coulter, A. R. *Adjuvants – A Classification and Review of Their Modes of Action.* In: *Vaccine* 15 (1997) S. 248–256.

Darji, A.; Guzman, C. A.; Gerstel B.; Wachholz, P.; Timmis, K. N.; Wehland, J.; Chakraborty, T.; Weiss, S. *Oral Somatic Transgene Vaccination Using Attenuated S. typhimurium.* In: *Cell* 91 (1997) S. 765–775.

Dietrich, G.; Bubert, A.; Gentschev, I.; Sokolovic, Z.; Simm, A.; Catic, A.; Kaufmann, S. H.; Hess, J.; Szalay, A. A.; Goebel, W. *Delivery of Antigen-Encoding Plasmid DNA Into the Cytosol of Macrophages by Attenuated Suicide Listeria monocytogenes.* In: *Nature Biotechnol.* 16 (1998) S. 181–185.

Domenighini, M.; Rappuoli, R. *Three Conserved Consensus Sequences Identify the NAD-Binding Site of ADP-Ribosylating Enzymes, Expresses by Eukaryotes, Bacteria and T-even Bacteriophages.* In: *Mol. Microbiol.* 21 (1996) S. 667–674.

Dougan, G. *The Molecular Basis for the Virulence of Bacterial Pathogens: Implications for Oral Vaccine Development.* In: *Microbiology* 140 (1994) S. 215–224.

Hinman, A. R. *Global Progress in Infectious Disease Control.* In: *Vaccine* 16 (1998) S. 1116–1121.

Katz, S. L. *Future Vaccines and a Global Perspective.* In: *Lancet* 350 (1997) S. 1767–1770.

Krieg, A. M.; Yi, A.; Schorr, J., Davis; H. L. *The Role of CpG Dinucleotides in DNA Vaccines.* In: *Trends Microbiol.* 6 (1998) S. 23–26.

Magliani, W.; Polonelli, L.; Conti, S.; Salati, A.; Rocca, P. F.; Cusumano, V.; Mancuso, G.; Teti, G. *Neonatal Mouse Immunity Against Group B Streptococcal Infection by Maternal Vaccination With Recombinant Anti-Idiotypes.* In: *Nature Medicine* 4 (1998) S. 705–709.

Moxon, E. R. *Applications of Molecular Microbiology to Vaccinology.* In: *Lancet* 350 (1997) S. 1240–1244.

Robinson, H. L. *Nucleic Acid Vaccines: An Overview.* In: *Vaccine* 15 (1997) S. 785–787.

Russmann, H.; Shams, H.; Poblete, F.; Fu, Y.; Galan, J. E.; Donis, R. O. *Delivery of Epitopes by the Salmonella Type-III-Secretion System for Vaccine Development.* In: *Science* 281 (1998) S. 565–568.

# 21. Infektionsmodelle

Anliegen dieses Kapitels ist es, einige wichtige Infektionserreger detaillierter vorzustellen. Dabei geht es nicht um eine vollständige und taxonomisch geordnete Erfassung möglichst vieler Erreger, sondern um die Darstellung von einigen Organismen und Organismengruppen, die „Modellcharakter" auch für weitere Erreger haben. Gerade diese charakteristischen Eigenschaften sollen herausgearbeitet werden. Dem Charakter dieses Buches entsprechend wurden neben bakteriellen Erregern auch ein Parasit (*Toxoplasma gondii*) und ein pathogener Pilz (*Candida albicans*) in dieses Kapitel aufgenommen.

## 21.1 *Escherichia coli*

### J. Hacker

### 21.1.1 Allgemeines

*Escherichia coli* gehört zu den dominierenden fakultativ anaeroben Bakterien des Intestinaltraktes des Menschen und vieler Tiere. Theodor Escherich (1857–1911) beschrieb 1885 erstmals diese von ihm *Bacterium coli commune* genannten Keime, denen er neben einer physiologischen Rolle als kommensale Darmbewohner auch eine Bedeutung als darmpathogene und harnwegspathogene humane Infektionserreger zuwies. Stämme von *E. coli* zeigen identische oder nahezu identische 16S-rRNA-Sequenzen und eine

Reihe von konstanten physiologischen Eigenschaften, darunter die Fähigkeit zur gemischten Säuregärung. Etwa 99 Prozent der *E. coli*-Isolate können Indol bilden, ungefähr 90 Prozent der Stämme sind in der Lage, Lactose zu verwerten. Ein Charakteristikum der Art *E. coli* liegt in der Tatsache, daß sie sich aus einer ungeheuer großen Zahl unterschiedlicher Stammvarianten zusammensetzt. Dies wird unter anderem durch eine Vielzahl unterschiedlicher Serotypen belegt. So sind bisher 173 verschiedene O-Antigene mit fünf Core-Strukturen, 80 Kapsel-(K-)Antigene und 56 Geißel-(H-)Antigene beschrieben worden. Zusammen geht man von 50 000 bis 100 000 unterschiedlichen Serotypen aus. Weiterhin sind über 100 Adhäsine von *E. coli* bekannt, die Unterschiede in der Rezeptorerkennung und in serologischen Charakteristika aufweisen.

Diese verschiedenen Varianten von *E. coli* zeigen zunächst als Bestandteile der normalen Darmflora eine ausgesprochene Wirtsspezifität. Man unterscheidet humanadaptierte Serotypen von anderen Varianten, die an verschiedene Warmblütler oder auch an Invertebraten angepaßt sind (Tabelle 21.1). Besonders weit verbreitete und erfolgreiche Varianten werden dabei auch als Klone bezeichnet (siehe Kapitel 14). Einige *E. coli*-Varianten sind in der Lage, Infektionen bei verschiedenen Tieren und beim Menschen auszulösen. Hier ist neben einer Wirtsspezifität auch ein ausgeprägter Organtropismus zu beobachten. So lösen Klone des Serotyps O139:K82 eine Ödemkrankheit beim Schwein aus, während O18:K1-

**Tabelle 21.1:** Wirtsspektrum pathogener *E. coli*

| Wirt | Infektionen |
|------|-------------|
| Mensch | Darminfektionen |
|  | Harnwegsinfektionen |
|  | Sepsis |
|  | Meningitis |
| Kuh | Diarrhö |
|  | Sepsis |
|  | Mastitis |
| Schwein | Diarrhö |
|  | Ödemkrankheiten |
| Schaf | Diarrhö |
|  | Sepsis |
| Vögel/Geflügel | Sepsis |
| Hund | Harnwegsinfektionen |

*E. coli*-Varianten Neugeborenen-Meningitis beim Menschen verursachen können. Die Vielfalt der unterschiedlichen *E. coli*-Varianten machen den Keim zu einem Modellorganismus für Analysen von Wirts-Pathogen-Interaktionen, für das Studium mikrobieller Adaptationsprozesse und für Untersuchungen von evolutionsbiologischen Fragestellungen.

## 21.1.2 Horizontaler Gentransfer bei *Escherichia coli*

Die meisten *E. Coli*-Isolate gelten als apathogen. Sie sind Teil der kommensalen Darmflora. Durch ihre Fähigkeit, anaerob und aerob zu wachsen, scheinen sie für die Präsenz der meist anaeroben Standortflora des Darmes von großer ökologischer Bedeutung zu sein, da sie Sauerstoff „abfangen". Einen Prototyp der apathogenen *E. coli*-Stämme stellt die Variante *E. coli* K-12 dar. 1922 in Stanford, aus dem Stuhl eines Diphtheriepatienten isoliert, wurden *E. coli*-K-12-Stämme ab Mitte der vierziger Jahre bevorzugte Studienobjekte der Mikrobengenetiker. Heute sind etwa 3 000 verschiedene *E. coli*-K-12-Mutanten

bekannt, von denen viele Stämme in der Grundlagenforschung und in der Biotechnologie Verwendung finden. *E. coli* K-12 ist durch das Fehlen von Virulenzfaktoren ausgezeichnet. Darüber hinaus sind die K-12-Stämme rauh, das heißt, sie bilden ein reduziertes O-Antigen aus, was ihnen zusätzlich Avirulenz verleiht. Grund für diese Eigenschaft ist die Präsenz eines IS5-Elements im *rfb*-Locus, der für den äußeren Teil des O-Antigens von *E. coli* codiert. Bei Fehlen des IS5-Elements würde *E. coli* K-12 dem O-Serotyp O16 angehören.

Mittlerweile ist das Genom von *E. coli* K-12 vollständig sequenziert. Durch diese Genomanalyse, aber auch durch weitere molekularbiologische Studien ist bekannt, daß pathogene *E. coli*-Stämme im Vergleich zu *E. coli* K-12 und zu *E. coli*-Stämmen der normalen Fäkalflora zusätzliche genetische Elemente enthalten, die Virulenzgene tragen. In Tabelle 21.2 sind die wichtigsten humanpathogenen Varianten von *E. coli* zusammengestellt. Sowohl die intestinalen als auch die extraintestinalen Pathotypen besitzen als zusätzliche genetische Elemente Plasmide, Bakteriophagen und chromosomal lokalisierte Pathogenitätsinseln (PAIs, vergleiche Kapitel 14). Die Kombination oftmals unterschiedlicher Elemente determinieren dann einen bestimmten Pathotyp. So tragen enterotoxische *E. coli*-Stämme PAIs sowie große transferable Plasmide, die für Enterotoxine und Adhäsine codieren. Durch Gentransfer dieser Plasmide können apathogene *E. coli*-Stämme zu diarrhöauslösenden Pathotypen konvertieren. Bakteriophagen, die die Gene für Shiga-Toxine (*stx*) besitzen, finden sich im Genom enterohämorrhagischer *E. coli*. Uropathogene und meningitisauslösende *E. coli* tragen mehrere Pathogenitätsinseln auf dem Chromosom, die für Hämolysine, Adhäsine oder Invasionsfaktoren codieren. Der Transfer dieser Elemente führt zu evolutionären Quantensprüngen, die aus apathogenen *E. coli*-Varianten Krankheitserreger machen können.

**Tabelle 21.2:** Pathotypen humanpathogener *E. coli*

| Pathotyp | Infektionstyp | Ähnlichkeit mit | Lokalisierung der Virulenzfaktoren |
|---|---|---|---|
| enterotoxische *E. coli* (ETEC) | Diarrhö | Cholera | PAI, Plasmid |
| enteropathogene *E. coli* (EPEC) | Diarrhö | | PAI, Plasmid |
| enterohämorrhagische *E. coli* (EHEC) | hämorrhagische Colitis, hämolytisch urämisches Syndrom (HUS) | | PAI, Plasmid, Phage |
| enteroinvasive *E. coli* (EIEC) | Dysenterie | Shigellose | PAI, Plasmid |
| enteroaggregative *E. coli* (EAEC) | Diarrhö | | PAI, Plasmid |
| uropathogene *E. coli* (UPEC) | Harnwegsinfektionen | | PAIs |
| sepsisauslösende *E. coli* (SEPEC) | Sepsis | | PAIs |
| meningitisauslösende *E. coli* (MENEC) | Neugeborenen-Meningitis | | PAIs |

Schematisch sind solche genetischen Prozesse in Abbildung 21.1 dargestellt. Durch molekulargenetische Analysen zeigte sich, daß Pathogenitätsinseln bevorzugt in tRNA-Gene inserieren. Eines der bevorzugten Targets für die PAI-Integration ist das Gen *sel*C, das für eine selenocysteinspezifische tRNA codiert. Mittlerweile sind drei *E. coli*-Pathotypen analysiert, die jeweils unterschiedliche PAIs in ihren *sel*C-Loci tragen. Durch diese zusätzliche genetische Information wird letztlich die pathogenetische Relevanz der Erreger bestimmt, das heißt, durch Integration der LEE-(*locus of enterocyte attachment-*)Insel gewinnt das Bakterium enteropathogene Eigenschaften, durch Insertion einer hämolysincodierenden Insel uropathogene Potenz. Interessanterweise trägt auch der Erreger *Salmonella typhimurium* eine PAI im *sel*C-Gen. Nach Insertion eines Prophagen in *sel*C können darüber hinaus ehemals prophagenfreie *E. coli*-Stämme zu lysogenen Isolaten konvertieren. Bisher gibt es keinen weiteren pathogenen Mikroorganismus, dessen Pathotypen annähernd so detailliert beschrieben sind wie die pathogenen *E. coli*-Varianten.

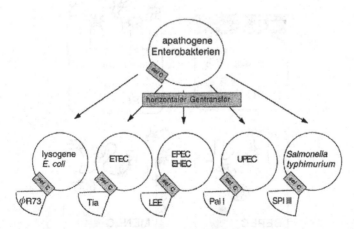

**21.1** Entstehung verschiedener Pathotypen und eines lysogenen Stammes von Enterobakterien durch Transfer und Insertion von Pathogenitätsinseln und Phagen in den *sel*C-Locus.

### 21.1.3 Pathotypen von *Escherichia coli*

Die in Tabelle 21.2 dargestellten Pathotypen von *E. coli* lösen unterschiedliche Infektionen aus. Folgende Gruppen von Pathogenitätsfaktoren kommen bei den unterschiedlichen *E. coli*-Pathotypen vor:

- Adhäsine spielen eine Schlüsselrolle beim Spezies- und beim Zelltropismus.
- Toxine zerstören Wirtszellen.
- Eisenaufnahmesysteme tragen zur Verbreitung der Bakterien bei.

- Invasine sind für das Eindringen der *E. coli*-Zellen in Wirtszellen verantwortlich.
- Kapseln schützen die *E. coli*-Zellen vor Attacken des Immunsystems.

In Abbildung 21.2 werden die Interaktionen zwischen humanpathogenen *E. coli* und den Wirtszellen schematisch dargestellt. Dabei werden folgende *E. coli*-Pathotypen unterschieden:

- **Enterotoxische *Escherichia coli* (ETEC):** Diese darmpathogenen *E. coli*-Isolate können, entsprechend den produzierten

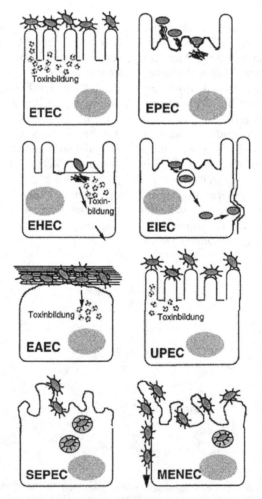

**21.2**   Darstellung der Interaktion von acht *E. coli*-Pathotypen mit Wirtszellen.

Adhäsinen den Dünndarm des Menschen und verschiedener Tiere spezifisch kolonisieren. Die Bakterien verbleiben in der Regel extrazellulär und produzieren zwei Toxine: ein hitzelabiles (LT-)Enterotoxin, das dem Choleratoxin (Ctx) in Struktur und Funktion sehr ähnlich ist, und ein kleines hitzestabiles (ST-)Enterotoxin. Interessanterweise sind Adhäsin- und Toxingene häufig gemeinsam auf großen Plasmiden lokalisiert. Das durch ETEC ausgelöste Krankheitsbild ähnelt dem der Cholera.

- **Enteropathogene *Escherichia coli* (EPEC):** Nach dem Drei-Phasen-Modell kommt es zunächst zu einer lokalen Anheftung der Keime an das Darmepithel durch die plasmidcodierten *bundle forming pili* (Bfp). Es werden dann Proteine, die von der LEE-Pathogenitätsinsel codiert werden, über einen Typ-III-Sekretionsweg in die Wirtszelle transportiert, was Signaltransduktionsvorgänge auslöst, darunter Tyrosinphosphorylierung verschiedener Proteine, darunter das translozierte bakterielle Tir-Protein. Daran schließt sich das durch EaeA vermittelte *intimate attachment* an, das mit einer Aktinpolymerisierung in der Wirtszelle einhergeht. Der Gesamtvorgang einer EPEC-Infektion führt zur Destruktion der Mikrovilli und wird als Bildung von *attachment and effacing (A/E) lesions* beschrieben.

- **Enterohämorrhagische *Escherichia coli* (EHEC):** Die EHEC-Varianten tragen ebenfalls einen LEE-Locus, dessen Genprodukte die Bakterien zu einer engen Haftung an die Wirtszellen befähigen. Danach kommt es zur Ausschleusung von plasmidcodiertem Enterohämolysin und phagencodierten Shiga-Toxinen (Stx), die zu intrazellulären Läsionen im Dickdarm führen. Es setzt das klinische Bild einer blutigen Diarrhö mit enterohämorrhagischer Colitis (EC) ein. Da die Stx-Toxine auch in andere Organe, darunter in die Niere, transportiert werden, können sie

dort zu lokalem Nierenversagen mit Folgeschäden führen (hämolytisch-urämisches Syndrom, HUS). EHEC-Varianten zeichnen sich außerdem durch einige ökologische Besonderheiten aus. So können die Bakterien längere Zeit in einem sauren Milieu (pH-Wert von 2–3) überleben und Hämin als Eisenquelle nutzen (vergleiche Kapitel 12). Shiga-Toxin-bildende *E. coli*-Varianten führen bei Schweinen zur sogenannten Ödemkrankheit.

- **Enteroinvasive *Escherichia coli* (EIEC):** EIEC-Varianten besitzen ein großes Virulenzplasmid, das sich identisch auch im Genom von *Shigella flexneri*-Stämmen findet. Auf diesem Plasmid sind Gene lokalisiert, die die Bakterien befähigen, eukaryotische Zellen zu invasieren. Das Krankheitsbild, das durch EIEC ausgelöst wird, ähnelt dem einer Ruhr.

- **Enteroaggregative *Escherichia coli* (EAEC):** EAEC-Varianten tragen eine Pathogenitätsinsel, die für ein Eisenaufnahmesystem codiert, das dem *Yersinia*-Baktin von pathogenen Yersinien sehr ähnlich ist. Dieses Siderophor scheint den Bakterien einen Vitalitätsvorteil zu vermitteln. Die Bakterien sind in der Lage, spezifisch an Darmepithelien zu adhärieren und das Toxin EAST1, das dem ST-Toxin von ETEC ähnelt, freizusetzen.

- **Uropathogene *Escherichia coli* (UPEC):** Harnwegsinfizierende *E. coli* produzieren Adhäsine (P- und F1C-Fimbrien), die eine Anheftung der Bakterien an uroepitheliale Zellen vermitteln. Weiterhin tragen die Bakterien Kapseln. Oftmals wird das α-Hämolysin gebildet, das Zellen lysiert oder in sublytischen Konzentrationen in die Signaltransduktion der Wirtszelle eingreift. In der Regel verbleiben die Bakterien extrazellulär, es werden jedoch auch invasive Prozesse beobachtet. Uropathogene *E. coli* können die Harnwege verschiedener Spezies (Menschen, Affen, Hunde) infizieren.

- **Sepsisauslösende** *Escherichia coli* **(SE-PEC):** Die Virulenzfaktoren der sepsis-auslösenden Stämme sind weitestge-hend mit denen der uropathogenen *E. coli* identisch. Allerdings produzie-ren die meisten SEPEC-Varianten min-destens drei Siderophore: das Entero-baktin, das Aerobaktin und das *Yersi-nia*-Baktin, das von einer PAI codiert wird und auch von pathogenen Yersi-nien und EAEC gebildet wird (siehe Kapitel 12). *E. coli*-bedingte Sepsis wird beim Menschen und vielen Haus-tieren (Rind, Schaf, Schwein, Geflügel) beobachtet. SEPEC-Varianten sind auch in der Lage, eukaryotische Zellen zu invadieren.
- **Meningitisauslösende** *Escherichia coli* **(MENEC):** Bestimmte Varianten ex-traintestinaler *E. coli*, die auch für Harnwegsinfektionen verantwortlich sind, werden im Geburtskanal von der Mutter auf Neugeborene übertragen, wo sie eine Meningitis auslösen können. K1-Kapsel und S-Fimbrien sind die Hauptvirulenzfaktoren dieser Isolate. Nach neuen Daten sind MENEC-Va-rianten in der Lage, in Epithelzellen und auch in Endothelzellen einzudrin-gen und diese möglicherweise zu durch-dringen. Es wird außerdem eine inter-zelluläre Penetration diskutiert. Hierbei spielen Fimbrien, das OmpA-Protein und Genprodukte der *ibe*-Loci eine Rolle.

Zusätzlich zu den für die einzelnen Pa-thotypen spezifischen Pathogenitätsfakto-ren produzieren sowohl pathogene als auch apathogene Stämme zwei Adhäsine: die Typ-I-Fimbrien und die „Curli"-Adhä-sine, die unter bestimmten Bedingungen ebenfalls zur Virulenz pathogener Stämme beitragen können. Inwieweit ein bei fast allen *E. coli*-Stämmen kryptisch vorhan-denes Gen, das bei bestimmten Varianten ein Cytolysin codiert, zur Pathogenese bei-trägt, ist bisher noch nicht klar.

# 21.2 *Vibrio cholerae*

## J. Reidl

## 21.2.1 Pathogenese und Pathogenitätsfaktoren

Im Jahre 1883 zeigte Robert Koch, daß die Cholera durch ein Bakterium verursacht wird, welches schließlich *Vibrio cholerae* genannt wurde. Für die frühen Cholera-ausbrüche war vor allem die Serogruppe O1 *V. cholerae* vom „klassischen" Biotyp verantwortlich. Hingegen wurde für den siebten Ausbruch eine O1-Biotypvariante „El-Tor" (benannt nach dem Isolierung-sort in Saudi-Arabien) als Verursacher charakterisiert. 1992/93 erschien erstmals eine neue Serogruppe, O139, die für den letzten größeren Choleraausbruch verant-wortlich war. Von der klinischen Sympto-matik her ähnelt die Cholerainfektion der durch ETEC verursachten Erkrankung.

Der Erreger der Cholera, *Vibrio chole-rae*, ist ein gebogenes, motiles, gramnegati-ves Stäbchenbakterium und gehört zur Fa-milie der *Vibrionaceae*. Mehr als 140 Sero-gruppen sind bis heute bekannt (Abbil-dung 21.3), wobei nur die Serogruppen O1 und O139 für den Menschen als pathogene Erreger in Erscheinung treten. Die Entste-hung der Choleraerkrankung läßt sich in drei Schritte einteilen:

1. die orale Aufnahme des Erregers über Nahrung und Trinkwasser, die Passage durch den Magentrakt und die anschlie-ßende Kolonisierung des oberen Darm-bereichs;
2. die koordinierte Expression von Viru-lenzfaktoren;
3. und die Aktivität des Choleratoxins und anderer Virulenzfaktoren.

Modellhaft kann bei *V. cholerae* der mo-dulare Aufbau der Virulenzfaktoren stu-diert werden. So wurde kürzlich demon-striert, daß die Hauptvirulenzfaktoren von

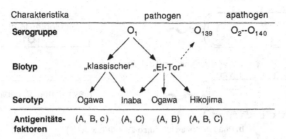

| Charakteristika | pathogen | | apathogen |
|---|---|---|---|
| **Serogruppe** | $O_1$ | $O_{139}$ | $O_2$--$O_{140}$ |
| **Biotyp** | „klassischer"  „El-Tor" | | |
| **Serotyp** | Ogawa  Inaba  Ogawa  Hikojima | | |
| **Antigenitäts-faktoren** | (A, B, c)  (A, C)  (A, B)  (A, B, C) | | |

**21.3** Typisierung von *V. cholerae.* Eine grobe Einteilung erfolgt in etwa 140 Serogruppen, wobei nur O1 und O139 als humanpathogene Erreger beschrieben werden. Eine weitere Einteilung erfolgt in die zwei Biotypen „klassisch" und „El-Tor". Die Unterscheidung dieser Biotypen erfolgt durch Bestimmungsmerkmale (wie beispielsweise Streptomycin$^r$, Agglutination, Hämolysinexpression). Eine weitere Aufschlüsselung erfolgt in Serotypen (Ogawa, Inaba, Hikojima), welche durch die Anwesenheit bestimmter Antigenitätsfaktoren (A, B, C, c) determiniert sind.

*V. cholerae* O1 und O139 durch einen filamentösen Bakteriophagen (CTX$\phi$) codiert werden. Dieser Phage ist in der Lage, gleich mehrere Virulenzfaktoren, die ein Teil seines Genoms (ungefähr 9 kb) darstellen, durch horizontalen Gentransfer in apathogene *V. cholerae*-Stämme zu schleusen. Diesen Vorgang nennt man Phagenkonversion. Zu diesen phagencodierenden Virulenzfaktoren zählen die choleratoxincodierenden Untereinheiten A und B (*ctxA, B*), das *Zonula occludens*-Toxin (*zot*), ein zusätzliches Enterotoxin (*ace*) und ein Kolonisierungsfaktor, repräsentiert durch eine Pilistruktur (*cep*) (Abbildung 21.4). Weiterhin codiert das *V. cholerae*-Genom Proteine zur Synthese von Typ-IV-Pili, benannt als TCP (toxincore-

gulierte Pili). Diese Pilistrukturen erfüllen zwei Hauptaufgaben:

1. Sie dienen der effizienten Anheftung der *V. cholerae* Zellen an die Darmepithelzellen des Wirtes.
2. Sie stellen gleichzeitig den Bakteriophagenrezeptor für den Phagen CTX$\phi$ dar.

Außer den oben beschriebenen Hauptvirulenzfaktoren und Toxinen gibt es noch eine Vielzahl weiterer Virulenzfaktoren. Beispielsweise findet man die Aktivitäten eines Shiga-ähnlichen Toxins, eine Neuraminidase, sekretierte Proteasen und Hämolysine/Cytolysine. In einigen Nicht-O1-*V. cholerae*-Stämmen hat man auch Formen von hitzestabilen Toxinen gefunden (siehe Abschnitt 6.3).

## Phage CTX$\phi$

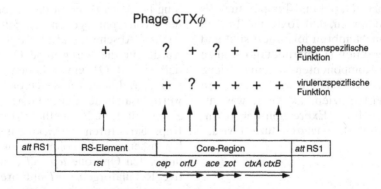

**21.4** Genomstruktur des choleratoxinkonvertierenden Phagen CTX$\phi$. Angegeben sind die Funktionen der jeweils codierenden Genprodukte hinsichtlich ihrer Beteiligung an Pathogenitätseigenschaften beziehungsweise Phagenfunktionen.

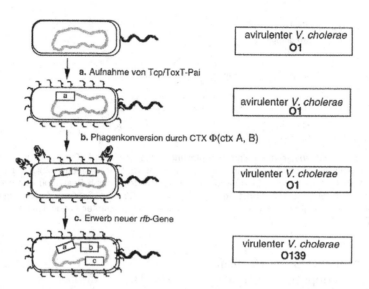

**21.5** Schema der Konversion eines avirulenten O1-*V. cholerae*-Stammes zu einer hochvirulenten Variante O139. Die Aneignung wichtiger Virulenzfaktoren ist gegliedert in mögliche Ereignisse (a–c). a) Aufnahme der für Pili (TCP) und den positiven Regulator ToxT codierenden Gene, b) Phagenkonversion durch Phagen CTXϕ und c) Erwerb von neuen *rfb*-Genen zur veränderten Synthese von LPS und Kapsel sowie Bildung der Serogruppe O139.

Die wichtigsten Virulenzfaktoren bei *V. cholerae* unterliegen einer gemeinsamen transkriptionalen Regulation. Das regulatorische System besteht aus drei Komponenten: den beiden membranständigen Regulatoren ToxR und ToxS, sowie dem cytosolischen ToxT. Als die Hauptregulatoren sind ToxT und ToxR verantwortlich für die Genexpression von zum Beispiel *tcp*- und *ctx*-Genen. Dieses Regulationssystem ist sensitiv gegenüber Umweltsignalen (Osmolarität, pH und Temperatur). Es wird angenommen, daß ToxR und ToxS in der inneren Membran lokalisiert sind und durch Interaktion (Dimerbildung) ähnlich wie Zwei-Komponenten-Systeme (siehe Kapitel 11) wirken. Dieses System wird erst im Wirt effizient aktiviert, was zur Folge hat, daß die Expression der Toxingene erst im Wirt (*in vivo*) induziert wird.

## 21.2.2 Evolution und Übertragung von Virulenzfaktoren

Intensive genetische Untersuchungen der letzten Jahre und die gegenwärtigen Genomanalysen lassen den Schluß zu, daß *V. cholerae* eine Vielzahl seiner Virulenzfaktoren durch horizontalen Gentransfer erworben hat (Abbildung 21.5). Diese Modellvorstellung der evolutiven Entwicklung bei *V. cholerae* ist daher sehr ähnlich der von pathogenen *E. coli*-Stämmen (siehe Abschnitt 21.1). Beispielsweise wurde für die Serogruppe O139 gezeigt, daß sie zu O1 einen hohen Verwandtschaftsgrad besitzt und sich durch den Erwerb zusätzlicher neuer Gene (*rfb*-Gene) eine veränderte Biosynthese von LPS- und Kapselstrukturen entwickelt hat. Weiterhin lassen sich die kolonisierungsfaktorcodierenden Operone *tcp*, *acf* und das positive Regulatorgen *toxT* anführen, welche vermutlich von einer Pathogenitätsinsel codiert werden und sich in der Vergangenheit evolutiv durch horizontalen Gentransfer in *V. cholerae*-Stämme etabliert haben.

Wie schon erwähnt, stellt die Konversion von Phagen CTXφ einen wichtigen Schritt dar, welcher zur Ausbildung hochvirulenter *V. cholerae* Stämme führt. Dieser Phage ist intakt und kann als solcher die relevanten Toxine durch horizontalen Gentransfer an apathogene *V. cholerae*-Stämme weitergeben. Tatsächlich wurde gefunden, daß die Transduktionsrate (Infektionsvermögen des Phagen) *in vivo* (im Darm des Wirtes) um das $10^3$- bis $10^4$fache gegenüber Transduktionsversuchen im Reagenzglas erhöht ist. Die Erklärung dazu lautet, daß Umweltsignale im Darmbereich von den *V. cholerae*-Zellen über das ToxR, S, T-System erkannt werden, was zur Expression der Tcp-Pili führt. Tcp-Pili wirken dann an der Zelloberfläche als Phagenrezeptoren für den Phagen CTXφ, wodurch eine effiziente Transduktion stattfinden kann. Die bifunktionelle Funktion von TCP als Adhäsion und als Phagenrezeptor demonstriert damit eindrucksvoll die coevolutive Entwicklung von einem Pilus zu einem Schlüsselvirulenzfaktor bei *V. cholerae*, welcher für die effektive Kolonisierung einerseits und als Antenne (Phagenrezeptor) für die Aufnahme des Phagen CTXφ andererseits verantwortlich ist.

# 21.3 Yersinien, Shigellen, Salmonellen und Listerien

## J. Heesemann, M. Hensel

### 21.3.1 Allgemeines

Die gramnegativen Stäbchenbakterien Yersinien, Salmonellen und Shigellen sowie die grampositiven Stäbchen Listerien gehören zu den enteroinvasiven Erregern von Lebensmittelinfektionen (wobei Listerien nicht als darmpathogen gelten!). Die vier Erreger gelten als Prototypen zum Studium der Interaktion von mikrobiellen Pathogenitätsfaktoren und eukaryotischen zellulären Molekülen. Die Untersuchungen zur Pathogenese von Yersinien, Shigellen, Salmonellen und Listerien haben entscheidend zur Etablierung der „zellulären Mikrobiologie" (siehe Kapitel 15) beigetragen.

Als primäre Eintrittspforte nutzen die Bakterien die im unteren Dünndarmabschnitt (terminalen Ileum) reichlich vorhandenen als Peyer-Plaques (PPs) bekannten Lymphfollikel. Ähnliche Eintrittspforten kommen insbesondere für Shigellen auch auf der Colonschleimhaut vor. Die Dünndarmschleimhaut (resorbierende Saumzellen und sezernierende Becherzellen) weist im Bereich der PPs keine Zotten auf, sondern grenzt kuppelförmig mit dem follikelassoziierten Epithel (FAE) die darunterliegenden Lymphfollikel vom Darmlumen ab. Das FAE besteht aus Saumzellen und vereinzelt liegenden M-Zellen (*microfold cells*, membranöse Epithelzellen). Die M-Zellen sind zur Pinocytose und Transcytose von Proteinen und Partikeln befähigt. Basal sind die M-Zellen durch eingewanderte Makrophagen und B-Lymphocyten eingestülpt (Abbildung 21.6). Die M-Zellen können Partikel und Mikroorganismen von luminal nach basal translozieren und auf Makrophagen, polymorphkernige Neutrophile (PMNs), dendritische Zellen und B-Zellen zur Antigenpräsentation und Eliminierung übertragen. Die vier oben genannten Erreger haben unterschiedliche Mechanismen für das Eindringen in die PPs über M-Zellen (1. Phase) und für die Verbreitung (Dissemination) (2. Phase) entwickelt. Bei Shigellen, Salmonellen und Yersinien wird die Invasionsstrategie von den Effektorproteinen bestimmt, die mittels eines Typ-III-Proteinsekretionsapparates in Wirtszellen transloziert werden. Bei Yersinien bewirken diese Effektorproteine eine „Paralyse" der Phagocyten und damit eine extrazelluläre Erregerlokalisation, während

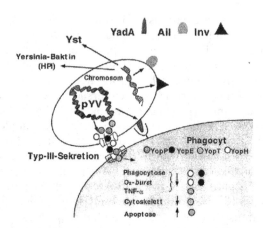

**21.6** Schematische Darstellung des Invasinsprozesses von *Yersinia enterocolitica*. Es ist das „follikelassoziierte Epithel" (FAE) mit Bürstensaumepithel und M-Zellen dargestellt. Die Yersinien werden über $\beta$1-Integrin der M-Zellen aufgenommen und in das Subepithelium transloziert. Im Darmlumen produzieren Yersinien hitzestabiles Enterotoxin (Yst) und Invasin (Inv). Im Subepithelium werden die Gene des Virulenzplasmids *pYV* aktiviert. YadA (Lollipop-Form) vermittelt Zelladhärenz. Die Effektorproteine YopE, H, O, P und T werden an der Zellkontaktstelle in das Cytoplasma transloziert und hemmen Signaltransduktionskaskaden (siehe auch Abbildung 21.7).

bei Shigellen und Salmonellen die Aufnahme und intrazelluläre Vermehrung der Erreger ermöglicht werden. Im folgenden sollen die erregerspezifischen Pathogenitätsmechanismen dargestellt werden.

### 21.3.2 *Yersinia enterocolitica* und *Yersinia pseudotuberculosis*

Die enteropathogenen Yersinien haben ein breites Wirtsspektrum (Nagetiere, Schweine, Schafe, Rotwild, Geflügel, Mensch). Ihre Verbreitung erfolgt hauptsächlich über fäkal verunreinigte Nahrungsmittel. Nach oraler Aufnahme dringen sie über die M-Zellen in die PPs, vermehren sich dort extrazellulär und bilden Abszesse, die sich einerseits in das Darmlumen entleeren und andererseits zur Dissemination der Yersinien in mesenteriale Lymphknoten, Milz, Leber und Blutbahn führen. Sie können wahrscheinlich über Jahre in Lymphknoten persistieren. Die wichtigsten Pathogenitätsfaktoren, die diesen spezifischen Infektionsprozeß ermöglichen, sind bei Yersinien in der letzten Dekade entdeckt und charakterisiert worden. In Tabelle 21.3 werden die Pathogeni-

tätsdeterminanten aufgeführt. Das chromosomal codierte Invasin ist maßgeblich an der Interaktion der Yersinien mit $\beta$1-Integrin der M-Zellen und an der nachfolgenden Transcytose der Yersinien beteiligt. Inv-negative Mutanten zeigen eine stark verzögerte Darminvasivität im oralen Mausinfektionsmodell. Das hitzestabile Enterotoxin Yst wirkt als Guanylcyclaseaktivator und induziert wäßrigen Durchfall. Im Darmlumen können auf der Oberfläche der Yersinien drei weitere Proteine mit potentiellen Adhäsinfunktionen nachgewiesen werden:

1. YadA, ein oligomeres „lollipopförmiges" fibrilläres Protein, das an extrazelluläre Matrixproteine (ECM) wie Kollagen, Laminin und Fibronectin bindet;

2. Ail, ein äußeres Membranprotein von 30 kDa, das Bindung von Yersinien an CHO-Zellen vermittelt und das Überleben der Yersinien im Serum verbessert (Serumresistenz);

3. MyfA/PsaA, ein bei pH6 gebildetes Protein, das zur Bildung von fimbrienähnlichen Strukturen befähigt ist und wahrscheinlich auch Adhäsinfunktionen hat.

**Tabelle 21.3:**  Beispiele für Virulenzfaktoren bei Yersinien

| Determinante | Phänotyp | *Y. enterocolitica* | *Y. pseudotuberculosis* |
|---|---|---|---|
| **chromosomal** | | | |
| irp/fyuA | *Yersinia*-Baktinbiosynthese (lop 1–10) | +/– | +/– |
| inv | Invasin, 100 kDa Omp, C-Terminus interagiert mit $\beta$1-Integrin | + | + |
| ail | Ail (*attachment invasin locus*), 23 KDa Omp | + | – |
| myf/psaA | Myf (*mucoide yersinia fibrillae*) oder PsaA (pH6-Antigen) | + | + |
| yst | *Yersinia* hitzestabiles Toxin | + | – |
| **extrachromosomal (pyV)** | | | |
| yadA | *Yersinia*-Adhäsin, Oberflächenfibrille | + | + |
| yscA-Y | Protein-Typ-III-Sekretion | + | + |
| lcr G,D,V | Proteintranslokation | + | + |
| yop B,D,N | | | |
| yopE | Cytoskelettdestruktion (23 kDa) | + | + |
| yopH | Proteintyrosinphosphatase (51 kDa) | + | + |
| yopM | unbekannt (48–67 kDa) | + | + |
| yopO/ypkA | Serinkinaseaktivität (90 kDa) | + | + |
| yopP/yopJ | Apoptoseinduktor (32 kDa) | + | + |
| yopT | Destruktion von Aktinfilamenten (35,5 kDa) | + | – |
| virF | AraC-ähnlicher Transkriptionsfaktor, kontrolliert die Genexpression des pVY-Virulons | + | + |

Im Gegensatz zu YadA-negativen *Y. enterocolitica*-Mutanten sind Ail- oder Myf-negative Mutanten im Mausinfektionsmodell voll virulent, so daß die pathogenetische Bedeutung der zwei letzteren Adhäsine bei *Y. enterocolitica* unklar ist.

Nach Passage der Yersinien durch die M-Zellen werden zusätzlich zu *yadA* auch die übrigen *pYV*-Gene exprimiert (Abbildung 21.7). Die *pYV*-codierten *Yersinia outer proteins* (Yops) liegen zunächst im Cytoplasma zum Teil stabilisiert durch Yop-spezifische Chaperone vor. Das Typ-III-Protein-Sekretions/Translokationssystem ist bei 37 °C so weit präformiert, daß es bei Kontakt von Yersinien mit Wirtszellen die Yops als Effektorproteine in das Cytoplasma der Zielzelle „injiziert" (vergleiche Kapitel 9). Die Yops inhibieren in vielfältiger Weise die Signaltransduktionskaskade, die die Abwehrzellen normalerweise nach bakteriellem Kontakt aktivieren würden. So blockiert YopH durch Tyrosindephosphorylierung der Komponenten des fokalen Adhäsionskomplexes: (zum Beispiel FAK, p130$^{CAS}$) die Phagocytose und den *oxidative burst* der PMNs und Makrophagen. Dieser Effekt wird durch YopE und YopT, die das Cytoskelett schädigen, verstärkt. YopP blockiert die NF$\kappa$-B-Aktivierung beziehungsweise -Translokation in den Nucleus, was bei Makrophagen zur Suppression der TNF$\alpha$-Produktion und zur Apoptose führt. *Y. enterocolitica*-Stämme vom Biotyp IB sind für Mäuse hochpathogen. Verantwortlich für diesen Phänotyp ist eine ungefähr 45 kb große *high pathogenicity island* (HPI, Fitneß- oder Pathogenitätsinsel) im Chromosom, die für Biosynthese des Siderophors *Yersinia*-Baktin und dessen Aufnahme codiert (vergleiche Kapitel 8). Offensichtlich spielt eine siderophorvermittelte Eisenversorgung für systemische

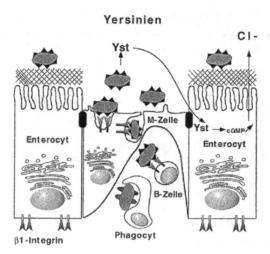

**21.7**  Wirkung von Virulenzfaktoren bei der Invasion von *Yersinia enterocolitica* (siehe auch Abbildung 21.6).

Infektionen bei Yersinien eine wichtige Rolle. Interessanterweise kommt eine fast identische HPI auch bei *Y. pseudotuberculosis*-, *Y. pestis*- und *E. coli*-Isolaten vor.

## 21.3.3 Shigellen

Shigellen sind phylogenetisch *E. coli* zuzuordnen. Aus praktischen Gründen werden Shigellen aber in vier Arten unterteilt: *Shigella dysenteriae* (produziert Shiga-Toxin), *S. flexneri*, *S. sonnei* und *S. boydii*. Diese Erreger verursachen die Ruhr (Dysenterie). Es handelt sich dabei um eine Colitis (Dickdarmentzündung) mit häufigen Stuhlabgängen, die Blut, Schleim und eitrige Beläge enthalten. Ein ähnliches Krankheitsbild wird durch EIEC ausgelöst. Die für dieses Krankheitsbild verantwortlichen Pathogenitätsfaktoren werden von einem ungefähr 200 kb großen Virulenzplasmid codiert, das bei allen virulenten Shigellen vorkommt. Auf dem Virulenzplasmid ist ein 30-kb-Bereich, auf dem die Determinanten für Zellinvasion (*ipa*-Gene, *invasion plasmid antigens*), intrazelluläre Ausbreitung (*ics*-Gene, *intracellular spreading*), Typ-III-Proteinsekretionsapparat (*mix-spa*-Gene, *membrane expression of antigens*; *secretion of protein antigens*)

sowie Regulatorgene lokalisiert sind. Der Infektionsprozeß von *S. flexneri* kann in mehrere Abschnitte unterteilt werden (siehe Abbildung 21.8, hypothetisch):

1. **Magenpassage:** Aufgrund ihrer relativen Säureresistenz (RpoS-reguliert) überleben Shigellen die Magenpassage ohne Verluste. Dies könnte ihre hohe Infektiosität erklären (Infektionsdosis < 100 Shigellen).

2. **Invasion von Epithelzellen:** Histologische Untersuchungen der Darmmucosaläsionen bei experimentell infizierten Affen und Kaninchen weisen darauf hin, daß Shigellen im Bereich des follikelassoziierten Epithels in die *Lamina propria* des Colons eindringen. Im Epithelzellkultursystem konnte gezeigt werden, daß die Sekretion der vier Proteine IpaA, B, C und D (sowie IpgC als Chaperon für IpaB und C) für die Internalisierung der Shigellen verantwortlich sind. Unter Einbeziehung von $\beta$1-Integrin und den Hyaluronsäurerezeptor CD44 in die Bakterienzellinteraktion aktivieren IpaB und C, die kleinen GTPasen der Rho-Familie, Cdc42, Rac und Rho mit nachfolgender Aktinpolymerisierung an der Kontaktstelle (Abbildung 21.8). Dies führt zur Umhüllung der Shigellen durch die Epithelzelle

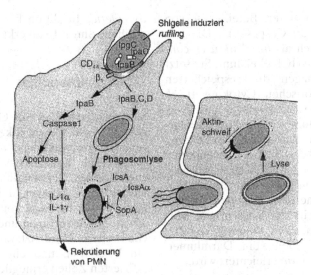

**21.8** Schematische Darstellung der Aufnahme von Shigellen in Epithelzellen. Nach der Invasion kommt es zur Auflösung der Phagosomenmembran und Übertritt in Nachbarzellen (*spreading*).

(*ruffling*). Für eine vollständige Internalisierung ist die Translokation von IpaA (wahrscheinlich durch IpaB und C vermittelt) erforderlich. IpaA bindet Vinculin, ein Protein des fokalen Adhäsionskomplexes. Da die Internalisierung über *ruffling* abläuft im Gegensatz zum Zipper-Mechanismus bei Yersinien und Listerien, wird dieser Mechanismus auch als Makropinocytose bezeichnet. Neben Rho-Proteinen konnten die aktinbindenden Proteine Vinculin, Profilin, Ezrin und Cortactin (Phosphorylierung durch die Proteintyrosinkinase pp60$^{\text{c-src}}$) in den *ruffles* nachgewiesen werden.

3. **Interzelluläre Ausbreitung:** Nach Internalisierung löst sich die Phagosommembran unter Mitwirkung von IpaB und C (wahrscheinlich durch Porenbildung) nach wenigen Minuten auf. Die Shigellen vermehren sich dann im Cytoplasma und induzieren an einem freien Pol ihrer Zellwand die Polymerisierung eines Aktinschweifes, der zum sogenannten Olm-Phänotyp (*organelle-like-movement*) führt. Nach Ausstülpung der Wirtszellwand werden die Shigellen in die Nachbarzelle gedrückt. An diesem Prozeß des interzellulären Ausbreitens

über Plasmabrücken sind die Proteine IcsA, SopA und IcsB beteiligt. IcsA ist ein sezerniertes 120-KDa-Protein (C-terminale Transportdomäne: IcsA$\beta$ und N-terminale Membrandomäne: IcsA$\alpha$) mit Ähnlichkeiten zu Autotransportern wie der Gonokokken-IgA-Protease. IcsA$\alpha$ induziert und bindet den Aktinschweif. An der unipolaren Verteilung von IcsA$\alpha$ ist die IcsA-degradierende Protease SopA beteiligt. IcsA$\alpha$ bindet direkt das aktinbindende Protein Vinculin. Darüber hinaus sind auch die Cytoskelettproteine $\alpha$-Aktinin, Plastin und VASP an der Aktinschweifbildung beteiligt. Erreichen die Ausstülpungen die Nachbarzelle, wird eine cadherinabhängige Phagocytose der Ausstülpungsspitze induziert. Danach befindet sich die Shigelle verpackt in einer Doppelmembran in der Nachbarzelle. Nach Lyse der Phagosommembran durch IcsB liegt der Erreger im Cytoplasma der Nachbarzelle vor. Durch erneute Induktion eines Aktinschweifes wird der Ausbreitungsprozeß fortgesetzt.

4. **Apoptoseinduktion:** Wird die Shigelle von Makrophagen aufgenommen, erfolgt eine Abtötung des Phagocyten über Aktivierung der Caspase 1 (Apop-

toseinduktion) unter Beteiligung von IpaB (bindet an Caspase 1). Die Caspase 1 ist auch als *interleukin-1β-converting enzyme* (ICE) bekannt. Sie setzt aus Makrophagen die gespeicherten proinflammatorischen Cytokine IL-1β (proteolytische Aktivierung) und IL-18 frei. IL-1β induziert eine akute Entzündungsreaktion durch die Freisetzung von IL-6, IL-8 und TNF-α benachbarter Zellen. Diese Cytokinausschüttung führt zum Einstrom von aktivierten PMNs, die einerseits Shigellen abtöten und andererseits das benachbarte Mucosaepithel zerstören, wodurch der Zugang von Shigellen vom Darmlumen zur *Lamina propria* erleichtert wird.

Shigellosen verlaufen in der Regel selbstlimitierend. Inwieweit eine protektive Antikörperantwort induziert wird, ist unklar. Es konnte aber gezeigt werden, daß die Internalisierung von Shigellen durch Epithelzellen stark reduziert wird durch das Leukocyteninterferon α. INF-α inhibiert die Phosphorylierung von Cortactin (wahrscheinlich durch Hemmung der Proteintyrosinkinase pp60$^{c\text{-}src}$) und damit die Makropinocytose von Shigellen. Zusammenfassend kann davon ausgegangen werden, daß die hier dargestellten Mechanismen der Shigelleninvasivität die ausgeprägte Darmentzündung mit ruhrartigem Durchfall verursachen. Das besonders schwere Krankheitsbild bei *Shigella*

*dysenteriae*-Infektion kann durch das zusätzliche Shiga-Toxin erklärt werden.

### 21.3.4 Salmonellen

Salmonellen stellen eine Gruppe von Erregern dar, die sowohl lokale, selbstlimitierende Darminfektionen als auch schwere systemische Krankheitsverläufe verursachen können. Salmonellen sind fakultativ intrazelluläre Erreger, die über Virulenzfaktoren zur Invasion von nichtphagocytischen Zellen verfügen und zudem zahlreiche weitere Virulenzfaktoren haben, die ein Überleben und eine Replikation in infizierten Zellen ermöglichen.

Besonders gut untersucht wurde die Molekularbiologie der Invasivität von Salmonellen. Für den Invasionsphänotyp ist die Funktion von mehr als 30 Genen notwendig. Ein großer Teil dieser Gene sind auf einer etwa 40 kb umfassenden, als *Salmonella pathogenicity island 1* (SPI1) bezeichneten Pathogenitätsinsel lokalisiert. SPI1 codiert für ein Typ-III-Sekretionssystem und dessen sekretierte Zielproteine und Regulatoren. Jedoch fanden sich auch die Effektorproteine SopB und SopE, die von außerhalb von SPI1 lokalisierten Genen codiert werden (Tabelle 21.4). Neben anderen SPI1-Effektorproteinen werden SopB und SopE durch das Typ-III-Sekretionssystem in die Zielzelle

**Tabelle 21.4:** Beispiele für Virulenzfaktoren von *Salmonella spp.*

| Bezeichnung | Funktion |
|---|---|
| SPI1 | Typ-III-Sekretionssystem, Invasion nichtphagocytischer Zellen, Apoptose, Elektrolytverlust |
| SPI2 | Typ-III-Sekretionssystem, systemische Infektion, intrazelluläre Akkumulation |
| SPI3 | $Mg^{2+}$-Transporter, intrazelluläre Akkumulation |
| SPI5 | *sopB*-Lokus, Inositol-Phosphatphosphatase |
| pSLT | 90-kb-Virulenzplasmid, systemische Infektion, Pilusgene |
| *sopE* | G-Proteinaktivator, auf kryptischen Prophagen |
| *pagP* | LPS-Modifikation |
| *phoPQ* | Zwei-Komponenten-System, globaler Regulator für etwa 40 Virulenzloci |
| *lpf* | *long polar fimbriae*, Fimbrien zur M-Zelladhäsion |

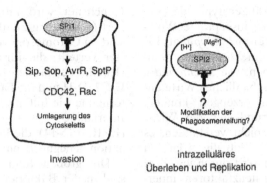

**21.9** Zwei Virulenzstrategien von Salmonellen. Von den Pathogenitätsinseln SPI1 und SPI2 codierte Typ-III-Sekretionssysteme sind entscheidend für zwei Virulenzstrategien in *S. typhimurium*. Das von SPI1 codierte Sekretionssystem transloziert Effektorproteine, die für die Interaktion mit Zellen des Darmepithels während der initialen Phase einer Salmonellose bedeutend sind. Das SPI2-codierte Sekretionssystem wird von intrazellulären Salmonellen exprimiert und ist an der intrazellulären Akkumulation und der Entstehung systemischer Infektionen beteiligt.

injiziert und bewirken Veränderungen spezifischer Funktionen der Zielzelle (Abbildung 21.9). SopB hat Inositolphosphat-Phosphataseaktivität und steht in Zusammenhang mit den Elektrolytverlusten während einer Diarrhö. SopE hingegen bewirkt durch Aktivierung von G-Proteinen wie CDC42 und Rac Veränderungen in zellulären Signaltransduktionswegen, die schließlich die Aufnahme des Bakteriums durch die Zielzelle induzieren.

Durch Untersuchungen im Modellsystem der murinen Salmonellose und in Zellkulturmodellen wurden zahlreiche Faktoren identifiziert, die für das Überleben von intrazellulären Salmonellen entscheidend sind. Fast alle dieser Faktoren kommen auch in verwandten nichtpathogenen Spezies vor und stellen biosynthetische Leistungen, Reparaturfunktionen oder Komponenten der Streßantwort dar (vergleiche Kapitel 16). Die intrazelluläre Replikation von Salmonellen erfordert also die Fähigkeit zur Anpassung an ein Habitat, das stark limitierend an Nährstoffen ist, jedoch zahlreiche Streßsignale auf das Bakterium ausübt. Die Expression vieler dieser Faktoren wird in Salmonellen durch das Zwei-Komponenten-System PhoPQ reguliert. Als globaler Regulator aktiviert PhoPQ die Synthese von Trans-

portsystemen für Nährstoffe und Spurenelemente. Zudem werden Systeme zur Modifikation des LPS aktiviert, wodurch eine Resistenz gegen antimikrobielle Peptide des Wirts erreicht wird. PhoPQ wird durch niedrige Konzentrationen an divalenten Kationen aktiviert und stellt möglicherweise einen Sensor für die intrazelluläre Lokalisation des Bakteriums dar.

Für Salmonellen als intrazelluläre Erreger spezifische Virulenzfaktoren werden von den *Salmonella pathogenicity island 2* (SPI2) codiert. Diese Pathogenitätsinsel codiert für ein zweites Typ-III-Sekretionssystem, dessen Zielproteine und ein Regulationssystem. Mutanten in SPI2 zeigen eine sehr starke Attenuierung der Virulenz im Mausmodell der systemischen Infektion. Eine verminderte Fähigkeit zu intrazellulärem Überleben und Replikation wurde bei SPI2-Mutanten in Zellkulturexperimenten beobachtet. Zur Zeit ist noch nicht bekannt, ob die Funktion von SPI2 in der Modifikation der Reifung von salmonellenhaltigen Phagosomen oder der Inhibierung anderer Wirtszellfunktionen zu sehen ist. Ebenfalls noch nicht verstanden wurde die Funktion des Salmonellenvirulenzplasmids pSLT, das bei nichttyphoiden Salmonellen für die Entstehung systemischer Erkrankungen bedeutend ist.

Viele der über 2 000 Serotypen der Salmonellen weisen eine ausgeprägte Wirtsspezifität auf (zum Beispiel *S. typhi* als Erreger des Typhus beim Menschen), während andere Serotypen, wie *S. enteritidis*, in einer Reihe unterschiedlicher Wirte enterische Infektionen erzeugen können. Die molekularen Grundlagen der Wirtsspezifität sind noch nicht verstanden, es wird jedoch vermutet, daß die Adaption an einen bestimmten Wirt durch jeweilige Ausstattung mit Virulenzfaktoren innerhalb einer Subspezies determiniert wird. So könnte eine unterschiedliche Ausstattung mit Pili und Fimbrien ausschlaggebend für die erfolgreiche initiale Interaktion mit der Darmmucosa eines Wirtsorganismus sein und darüber entscheiden, ob eine Kolonisierung des Wirts erfolgen kann. Die Anpassung von Salmonellen an verschiedene Wirte stellt ein Beispiel für die Evolution von Virulenz bei der Interaktion von Wirt und Erreger dar.

## 21.3.5 *Listeria monocytogenes*

Listerien sind grampositive nicht sporenbildende Stäbchenbakterien, die in der Umwelt und im Tierreich weit verbreitet sind. *Listeria monocytogenes* ist humanpathogen und besonders gefährlich für abwehrschwache Menschen (zum Beispiel für Neugeborene, Diabetes mellitus). Die Erreger werden oral aufgenommen und dringen wahrscheinlich über M-Zellen in die PPs ein, von wo sie über die Blutbahn in Leber, Milz und gegebenenfalls Liquorraum disseminieren und intrazellulär replizieren.

Die wichtigsten Pathogenitätsgene sind chromosomal in Genclustern organisiert. Das PrfA-Gencluster (PrfA: *positive regulatory factor*) enthält das Regulatorgen *prfA*, zwei Phospholipase-C-Gene *plcA* und *plcB* (PI-PLC: phosphatidylinositolspezifisch, PC-PLC: phosphatidylcholinspezifisch), ein Hämolysingen, *hly* (Listerolysin O, LLO), ein Metalloproteasegen, *mpl* (Mpl), und das *actA*-Gen (ActA induziert Aktinschweifbildung). Das PrfA-

Gencluster wird intrazellulär hochreguliert (Abbildung 21.10A). Darüber hinaus sind im Chromosom verschiedene Gencluster verteilt, die für Internalin codieren (Familie der großen Internaline wie InlA, B, C2, D-H und die Familie der kleinen Internaline wie InlC). Chrakteristisch für die Internaline sind *leucine-rich-repeats* (LRR, n=2–14), die Protein-Protein-Interaktionen begünstigen.

Die großen Internaline (außer InlG) sind in der Bakterienmembran verankert und stellen den Kontakt mit der Wirtszelle her (Abbildung 21.10B). Das Internalin A interagiert spezifisch mit dem E-Cadherin von CaCo-2-Zellen (Colonepithelzellinie, E-Cadherin vermittelt $Ca^{2+}$-abhängige Zell-Zell-Adhäsion). InlB vermittelt Kontakt zu verschiedenen Zelltypen, insbesondere auch Endothelzellen. Die Zelladhärenz über InlA und/oder InlB induziert die Internalisierung der Listerien über einen Zipper-Mechanismus. Die Kontakte zwischen InlB und dem Zellrezeptor führen (wahrscheinlich analog zur Interaktion von Inv mit $\beta$1-Integrinen bei Yersinien) zur Aktivierung von Phosphatidylinositolkinase (PI3-K) und den kleinen GTPasen Rac und Rho mit nachfolgender Phagocytose. Nach Internalisierung wird die Phagosommembran durch LLO und PI-PLC aufgelöst. Die Listerien werden dann ähnlich wie Shigellen mittels eines Aktinschweifes in benachbarte Zellen „gedrückt". Verantwortlich für die Aktinakkumulation ist ActA, ein dimeres Protein, dessen C-terminales Ende in der Membran verankert ist. ActA besteht aus mehreren Domänen, die ein Aktinnucleationszentrum bilden. Das *vasodilator-stimulated-phosphoprotein* (VASP) bindet an die prolinreichen Domänen (PRR) von ActA. An VASP bindet Profilin, das durch seine Aktinbindungseigenschaften die Aktinfilamentbildung fördert. Darüber hinaus sind der N-Terminus von ActA und der *actin-related-protein*-(Arp2/3-)Komplex der Wirtszelle für eine effiziente Aktinschweifbildung notwendig (Abbildung 21.10C).

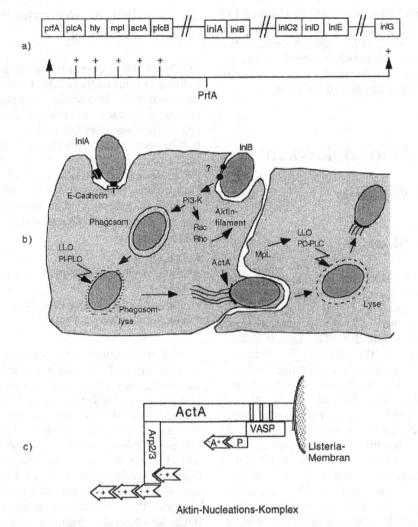

**21.10** Schematische Darstellung des Invasins- und interzellulären Ausbreitungsprozesses von *Listeria monocytogenes*. a) Dargestellt sind das PfrA-Gencluster und die Internalin-Gencluster (*inl*). PfrA aktiviert die mit + gekennzeichneten Gene, sobald die Listerien intrazellulär lokalisiert sind. b) Interaktion der Listerien mit eukaryotischen Zellen. Nach der Aufnahme der Bakterien kommt es zur Lyse der Phagosomenmembran und zur Ausbreitung. c) Die molekularen Mechanismen der Aktinschweifbildung sind nur zum Teil aufgeklärt. ActA bindet VASP an die PRR-Region. VASP selbst hat auch eine PRR-Region, an die Profilin (P), ein Aktin-(A-)bindendes Protein, bindet. Profilin soll als *actin shuttle* den *actin-related-protein*-(Arp2/3-)Komplex mit Aktinmonomeren für die Aktinfilamentbildung versorgen. Das wachsende Aktinende (*barbed end*) ist als Kerbe (Plusende) gezeichnet (siehe Text).

ActA hat offensichtlich analoge Strukturen und Funktionen wie das Wirtsprotein Zyxin, das über eine prolinreiche Domäne VASP-Profilin-Aktinfilamente bindet und andererseits über α-Actinin mit Integrinen interagiert. Auf diese Weise ist Zyxin an der Ausbildung von *ruffles*, Lamellopodien und Filopodien beteiligt. Nach Aufnahme in die Nachbarzelle befreien sich die Listerien aus der Doppelmembranhülle mittels PC-PLC und LLO, wobei die Metalloprotease Mpl zur Aktivierung von PC-PLC beiträgt. In der intrazellulären Ausbreitung ähneln Listerien den Shigellen, obwohl ActA keine strukturellen Ähnlichkeiten zu IcsA hat.

# 21.4 Staphylokokken

## W. Ziebuhr

### 21.4.1 Allgemeines

Staphylokokken sind grampositive, unbewegliche, sporenlose Bakterien. Sie bilden bei Säugetieren und Vögeln einen beträchtlichen Teil der gesunden Haut- und Schleimhautflora. Der Genus *Staphylococcus* umfaßt derzeit 33 bekannte Arten. Von ihnen besitzen einige außerordentliche human- beziehungsweise veterinärmedizinische Bedeutung. Wichtigster pathogener Vertreter ist die coagulasepositive Spezies *S. aureus*. Daneben treten in den letzten Jahren auch coagulasenegative Arten wie (*S. epidermidis*) als Erreger von Krankenhausinfektionen und *S. saprophyticus* als Verursacher von Harnwegsinfektionen in Erscheinung. Staphylokokken gelten als Infektionsmodell für nosokomiale Erreger und für pathogene Bakterien, die zunehmend Multiresistenzen gegen Antibiotika ausbilden.

In den folgenden Abschnitten soll auf wesentliche pathogenetische Prinzipien von Staphylokokken eingegangen werden. Hinsichtlich der Fülle der produzierten und sezernierten Genprodukte, der Bedeutung der Toxine bei der Pathogenese und der Vielzahl der möglichen Krankheitsverläufe bestehen Parallelen zwischen Staphylokokken und Streptokokken sowie zwischen Staphylokokken und dem gramnegativen Bakterium *Pseudomonas aeruginosa*.

### 21.4.2 Adhärenz, Kolonisierung und Biofilmbildung

Staphylokokken exprimieren wie Streptokokken auf ihrer Oberfläche Proteine, die den Kontakt zu Wirtszellen, zu Matrixproteinen, aber auch zu löslichen Plasmabestandteilen wie Antikörpern oder Albumin herstellen. Sie erfüllen damit ähnliche Funktionen wie Fimbrien oder Adhäsine bei gramnegativen Bakterien und spielen eine wichtige Rolle bei der Kolonisierung von Wirtsstrukturen. Am besten untersucht sind derzeit die Oberflächenproteine von *S. aureus*:

- Protein A,
- fibrinogenbindendes Protein (*clumping factor*),
- fibronectinbindendes Protein,
- kollagenbindendes Protein.

Diesen Proteinen ist gemeinsam, daß sie über ihren C-Terminus mit der Zellwand oder der Cytoplasmamembran verbunden sind. Die Bindungsspezifität wird dagegen über den N-Terminus vermittelt. Protein A und das fibrinogenbindende Protein binden lösliche Plasmabestandteile. Protein A erkennt und bindet wirtseigene Antikörper über deren Fc-Anteil und inaktiviert sie damit. Das fibrinogenbindende Protein stellt dagegen eine oberflächenassoziierte Coagulase dar (*clumping factor*), die Fibrinogen bindet und aktiviert und somit zur Verklumpung von Blutplasma führt. Da geschädigte Gewebe und auch die Oberflächen von künstlichen Implantaten (zum Beispiel Gelenkprothesen, Kathetersysteme) sehr schnell mit Fibrinogen überzogen werden, trägt dieser Mechanismus wesentlich zur Adhärenz der Bakterien auf solchen Oberflächen bei. Auch die Bindung an Matrixproteine wie Fibronectin oder Kollagen gibt *S. aureus* die Möglichkeit, sich in geeigneten Habitaten zu etablieren. Neuere Untersuchungen zeigen, daß es auch bei *S. epidermidis* Oberflächenproteine mit ähnlichen Funktionen gibt.

Manche Staphylokokken bilden darüber hinaus auf glatten Oberflächen mehrschichtige Biofilme aus. Diese Eigenschaft wurde zuerst bei *S. epidermidis* beobachtet. Diese Spezies verursacht den größten Teil aller polymerassoziierten Infektionen, insbesondere bei immunsupprimierten Patienten. Biofilme werden auch von anderen pathogenen Bakterien wie *P. aeruginosa* gebildet, der unten vorgestellte Mechanismus scheint jedoch spezifisch für *S. epidermidis* zu sein. Besiedelt werden dabei Katheter-, Dialyse- und Shuntsysteme, Gelenkimplantate und Osteosynthesematerialien sowie eine Vielzahl anderer Fremdkörper, die heute in der modernen Medizin eingesetzt werden. Die Biofilmbildung vollzieht sich in zwei Schritten (Abbildung 21.11):

1. Zunächst besetzen die Bakterien die freie Polymeroberfläche als einschichtigen Bakterienrasen. Diese sogenannte initiale Adhärenz wird durch Ladung und Oberflächenhydrophobizität der Bakterien vermittelt. An diesem Prozeß sind aber auch oberflächenassoziierte Proteine wie das *S. epidermidis*-Autolysin beteiligt.

2. In einem zweiten Schritt kommt es zum kumulativen Wachstum und zur Ausbildung eines mehrschichtigen Biofilms, wobei sich die Bakterien in eine extrazelluläre Polysaccharidschicht einhüllen. Bei diesem Polysaccharid handelt es sich um ein $\beta$-1,6-verknüpftes Glucosaminoglykan, das den Kontakt der Bakterien untereinander herstellt und deshalb auch als Polysaccharid-Interzelluläres-Adhäsin (PIA) bezeichnet wird.

An der PIA-Synthese sind mehrere Proteine beteiligt, deren genetische Information im sogenannten *ica*-Operon lokalisiert ist. Interessanterweise besitzen nicht alle *S. epidermidis*-Stämme die Fähigkeit zur PIA-Synthese. Das *ica*-Operon findet sich wesentlich häufiger in Isolaten, die von Patienten mit polymerassoziierten Infektionen gewonnen wurden, als bei Stämmen der Normalflora. Das läßt vermuten,

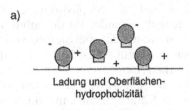

a)

**Ladung und Oberflächenhydrophobizität**

**Autolysinprotein**

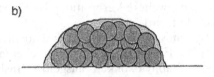

b)

PIA (*ica*): $\beta$-1,6-verknüpftes Glucosaminoglykan

**115 und 18 kDa extrazelluläre Proteine**

**21.11** Mechanismen der Biofilmbildung bei Staphylokokken: a) initiale Adhärenz. b) interzelluläre Adhärenz und Schleimproduktion.

daß es sich hier um einen Faktor handelt, dessen Erwerb zur Entwicklung von pathogenen *S. epidermidis* beigetragen haben könnte.

## 21.4.3 Infektionen durch Staphylokokken

Staphylokokken treten als Erreger lokal begrenzter Infektionen in Erscheinung. Sie sind die häufigsten Auslöser von Wundinfektionen. Haupterreger ist auch hier wiederum *S. aureus*. Für das Eindringen in Gewebe und die Aufrechterhaltung der Infektion stehen dem Erreger verschiedene Enzyme zur Verfügung:

- Hämolysine ($\alpha$, $\beta$, $\gamma$, $\delta$)
- Leukocidin,
- Hyaluronidase,
- Lipase,
- Proteasen,
- Nucleasen.

Eine besondere Rolle bei der Ausbildung von Abszessen spielen die Plasmacoagulase und die Staphylokinase. Die Plasmacoagulase bindet Prothrombin und aktiviert somit die Polymerisierung von Fibrinogen zu Fibrin. Dies führt dazu, daß sich die Bakterien in einem schützenden Fibrinmantel ungestört vermehren können. Diese Schutzschicht kann durch die fibrinolytischen Eigenschaften der Staphylokinase wieder aufgelöst werden, wodurch die weitere Verbreitung der Erreger gefördert wird.

Systemische Infektionen und toxinvermittelte Erkrankungen werden ebenfalls durch Staphylokokken ausgelöst. Insbesondere *S. aureus*-Isolate sind in der Lage, hochpotente Toxine zu produzieren und so typische Erkrankungen auszulösen. Zu diesen toxinvermittelten Erkrankungen gehören:

- Lebensmittelvergiftungen durch die Enterotoxine A–E,
- *toxic shock syndrome* durch das *toxic shock syndrome toxin 1* (TSST-1),
- *staphylococcal scalded skin syndrome* durch die epidermiolytischen Toxine Exfoliatin A und B.

Einige der von *S. aureus* gebildeten Toxine sind sogenannte Superantigene, die unspezifisch an MHC-Moleküle der Klasse II und den T-Zell-Rezeptor binden (siehe Abschnitt 6.3). In der Folge kommt es zur polyklonalen Stimulierung des Immunsystems mit einer massiven Ausschüttung von Entzündungsmediatoren, die wiederum zu Fieber, Kreislaufreaktionen, Erbrechen bis hin zum Schock führen. Derartige Superantigene werden auch von Streptokokken produziert. Sowohl bei Staphylokokken als auch bei Streptokokken werden die entsprechenden Gene häufig von Bakteriophagen getragen.

## 21.4.4 Antibiotikaresistenz

Wie bei keiner anderen Erregergruppe tritt bei den Staphylokokken zur Zeit das Problem der Multiresistenz gegen Antibiotika in den Vordergrund (vergleiche Kapitel 19). Stämme, die gegen mehr als ein Antibiotikum gleichzeitig resistent sind, treten vorwiegend in Krankenhäusern auf und stellen insbesondere für immunsupprimierte Patienten eine Gefahr dar.

Bei allen Staphylokokken nimmt die Resistenz gegen $\beta$-Lactamantibiotika zu. 70 bis 80 Prozent aller Staphylokokkenisolate bilden Penicillinasen. Aus diesem Grund wurden penicillinasestabile Penicilline wie Methicillin und Oxacillin entwickelt. Gegen diese $\beta$-Lactame sind aber mittlerweile 13 Prozent aller *S. aureus*-Isolate und 56 Prozent aller coagulasenegativen Staphylokokken resistent. Die Methicillinresistenz, die durch das *mec*A-Gen vermittelt wird, bewirkt eine Resistenz gegen alle bekannten $\beta$-Lactamantibiotika einschließlich der Cephalosporine und Carbapeneme, indem ein verändertes Penicillinbindeprotein gebildet wird, an welches das Antibiotikum nicht mehr binden kann. Auffällig ist, daß Methicillinresistenz gleichzeitig mit einer hohen Parallelresistenz gegen andere Antibiotika einhergeht. So sind methicillinresistente Staphylokokken häufig auch gegen Aminoglykoside, Fluorquinolone, Makrolide und Lincosamine sowie gegen Trimethoprim und Tetracycline resistent. Resistenzen gegen Glykopeptide sind dagegen noch sehr selten und unterscheiden sich wahrscheinlich auch in ihrem Mechanismus von der Glykopeptidresistenz, wie sie bei Enterokokken bekannt ist.

## 21.4.5 Phänotypvariabilität als pathogenetisches Prinzip

Staphylokokken können sich schnell an veränderte Umweltbedingungen anpassen. Eine Möglichkeit dazu ist die Steuerung der Genexpression über Regelsysteme, die gezielt auf bestimmte Umweltreize reagieren (zum Beispiel *agr*, *sar*). Daneben beobachtet man bei Staphylokokken aber auch das scheinbar zufällige An- und Abschalten von phänotypischen Eigenschaften. Diese Fähigkeit findet man besonders bei Isolaten, die klinische Infektionen auslösen. So wurden bei Patienten mit chronischer Osteomyelitis *S. aureus*-Isolate nachgewiesen, die einen sogenannten *small-colony-variant* -Phänotyp (SCV) aufweisen. SCVs zeichnen sich durch Defekte in Atmungskettenenzymen aus. Sie besitzen damit ein niedrigeres Membranpotential und sind erheblich in ihrer Wachstumsrate vermindert. Alle energieabhängigen Prozesse wie der Export von Toxinen oder auch die aktive Aufnahme bestimmter Antibiotika (zum Beispiel Aminoglykoside) sind nur eingeschränkt möglich. Daher sind solche Stämme gegen Aminoglykoside resistent, auch wenn keine antibiotikamodifizierenden Enzyme gebildet werden. Durch die fehlende Exotoxinproduktion töten SCVs Wirtszellen in ihrer Nachbarschaft nicht mehr ab. Vielmehr persistieren SCVs in eukaryotischen Zellen, ohne vom Immunsystem erkannt werden zu können. Daß es sich hier um eine sehr effektive Anpassungsstrategie handelt, wird durch die Tatsache unterstrichen, daß SCVs auch wieder zum voll virulenten Phänotyp zurückkehren können, wenn die äußeren Umstände es erfordern (vergleiche Kapitel 12).

Neben *S. aureus* sind auch andere Staphylokokkenarten in der Lage, ihre phänotypischen Eigenschaften schnell zu verändern. Bei *S. epidermidis* sind es besonders die Biofilmbildung und die Expression von Antibiotikaresistenzen, die einer Phasenvariation unterliegen. Man nimmt an, daß auch dieser Mechanismus zum besseren Überleben unter wechselnden Bedingungen in verschiedenen Habitaten beiträgt. Die genetischen und molekularen Hintergründe sowohl für die SCV-Bildung bei *S. aureus* als auch für die Phasenvariation bei *S. epidermidis* sind bisher nicht völlig aufgeklärt. Jedoch gibt es erste Ansätze, dieses interessante Phänomen besser zu verstehen. So konnte kürzlich gezeigt werden, daß die Phasenvariation der Bio-filmbildung bei *S. epidermidis*, zumindest bei einem Teil der beobachteten Varianten, durch ein mobiles genetisches Element (IS *256*) verursacht ist, das spezifisch die für die Adhäsinsynthese zuständigen Gene an- und abschaltet. Möglicherweise spielt dieses IS-Element auch eine Rolle bei größeren *rearrangements* des Staphylokokkengenoms und stellt damit einen Faktor bei der Mikroevolution dieser Bakterien dar.

# 21.5 Streptokokken

## J. Hacker

### 21.5.1 Allgemeines

Streptokokken sind oxidase- und katalasenegative, grampositive Bakterien. Das Genus *Streptococcus* umfaßt 34 Spezies, von denen *S. pyogenes* und *S. pneumoniae* als Krankheitserreger herausragende Bedeutung haben. Bestimmte Infektionen mit Stämmen beider Spezies ähneln in mancher Hinsicht Staphylokokkeninfektionen. Streptokokkeninfektionen haben Modellcharakter unter anderem wegen der vielen möglichen Krankheitsverläufe, der zahlreichen produzierten Faktoren und der großen Bedeutung der Toxine bei den entsprechenden Erkrankungen. *S. pyogenes* (auch *group A Streptococci*, GAS) kann sowohl lokale Infektionen des Nasen-Rachen-Raumes (Pharyngitis, Angina sowie Scharlach) als auch Hautinfektionen (Erysipel, Impetigo contagiosa) auslösen. Darüber hinaus werden immunopathologische Erkrankungen wie akutes rheumatisches Fieber und Glomerulonephritis durch *S. pyogenes* verursacht. In letzter Zeit haben schwere Verläufe von Weichteilinfektionen, unter anderem nach Unfällen und Operationen (Cellulitis, nekrotisierende Fasciitis), große Aufmerksamkeit erlangt. Als Reservoir von

Gruppe-A-Streptokokken gelten die Haut- und die Schleimhautflora des Menschen.

Pneumokokken, die bei zahlreichen Personen zu den normalen Besiedlern des Nasopharynxbereiches zählen, stellen momentan die wichtigsten Erreger von Pneumonien in Industrieländern dar. Weiterhin werden durch *S. pneumoniae* Sepsis und Meningitis aber auch Infektionen des Hals-, Nasen-, Ohrenbereiches ausgelöst (zum Beispiel Otitis media). Als weitere krankheitsauslösende Streptokokkenarten wären *S. agalactiae* (*group B Streptococci*, GBS) als Erreger neonataler Menigitiden und einige orale Streptokokkenarten wie *S. mutants* als Kariesauslöser zu nennen. Streptokokken gelten als primär sensitiv gegenüber Penicillin, das auch das Mittel der Wahl bei entsprechenden Infektionen darstellt. Insofern hat das zunehmende Auftreten zu penicillinresistenten Pneumokokken, insbesondere in südeuropäischen Ländern, zu großer Beunruhigung geführt.

Die Enterokokken wurden kürzlich von der Gattung der Streptokokken abgetrennt.

*E. faecium* und *E. faecalis* haben neuerdings größere Bedeutung als Krankheitserreger gewonnen, zum einen als Auslöser von nosokomialer Sepsis, zum anderen (insbesondere *E. faecalis*) als Verursacher von Harnwegsinfektionen. Ein besonders gravierendes Problem stellt das zunehmende Auftreten von vancomycinresistenten Enterokokken (VRE) dar. Das Reservoir der Enterokokken ist die normale Darmflora des Menschen und vieler Tiere.

## 21.5.2  Adhärenz und Invasivität

Streptokokken zeichnen sich wie Staphylokokken und Pseudomonaden durch die Synthese einer Reihe von extrazellulären Genprodukten aus, die als zellassoziierte Proteine, Enzyme, Kohlenhydratverbindungen, Toxine oder Adhäsine zur Pathogenität der Bakterien beitragen können. Bedingt durch die Fülle der synthetisierten Produkte gestaltet sich ihre Zuordnung zu bestimmten Krankheitsprozessen als

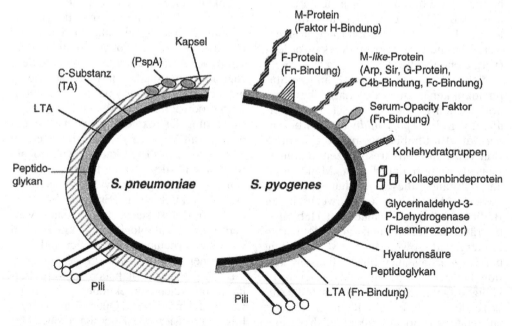

**21.12**  Schematische Darstellung von zellwandassoziierten Pathogenitätsfaktoren von *S. pneumoniae* und *S. pyogenes*.

schwierig, jedoch wurden hier in den letzten Jahren große Fortschritte erzielt. In Abbildung 21.12 sind die wichtigsten Oberflächenstrukturen dargestellt. Die M-Proteine, oberflächenassoziierte Proteine, spielen eine Hauptrolle bei der Assoziation von *S. pyogenes* mit Wirtszellen. Momentan sind über 80 verschiedene M-Serotypen bekannt, von denen einige mit bestimmten Krankheitsbildern in Zusammenhang gebracht werden. Die M-Proteine scheinen an drei pathogenetisch relevanten Prozessen beteiligt zu sein:

- Inhibition der Phagocytose, unter anderem durch Bindung an den Faktor H und anschließende Blockierung der Komplementkaskade,
- Kolonisation, unter anderem durch Bindung an Wirtszellen, beispielsweise an Keratinocyten über CD46-Bindung,
- Initiation von Autoimmunreaktionen unter anderem durch die Tatsache, daß bestimmte M-Proteine Kreuzreaktionen mit Myosinstrukturen der Sarcolemmamembran ausbilden.

Neben dem M-Protein sind eine Reihe weiterer Oberflächenstrukturen an der Interaktion von *S. pyogenes* und Wirtszellen beteiligt (vergleiche Abbildung 21.12). Besonders sollen die sogenannten *M-like proteins* und die G-Proteine genannt werden, die ähnlich dem Protein A von Staphylokokken den Fc-Teil von Immunglobulinen der G-Klasse binden und so spezifische Immunreaktionen blockieren.

Sind die M-Proteine mitentscheidend für die Ausbildung von Interaktionen zwischen Gruppe-A-Streptokokken und dem Wirt, so sind die Kapseln die entscheidenden Oberflächenstrukturen bei der Wechselwirkung von Pneumokokken und eukaryotischen Zellen. Momentan sind 90 verschiedene Kapselserotypen bekannt, wobei einige Varianten besonders häufig mit Infektionen assoziiert werden. Die Kapseln von Pneumokokken bestehen aus Oligosacchariden, wobei besonders häufig Cholin, Acetyl- und Phosphatgruppen vorkommen. Wie die M-Proteine bei *S. pyoge-*nes scheinen die Pneumokokkenkapseln antiphagocytisch zu wirken. Es gilt als wahrscheinlich, daß Phosphorylcholin auch spezifisch mit Endothelzellen interagieren kann und so die Aufnahme von *S. pneumoniae* in diese Zelle, unter anderem durch Interaktion mit dem „plättchenaktivierenden Faktor" (PAF) der Endothelzellen, ermöglichen. Möglicherweise stellen diese Wechselwirkungen mit anschließender Invasion die Voraussetzung für die Ausbildung einer Sepsis dar. Neben *S. pneumoniae* ist auch *S. agalactiae* in der Lage, eine Kapsel, in diesem Falle aus Sialinsäurederivaten bestehend, zu produzieren.

## 21.5.3 Toxinbildung

Die unterschiedlichen, von Streptokokken ausgelösten Krankheitsbilder sind sehr oft mit der Produktion von Toxinen und weiteren extrazellulären Enzymen assoziiert. Einige dieser Genprodukte sind in Tabelle 21.5 dargestellt. Interessanterweise produzieren nur die pathogenen Streptokokkenspezies (*S. pyogenes*, *S. pneumoniae*) diese Produkte in größerem Umfang während apathogene Streptokokken der Viridansgruppe weitestgehend atoxisch sind. *S. pyogenes* ist in der Lage, über zehn unterschiedliche Toxine und Enzyme zu synthetisieren und zu sezernieren, wobei dem Streptolysin O (SLO) große pathogenetische Bedeutung beigemessen wird. SLO zählt wie auch das Pneumolysin (siehe unten) zur Gruppe der cholesterolbindenden Toxine. Es ist in der Lage, große Poren in den Zellmembranen von Erythrocyten (hämolytische Wirkung) und anderen eukayotischen Zellen zu bilden. Das Streptolysin O besitzt eine relativ starke antigene Wirkung, was durch die Tatsache unterstrichen wird, daß bei *S. pyogenes*-Infektionen oftmals ein hoher Titer an Anti-SLO-Antikörpern gefunden wird. Im Gegensatz dazu ist das ebenfalls cholesterolbindende Pneumolysin weniger antigen, es wird durch Zellyse frei (wird also nicht sezerniert) und scheint eine Rolle bei entzündlichen Reaktionen zu spielen. Als weiteres Toxin bei *S. pyogenes* spielt des Streptolysin S eine Rolle in der Pathogenese.

Zunehmende Bedeutung haben in letzter Zeit dramatisch verlaufende Weichteilinfektionen und invasive Streptokokkeninfektionen mit septischem Schock erlangt. Diese auch als *toxic shock like syndrome* (TSLS) oder *streptococcal toxic shock syndrome* (STSS) bezeichneten Ereignisse, für die die Boulevardpresse „Killerbakterien" verantwortlich macht, ähneln dem durch pathogene Staphylokokken ausgelösten *toxic shock syndrome*. Ausgelöst werden diese Infektionen durch besondere Varianten von *S. pyogenes*, die pyrogene (erythrogene) Toxine (SpeA, C) produzieren können. Bei den Toxinen SpeA (früher als Scharlachtoxin bezeichnet) und SpeC handelt es sich, wie bei den entsprechenden Staphylokokkentoxinen, um Superantigene, deren Gene zudem auch bakteriophagencodiert sind und so

**Tabelle 21.5:** Toxine und Enzyme von *S. pyogenes* und *S. pneumoniae*

| Toxin/Enzym | Funktion |
|---|---|
| **S. pyogenes** | |
| Streptolysin O | porenbildendes Toxin |
| Streptolysin S | Cytolysin |
| pyrogenes Toxin A (SpeA) | Superantigen |
| pyrogenes Toxin B (SpeB) | Cysteinprotease |
| pyrogenes Toxin C (SpeC) | Superantigen |
| C5a-Peptidase | C5a-Spaltung |
| Streptokinase | Fibrinolyse |
| Hyaluronidase | Hyaluronsäureabbau (*spreading factor*) |
| DNAsen | Abbau freier DNA |
| **S. pneumoniae** | |
| Pneumolysin | porenbildendes Toxin |
| Phosphorylchorine | bindet phosphodiesteraseaktivierenden Faktor |
| Neuraminidase | Neuraminsäureabbau |
| IgA-Protease | Spaltung von sIgA1 |

leicht von Spe-negativen *S. pyogenes*-Varianten aufgenommen werden können (vergleiche Abschnitt 6.3). Das pyrogene Toxin B ist dagegen eine Cysteinprotease, die an der Aktivierung und Prozessierung anderer eukaryotischer (Vitronectin, IL-1$\beta$) und streptokokkeneigener (M-Proteine, SepA, SLO) Proteine beteiligt ist. Von den anderen in Tabelle 21.5 aufgeführten Enzyme sei noch auf die C5a-Peptidase (ScpA) von *S. pyogenes* und die IgA-Protease von *S. pneumoniae* hingewiesen, die durch Spaltung von Komplementfaktoren beziehungsweise sekretorischem IgA Abwehrfunktionen des Wirtes inhibieren.

## 21.5.4 Umweltregulation und Phänotypvariabilität

Die virulenzassoziierten Phänotypen vieler Bakterien, so auch von Streptokokken, werden nicht konstitutiv exprimiert, vielmehr unterliegen sie einer Reihe von Regulations- und Anpassungsprozessen. Einige der *S. pyogenes*-Faktoren sind im sogenannten *vir*- oder *mga*-Regulon zusammengefaßt. Zu diesen *mga*-abhängigen Genen gehören die *emm*-Loci (M-Proteine), scpA (C5a-Peptidase), *enn* (*M-like proteins*) und *sof* (*serum-opacity factor*). Gesteuert wird die Expression dieser Gene von dem Transkriptionsaktivator Mga, der die Aktivität der *mga*-abhängigen Gene insbesondere in Abhängigkeit von den Umweltfaktoren $CO_2$ und $O_2$ moduliert. Auch andere streptokokkenspezifische Virulenzgene werden durch Umweltparameter in ihrer Expression reguliert.

Die Kompetenzfaktorloci stellen eine Gruppe von umweltregulierten Genen von *S. pneumoniae* dar, die zwar nicht direkt, aber doch mittelbar mit der Pathogenität der Erreger korreliert sind. Wie andere pathogene Bakterien auch (*H. influenzae*, *N. gonorrhoeae*, *H. pylori*) sind Pneumokokken in der Lage, fremde DNA aufzunehmen. Diese Fähigkeit (Kompetenz) ist aber wiederum reguliert, wobei ein sogenannter „Kompetenzfaktor", das kleine extrazelluläre Protein *csp* (*competence stimulating peptide*), an der wachstumsabhängigen Induktion der Kompetenz beteiligt ist. Das *csp*-Protein reguliert als Teil eines Zwei-Komponenten-Systems die Kompetenz der Zellen mittels *quorum sensing*. Die Fähigkeit von Pneumokokken, effizient fremde DNA aufzunehmen und in das eigene Genom zu integrieren, ist wiederum Voraussetzung für den Erwerb von modifizierten Penicillinbindeproteinen, die für die Ausprägung der Penicillinresistenz von Bedeutung sind. Darüber hinaus scheint es auch zu Rekombinationen innerhalb der Kapselloci von Pneumokokken zu kommen, wobei konstante Genbereiche (an den Enden der Determinanten) mit variablen DNA-Fragmenten (im mittleren Teil der Loci) abwechseln. Durch die Aufnahme fremder DNA und anschließender Rekombination über die konstanten Bereiche der Kapselgencluster entstehen so neue Kapselvarianten. Intragenetische Rekombination ist wiederum für die M-Protein relevanten Gene beschrieben, die repetitive Sequenzen enthalten, welche als Targets für Crossing-over-Vorgänge mit anschließender Verkürzung und serologischer Variation der M-Proteine dienen.

# 21.6 *Legionella pneumophila*

## J. Hacker

### 21.6.1 Umweltkeim und pathogenes Agens

*Legionella pneumophila* wurde im Jahre 1976 erstmals als Auslöser einer atypischen Pneumonie, der sogenannten Legionärskrankheit identifiziert. Neben dieser schweren Form einer Lungenentzündung mit einer Letalitätsrate von ungefähr 20 Prozent können Legionellen auch das Pontiac-Fieber mit grippeähnlichen Symptomen auslösen. *Legionella*-Infektionen sind aus zwei Gründen als Modellfälle für bestimmte Infektionserkrankungen anzusehen:

- Legionellen kommen ubiqitär in den verschiedensten Wasserhabitaten vor, sie gelten als „Umweltpathogene" *par excellence*.
- Legionellen sind in der Lage, sich intrazellulär in Eukaryotenzellen zu vermehren; auch diese Eigenschaft hat Modellcharakter für viele andere intrazellulär parasitierende, pathogene Mikroorganismen.

Mittlerweile sind 42 Arten der Gattung *Legionella* bekannt, wovon 19 pathogen für den Menschen sein können. Gemeinsam mit anderen pathogenen Bakterien haben Legionellen die Fähigkeit, intrazellulär in Protozoen, insbesondere in Amöben, zu überleben (Tabelle 21.6). Für den Erreger der Legionärskrankheit, *Legionella pneumophila*, sind 13 Amöbenarten und zwei Ciliatenarten als Wirtsorganismen beschrieben. Am häufigsten wird *L. pneumophila* in den Amöben *Hartmannella vermiformis* und *Acanthamoeba castellanii* gefunden. Interessanterweise zeigt *L. pneumophila* aber ein sehr breites Wirtsspektrum, das letztlich auch humane Makrophagen umfaßt. Im Gegensatz dazu vermehren sich apathogene *Legionella*-Arten wie *L. anisa* nur in einer oder zwei Protozoenarten. Möglicherweise ist bei Legionellen, im Gegensatz zu vielen anderen Organismengruppen, eine zunehmende Spezialisierung mit einer Reduktion der Anpassungsmöglichkeiten verbunden.

Neben den auch auf artifiziellen Medien vermehrbaren Legionellen sind in letzter Zeit viele unterschiedliche LLAP-(*legionella-like amoebian pathogen-*)Organismen beschrieben worden, die zum Teil nicht kultivierbar sind und möglicherweise als echte

**Tabelle 21.6:**  Vorkommen intrazellulärer Mikroorganismen in Amöben

| Mikroorganismen | Verbleib in Vakuole | Vorkommen/Vermehrung in Protozoen |
|---|---|---|
| *Legionella pneumophila* | + | + |
| *Chlamydia pneumoniae* | + | + |
| *Chlamydia* spp. | + | + |
| *Rickettsia* spp. | + | + |
| *Mycobacterium tuberculosis* | + | – |
| *Mycobacterium leprae* | + | (+)* |
| *Mycobacterium avium* | + | + |
| *Coxiella burnetti* | + | – |
| *Listeria monocytogenes* | – | (+)* |
| *Vibrio cholerae* | – | (+)* |
| *Ehrlichia* spp. | + | + |
| *Salmonella typhimurium* | + | – |
| *Brucella abortus* | + | – |

\* Vorkommen/Vermehrung in Protozoen nicht abschließend belegt.

Endosymbionten in Amöben überleben können. Weiterhin sind kürzlich auch Chlamydien und Mikroorganismen aus der Gruppe der Rickettsien und Ehrlichien mittels Analyse der 16S-rRNA-Gene in Amöben nachgewiesen worden. Durch Laboruntersuchungen wurde weiter gezeigt, daß sich auch Stämme von *Chlamydia pneumoniae* und *Mycobacterium avium* in Amöben vermehren können. Somit kann spekuliert werden, daß die Fähigkeit von pathogenen Bakterien, sich in Amöben zu vermehren, ein weitverbreitetes, bisher unterschätztes Phänomen darstellt.

Amöben werden auch als „Trojanische Pferde" des Infektionsgeschehens bezeichnet, da sie pathogene Bakterien übertragen können. Evolutionsbiologisch ist eine Assoziation von Bakterien und Amöben erklärbar, da die Bakterien in dem intrazellulären Kompartiment gegen wachstumshemmende Umwelteinflüsse, Bacteriocine, Antibiotika, aber auch gegen „Bakterienräuber" wie *Bdellovibrio* geschützt sind. So sind Legionellen, wenn sie sich in Cysten von Acanthamöben befinden, resistent gegen 50mg/L Chlor. Nach Passagierung in Amöben erhöht sich die

Virulenz von Legionellen. Andererseits waren aber auch Acanthamöben, wenn sie Bakterien aufnahmen, verglichen mit nicht gefütterten Stämmen virulenter. Ein weiterer Aspekt der Ökologie von Legionellen besteht in der Tatsache, daß die Bakterien (gemeinsam mit Amöben) in Biofilmen vorkommen (Abbildung 21.13). Hier können Legionellen (möglicherweise auch extrazellulär) in ein *viable but non culturable*-(VBNC-)Stadium übergehen. Durch Anzucht in Amöben konvertieren die Bakterien wieder in ein normales Wachstumsstadium und vermehren sich auf artifiziellen Medien.

Ausgehend von ihren Umweltreservoirs gelangen Legionellen über künstliche Wassersysteme (Duschen, Klimaanlagen) in Wohn- und Aufenthaltsbereiche des Menschen. Zu Infektionen kommt es nur nach Verbreitung als Aerosol und intranasaler Aufnahme. Da Legionellen nur mittels moderner „technischer Vektoren" verbreitet werden, zählen sie zur Gruppe der Erreger der *diseases of human progress*. Die infektiöse Dosis an Bakterien ist abhängig von der Virulenz des Stammes und der Wirtskonstitution, eine Belastungs-

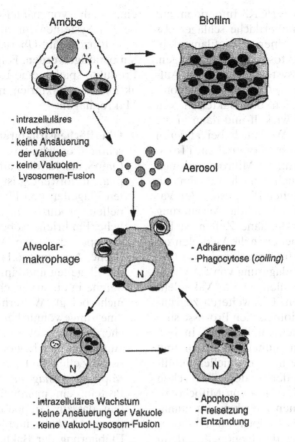

**21.13** Lebenszyklus von *Legionella pneumophila* im dualen Wirtssystem.

grenze von Wassersystemen wird bei $10^3$ bis $10^4$ Bakterien/Liter gesehen. Besonders gefährdet, eine Legionellose zu bekommen, sind Personen mit vorgeschädigten Lungenmakrophagen (Raucher) und immunsupprimierte Patienten.

## 21.6.2 Intrazelluläre Vermehrung in Amöben und Makrophagen

Legionellen sind in der Lage, sich intrazellulär in verschiedenen Typen eukaryotischer Zellen zu vermehren. Die eigentlichen Wirtsorganismen im natürlichen aquatischen Habitat stellen Protozoen, insbesondere Amöben, dar. Wahrscheinlich haben Legionellen in diesen natürlichen Wirtszellen „gelernt", im eukaryotischen Milieu zu überleben. Nach Übertragung in humane Zellsysteme benutzen Legionellen dann die bei der Interaktion mit Amöben erprobten Mechanismen des intrazellulären Überlebens. In der Tat gibt es eine Reihe von Parallelen, aber auch Unterschiede zwischen den Replikationsstrategien von Legionellen in Amöben und humanen Makrophagen.

Wie in Abbildung 21.13 und Tabelle 21.7 dargestellt ist, kommt es in beiden Wirtssystemen zunächst zu einer Bindung von Legionellen an Rezeptoren der eukaryotischen Zelle. Im humanen, aber nicht im Protozoensystem sind an dieser Bindung Komplementproteine der Klassen C3b beteiligt, die an das OmpS-Membranprotein der Legionellen binden und dann die Brücke zu CR1/CR3-Integrinen auf der Makrophagenoberfläche schlagen. Es kommt dann zu einer mikrofilamentabhängigen Phagocytose in Makrophagen. Bei beiden Wirtssystemen kann die Aufnahme als *coiling phagocytosis* vorkommen. Dabei werden die Bakterien von Pseudopodien umwickelt und dann in die Zelle „gezogen". Wie auch bei anderen bakteriellen und eukaryotischen (Toxoplasmen, Leishmanien) Mikroorganismen verhindern Legionellen nach Aufnahme in eukaryotischen Zellen die Fusion der Vakuole mit Lysosomen und die Ansäuerung der Vakuole. Für humane Zellen ist bekannt, daß Legionellen in die Vakuolenreifung (*endosomal lysosomal pathway*) eingreifen und die Anlagerung von LAMP-1- und Rab7- Molekülen an die Vakuolenmembran hemmen. Die weiteren zugrundeliegenden zellbiologischen Prozesse sind bisher weitestgehend unbekannt. In beiden Zellsystemen, humanen Zellen und Amöben, sind die mit Legionellen gefüllten Vakuolen mit dem endoplasmatischen Reticulum assoziiert und von Mitochondrien und Ribosomen umgeben. Im humanen System, nicht jedoch im Amöbensystem, induzieren die Legionellen dann eine Apoptose, was mit einer Freisetzung der Bakterien einhergehen kann.

Mit den zum Teil parallelen zellbiologischen Vorgängen in Makrophagen und Amöben korrespondiert die Tatsache, daß eine Reihe von bakteriellen Faktoren in beiden Systemen für die Aufnahme und das intrazelluläre Überleben der Legionellen benötigt werden. Folgende *Legionella*-Produkte spielen eine Rolle bei der Interaktion der Bakterien mit Amöben und Makrophagen:

- **Oberflächenstrukturen:** Neben dem schon erwähnten Membranprotein OmpS, das für die Aufnahme in Makrophagen notwendig ist, bilden Legionellen Flagellen und Fimbrien aus. Legionellen produzieren zwei unterschiedliche Fimbrien, wobei ein System zur Gruppe der Typ-IV-Fimbrien zählt (siehe Abschnitt 6.1). Die Bedeutung der Flagellen und Fimbrien für die Aufnahme in eukaryotische Zellen ist noch nicht belegt. Weiterhin zeigt das LPS eine ungewöhnliche Struktur, möglicherweise leistet es einen Beitrag zur Aufnahme der Legionellen in eukaryotische Zellen. Gut charakterisiert ist das Mip-(*macrophage infectivity potentiator-*) Protein, ein membranassoziiertes Protein, das zur Gruppe der FK506-Bindeproteine zählt und wichtig für die Etablierung der Bakterien in der eukaryotischen Zelle ist.

- **Intrazellulär exprimierte Faktoren:** In der letzten Zeit sind Faktoren identifiziert worden, die intrazellulär, also nur in der eukaryotischen Zelle, exprimiert

**Tabelle 21.7:**   Charakterisierung der Interaktionen von Legionellen mit Wirtszellen (verändert nach Fields 1996)

| Vorgang | Vorkommen bei Invasionen in: | |
| --- | --- | --- |
|  | Amöben | humane Phagocyten |
| Einfluß von CR1/CR3 auf Aufnahme | – | + |
| mikrofilamentabhängige Aufnahme | – | + |
| *coiling phagocytosis* | + | + |
| Proteinsynthese des Wirtes notwendig für Aufnahme | + | – |
| *receptor-mediated endocytosis* | + | – |
| keine Vakuolen / Lysosomenfusion | + | + |
| fehlende Vakuolenansäuerung | + | + |
| Vakuolen fusionieren mit ER | + | + |
| Ribosomen, Mitochondrien an der Vakuole | + | + |
| Apoptose | – | + |

werden. Die zellbiologische Bedeutung dieser Genprodukte ist noch nicht geklärt. Für den LIGA-(*Legionella intracellular growth protein*-)Faktor konnte gezeigt werden, daß er exklusiv intrazellulär produziert wird und für das intrazelluläre Überleben Bedeutung hat. Das Dot-(*defect of organelle trafficking*-)A-Protein ist notwendig für die Rekrutierung von Mitochondrien und Ribosomen sowie ihre Bindung an die Vakuolenmembran. Zusammen mit weiteren Proteinen ist DotA Teil eines Typ-IV-Sekretionssystems, das auch eine Bedeutung für den Transfer von DNA hat.

- **Cytotoxisch und cytopathisch wirkende Faktoren:** Bisher sind keine echten, von Legionellen produzierten Toxine gefunden worden. Eine Metalloprotease (Msp, *major secetory protein*) könnte gewebszerstörende Potenzen haben. Daneben sind Gene (*hel, icm*) identifiziert worden, deren Produkte einen cytopathischen Effekt auf eukaryotische Zellen zeigen.
- **Eisenaufnahmesysteme:** Im intrazellulären Eisenmangelmilieu ist es notwendig, effizient Eisen aufzunehmen. Bisher sind bei Legionellen zwei Systeme identifiziert worden: ein Häminbindeprotein (Hbp) und ein Siderophor-

system, das möglicherweise verwandt mit dem Aerobaktin von *E. coli* ist.

# 21.7 *Helicobacter pylori*

R. Haas

## 21.7.1 Die *Helicobacter pylori*-Infektion

Seit der Entdeckung und ersten Kultivierung von *Helicobacter pylori* aus entzündeter Magenschleimhaut im Jahre 1983 durch den australischen Pathologen Robin Warren (geboren 1938) und seinen internistischen Kollegen Barry Marshall (geboren 1951) hat sich die Gastroenterologie grundlegend verändert. *H. pylori*, ein gramnegatives spiralig gewundenes Bakterium mit polytricher Begeißelung, wird aufgrund epidemiologischer Erhebungen bei 30 bis 50 Prozent der Weltbevölkerung in der Magenmucosa vermutet – ein Habitat, das früher als „steril" angesehen wurde. Die *H. pylori*-Infektion wird bevorzugt im Kindes- und Jugendalter erworben und hat einen chronisch persistenten Ver-

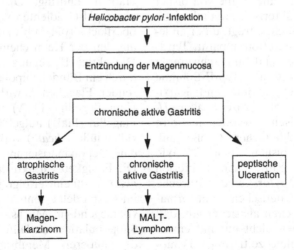

**21.14** Schematische Darstellung der Rolle von *H. pylori* bei verschiedenen klinischen Manifestationen.

lauf, sofern nicht gezielte therapeutische Maßnahmen zu einer Keimeradikation durchgeführt werden. Als Folge der Infektion tritt eine chronische Entzündung der Magenschleimhaut auf. Ein ursächlicher Zusammenhang zwischen der *H. pylori*-Infektion und der Entstehung von Duodenal- und Magenulcera gilt als erwiesen. Schließlich scheinen eine besondere Form des Magenlymphoms, das sogenannte MALT-(*mucosa-associated lymphoid tissue-*)Lymphom ebenso wie bestimmte Magenkarzinome auf dem Boden einer *H. pylori*-Gastritis zu entstehen (Abbildung 21.14). Deshalb hat eine Kommission der Weltgesundheitsorganisation WHO *H. pylori* als ein Klasse-I-Kanzerogen eingestuft. Aufgrund dieser klinischen Besonderheiten gilt die *H. pylori*-Infektion als Modellfall für die Richtigkeit der These, daß neben Viren auch Bakterien an der Auslösung onkologischer Erkrankungen beteiligt sein können.

## 21.7.2 Mikrobiologie von *Helicobacter pylori*

*H. pylori*-Isolate kommen als Typ-I- oder Typ-II-Stämme vor. Nur Typ-I-Stämme weisen die sogenannte *cag*A-Pathogenitätsinsel auf, eine ungefähr 40 kb große DNA-Sequenz, die eine Reihe von bisher noch wenig charakterisierten pathogenitätsassoziierten Genloci trägt, unter anderem ein Typ-IV-Sekretionsapparat. Typ-I-*H. pylori*-Stämme sind mit schwereren Läsionen assoziiert als Typ-II-Stämme (Ulcera, MALT-Lymphome und Karzinome). Ungefähr 50 Prozent aller *H. pylori*-Isolate weisen ein oder mehrere Plasmide unterschiedlicher Größe auf, deren Bedeutung bislang unklar ist. Wie eine Reihe von pathogenen Bakterien besitzt auch *H. pylori* eine natürliche Kompetenz zur genetischen Transformation. Da es inzwischen als sicher gilt, daß zahlreiche Personen nicht nur mit einem Stamm, sondern gleichzeitig mit verschiedenen Stämmen infiziert sein können, besteht theoretisch die Möglichkeit, daß *in vivo* ein ständiger Austausch von genetischem Material stattfindet, was die Entstehung der enorm hohen Anzahl von Varianten und Stämmen erklären könnte. Die Bakterien haben somit keinen klonalen Ursprung. Eine weitere spezifische Eigenschaft dieser Keime ist die Bildung sogenannter „Mikrokokken", abgerundeter Dauerformen, die durch ungünstige Kulturbedingungen und subletale Dosen von Antibiotika induziert werden können. Sie spielen unter Umständen eine wichtige Rolle bei dem bisher noch wenig verstandenen Übertragungsmechanismus und/ oder der Persistenz der Erreger.

## 21.7.3 Virulenzfaktoren von *Helicobacter pylori*

Die Urease, ein aus zwei Untereinheiten (UreA, UreB) bestehendes Enzym, katalysiert die Spaltung von Harnstoff in Ammonium und Hydrogencarbonat und bewirkt vermutlich eine lokale Neutralisierung des sauren pH-Wertes. Damit gelingt es dem Keim, nach oraler Aufnahme kurzzeitig im Magenlumen (pH 1–2) zu überleben, bevor er in die bicarbonatgepufferte Schleimschicht der Magenmucosa, sein eigentliches Habitat, eindringt. Die Mucusschicht hat einen pH-Gradienten von der Epithelzelloberfläche (pH 7) bis zum Lumen (pH 2), auf den der Keim chemotaktisch reagiert. Die aktive Bewegung des *H. pylori* wird durch ein Bündel unipolar inserierter, rotierender Flagellen bewirkt, die aus einem Hauptflagellin (FlaA) und einem *minor*-Flagellin (FlaB) aufgebaut sind. Eine Flagellenhülle (*sheath*) verhindert vermutlich eine Depolymerisierung im sauren Milieu. Die Fähigkeit zur aktiven Motilität von *H. pylori* ist für eine erfolgreiche Kolonisierung im Tiermodell essentiell. *H. pylori* verbleibt vorwiegend im Mucus, während sich eine Subpopulation mit Hilfe von Adhäsinen in der äußeren Membran (zum Beispiel

AlpAB, BabA) an spezifische Rezeptoren der Magenepithelzellen (etwa Lewis-Blutgruppenantigene, Matrixproteine) anheftet (Tabelle 21.8). Dadurch wird einerseits eine spontane Elimination der Bakterien verhindert, andererseits eine Kommunikation zwischen Bakterien und Wirtszelle initiiert. Diese Signaltransduktion führt zur Induktion einer Interleukin-8-Sekretion, zur Umorganisation des Zellcytoskeletts und zur Tyrosinphosphorylierung von Wirtsproteinen in der Epithelzelle. Zur Fitneß von *H. pylori* scheinen auch antibakterielle Peptide beizutragen, die möglicherweise gegen schneller wachsende andere Mikroorganismen gerichtet sind.

Ungefähr 50 Prozent *der H. pylori*-Isolate produzieren ein sogenanntes vakuolisierendes Cytotoxin VacA, einen ungefähr 500–600 kDa großen Proteinkomplex aus 87 kDa-Untereinheiten. Die Klonierung und genetische Charakterisierung des *vacA*-Gens zeigten, daß zunächst ein Vorläuferprotein synthetisiert wird, das nach dem Autotransporterprinzip (siehe Kapitel 9) aktiv sekretiert wird. VacA führt in Epithelzellen zur Ausbildung saurer Vakuolen und schließlich zu deren Absterben. Außerdem werden Protease- und Phospholipaseaktivitäten bei *H. pylori* beobachtet.

## 21.7.4 Diagnostik und Therapie

Zur Diagnostik einer *H. pylori*-Infektion unterscheidet man invasive von nichtinvasiven Testverfahren. Die invasiven Methoden basieren auf der Auswertung von Biopsiematerial nach Gastroskopie. Dazu zählen die Kultur, die Histologie, der Ureaseschnelltest und die PCR. Zu den nichtinvasiven Methoden gehören der $^{13}$C-Harnstoff-Atemtest und die Serologie (Malfertheiner 1994).

Die Therapie umfaßt mindestens zwei Antibiotika (zum Beispiel Amoxicillin und Clarithromycin) zusammen mit einem Protonenpumpenblocker. Bei fehlender Resistenz und guter Compliance liegt die Eradikationsrate bei 80 bis 90 Prozent. Resistenzen gegen Amoxicillin sind bisher nur vereinzelt beschrieben, gegen Clarithromycin und Metronidazol steigt die Anzahl der resistenten Isolate scheinbar jedoch kontinuierlich an.

**Tabelle 21.8:** Potentielle Virulenzfaktoren von *H. pylori*

| Virulenzfaktor | postulierte Funktionen | beteiligte Gene |
| --- | --- | --- |
| Urease | Säureschutz, Harnstoffmetabolisierung | *ure*AB (Strukturgene) *ureC-I* (akzessorische und Regulatorgene) |
| Flagellen | Motilität, Chemotaxis | *flaA, flaB* (Flagelline) |
| Adhäsine | Adhärenz an Magenepithel | *alpAB* *babA2* (Lewis$^b$-Rezeptor) |
| Cytotoxin | Induktion von Vakuolen, Zerstörung des Epithels, Störung der MHC-Klasse-II-Antigenprozessierung | *vacA* |
| Proteine der *cag*-Pathogenitätsinsel | Il-8-Induktion, Tyrosin-Phosphorylierung von Wirtsproteinen, Cytoskelett-Rearrangement, Typ-IV-Sekretionsapparat | *cagA, cagE-T* und andere |
| Superoxiddismutase | Neutralisierung toxischer Stoffwechselprodukte | *sod* |
| Katalase | wie SOD | *katA* |
| Phospholipase(n) | Schädigung von Membranen | ? |
| Protease(n) | Degradation von Proteinen, Mucin beziehungsweise IgA | ? |

## 21.8 *Toxoplasma gondii*

### J. Heesemann

### 21.8.1 Allgemeines

*Toxoplasma gondii* ist ein Einzeller, der wie auch die Malariaerreger (*Plasmodium spp.*) zum Phylum der *Apicomplexa* gehört. Der Name *Toxoplasma gondii* leitet sich von seiner gebogenen Form (vom griechischen *toxon* für „Bogen") und dem Nagetier *Ctenodactylus gondii* ab, aus der der Parasit erstmalig isoliert wurde (Nicole und Manceaux 1908). *T. gondii* ist ein obligat intrazellulärer Parasit, der praktisch alle warmblütigen Vertebraten infizieren kann. Der Parasit kann sich geschlechtlich und ungeschlechtlich in der Katze und anderen Feliden (Endwirt) und ausschließlich ungeschlechtlich in anderen Warmblütern (Zwischenwirt) vermehren.

Durch Nahrungsaufnahme (zum Beispiel *T. gondii*-haltiges Schweinefleisch) gelangen die Protozoen in den Dünndarm und durchwandern zunächst die Darmmucosa (wahrscheinlich Translokation durch M-Zellen). In Zellen der *Lamina propria* des Darms beginnt die Vermehrung der Endozoiten/Tachyzoiten (vom griechischen *tachy* für „schnell") gefolgt von der Disseminierung in extraintestinale Organe (Milz, Leber, Lymphknoten, Muskel Gehirn). Eine adäquate Immunabwehr schränkt die schnelle Vermehrung ein, und die Tachyzoiten konvertieren zu Cystozoiten/Bradyzoiten (vom griechischen *brady* für „langsam"), die große intrazelluläre Cysten (50–150 μm Durchmesser) mit bis zu 50 000 Bradyzoiten bilden. In diesem Cystenstadium können die Bradyzoiten lebenslang im Wirt persistieren. Entsprechend verläuft die *T. gondii*-Infektion bei abwehrgesunden Menschen typischerweise subklinisch, gelegentlich werden Halslymphknotenschwellungen bemerkt. Dagegen führt die Toxoplasmose bei Abwehrschwachen wie zum Beispiel HIV-Infizierten (Reaktivierung der Cysten) oder bei Föten (nach intrauteriner Infektion) zum unkontrollierten Wachstum der Tachyzoiten besonders im Gehirn (cerebrale Toxoplasmose) mit hoher Letalität. Die typischerweise infektiösen Formen sind die bradyzoitenhaltigen Cysten aus der ungeschlechtlichen Vermehrung und die sporozoitenhaltigen Oocysten der geschlechtlichen Vermehrung. Oocysten entstehen durch Gamogonie im Darmepithel des Endwirts. Nach Ausscheidung sporulieren sie und bilden widerstandsfähige, infektiöse Oocysten, die aus zwei Sporocysten mit je vier Sporozoiten bestehen.

*T. gondii* gehört seit einigen Jahren zu den attraktivsten Modellparasiten aus folgenden Gründen:

1. Im Gegensatz zu vielen anderen Protozoen kann die Biologie (inklusive Stadienkonversion) von *T. gondii* in Zellkulturen und in Versuchstieren (zum Beispiel Maus) studiert werden.
2. *T. gondii* hat einen einzigartigen aktiven Zellinvasionsmechanismus entwickelt.
3. *T. gondii* kann gentechnologisch manipuliert werden.
4. *T. gondii* gehört weltweit zu den häufigsten Parasiten: 30 bis 60 Prozent der Weltbevölkerung sind latent infiziert.

### 21.8.2 Form und Ultrastruktur

Form, Größe (1,5–2 μm × 6–7 μm) und Ultrastruktur von Bradyzoiten, Tachyzoiten und Sporozoiten sind sehr ähnlich (Abbildung 21.15). Die Zelloberfläche ist glatt und zeigt keine Cilien oder Flagellen. Im Zellinneren sind einerseits für Eukaryoten typische Organellen (Zellkern, endoplasmatisches Reticulum, Golgi-Komplex, Mitochondrien) und andererseits apicomplexatypische sekretorische Organellen wie Mikronemen, Rhoptrien (ähnlich geformt wie das griechische ρ) und Dichte Granula vorhanden. Die besonders bei Bradyzoiten und Sporozoiten vorkommenden Amylopektinkörnchen

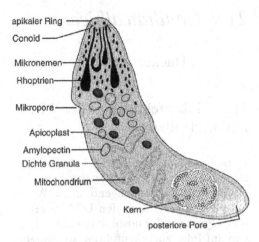

apikaler Ring
Conoid
Mikronemen
Rhoptrien
Mikropore
Apicoplast
Amylopectin
Dichte Granula
Mitochondrium
Kern
posteriore Pore

**21.15** Schematische Darstellung einer *T. gondii*-Zelle im Bradyzoitenstadium.

dienen wahrscheinlich der Energiespeicherung. Eine Besonderheit ist die als „Apicoplast" bezeichnete Organelle, die ein 35 kb großes zirkuläres Genom enthält, das Ähnlichkeit zur Plastid-DNA von Grünalgen hat. Die sekretorischen Organellen sind zum Apikalkomplex ausgerichtet, der aus Ringstrukturen und Mikrotubuli besteht. Vom Apikalkomplex geht nach Zellkontakt der Invasionsprozeß aus.

## 21.8.3 Invasionsmechanismen

*T. gondii* kann über aktive Invasion oder nach Opsonierung über rezeptorvermittelte Phagocytose in praktisch alle kernhaltigen Zellen eindringen. Die Aufnahme über Phagocytose führt zum Absterben des Erregers im Phagolysosom. Die aktive Invasion führt dagegen zur Bildung einer spezifischen parasitophoren Vakuole (PV), in der sich der Parasit rasch vermehren kann. Bisher wurde kein Zellrezeptor für *T. gondii* identifiziert. Inwieweit das *surface antigen* SAG1 an der Zellerkennung (als Adhäsin) beteiligt ist, ist unklar. Der Erreger gleitet zunächst über die Zelloberfläche und richtet dann den apikalen Pol auf die Wirtszellmembran. In einem Zeitraum von etwa zehn Sekunden werden

zunächst Mikronemenproteine freigesetzt, danach folgt die Sekretion von Rhoptrienproteinen. In der direkten Umgebung der Kontaktstelle zwischen Apikalkomplex und Wirtszellmembran entsteht eine proteinarme, lipidreiche Membran, die als *moving junction* zum distalen Pol des eindringenden Erregers wandert (Abbildung 21.16). Dieser Vorgang ist vergleichbar mit dem „Pustefix" zur Seifenblasenherstellung.

Nach etwa zehn Sekunden befindet sich der Parasit in einer wirtsproteinarmen Hülle, die als PV-Membran (PVM) bezeichnet wird. Sie enthält Proteine der Dichten Granula (GRAs). Im Vergleich zur Phagosomenmembran bleibt bei der PVM die Fusion mit Lysosomen aus (Fehlen der entsprechenden Wirtsproteine). Durch Einbau von GRA-Proteinen mit Porenfunktionen können Moleküle bis zu 1 300 Da zwischen PV und Cytoplasma der Wirtszelle frei ausgetauscht werden, wodurch die Nährstoffversorgung der Parasiten wahrscheinlich gesichert wird. Die Parasiten vermehren sich im Acht- bis Zwölf-Stunden-Zyklus, wobei sich auch

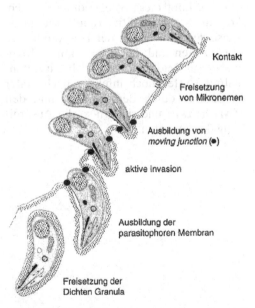

Kontakt

Freisetzung von Mikronemen

Ausbildung von *moving junction* (●)

aktive Invasion

Ausbildung der parasitophoren Membran

Freisetzung der Dichten Granula

**21.16** Modell des Invasionsprozesses von *T. gondii* in Wirtszellen.

die parasitophore Vakuole vergrößert. Nach 48 bis 77 Stunden lysiert die Wirtszelle, und die Tachyzoiten werden freigesetzt und können erneut Zellen infizieren.

## 21.8.4 Stadienkonversion

Ein besonderes Phänomen ist die Konversion von Tachyzoiten zu Bradyzoiten. Werden Zellkulturen mit Tachyzoiten infiziert und anschließend unter Streßbedingungen gesetzt (zum Beispiel Temperatur: 43 °C, pH:8, Stickoxidfreisetzung: NO, Hemmung der mitochondrialen Atmung), entstehen intrazelluläre Cysten mit Bradyzoiten. Die Bradyzoiten verlieren die Hauptoberflächenantigene SAG1 und SAG2 und exprimieren neue, wie zum Beispiel SAG4. Darüber hinaus werden bradyzoitenspezifische cytosolische Proteine wie eine Isoform der Lactatdehydrogenase und ein kleines Hitzeschockprotein (BAG1) nachgewiesen. Diese Stadienkonversion zu Bradyzoitencysten ist als Endstadium der Infektion im Wirt zu betrachten und ein Produkt der adäquaten Immunantwort (Streßbedingung für *T. gondii*). Läßt diese Streßbedingung nach, kommt es zur Reaktivierung beziehungsweise zur Konversion der Bradyzoiten zu Tachyzoiten und damit zur akuten Toxoplasmose. Andererseits sind bradyzoitenhaltige Cysten hoch infektiös nach oraler Aufnahme durch den Endwirt und den Zwischenwirt und sichern so die Ausbreitung der Parasiten.

# 21.9 *Candida albicans*

J. Hacker

## 21.9.1 Pilzinfektionen – der Wirt ist entscheidend

In den vergangenen Jahren haben Pilzinfektionen vor allem in Westeuropa und in Nordamerika enorm zugenommen. Waren beispielsweise 1980 in den USA ungefähr sechs Prozent aller nosokomialen Infektionen auf Pilze zurückzuführen, so schnellte diese Zahl auf elf Prozent im Jahre 1990; die Tendenz ist weiter steigend. Pilzinfektionen sind „Infektionen des medizinischen Fortschritts", denn sie treten häufig in der Folge von neuen Therapien, etwa bei onkologischen Erkrankungen oder nach intensivmedizinischen Maßnahmen, auf. Es gibt kaum eine Gruppe von Infektionen, deren Verlauf so stark vom Wirtsstatus abhängig ist wie die durch Pilze bedingten. Es handelt sich bei den pathogenen Pilzen um „Prototypen" opportunistischer Erreger.

Die Zahl der humanpathogenen Pilzspezies liegt momentan bei etwa 150, und sie nimmt stetig zu. Ungefähr 70 bis 80 Prozent aller Pilzinfektionen lassen sich auf Stämme der Gattung *Candida* zurückführen, hiervon wiederum zählen etwa 80 Prozent zu *Candida albicans*. Infektionen durch *C. albicans* haben modellhaften Charakter, weil sich hier der bestimmende Einfluß von Wirtsfaktoren auf die Infektion paradigmatisch studieren läßt. Wie in Tabelle 21.9 dargestellt, kann die *Candida*-Infektion in zwei Verlaufsformen auftreten: Zum einen kann sie als „Oberflächeninfektion" in Mund, im Ösophagus, auf der Haut oder in der Vagina verlaufen. Andererseits kann sie als systemische Infektion mit gelegentlicher Organmanifestation eine lebensgefährliche Verlaufsform annehmen.

**Tabelle 21.9:** Prädisponierende Faktoren bei *Candida*-Infektionen

| | Infektion | prädisponierende Faktoren |
|---|---|---|
| Oberflächeninfektionen | Mund<br>Ösophagus<br>Haut<br>Vagina | Antibiotikatherapie<br>Schwangerschaft<br>Diabetes<br>HIV-Infektion<br>immunsuppressive Medikamente<br>Verletzungen |
| systemische Infektionen,<br>oft Organmanifestation | | akute Leukämie<br>akute Lymphomie<br>cytotoxische Chemotherapie<br>Corticosteroidbehandlung<br>Antibiotikatherapie<br>Organtransplantation<br>intravaskuläre Katheter<br>schwere Verletzungen<br>Operation des Gastrointestinaltraktes |

Die wichtigsten Wirtseigenschaften, die eine *C. albicans*-Infektion begünstigen, sind ebenfalls in Tabelle 21.9 aufgeführt. Diese lassen sich zusammenfassen in

- Faktoren, die die Immunkompetenz des Wirtes reduzieren (HIV-Infektion, immunsupprimierende Medikamente, Schwangerschaft),
- Faktoren, die zu einer Änderung der mikrobiellen Normalflora führen (Antibiotikatherapie),
- iatrogene Faktoren, Verletzungen, Traumata.

Oftmals greifen bei einer *Candida*-Infektion mehrere Wirtsfaktoren ineinander, die dann eine Infektion möglich machen.

## 21.9.2 Pathogenität von *Candida albicans*

Das Reservoir für *C. albicans* scheint der menschliche Darm zu sein. Ungefähr 40 Prozent der Menschen tragen ständig oder zeitweise *C. albicans*-Isolate im Darm. Es besteht nun Uneinigkeit darüber, ob es eine Gruppe besonders pathogener Stämme von *C. albicans* gibt, die dann auch häufig bei Infektionen gefunden werden müßte, oder ob die „normalen" humanen Darmbesiedler bei Änderung der Wirtsdisposition Infektionen auslösen können. Diese Frage ist bisher nicht abschließend geklärt. Voraussetzung für die Klärung wäre eine umfassende molekularbiologische Analyse der Pathogenitätsfaktoren von *C. albicans*. Dem stehen drei methodische Hindernisse entgegen:

1. *C. albicans* ist ein diploider, eukaryotischer Mikroorganismus; alle Mutationen müssen zweimal in das Genom eingeführt werden. Um dieses Problem zu umgehen, wird auch *C. glabrata* als Modellorganismus verwendet, da diese Hefe ein haploides Genom besitzt.
2. *C. albicans* besitzt keinen sexuellen Fortpflanzungszyklus, so daß genetische Kreuzungen nicht durchgeführt werden können.
3. *C. albicans* zeigt eine Veränderung des genetischen Codes. Das Basentriplett CTG codiert nicht wie sonst üblich für Leucin, sondern für Serin, was die Expression von Genen anderer Spezies (zum Beispiel *S. cerevisae* oder *E. coli*) in *C. albicans* erschwert.

Dennoch wurden in jüngster Zeit einige Faktoren beschrieben, die wahrscheinlich zur Pathogenität von *C. albicans* beitragen:

- Die Zellwand von *C. albicans* besteht unter anderem aus langkettigen homopolymeren Polysacchariden wie $(1,3)\beta$-D-Glucanen (bestehend aus Glucoseeinheiten) oder Chitin (bestehend aus N-Acetyl-Glucosamineinheiten). Diese Strukturen tragen zur Integrität der *C. albicans*-Zellen und eventuell zur Adhärenz bei.
- Adhäsine sind für die Kolonisierung von *C. albicans* auf Epithelzellen und für die Adhärenz an extrazelluläre Matrixmoleküle und an Endothelzellen von Bedeutung. Beschrieben sind Fimbrien, Mannoproteine und Integrine, die jeweils unterschiedliche Rezeptoren auf der Wirtszelle erkennen.
- Bestimmte Oberflächenstrukturen ahmen Strukturen der Wirtszellen nach (molekulares Mimikry), was die Immunreaktion beeinflußt.
- Saure Proteasen von *C. albicans* sind vor allem bei niedrigem pH-Wert, also im Darmbereich aktiv. Sie scheinen eine Rolle bei der Bereitstellung von Nährstoffen, aber auch bei der Invasion zu spielen. Ihre Bedeutung wird durch die Tatsache unterstrichen, daß zehn isogene Allele für *secreted acidic proteases* (SAPs) bei *C. albicans* gefunden wurden, die zudem unter unterschiedlichen Bedingungen exprimiert werden. Weiterhin produziert *C. albicans* Phospholipasen.

Soweit untersucht, werden die bekannten mutmaßlichen Virulenzfaktoren von *C. albicans* sowohl von Isolaten der Darmflora als auch von Isolaten aus klinischen Materialien (Sputum, Blut, Vaginalsekret) gebildet. Nicht ausgeschlossen wird die Möglichkeit, daß es Unterschiede in der Expression der Virulenzgene zwischen Isolaten unterschiedlicher Pathogenität gibt.

### 21.9.3 Dimorphismus und *phenotypic switching*

*C. albicans* kann lokale „Oberflächeninfektionen", aber auch systemische Infektionen mit Organmanifestationen auslösen. Wie in Abbildung 21.17 gezeigt, verläuft die Infektion in mehreren Stadien, wobei die epitheliale Kolonisation und das Eindringen der Keime in das Epithelium charakteristisch für lokale Infektionen sind. Systemische Infektionen werden mit einer Epithelinvasion eingeleitet und führen dann zu einer Adhäsion an und einer Invasion in Endothelzellen. Anschließend kann es zu einer Organmanifestation kommen. Bei den pathogenetischen Prozessen spielt die Expression der Virulenzfaktoren eine wichtige Rolle. Dabei kommt es zu „Gestaltwechseln" von *Candida*. Diese Variationsmöglichkeiten von *C. albicans* scheinen modellhaft auch für andere mycotische Infektionserreger zu sein. Die Analyse dieser Prozesse wird daher Bedeutung für das Verständnis des Zusammenhanges von Genexpression und Pathogenität über *Candida* hinaus haben.

Beim Gestaltwechsel von *Candida* werden zwei Entwicklungsprogramme unterschieden: Dimorphismus und *phenotypic switching*. Mit Dimorphismus wird das Phänomen beschrieben, daß *C. albicans* in zwei morphologisch unterschiedlichen Varianten existieren kann: der einzelligen Hefeform und der mehrzelligen Hyphenform. Durch Änderung der Umweltbedingungen kann eine Phasenvariation Hefe-Hyphe oder *vice versa* induziert werden. So wird durch Inkubation der Hefezellen mit Serum oder durch eine Temperaturerhöhung die Bildung von Hyphen induziert. Auch bei der Gewebsinvasion werden vornehmlich Hyphenformen gefunden, was als Indikator dafür gewertet wird, daß diese Form für die Pathogenese von besonderer Bedeutung ist. Es konnte gezeigt werden, daß bestimmte *Candida*-Gene stadienspezifisch exprimiert werden. In Abbildung 21.18 ist dargestellt, daß das Gen

## Stadien einer *Candida*-Infektion

## Virulenzfaktoren

1. Adhärenz an Epithelzellen und Kolonisation

Adhäsine,
Hydrophobizität,
Bildung von Hyphen

2. Eindringen in das Epithel

Bildung von Hyphen,
lytische Enzyme (SAPs)

3. Eindringen in die Gefäße und Dissemination

lytische Enzyme (SAPs),
molekulares Mimikry,
Immunmodulation

4. Adhärenz an das Endothel und Invasion in das Gewebe

Adhäsine,
Bildung von Hyphen,
lytische Enzyme (SAPs)

**21.17** Schematischer Ablauf von *Candida*-Infektionen. Die Stadien 1 und 2 symbolisieren einen lokalen Verlauf, die Stadien 3 und 4 repräsentieren eine systemische Candidiasis. Mögliche Virulenzfaktoren sind genannt.

CHS3, das bei der Chitinsynthese eine Rolle spielt, in der Hyphenform aktiv ist. Ebenfalls stadienspezifisch exprimiert werden die Gene für saure Proteasen SAP4, SAP5 und SAP6. Mittlerweile konnte auch ein Regulator (HYR1) identifiziert werden, der an der Hyphenbildung beteiligt ist. Auch das „integrinähnliche Protein" (INT1) ist für die Hyphenbildung von Bedeutung. Darüber hinaus ändert sich mit dem Phasenwechsel Hefe-Hyphe das Adhärenzvermögen von *C. albicans*, was wiederum Bedeutung für die Pathogenese hat.

Die Prozesse des *phenotypic switching* werden vor allem mit Hilfe des *C. albicans*-Stammes WO-1 untersucht. Kolonieformen, die eine weiße Oberfläche haben (*white colony types)* können mit Frequenzen von ungefähr $10^{-4}$ Kolonien mit grauer Oberfläche (*opaque colony type*) bilden. Dieser Wechsel der Kolonietypen ist reversibel und geht ebenfalls einher mit der stadienspezifischen Änderung verschiedener phänotypischer Eigenschaften der Zellen (unter anderem Antigenität, Adhärenz, Empfindlichkeit gegen Antimycotika, Änderung der Lipid- und Sterolgehalte). Darüber hinaus wird auch die Expression verschiedener Gene durch das *switching* beeinflußt. So wird das SAP1-Gen, das ebenfalls für eine Isoform der sauren Protease verantwortlich ist, bevorzugt von der *opaque form* gebildet. Ein anderes Gen (WH11), das wahrscheinlich für das Hitzeschockprotein HSP12 codiert, wird dagegen von Kolonien der *white form* exprimiert; seine Expression ist jedoch auch vom Programm des Dimorphismus abhängig. Daraus ergibt sich, das die bei-

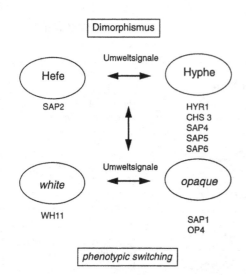

**21.18** Formen des Gestaltwechsels bei *C. albicans*. Unterhalb der Phänotypen sind Gene dargestellt, die in den jeweiligen Stadien exprimiert werden (siehe Text).

den Prozesse, Dimorphismus und *phenotypic switching* überlappen können. Somit ist nicht auszuschließen, daß bestimmte Regulatorelemente der Hefe an beiden Variationsprozessen beteiligt sind (siehe auch Abbildung 21.18)

Es scheint sicher zu sein, daß die beiden Programme des Gestaltwechsels eine Schlüsselrolle bei der Adaptation von *C. albicans* an verschiedene Mikromilieus (Darm, Haut, eventuell Umwelt) spielen. Die durch den Gestaltwechsel illustrierte genetische Flexibilität ist Voraussetzung für die Fähigkeit von *C. albicans*, unterschiedliche Infektionen (lokal, systemisch) auszulösen. Unterschiedliche Fähigkeiten der Stämme, schnell und effizient die beiden Entwicklungsprogramme zu induzieren beziehungsweise zu reprimieren, bedingen möglicherweise Unterschiede im pathogenen Potential zwischen verschiedenen Isolaten. Es wird auch spekuliert, daß Wirtssignale die Prozesse des Gestaltwechsels möglicherweise beeinflussen könnten. Derartige Stimuli sind bisher allerdings noch nicht identifiziert worden. Eine Blockierung der beiden Entwicklungsprogramme durch neue Medika-

mente, einhergehend mit einer Pathogenitätsreduktion, könnte eine neue Möglichkeit darstellen, um *Candida*-Infektionen therapeutisch zu beeinflussen.

## 21.10 Literatur

### Escherichia coli

Hartland, E.; Batchelor, M.; Delahay, R. M.; Hale, C.; Mathews, S.; Dougan, G.; Knutton, S.; Connerton, J.; Frankel, G. *Binding of Intimine From Enteropathogenic Escherichia coli to Tir and to Host Cells.* In: *Mol. Microbiol.* 32 (1999) S. 151–158.

Lawrence, J. G.; Ochman, H. *Molecular Archaeology of the Escherichia coli Genome.* In: *Proc. Natl. Acad. Sci. USA* 95 (1998) S. 9413–9417.

Mühldorfer, I.; Hacker, J. *Genetic Aspects of Escherichia coli Virulence.* In: *Microb. Pathogenesis* 16 (1994) S. 171–181.

Nataro, J. P.; Kaper, J. B. *Diarrheagenic Escherichia coli.* In: *Clin. Microbiol. Rev.* 11 (1998) S. 142–201.

Neidhardt, F. C.; Curtiss III, R.; Ingraham, J. L.; Lin, E. C. C.; Low, K. B.; Magasanik, B.; Reznikoff, W. S.; Riley, M.; Schaechter, M.; Umbarger, H. E. (Hrsg.) *Escherichia coli and Salmonella.* 2. Aufl. Washington, D. C. (ASM Press) 1996.

Sussman, M. (Hrsg.) *Escherichia coli. Mechanisms of Virulence.* Cambridge (Cambridge University Press ) 1997.

Tesh, V. L. *Virulence of Enterohemorrhagic Escherichia coli: Role of Molecular Crosstalk.* In: *Trends Microbiol.* 6 (1998) S. 228–233.

### Vibrio cholerae

Faruque, S. M.; Altert, M. J.; Mekalanos, J. J. *Epidemiology, Genetics and Ecology of Toxigenic Vibrio cholerae.* In: *Microbiol. Molec. Biol. Rev.* 62 (1998) S. 1301–1314.

Karaolis, D. K. R.; Kaper, J. B. *Pathogenicity Islands and Other Mobile Genetic Elements of Vibrio cholerae.* In: Kaper, J. B.; Hacker, J.

(Hrsg.) *Pathogenicity Islands and Other Mobile Virulence Elements.* Washington, D. C. (ASM Press). S. 167–187.

Mekalanos, J. J. *Cholera: Molecular Basis for Emergence and Pathogenesis.* In: *FEMS Microbiol. Lett.* 18 (1997) S. 241–248.

Waldor, K. W.; Mekalanos, J. J. *Lysogenic Conversion by a Filamentous Phage Encoding Cholera Toxin.* In: *Science* 272 (1996) S. 1910–1914.

Wachsmuth, K.; Blake, P. A.; Olsvik, Ø. (Hrsg.) In: *Vibrio cholerae and Cholera.* Washington, D. C. (ASM Press) 1994.


## Yersinien, Salmonellen, Shigellen und Listerien


Anderson, D. M.; Schneewind, O. *Type III Machines of Gram-Negative Pathogens: Injecting Virulence Factors Into Host Cells and More.* In: *Curr. Op. Microbiol.* 2 (1999) S. 18–24.

Bäumler, A. J.; Tsolis, R.; Ficht, T. A.; Adams, L. G. *Evolution of Host Adaptation in Salmonella enterica.* In: *Infect. Immun.* 66 (1998) S. 4579–4587.

Cornelis, G. R.; Boland, A.; Boyd, A. P.; Geuijen, C.; Iriarte, M.; Neyt, C.; Sory, M. P.; Stainier, I. *The Virulence Plasmid of Yersinia, an Antihost Genome.* In: *Microbiol. Molec. Biol. Rev.* 62 (1998) S. 1315–1352.

Galan, J. E. *Molecular Genetic Bases of Salmonella Entry Into Host Cells.* In: *Mol. Microbiol.* 20 (1996) S. 263–271.

Groisman, E. A.; Ochman, H. *How Salmonella Became a Pathogen.* In: *Trends Microbiol.* 5 (1997) S. 343–349.

Ireton, K.; Cossart, P. *Interaction of Invasive Bacteria With Host Signaling Pathways.* In: *Curr. Op. Cell Biol.* 10 (1998) S. 276–283.

Isberg, R.; Tran Van Nhieu, G. *Binding and Internalization of Microorganisms by Integrin Receptors.* In: *Trends Microbiol.* 2 (1994) S. 10–14.

Kobe, B.; Deisenhofer, J. *Proteins with Leucine Rich Repeats.* In: *Curr. Biol.* 5 (1995) S. 409–416.

Kuhn, M.; Goebel, W. *Host Cell Signalling During Listeria monocytogenes Infection.* In: *Trends Microbiol.* 6 (1998) S. 11–14.

Ménard, R.; Dehio, C.; Sansonetti P. J. *Bacterial Entry Into Epithelial Cells: The Paradigm of*

*Shigella.* In: *Trends Microbiol.* 4 (1996) S. 220–225.

Siebers, A.; Finlay, B. B. *M Cells and the Pathogenesis of Mucosal and Systemic Infections.* In: *Trends Microbiol.* 4 (1996) S. 22–29.

Tran Van Nhieu, G.; Sansonetti, P. S. *Mechanism of Shigella Entry Into Epithelial Cells.* In: *Curr. Op. Microbiol.* 2 (1999) S. 51–55.


## Staphylokokken


Chambers, H. F. *Methicillin Resistance in Staphylococci: Molecular and Biochemical Basis and Clinical Implications.* In: *Clin. Microbiol. Rev.* 10 (1997) S. 781–791.

Fleischer, B.; Gerlach, D.; Fuhrmann, A.; Schmidt, K. H. *Superantigens and Pseudosuperantigens of Grampositive Cocci.* In: *Med. Microbiol. Immunol.* 184 (1995) S. 1–8.

Foster, T. J.; McDevitt, D. *Surface-Associated Proteins of Staphylococcus aureus: Their Possible Roles in Virulence.* In: *FEMS Microbiol. Lett.* 118 (1994) S. 199–205.

Heilmann, C.; Hussain, M.; Peters, G.; Götz, F. *Evidence for Autolysin-Mediated Primary Attachment of Staphylococcus epidermidis to a Polystyrene Surface.* In: *Mol. Microbiol.* 24 (1997) S. 1013–1024.

Heilmann, C.; Schweitzer, O.; Gerke, C.; Vanittanakom, N.; Mack, D.; Götz, F. *Molecular Basis of Intercellular Adhesion in the Biofilm-Forming Staphylococcus epidermidis.* In: *Mol. Microbiol.* 20 (1996) S. 1083–1091.

Iandolo, J. J. *Genetic Analysis of Extracellular Toxins of Staphylococcus aureus.* In: *Ann. Rev. Microbiol.* 43 (1989) S. 375–402.

Proctor, R. A.; Kahl, B.; von Eiff, C.; Vaudaux, P. E.; Lew, D. P.; Peters, G. *Staphylococcal Small Colony Variants Have Novel Mechanisms for Antibiotic Resistance.* In: *Clin. Infect. Dis.* 27/Suppl. 1 (1998) S. 68–74.

Proctor, R. A.; Peters, G. *Small Colony Variants in Staphylococcal Infections: Diagnostics and Therapeutic Implications.* In: *Clin. Infect. Dis.* 27 (1998) S. 419–422.

Proctor, R. A.; van Langevelde, P.; Kristjansson, M.; Maslow, J. N.; Arbeit, R. D. *Persistance and Relapsing Infections Associated With Small Colony Variants of Staphylococcus aureus.* In: *Clin. Infect. Dis.* 20 (1995) S. 95–102.

Raad, I.; Alrahwan, A.; Rolston, K. *Staphylococcus epidermidis: Emerging Resistance and*

*Need for Alternative Agents.* In: *Clin. Infect. Dis.* 26 (1998) S. 1182–1187.

Rupp, M. E.; Archer G. L. *Coagulase-Negative Styphylococci: Pathogens Associated With Medical Progress.* In: *Clin. Infect. Dis.* 19 (1994) S. 231–243.

Ziebuhr, W.; Heilmann, C.; Götz, F.; Meyer, P.; Wilms, K.; Straube, E.; Hacker, J. *Detection of the Intercellular Adhesin Gene Cluster (ica) and Phase Variation in Staphylococcus epidermidis Blood Culture Strains and Mucosal Isolates.* In: *Infect. and Immun.* 65 (1997) S. 890–896.

Ziebuhr, W.; Krimmer, V.; Rachid, S.; Lößner, I.; Götz, F.; Hacker, J. *A Novel Mechanism of Phase Variation of Virulence in Staphylococcus epidermidis: Evidence for Control of the Polysaccharide Intercellular Adhesin Synthesis by Alternating Insertion and Excision of the Insertion Sequence Element IS 256.* In: *Mol. Microbiol.* 32 (1999) S. 345–356.

## Streptokokken

Alonso de Velasco, E.; Verheul, A. F. M.; Verhoef, J.; Snippe, H. *Streptococcus pneumoniae: Virulence Factors, Pathogenesis, and Vaccines.* In: *Microbiol. Rev.* 59 (1995) S. 591–603.

Cundell, D.; Masure, H. R.; Tuomanen, E. I. *The Molecular Basis of Pneumococcal Infection: A Hypothesis.* In: *Clin. Infect. Dis.* 21/3 (1995) S. 204–212.

Fischetti, V. A. *The Streptococcus and the Host: Present and Future Challenges.* In: *ASM News* 63 (1997) S. 541–545.

Hasty, D. L.; Ofek, I.; Courtney, H. S.; Doyle, R. J. *Multiple Adhesins of Streptococci.* In: *Infect. Immun.* 60 (1992) S. 2147–2152.

Havarstein, L. S.; Gaustad, P.; Nes, I. F.; Morrison, D. A. *Identification of the Streptococcal Competence-Pheromone Receptor.* In: *Mol. Microbiol.* 21 (1996) S. 863–869.

Musser, J. M. *Molecular Population Genetic Analysis of Emerged Bacterial Pathogens: Selected Insights.* In: *Emerg. Infect. Dis.* 2 (1996) S. 1–16.

Navarre, W. W.; Schneewind, O. *Surface Proteins of Grampositive Bacteria and Mechanisms of Their Targeting to the Cell Wall Envelope.* In: *Microbiol. Molec. Biol. Rev.* 63 (1999) S. 174–229.

Schuchat, A. *Epidemiology of Group B Streptococcal Disease in the United States: Shifting Paradigms.* In: *Clin. Microbiol. Rev.* 11 (1998) S. 497–513.

Stevens, D. L. *The Flesh-Eating Bacterium: What's Next!* In: *J. Infect. Dis.* 179 (1999) S. 366–374.

## Legionella pneumophila

Abu Kwaik, Y. *Fatal Attraction of Mammalian Cells to Legionella pneumophila.* In: *Mol. Microbiol.* 30 (1998) S. 689–695.

Barker, J.; Brown, M. R. W. *Trojan Horses of the Microbial World: Protozoa and the Survival of Bacterial Pathogens in the Environment.* In: *Microbiology* 140 (1994) S. 1253–1259.

Brand, B. C.; Hacker. J. *The Biology of Legionella Infection.* In: Kaufmann, S. H. E. *Host Response to Intracellular Pathogens.* New York (Chapman & Hall) 1997. S. 291–311.

Cianciotto, N. P.; Fields, B. S. *Legionella pneumophila Mip Gene Potentiates Intracellular Infection of Protozoa and Human Macrophages.* In: *Proc. Natl. Acad. Science USA* 89 (1992) S. 5188–5191.

Fields, B. S. *The Molecular Ecology of Legionellae.* In: *Trends Microbiol.* 4 (1996) S. 286–290.

Steinert, M.; Hacker, J. *Legionella pneumophila: Umweltbakterium und Erreger der Legionärskrankheit.* In: *Biol. in unserer Zeit* 26 (1996) S. 8–15.

Vogel, J. P.; Andrews, H. L.; Wong, S. K.; Isberg, R. R. *Conjugative Transfer by the Virulence System of Legionella pneumophila.* In: *Science* 279 (1998) S. 873–876.

## Helicobacter pylori

Blaser, M. J. *The Bacteria Behind Ulcers.* In: *Sci. Am.* 274 (1996) S. 104–107.

Covacci, A.; Falkow, S.; Berg, D. E.; Rappuoli, R. *Did the Inheritance of a Pathogenicity Island Modify the Virulence of Helicobacter pylori.* In: *TIM* 5 (1997) S. 205–208.

Ilver, D.; Arnqvist, A.; Ogren, J.; Frick, I. M.; Kersulyte, D.; Incecik, E. T.; Berg, D. E.; Covacci, A.; Engstrand, L.; Borén, T. *Helicobacter pylori Adhesin Binding Fucosylated*

*Histo-Blood Group Antigens Revealed by Retagging.* In: *Science* 279 (1998) S. 373–377.

Malfertheiner, P. *Helicobacter pylori – Von der Grundlage zur Therapie.* Stuttgart/New York (G. Thieme) 1994.

Marshall, B. J.; Royce, H.; Annear, D. I.; Goodwin, C. S.; Pearman, J. W.; Warren, J. R.; Armstrong, J. A. *Original Isolation of Campylobacter pyloridis From Human Gastric Mucosa.* In: *Microbios Lett.* 25 (1984) S. 83–88.

Pütsep, K.; Brändén, C. I.; Bomann, H. G.; Normark, S. *Antimicrobial Peptide From H. pylori.* In: *Science* 398 (1999) S. 671–672.

Segal, E. D.; Lange, C.; Covacci, A.; Tompkins, L. S.; Falkow, S. *Induction of Host Signal Transduction Pathways by Helicobacter pylori.* In: *Proc. Natl. Acad. Science USA* 94 (1997) S. 7595–7599.


## Toxoplasma gondii

Dobrowolski, J. M.; Sibley, L. D. *Toxoplasma Invasion of Mammalian Cells Is Powered by the Actin Cytoskeleton of the Parasite.* In: *Cell* 84 (1996) S. 933–939.

Dubey, J. P.; Lindsay, D. S.; Speer, C. A. *Structures of Toxoplasma gondii Tachyzoites, Bradyzoites and Biology and Development of Tissue Cysts.* In: *Clin. Microbiol. Rev.* (1998) S. 267–299.

Dubremetz, J. F. *Host cell invasion by Toxoplasma gondii.* In: *Trends Microbiol.* 6 (1998) S. 27–30.

Groß, U.; Pohl, F. *Influence of Antimicrobial Agents on Replication and Stage Conversion of Toxoplasma gondii.* In: *Curr. Top. Microbiol. Immunol.* 219 (1996) S. 235–245.

Joiner, K. A.; Dubremetz, J. F. *Toxoplasma gondii: A Protozoan for the Nineties.* In: *Infect. and Immun.* 61 (1993) S. 1169–1172.

Köhler, S.; Delwiche, C. F.; Denny, P. W.; Tilney, L. G.;; Webster, P.; Wilson, R. J. M.; Palmer, J. D.; Roos, D. S. *A Plastid of Probable Green Algal Origin in Apicomplexan Parasites.* In: *Science* 276 (1997) S. 1485–1489.


## Candida albicans

Gale, C. A.; Bendel, C. M.; McLellan, M.; Hauser, M.; Becker, J. M.; Berman, J.; Hostetter, M. K. *Linkage of Adhesin Filamentous Growth, and Virulence in Candida albicans to a Single Gene, INT 1.* In: *Science* 279 (1998) S. 1355–1358.

Gow, N. A. R. *Growth and Guidance of the Fungal Hypha.* In: *Microbiology* 140 (1994) S. 3193–3205.

Fridkin, K. S.; Jarvis, W. R. *Epidemiology of Nosocomial Fungal Infections.* In: *Clin. Microbiol. Rev.* 9 (1996) S. 499–511.

Hacker, J.; Köhler, G.; Morschhäuser J. *Virulence and Resistance Mechanisms of Pathogenic Fungi.* In: *Nova Acta Leopold.* 307 (1999) S. 151–161.

Odds, F. C. *Candida Species and Virulence.* In: *ASM News* 60 (1994) S. 313–318.

Santos, M. A. S.; Cheesman, C.; Costa, V.; Moradas-Ferreira, P.; Tuite, M. F. *Selective Advantages Created by Codon Ambiguity Allowed for the Evolution of an Alternative Genetic Code in Candida spp.* In: *Molec. Microbiol.* 31 (1999) S. 937–947.

Soll, D. R. *Gene Regulation During High Frequency Switching in Candida albicans.* In: *Microbiology* 143 (1997) S. 279–288.

# 22. Zukünftige Entwicklungen

## J. Hacker, J. Heesemann

In der Einführung zu unserem Buch wurde die Geschichte vom Wettlauf zwischen dem Hasen und dem Igel bemüht, um das Dilemma der Infektionsbiologie zu beschreiben: Wann immer die Wissenschaft von den molekularen Wechselwirkungen zwischen Mikroben und Wirt mit einer neuen Idee, einer neuen Methode oder einem neuen Wirkstoff aufwartet, ein neuer Krankheitserreger ist schon da. Gibt es Wege aus diesem Dilemma, oder werden die pathogenen „Igel" immer schneller sein als die infektionsbiologischen „Hasen"? Um die Antwort vorwegzunehmen: Mikroorganismen haben sich in der Vergangenheit als derart anpassungsfähig, flexibel und potent erwiesen, daß es wohl immer wieder zum Auftreten neuer Erreger, neuer Erregervarianten und Resistenzen gegen neue Wirkstoffe kommen wird. Insofern werden die pathogenen Erreger den Infektionsbiologen immer einen Schritt voraus sein. Aber drei neue Ansätze haben die Infektionsforschung in den vergangenen Jahren in die Lage versetzt, „den Kampf der Bakterien mit den Zellen" (R. Virchow) zumindest besser zu verstehen und damit auch schneller auf neue Herausforderungen zu reagieren:

1. das Studium der zellbiologischen Wechselwirkungen zwischen Erreger und Wirtszellen,
2. die Analyse von ökologischen Zusammenhängen beim Infektionsgeschehen und
3. die evolutionsbiologische Betrachtung des Phänomens Pathogenität.

Die Analyse der zellbiologischen Wechselwirkungen hat die Augen geöffnet für die Prozesse, die bei den Attacken der Erreger auf die Wirtszelle ablaufen: Welche Wirtszellrezeptoren werden von mikrobiellen Adhäsinen und Invasinen benutzt, welche Signale werden in der Wirtszelle von mikrobiellen Faktoren an- und abgeschaltet (Moduline, Impedine), wo könnte mit neuen Wirkstoffen interveniert werden? Für dieses Arbeitsgebiet wurde sogar ein eigener Terminus gefunden: *Cellular Microbiology*. Inzwischen wird klar, daß nicht nur die Erreger Signale in der Wirtszelle induzieren, sondern daß auch die Wirtszelle die Genexpression des Mikroorganismus beeinflußt (bidirektionale Signaltransduktion).

In der Pflanzeninfektionsforschung war dieses Konzept schon früh ins Bewußtsein gerückt. Hier wird ein Schwerpunkt zukünftiger infektionsbiologischer Studien mit humanpathogenen Erregern liegen. Neue Methoden, die es erlauben, die Genexpression der Erreger *in vivo*, beispiels-

**Tabelle 22.1:** Methoden zur Identifizierung neuer Virulenzfaktoren

Genom-, Proteomanalyse

Identifizierung, Analyse von Pathogenitätsinseln (*island probing*)

Einsatz von Reportergenkonstrukten (unter anderem *promoter probing* und *differential fluorescence induction*, DFI)

Differenzanalysen, Subtraktionshybridisierung von mRNA, DNA

*in vivo expression technology* (IVET)

*signature-tagged mutagenesis* (STM)

weise im Gewebe oder in den Zellen eines Versuchstieres, zu studieren liegen mittlerweile vor (Tabelle 22.1). Sie beruhen auf Reportergenkonstrukten und erfassen Promotoren, die *in vivo* angeschaltet werden (*promoter probing*) beziehungsweise Gene und deren Produkte, die *in vivo* benötigt werden (positive Selektion durch IVET, negative Selektion durch STM; siehe Kapitel 16). Diese Methoden müssen in Zukunft allerdings sinnvoll weiterentwickelt werden, um auch neue Erreger analysieren, Gene spezifischer erfassen und letztlich Wirtssignale ermitteln zu können. Dann hätten wir die Möglichkeit, Impfstoffe gezielter herzustellen oder die Erreger-Wirt-Interaktion günstig zu modulieren.

Die Analyse ökologischer Zusammenhänge, unter anderem das Studium der Reservoirs von Erregern und ihrer Ausbreitungswege, läßt heute epidemiologische Analysen des Infektionsgeschehens erfolgreicher erscheinen als noch vor wenigen Jahren. Dies gilt auch für das Studium von Antibiotikaresistenzgenen und deren Ausbreitung. Allerdings fehlt es, vor allem in Deutschland, an soliden Basisdaten, um epidemiologische Zukunftstrends zu extrapolieren. In der Infektionsepidemiologie die richtigen Fragen zu stellen und adäquate Methoden zu entwickeln, wird eine der großen Herausforderungen in der Zukunft sein.

Die Öffnung der Pathogenitätsforschung für evolutionsbiologische Fragestellungen hat den Blick für die Dynamik infektionsbiologischer Prozesse geschärft. Eine „evolutionäre Infektionsbiologie" analysiert dabei die genetischen Änderungen von Erregern, die zu Merkmalsänderungen führen können, die dann der Selektion unterworfen sind. Die Erreger verändern ihr Genom in kurzen Intervallen durch Punktmutationen und Rekombinationen sowie durch die Aufnahme von fremder DNA durch horizontalen Gentransfer. Die Idee, die Genome pathogener Erreger mit den Genomen engverwandter apathogener Mikroorganismen zu

vergleichen, um den Unterschied zu erfassen (*cloning the difference*) und damit die spezifisch „krankmachenden" Faktoren zu identifizieren, hat sich als sehr erfolgreich erwiesen. Mit der Weiterentwicklung der Subtraktionsanalytik, der Erfassung und Analyse von Pathogenitätsinseln (*island probing*, siehe Tabelle 22.1) sowie der Auswertung von Daten aus Genomsequenzierungsprojekten mit Proteom- und Transkriptomanalysen wird sich unser Wissen über das Pathogenitätsrepertoire von Krankheitserregern erweitern. Viele potentielle Erregervarianten treten aber erst unter bestimmten Bedingungen in Erscheinung. Deshalb wird das alte Dilemma bleiben: Zunächst treten neue pathogene Varianten auf, erst danach können sie analysiert werden.

Haben diese neuen Ergebnisse der Grundlagenforschung aber nun dazu geführt, die praktischen Probleme der Infektiologie wenn nicht zu lösen, so doch einer Lösung näher zu bringen? Was ist in Zukunft auf dem Feld der Seuchenbekämpfung zu erwarten? Konkret bedeuten diese Anfragen Erkundigungen nach verbesserten Diagnostika für Infektionserreger, nach neuen antiinfektiven Medikamenten zur Therapie und nach wirksameren Impfstoffen. Durch die Einführung molekularbiologischer Methoden in die Diagnostik, etwa PCR-Nachweise für viele Viren oder Gensonden zum Nachweis von Bakterien, können Infektionserreger jetzt schneller und präziser nachgewiesen werden als vor einigen Jahren. Die Weiterentwicklung der rRNA-gekoppelten *in situ*-Hybridisierung wird in Zukunft einen schnelleren Nachweis von Bakterien und Pilzen auch ohne Erregeranzucht erlauben.

Das Konzept, daß Infektionserreger nicht primär wegen ihrer Artzugehörigkeit, sondern wegen ihrer krankmachenden Produkte (Pathogenitätsfaktoren) oder wegen ihrer Resistenzdeterminanten gefährlich sind, ermöglicht nunmehr eine Einordnung der Erreger nach Pathotypen und Antibiotikaresistenztypen. Damit wird eine Virulenz- und eine Resistenzdiagnostik sinnvoll und möglich. So läßt sich bei enterohämorrhagischen *E. coli* (EHEC) nicht nur die Art *E. coli*, sondern auch das Shiga-Toxin als Virulenzfaktor nachweisen. Bei Risikopatienten hat nicht allein der Nachweis von Enterokokken, sondern von Enterokokken mit Vancomycin-resistenzgenen Konsequenzen für die Behandlung durch den Arzt. Auch Umgebungsuntersuchungen zum Aufspüren von Infektionsquellen werden erfolgreicher sein, wenn die genetische Signatur (Genomprofil) gefährlicher Keime bekannt ist und nachgewiesen werden kann (mikrobiologische Kriminalistik).

Sind akute Infektionen immer nur retrospektiv nachzuweisen, so kann eine molekulare Infektiologie helfen, Erkrankungen im Vorfeld zu diagnostizieren und auch zu heilen, wenn diese als Folge von Infektionen auftreten. In Tabelle 22.2 sind einige Krankheiten aufgeführt, von denen feststeht oder vermutet wird, daß sie kausal auf Infektionen zurückzuführen sind. Vorsorgeuntersuchungen zum Vorkommen von Papillomaviren und nachfolgende Eradizierungen können signifikant das Gebärmutterkrebsrisiko vermindern.

Gleiches gilt für das Auftreten von *Helicobacter pylori* und das Risiko, an Magenkrebs zu erkranken. Auch hier kann die Eliminierung der Bakterien das Krebsrisiko senken. In anderen Fällen ist der Zusammenhang zwischen Infektion und Erkrankung noch nicht gesichert, beispielsweise bei der vermuteten Korrelation zwischen dem Auftreten von *Chlamydia pneumoniae* und koronaren Herzerkrankungen.

Um Infektionen gezielt zu bekämpfen, sind neue wirksame antiinfektive Medikamente nötig. Die letzte große Innovation auf dem Gebiet der Antibiotika erfolgte vor etwa 20 Jahren mit der Einführung neuer Quinolone. Mittlerweile sind die Resistenzraten gegen nahezu alle verwendeten Antibiotika teilweise dramatisch gestiegen. Sollte die Vancomycinresistenz tatsächlich häufiger bei oxacillinresistenten Staphylokokken vorkommen – was befürchtet wird –, wird es bald massenhaft nicht mehr therapierbare Erreger geben. Die Zunahmen von proteaseinhibitorresistenten HI-Viren und das Auftreten von azolresistenten pathogenen Pilzen komplettieren das Bild einer zunehmenden Be-

**Tabelle 22.2:** Mikroorganismen als mögliche Auslöser chronisch-entzündlicher oder maligner Erkrankungen

| Erkrankung | Erreger |
| --- | --- |
| **gastrointestinale Erkrankungen** | |
| chronische Magenschleimhautentzündung, Magengeschwüre | *Helicobacter pylori* |
| **neurologische Erkrankungen** | |
| Creutzfeldt-Jacob-Krankheit | Prione |
| Guillain-Barré-Syndrom | *Campylobacter jejuni* |
| Bannwarth-Syndrom | *Borrelia burgdorferi* |
| psychiatrische Erkrankungen | Bornavirus |
| **Gefäßerkrankungen** | |
| koronare Artheriosklerose | *Chlamydia pneumoniae* |
| **Gelenkerkrankungen** | |
| Lyme-Arthritis | *Borrelia burgdorferi* |
| **maligne Neubildungen** | |
| Leberzellkarzinom | Hepatitis-B-Virus |
| Gebärmutterhalskrebs | Papillomaviren |
| Magenkarzinom | *Helicobacter pylori* |

drohung der Bevölkerung durch neue Keime und Keimvarianten, die resistent gegen die gängigen Antiinfektiva sind. Deshalb müssen Zielstrukturen definiert werden, um neue, wirksame antimikrobielle Substanzen zu entwickeln. Genomsequenzierungsprojekte werden für dieses Gebiet einen wichtigen Beitrag leisten. Eine neue Generation von Antiinfektiva wird nicht unmittelbar bakterizid oder bakteriostatisch wirken müssen, sondern könnte auch die Expression von Virulenzgenen unterdrücken oder Pathogenitätsfaktoren in ihrer Funktion hemmen. Die Renaissance der Naturstoffchemie, das Aufkommen der kombinatorischen Chemie und der Entwicklung des *rational drug designs* sind Ausdruck des enormen Bedarfs an neuen wirksamen Antiinfektiva.

Auch eine Verbesserung der Infektionsprophylaxe durch die Entwicklung neuer, wirksamer Impfstoffe ergibt sich zwingend aus der gegenwärtigen epidemiologischen Situation. Gegen die weltweit am häufigsten vorkommenden Keime wie den Malariaerreger *Plasmodium falciparum*, gegen darmpathogene *E. coli* und andere enterobakterielle Durchfallserreger, gegen das HI-Virus, gegen *H. pylori* und den Erreger der Amöbenruhr *Entamoeba histolytica* und viele andere Erreger existieren momentan keine geeigneten Impfstoffe. Konventionelle Impfstoffe, etwa gegen die *Haemophilus influenzae*-Variante Typ b, schützen nur gegen diesen einen Typ und könnten damit die Selektion von neuen Varianten begünstigen. Die Fortschritte in der Pathogenitätsforschung, der molekularen Immunologie und der Zellbiologie haben neue Entwicklungen im Bereich der Impfstofforschung angestoßen – erinnert sei an die DNA-Vakzinierung. Dennoch werden auf dem Gebiet der Immunprophylaxe in der Zukunft weiter neue Wege zu beschreiten sein, um schnell auf neue Erregertypen und auf die Zunahme von opportunistischen Keimen reagieren zu können. Auf den Gebieten der Antiinfektivaforschung und der Impfstoffentwicklung muß der Fortschritt in den nächsten Jahren beschleu-

nigt werden, damit sich das Dilemma der Infektionsbiologie nicht verschärft und zu einem Desaster der praktischen Seuchenbekämpfung ausweitet.

Eine „evolutionäre Infektionsbiologie" hat in den letzten Jahren sowohl die molekularen Mechanismen der Variabilität von Erregergenomen als auch die Selektionsbedingungen, unter denen diese Erreger stehen, in den Mittelpunkt des Interesses gerückt. Diese Selektionsbedingungen sind zu einem großen Teil sozioökonomischer Natur. Wenn die Infektionsforschung im oben geschilderten Wettlauf zwischen Hase und Igel mithalten will, muß sie auf gesellschaftliche Entwicklungen, die die Gefahr von Infektionen fördern, aufmerksam machen und wann immer möglich auf Korrekturen dringen. Einige Beispiele mögen dies belegen:

• Der häufig nicht indizierte Einsatz von Antibiotika in Kliniken und von antiinfektiv wirkenden Substanzen in der Veterinärmedizin führte in den letzten Jahren zu einer Zunahme von neuen Antibiotikaresistenzen bei Bakterien.

• Unzureichend kontrollierte Nahrungsmittel haben eine Ausbreitung von lebensmittelassoziierten Erregern wie Salmonellen und EHEC mit sich gebracht.

• Impfmüdigkeit in den Industrieländern und unzureichend organisierte Impfkampagnen in anderen Staaten führen zu einem Vordringen von schon besiegt geglaubten Infektionskrankheiten wie Diphtherie oder Masern.

• Veränderungen der Vegetation haben ein Vordringen von Erregern zur Folge, die durch Arthropoden transportiert werden (zum Beispiel Lyme-Borreliose).

• Urlaubsreisen von Touristen aus Industrieländern in die Tropen ohne hinreichende Aufklärung und Infektionsprophylaxe führen zu einem Vordringen von tropischen Infektionserkrankungen wie Malaria und Dengue-Fieber auch in die Länder Westeuropas oder Nordamerikas.

- Ungeschützter Geschlechtsverkehr, Promiskuität und Sextourismus tragen zu einer Ausbreitung von AIDS und anderen durch Geschlechtsverkehr übertragenen Infektionskrankheiten bei.
- Unzureichende Wartung technischer Anlagen und Wassersysteme führt zur Ausbreitung von Erregern wie *Legionella pneumophila*.

Aufgabe der Infektionsbiologie sollte es sein, auf diese Probleme öffentlich hinzuweisen und praktische Maßnahmen zu unterstützen, die Abhilfe schaffen. Denn eines steht fest: Das Dilemma der Infektionsbiologie wird bleiben – es kommt nur darauf an, ihre negativen Auswirkungen so gering wie möglich zu halten.

# 22.1 Literatur

Bunnel, B. A.; Morgan, R. A. *Gene Therapy for Infectious Diseases.* In: *Clin. Microbiol. Rev.* 11 (1998) S. 42–56.

Cassell, G. H. *Infections Causes of Chronic Inflammatory Diseases and Cancer.* In: *Emerg. Infect. Dis.* 4 (1998) S. 425–487.

Falkow, S. *What Is a Pathogen?* In: *ASM News* 63 (1997) S. 359–365.

Finlay, B. B.; Falkow, S. *Common Themes in Microbial Pathogenicity Revisited.* In: *Microb. Molec. Biol. Rev.* 61 (1997) S. 136–169.

Gurfunkel, E. *Link Between Intracellular Pathogens and Cardiovascular Diseases.* In: *Clin. Microbiol. Infect.* 4 (1998) S. 33–36.

Hoheisel, J. D. *Oligomer-Chip Technology.* In: *Trends Biotechnol.* 15 (1997) S. 465–469.

Knowles, D. J. C. *New Strategies for Antibacterial Drug Design.* In: *Trends Microbiol.* 5 (1997) S. 379–383.

Salyers, A. A.; Amabile-Cuevas, C. F. *Why Are Antibiotic Resistance Genes so Resistent to Elimination?* In: *Antimicrob. Agent Chemother.* 41 (1997) S. 2321–2325.

# 23. Methoden der molekularen Infektionsbiologie

## 23.1 Allgemeines

J. Hacker

Die molekulare Analyse der Pathogen-Wirts-Interaktion hat in den letzten 20 Jahren außergewöhnlich stark von den methodischen Innovationen der molekularen Biologie profitiert. Viele Methoden der Molekularbiologie wurden modifiziert, adaptiert und für die Infektionsbiologie nutzbar gemacht. Im Mittelpunkt steht die Molekulargenetik. Mit Hilfe ihres Methodenbesteckes wurde es möglich, auch von vielen pathogenen Mikroorganismen Gene zu klonieren, Mutanten zu isolieren und diese zu beschreiben. Viele Methoden der Molekularbiologie gehören heute zum Standardrepertoire infektionsbiologischer Laboratorien. Dies gilt für Genklonierungen, DNA- und Proteinsequenzbestimmungen, DNA-DNA-Hybridisierungen (Southern-Blots), DNA-RNA-Hybridisierungen (Northern-Blots), PCR-Reaktionen und vieles andere mehr. Insofern werden diese Methoden in dem vorliegenden Kapitel nicht extra aufgeführt. Gleiches gilt für Standardtechniken der Zellbiologie und der Immunologie, die ebenfalls in einschlägigen Handbüchern nachlesbar sind. In diesem Kapitel sollen vielmehr solche Methoden vorgestellt werden, die entweder eigens zum Zwecke des Studiums infektionsbiologischer Phänomene entwickelt oder zur Klärung infektionsbiologischer Fragen weiterentwickelt wurden.

## 23.2 Molekulare Typisierung von Infektionserregern

W. Ziebuhr

Die epidemiologische Typisierung von Krankheitserregern spielt heute eine wachsende Rolle bei der Kontrolle von Infektionen. Mit Hilfe molekularer Typisierungsverfahren lassen sich klonale und verwandtschaftliche Beziehungen zwischen Einzelisolaten einer Spezies aufdecken. Damit wird es möglich, Erregerreservoirs zu identifizieren und die regionale und globale Verbreitung von Krankheitserregern zu verfolgen. Einige Typisierungsmethoden erlauben auch einen Einblick in die evolutionäre Dynamik des Bakteriengenoms. Tabelle 23.1 gibt einen Überblick sowohl über phänotypische als auch genotypische Verfahren. Klassische mikrobiologische Methoden, die auf dem Nachweis phänotypischer Marker beruhen, sind in den meisten Fällen zur Identifizierung von Mikroorganismen auf Speziesebene gut geeignet. Zur Unterscheidung einzelner Stämme sind sie jedoch oft

**Tabelle 23.1:**   Phänotypische und genotypische Methoden für die Typisierung von Krankheitserregern

**phänotypische Methoden:**

| | |
|---|---|
| klassische Verfahren | Antibiotikaresistenzbestimmung<br>Biotypisierung<br>Serotypisierung<br>Phagentypisierung |
| Analyse von Proteinen: | Polyacrylamidgelelektrophorese von mikrobiellen Proteinen<br>Immunoblot<br>Multilocus-Enzym-Elektrophorese (MLEE) |

**genotypische Verfahren:**

| | |
|---|---|
| DNA-Fingerprinting | Plasmid-Fingerprinting<br>Restriktionsfragment-Längenpolymorphismus (RFLP)<br>Pulsfeldgelelektrophorese (PFGE) |
| PCR-basierte Methoden | *random amplification of polymorphic DNA* (RAPD)<br>*arbitrarily primed PCR* (AP-PCR) |

unzuverlässig. Aus diesem Grund gewinnen die DNA-basierten Verfahren in der molekularen Epidemiologie immer mehr an Bedeutung. Sie stützen sich entweder auf das DNA-Fingerprinting nach Restriktionsspaltung und anschließender Gelelektrophorese oder auf die Anwendung der Polymerasekettenreaktion (PCR).

Bei den unterschiedlichen DNA-Fingerprintingverfahren isoliert man die gesamte Genom-DNA oder auch nur Teile daraus (zum Beispiel chromosomale DNA oder Plasmide) und spaltet die DNA mit geeigneten Restriktionsendonucleasen. Die entstandenen DNA-Fragmente unterschiedlicher Länge trennt man anschließend nach ihrer Größe durch Gelelektrophorese auf (zum Beispiel Plasmidanalyse, *restriction fragment length polymorphism*, RFLP). Man kann diese Verfahren durch Southern-Hybridisierung mit spezifischen Gensonden ergänzen und damit einzelne Gene und deren Anzahl und Lokalisation nachweisen.

Die Pulsfeldgelelektrophorese (PFGE) ist eine Typisierungsmethode mit hohem Auflösungsvermögen, sehr guter Reproduzierbarkeit und einer hohen Aussagekraft hinsichtlich der klonalen Spezifität von Isolaten sowie der Ermittlung von verwandtschaftlichen Beziehungen. Bei der PFGE wird die gesamte genomische DNA

eines Mikroorganismus mit Hilfe selten schneidender Restriktionsenzyme in relativ große Fragmente zerlegt und anschließend elektrophoretisch aufgetrennt (Abbildung 23.1). In einer herkömmlichen Agarosegelapparatur lassen sich nur DNA-Fragmente bis zu einer Größe von maximal 20 bis 30 kb analysieren. Die PFGE erlaubt jedoch auch die Trennung von wesentlich größeren Fragmenten. Dies wird durch das Anlegen eines elektrischen Wechselfeldes erreicht, in dem die negativ geladenen DNA-Moleküle gezwungen werden, ständig ihre Laufrichtung zu ändern. Große DNA-Fragmente sind aufgrund ihrer Trägheit beim Ändern ihrer Laufrichtung langsamer als kleinere Moleküle, die sich demzufolge im Gel auch schneller fortbewegen können. Je nachdem, wie lange man das Feld in einer Richtung auf die Fragmente einwirken läßt, erreicht man eine Trennung im größeren oder kleineren Molekulargewichtsbereich.

Durch die Entwicklung leistungsfähiger PFGE-Geräte mit computergestützter Pulszeitsteuerung lassen sich die Bedingungen für die Elektrophorese optimieren und standardisieren. Allerdings stellt die Technik hohe Anforderungen an die Präparation der genomischen DNA. Um die Degradation durch Scherkräfte zu vermin-

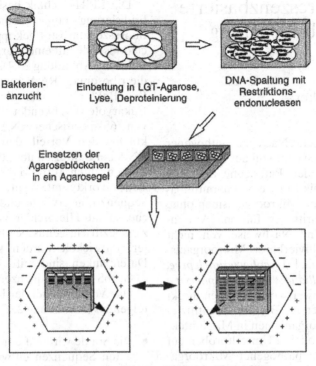

Bakterien-anzucht

Einbettung in LGT-Agarose, Lyse, Deproteinierung

DNA-Spaltung mit Restriktions-endonucleasen

Einsetzen der Agaroseblöckchen in ein Agarosegel

Auftrennung der DNA im elektrischen Wechselfeld mit einem Pulsfeldgelelektrophoresegerät

**23.1** Gewinnung von genomischer DNA aus Mikroorganismen und anschließende Auftrennung der DNA-Fragmente in der Pulsfeldgelelektrophorese (PFGE).

dern, bettet man die Bakterien oder auch eukaryotische Zellen in Agaroseblöckchen ein. Anschließend erfolgen die Lyse durch Enzyme und Detergentien sowie eine Deproteinierung durch Proteinase K. Die DNA liegt dann in intakter Form eingebettet im Agaroseblöckchen vor und kann durch geeignete Restriktionsenzyme geschnitten werden. Im Idealfall entstehen, je nach Genomgröße und verwendetem Enzym, zehn bis 15 DNA-Fragmente, die sich nach der Auftrennung gut beurteilen lassen.

Bei der RAPD oder AP-PCR (*random amplification of polymorphic DNA* beziehungsweise *arbitrarily primed PCR*) setzt man Zufallsprimer für die Polymeraseketten-reaktion ein. Diese Primer binden in identischen oder nahezu identischen Genomen an gleiche Stellen und generieren dann typische Bandenmuster. Eine weitere Möglichkeit der PCR-gestützten Typisierung ist die Ausnutzung von repetitiven Sequenzen im Genom als Primerbindungs-stellen und die nachfolgende Amplifikation der dazwischenliegenden DNA-Bereiche. Als repetitive DNA-Regionen kommen zum Beispiel Insertionselemente oder Transposons, die 16S-23S-rRNA Spacer-Region, die Ribosomenbindungs-stellen oder andere intergenische Sequenzen in Frage.

# 23.3 Fluoreszenzbasierte *in situ*-Hybridisierung (FISH)

## J. Hacker

Der konventionelle Nachweis pathogener Mikroorganismen geht von der Reinkultur der entsprechenden Pathogene aus. Ziel der FISH-Technik ist es, einen unmittelbaren Nachweis von Mikroorganismen ohne Kultivierungsschritt zu führen. Anwendungsgebiete sind Nachweise von nicht oder schwer kultivierbaren Mikroorganismen (zum Beispiel *Mycobacterim leprae*, *Treponema pallidum* und *Tropheryma whippelii*), Nachweis von Mikroben direkt im Gewebe oder im Biofilm, Identifizierung von Mikroorganismen in Mischinfektionen, Evaluation von Umweltproben auf das Vorkommen pathogener Mikroorganismen (zum Beispiel *Legionella pneumophila* in Wasserproben).

Die FISH-Technik basiert auf der Hybridisierung einer kleinen spezifischen fluoreszenzfarbstoffgekoppelten Oligonucleotidsonde mit einer Targetnucleinsäurefraktion (Abbildung 23.2). Als Target wird die ribosomale RNA, meist die 16S-RNA (bei Bakterien) oder die 18S-RNA (bei Eukaryoten) verwendet. Die Verwendung von 16S-spezifischer RNA als Targetmolekül hat den Vorteil, daß die ribosomale RNA bei Bakterien ubiqitär und in großen Kopienzahlen (etwa 1 000 Moleküle pro Zelle) vorkommt. Weiterhin enthält die Sequenz konservierte und variable Bereiche, so daß Hierarchien von Sonden (speziesspezifisch, genusspezifisch und so weiter) entwickelt werden können. In den Datenbanken sind mittlerweile ungefähr 7 000 16S-RNA-Sequenzen eingetragen.

Das Vorgehen bei der FISH-Technik ist folgendes (Abbildung 23.3):

- Die Sonde wird auf der Basis der ermittelten Sequenzen entwickelt, sie sollte mit etwa 20 Nucleotiden nicht zu lange sein, damit sie gut von der Zelle aufge-

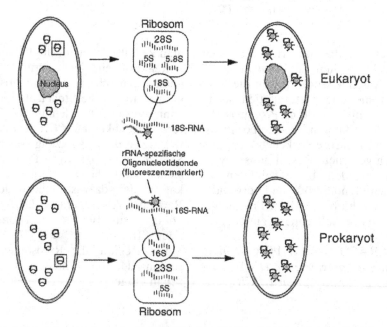

**23.2**  Prinzip der fluoreszenzbasierten *in situ*-Hybridisierung (FISH) auf der Grundlage von 16S- beziehungsweise 18S-spezifischem RNA-Nachweis. Es sind Beispiele zur Detektion von Eukaryoten und Prokaryoten gegeben.

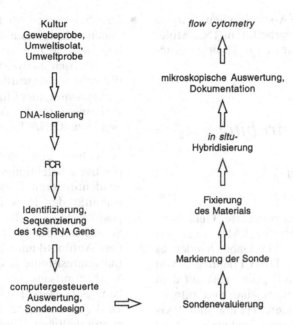

**23.3** Ablaufschema bei der Sondenentwicklung, Sondentestung und *in situ*-Hybridisierung unbekannter Organismen oder Organismengruppen.

nommen werden kann, aber auch nicht zu kurz, um Spezifität zu gewährleisten. Mittels DNA-RNA-Hybridisierungen auf der Basis von Dot-Blot-Analysen mit RNAs unterschiedlicher Spezies wird die Sonde dann auf ihre Spezifität hin evaluiert.

- Zur Entwicklung einer Sonde werden zunächst DNA-Fragmente aus den entsprechenden Organismen oder den zu analysierenden Materialien mit 16S-spezifischen Oligonucleotidprimer mittels PCR amplifiziert und dann sequenziert.
- Die Markierung der Sonden geschieht mit Fluoreszenzfarbstoffen entweder kovalent oder mittels Amino-Linkern. Als Farbstoffe kommen unter anderen Fluorescein-, Rhodamin- und Cyaninfarbstoffe in Frage. Auch Enzymdetektionssysteme (Digoxigenin, Peroxidase) können für *in situ*-Nachweise verwendet werden.
- Bei der Fixierung des Materials mittels Aldehyden oder Alkohol muß darauf

geachtet werden, daß zum einen die Zelle intakt bleibt und zu anderen die Zellwand der Mikroorganismen so weit permeabilisiert wird, daß die Sonde gut eindringen kann. Mittels geeignetem Hybridisierungspuffer und Optimierung der Hybridisierungstemperatur müssen optimale Hybridisierungsbedingungen gesucht werden. In mehreren Waschschritten werden nichtgebundene Sondenmoleküle abgewaschen.

- Die Auswertung der Hybridisierung geschieht in der Fluoreszenzmikroskopie oder mittels Durchlaufcytometrie. Beim Einsatz mehrerer unterschiedlich markierter Sonden und der Verwendung geeigneter UV-Filter können mehrere unterschiedliche Spezies von Mikroorganismen gleichzeitig detektiert werden.

In der Zukunft wird durch die Entwicklung weiterer Nachweissysteme (neuer Farbstoffe, anderer Enzyme, bessere Fixierungsmethoden) die Sensitivität der *in situ*-Hybridisierungstechniken weiter steigen. Neben rRNA-spezifischen Targets wird auch daran gearbeitet, mRNA-Moleküle als Targets für *in situ*-Hybridisierungen zu verwenden.

# 23.4 *Island probing*

## J. Hacker

Viele pathogenitätsassoziierte Gene sind auf Pathogenitätsinseln (PAIs) lokalisiert (vergleiche Kapitel 14). Dabei handelt es sich um distinkte DNA-Fragmente von mehr als 10 kb Größe, die meist auf dem Chromosom lokalisiert sind und oftmals mehrere Gene tragen. Häufig sind PAIs instabil und zeigen eine Tendenz zur Deletion. Dies wird hervorgerufen durch *direct repeats* (DRs) oder IS-Elemente an den Enden der PAIs. Diese Instabilität kann man sich zunutze machen, um PAIs zu identifizieren und zu charakterisieren. Neben dieser als *island probing* bezeichneten Methode können weitere Strategien angewandt werden, um PAIs zu analysieren:

- Der Vergleich von Genomen pathogener und apathogener Varianten einer Art oder verwandter Arten führt zur Identifizierung von spezifischen Inseln, die sich dann mittels Cosmidklonierung oder mit Hilfe anderer Methoden klonieren und analysieren lassen. Molekulare Differenztechniken können ebenfalls für diese Untersuchungen verwendet werden (vergleiche Abschnitte 23.5 und 23.6)
- Gentransfer (Konjugation, Transduktion) von Genbereichen apathogener Stämme auf pathogene Isolate oder umgekehrt führt zur Identifikation neuer PAIs. Kürzlich wurde solch eine PAI von *Staphylococcus aureus* identifiziert.

- Insertionsstellen für PAIs bei verschiedenen Mikroorganismen können bei unterschiedlichen Arten oder Isolaten systematisch analysiert werden. Mittels dieser Strategie wurde die SPI III von *S. typhimurium* identifiziert, die, wie die PAIs mehrerer *E. coli* Pathotypen, neben dem tRNA-Locus *sel*C lokalisiert ist.
- Abbildung 23.4 zeigt den Einsatz von positiven Selektionsmarkern, um PAIs zu identifizieren. Dabei wird von der Instabilität der PAIs ausgegangen. Der positive Marker (hier *rps*L) vermittelt Sensitivität des Bakteriums gegenüber dem Antibiotikum Streptomycin. Streptomycinresistente Kolonien sollten den Marker mitsamt der PAI verloren haben. Als Marker eignen sich weiter *sac*B (Levansucrase, Selektion auf saccharosehaltigen Medien) oder *tet*AR (B) (Selektion auf Medien mit Fusarinsäure, Tabelle 23.2). Mittels dieser Methode wurde die *she*-Insel von *Shigella flexneri* identifiziert. Es erscheint möglich, zusammen mit den Selektionsmarkern ein *ori*R-Gen und einen Transfergencluster in PAIs zu inserieren, um PAIs nach Transfer auf Rezipienten als Plasmide analysieren zu können.

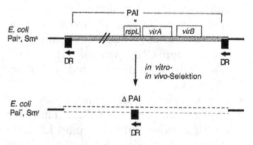

**23.4**  Prinzip des *island probing*. Ein positiver Selektionsmarker (in diesem Falle *rps*L, vermittelt Streptomycinsensitivität) wird in eine Pathogenitätsinsel-(PAI-)Region integriert. Nach Selektion können das deletierte Fragment und die Randbereiche analysiert werden.

**Tabelle 23.2:** Positive Selektionsmarker zur Detektion von Pathogentätsinseln

| Marker | Charakteristik |
| --- | --- |
| sacB | ein Gen aus *B. subtilis*; codiert für Levansucrase, die Saccharose in Levane umwandelt; dieser Prozeß ist toxisch für Bakterien |
| rpsL (strA) | codiert für ein Protein (S12) der Ribosomen; S12 ist das Zielmolekül für Streptomycin |
| tetAR | Tetracyclinresistenz und gleichzeitig Sensitivität gegenüber lipophilen Verbindungen (z. B. Fusarinsäure) |
| pheS | codiert für die α-Untereinheit der PhetRNA-Synthetase, bewirkt Sensitivität gegenüber der phenylalaninhomologen Verbindung p-Chlorophenylalanin |
| thyA | codiert für die Thymidilatsynthetase; die Bakterien reagieren sensitiv auf Trimethoprim und verwandte Verbindungen |
| lacY | codiert für Lactosepermease; die Bakterien reagieren sensitiv auf t-*o*-nitrophenyl-$\beta$-D-galactopyranoside |
| gata-I | codiert für ein Zinkfinger-DNA-Bindeprotein; die bakterielle Replikation wird dadurch inhibiert |
| ccdB | codiert für ein Protein, das auf die bakterielle Gyrase toxisch wirkt und somit den Zelltod auslöst |

# 23.5 Repräsentative Differenzanalyse (RDA)

## J. Hacker

Es ist eine Grunderkenntnis der molekularen Infektionsbiologie, daß sich pathogene und apathogene Varianten gleicher oder eng verwandter Arten durch die Präsenz beziehungsweise Nichtpräsenz virulenzassoziierter Gene unterscheiden. Anliegen sogenannter „subtraktiver Differenztechniken" wie der repräsentativen Differenzanalyse (RDA) ist es, die Gene zu identifizieren und zu klonieren, die bei pathogenen Varianten vorhanden, bei apathogenen oder bei Isolaten eng verwandter pathogener Arten nicht vorhanden sind (*cloning the difference*). Das Vorgehen ist in Abbildung 25.5 dargestellt und kann wie folgt beschrieben werden:

- DNA eines pathogenen Wildstammes („Tester"-Stamm) und einer apathogenen Vergleichsvarianten („Treiber"- oder *driver*-Stamm) oder DNA von zwei Exemplaren verwandter Spezies wird isoliert und mit einer selten schneidenden Restriktionsendonuclease restringiert.
- An die Enden der Restriktionsfragmente werden Adaptoren ligiert, die eine Anreicherung von Tester- und *driver*-Amplicons mittels PCR gestatten.
- Die Adaptoren werden abgespalten und die DNA- Fragmente gegeneinander hybridisiert. Nur an die Tester-Fragmente werden neue Adaptoren ligiert, Tester- und *driver*-Amplicons werden neu gemischt, denaturiert und gegeneinander hybridisiert.
- Die überstehenden Enden der doppelsträngigen Tester-Fragmente werden dann mittels Oligonucleotidprimern aufgefüllt und nach mehreren Hybridisierungsrunden kloniert und analysiert.

Mit Hilfe der RDA wurden nach subtraktiver Hybridisierung der DNAs von *Neisseria meningitidis* und *Neisseria gonorrhoeae* drei meningokokkenspezifische DNA-Fragmente identifiziert und analysiert. Beim Vergleich verschiedener *Helicobacter pylori*-Pathotypen und bei der Subtraktion von *Vibrio cholerae*-O1-und -O139-spezifischen DNAs wurden ebenfalls pathotypspezifische DNA-Fragmente identifiziert.

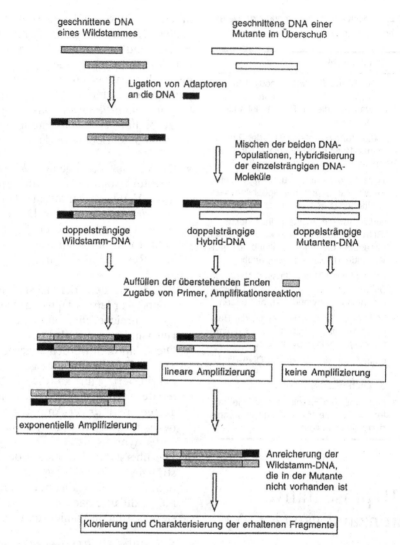

**23.5** Prinzip der repräsentativen Differenzanalyse (RDA) zur Identifikation stamm- oder speziesspezifischer DNA. DNA eines Wildstammes („Treiber") und einer Mutante („Tester") werden auf Genomunterschiede hin analysiert.

# 23.6 *mRNA differential display* (dd)

### J. Hacker

Im Gegensatz zur RDA-Technik erlaubt der *mRNA differential display* (dd) eine Subtraktion von Transkripten nach ent- sprechendem Umschreiben in cDNA-Fragmente. Deshalb kann die dd-Techno-logie verwendet werden, um Expressions-unterschiede eines pathogenen Mikro-organismus, etwa nach Wachstum unter Umweltbedingungen oder nach *in vitro*-Kultur und intrazellulärem Wachstum in phagocytierenden Zellen zu beschreiben. Der Ablauf eines *mRNA display* ist in Abbildung 23.6 dargestellt:

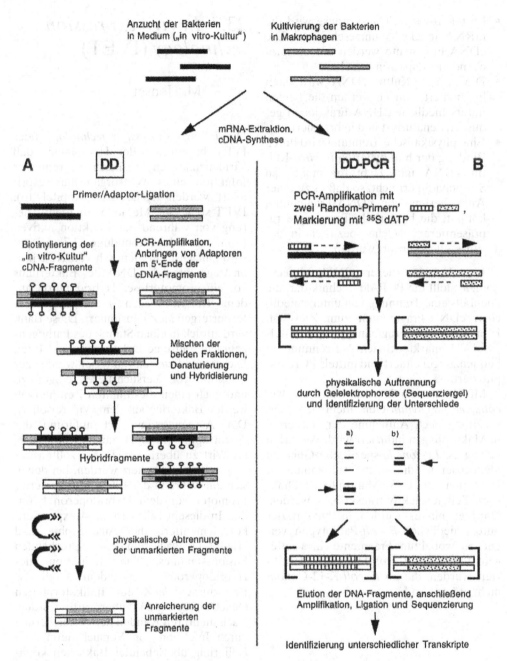

**23.6** Prinzip des *differential display*-(dd-)Verfahrens zur Identifikation von Transkripten, die spezifisch, unter bestimmten Bedingungen etwa nach Wachstum von Bakterien in Makrophagen synthetisiert werden. Neben dem dd (A., links) wird die Methode der dd-PCR (B., rechts) dargestellt.

• Zunächst wird ein pathogener Mikroorganismus unter *in vitro*-Kulturbedingungen und derselbe Organismus beispielsweise nach Aufnahme in Makrophagen angezogen, danach wird die mRNA isoliert.

- Mittels reverser Transkriptase wird die mRNA in cDNA umgeschrieben. Die cDNA-Fragmente werden mit entsprechenden Adaptoren versehen.
- Die *in vitro*-Kultur cDNA wird dann biotinyliert, danach werden die beiden unterschiedlichen DNA-Fraktionen gemischt, denaturiert und hybridisiert.
- Eine physikalische Trennung wird durch Bindung der biotinylierten *in vitro*-Kultur cDNA und Hybridfragmente an Streptavidin erreicht, so daß es zu einer Anreicherung von cDNA-Fragmenten kommt, die bakterielle Transkripte repräsentieren, welche spezifisch in der Wirtszelle induziert wurden.

Eine Variante dieser mRNA-dd-Technologie stellt die PCR-dd-Technik dar, die ebenfalls eine Trennung von unterschiedlichen cDNA-Fragmenten zum Ziel hat. Hier werden die Fragmente jedoch mittels $^{35}$S-dATP markiert, nach Auftrennung im Sequenziergel eluiert und mittels PCR amplifiziert.

Mit Hilfe von mRNA-dd wurde ein *Mycobacterium avium*-Gen idenfiziert, das spezifisch nach Aufnahme der Bakterien in Makrophagen induziert wird. Weiterhin gelang es, *Legionella*-spezifische Gene zu identifizieren, die nach Aufnahme der Bakterien in U937-Makrophagen-ähnlichen Zellen selektiv transkribiert werden. Darüber hinaus wurden mRNA-Spezies unterschiedlicher *E. coli*-Pathotypen verglichen, wobei fünf Fragmente eines geflügelpathogenen *E. coli*-Stammes identifiziert wurden, die im *E. coli*-K-12-Genom nicht präsent sind.

# 23.7 *In vivo expression technology* (IVET)

## M. Hensel

Die *in vivo expression technology* oder IVET basiert auf der Überlegung, daß Virulenzfaktoren spezifisch während der Infektion eines Wirtsorganismus exprimiert werden (siehe auch Kapitel 16). IVET stellt eine Methode zur Identifizierung von während der Infektion aktiven Promotoren dar (Abbildung 23.7). Hierzu wird zunächst ein Gemisch von Restriktionsfragmenten der DNA des Bakteriums vor ein promotorloses Hybridoperon aus dem Biosynthesegen *purA* und dem Reportergen *lacZY* fusioniert. Diese Bank wird zurück in einen Stamm des Pathogens gebracht, der eine Deletion in *purA* trägt. Die so modifizierten Bakterien werden zur Infektion von Versuchstieren eingesetzt, und nach einem bestimmten Zeitintervall werden Bakterien aus dem Wirt reisoliert. Der Ausgangsstamm ist aufgrund der Auxotrophie (*ΔpurA*) nicht in der Lage, im Wirt zu überleben. Daher sollten nur solche Klone reisoliert werden, bei denen sich ein während der Infektion aktivierter Promotor vor dem Hybridoperon befindet. In diesem Fall wird *purA* exprimiert, komplementiert die Auxotrophie und erlaubt das Wachstum des entsprechenden Fusionsstammes. Die Induktion des Hybridoperons kann zudem durch das Reportergen *lacZ* auf Indikatorplatten (MacConkey-Agar) überprüft werden. Nach mehreren Runden der Anreicherung durch Infektion von Versuchstieren und Isolierung überlebender Bakterien konnten Fusionsstämme mit *in vivo*-induzierten Promotoren selektiert und die entsprechenden Gene charakterisiert werden.

Neben der auf der Komplementation einer Auxotrophie beruhenden Methode wurden weitere Varianten von IVET entwickelt, die Rekombinationsereignisse be-

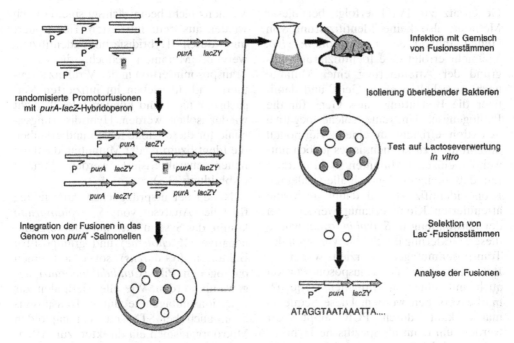

**23.7** Darstellung der *in vivo expression technology* (IVET). Fusionsstämme, die ein *purA/lacZ*-Hybridoperon exprimieren, werden nach Infektion von Versuchstieren und nach Wachstum auf Labormedien analysiert.

ziehungsweise die Expression einer Antibiotikaresistenz zur Selektion von *in vivo*-induzierten Genen einsetzen. Für die Anwendung von IVET ergibt sich zunächst die Notwendigkeit, alle Fusionen herauszufiltern, die bereits *in vitro* aktiviert sind. Dieses kann eine Limitierung darstellen, da *in vivo*-exprimierte Virulenzfaktoren nicht unbedingt unter *in vitro*-Bedingungen reprimiert sein müssen. Die Analyse zahlreicher durch IVET identifizierter *in vivo* exprimierter Gene führte zu der Beobachtung, daß nur wenige dieser Gene für Virulenzfaktoren im engeren Sinne codieren, sondern vielmehr in den meisten Fällen für den Stoffwechsel des Bakteriums während des Wachstums im Wirt von Bedeutung sind. Neben der ursprünglichen Anwendung auf *S. typhimurium* wurde IVET bereits zur Identifizierung von putativen Virulenzgenen in *Vibrio cholerae*, *Yersinia enterocolitica*, *Pseudomonas aeruginosa* und *Staphylococcus aureus* eingesetzt.

## 23.8 *Signature-tagged mutagenesis* (STM)

M. Hensel

*Signature-tagged mutagenesis*, oder kurz STM, ist eine Mutagenesemethode, welche die parallele Identifizierung von attenuierten Mutanten durch negative Selektion ermöglicht. Der Kernpunkt dieser Methode ist die Überlegung, daß Mutanten eines Pathogens mit Defekten in Virulenzgenen nicht mehr in der Lage sein sollten, den Wirt zu kolonisieren und sich im Wirtsorganismus zu vermehren. Solche Mutanten sollten also gleichsam durch ein Infektionsmodell „herausgefiltert" werden können, während sich alle Mutanten mit Defekten in Genen, die nicht für die Pathogenität relevant sind, unverändert im Wirtsorganismus vermehren sollten. Im

Gegensatz zu IVET erfolgt bei dieser Methode also keine Identifizierung von Genen anhand der Expression *in vivo*. Vielmehr erfolgt eine Identifizierung aufgrund der Attenuierung einer Mutante nach Ausschalten eines Gens, und damit über die Bedeutung eines Gens für die Pathogenese. Um eine solche negative Selektion effizient in einem Tiermodell durchführen zu können, ist es jedoch notwendig, einzelne Mutanten so zu markieren, daß in einem Gemisch alle virulenten Klone identifiziert und damit auch alle attenuierten Klone erkannt werden. Bei der Anwendung in *S. typhimurium* wurde diese Markierung durch eine Variation der Transposonmutagenese erzielt, wobei die Bakterien über die Transposoninsertion auch mit einer individuellen Sequenzmarke versehen werden. Diese Sequenzmarke kann durch PCR amplifiziert werden, um dann als spezifische Hybridisierungssonde für jede einzelne Mutante zu dienen. Alle Mutanten, die in ihrer

Virulenz nicht beeinträchtigt sind, können wieder aus dem infizierten Tier isoliert und durch Hybridisierung identifiziert werden. Mutanten jedoch, die durch Transposoninsertion in der Virulenz attenuiert sind, überleben im infizierten Versuchstier nicht und können folglich nicht wieder isoliert werden. Hybridisierungssignale für diese Klone fehlen und erlauben die Identifizierung der Mutanten, die dann näher charakterisiert werden können (Abbildung 23.8).

Neben der ursprünglichen Anwendung für die Analyse von *S. typhimurium* konnte das System auch auf andere gramnegative (*V. cholerae*) und grampositive Bakterien (*S. aureus*) sowie auf einen pathogenen Pilz (*Candida glabrata*) angewandt werden. Wie alle Methoden zur Insertionsmutagenese durch Transposons kann auch bei STM nur bei haploiden Mikroorganismen ein direkter, zur Attenuierung führender Effekt der Mutation erwartet werden. Ferner können durch

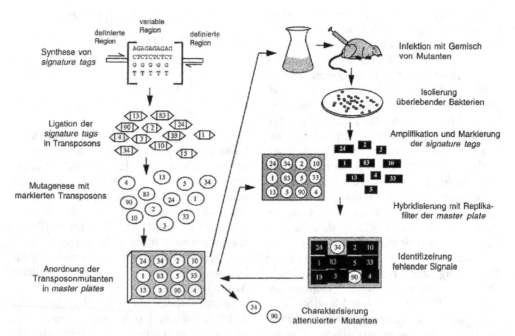

**23.8** Prinzip der *signature-tagged mutagenesis* (STM). In dieser Darstellung symbolisieren unterschiedliche Zahlen die Markierung von Transposons durch *signature tags* mit unterschiedlichen Sequenzen in der variablen Region.

Transposoninsertionen polare Effekte auf die Expression nachfolgender Gene erzeugt werden, und redundante Funktionen lassen sich nicht erfassen. Eine entscheidende Voraussetzung für STM ist die Notwendigkeit, Versuchstiere mit einem Gemisch von Mutanten infizieren zu können, wobei alle Mutanten gleich gute Voraussetzungen zur Kolonisierung haben sollten. STM bietet die Möglichkeit zu einer genomumfassenden Suche nach Virulenzgenen bei minimalem Einsatz von Versuchstieren.

# 23.9 Reportergentechnologien

## M. Hensel

Neben den Fusionen mit klassischen Reportergenen wie *lacZ*, *luc*, *lux* oder *phoA*, bei denen die Aktivität eines Promotors über eine Enzymreaktion gemessen werden kann (Tabelle 23.3), wird verstärkt der Reporter *green fluorescent protein* (GFP) in der Pathogenitätsforschung eingesetzt. Dieses ursprünglich in der Qualle *Aequorea victoria* identifizierte Protein läßt sich auch in Prokaryoten exprimieren und zeigt eine spontane Fluoreszenz. Für die Visualisierung von GFP sind kein Aufschluß der Zelle und keine Zugabe von Substraten notwendig. Daher eignet sich GFP besonders zur Untersuchung der Genexpression in lebenden Zellen. Somit kann nun eine ganze Reihe von neuen Fragestellungen durch den Einsatz von GFP untersucht werden: 1) Die Analyse der Genexpression in lebenden Zellen eines pathogenen Mikroorganismus, 2) die Analyse der Genexpression intrazellulärer Pathogene in lebenden Wirtszellen (siehe Abschnitt 23.10), 3) die direkte Lokalisierung von Bakterien in histologischen Schnitten oder in Proben für die konfokale Mikroskopie ohne vorherige immunhistochemische Detektion und 4) die Lokalisation von bakteriellen Virulenzproteinen wie zum Beispiel Toxinen oder Invasinen durch translationelle Fusion mit GFP. Auf dem Umschlag dieses Buches ist ein GFP-moduliertes *Y. enterocolitica*-Bakterium abgebildet, das durch Fusion eines *Y. enterocolitica*-Yop mit GFP in einer eukaryotischen Zielzelle visualisiert werden kann.

Durch Mutagenese des *gfp*-Gens konnten Varianten von GFP erhalten werden, deren Fluoreszenz um ein Vielfaches über der des ursprünglichen Proteins liegt. Zudem sind durch Mutagenese weitere

**Tabelle 23.3:**  Reportergene zur Identifizierung und Charakterisierung virulenzassoziierter Gene

| Reportergen | Genprodukt | Herkunft |
|---|---|---|
| *cat* | Chloramphenicol Acetyltransferase | *Escherichia coli* |
| *lacZ* | Acetyltransferase | *Escherichia coli* |
| *bla* | β-Lactamase | *Staphylococcus aureus* |
| *lux* | bakterielle Luciferase | *Vibrio harveyi* *Vibrio fischeri* |
| *luc* | Luciferase | Glühwürmchen |
| *gfp* | green fluorescent protein | *Aequoria victoria* |
| *phoA* | Alkaline Phosphatase | *Escherichia coli* |
| *gus* | β-Glucoronidase | *Escherichia coli* |
| *lip* | Lipase | *Staphylococcus hycius* |
| *alp* | Rekombinase | *Saccharomyces cerevisae* |

Varianten erzeugt worden, deren Fluoreszenzoptimum in anderen Wellenbereichen des UV-Lichts emittiert wird. Da die Halbwertzeit von GFP in Bakterien recht hoch ist, eignet sich dieses Reporterprotein nur bedingt zur quantitativen Analyse der Genexpression.

## 23.10 *Differential fluorescence induction* (DFI)

### M. Hensel

Eine neue Variante der *promoter trap*-Analyse stellt die Methode *differential fluorescence induction* oder DFI dar. Analog zum Vorgehen bei IVET wird zunächst eine randomisierte Bibliothek genomischer DNA-Fragmente des zu untersuchenden Pathogens vor ein promotorloses Reportergen, in diesem Fall *gfp*, kloniert. Diese Genbank wird zurück in das Bakterium gebracht, und im folgenden können Klone isoliert werden, die das Reportergen unter bestimmten Bedingungen exprimieren. Gegenüber konventionellen *promoter trap*-Techniken kann bei DFI die Genexpression in lebenden Wirtszellen untersucht werden, da zur Analyse der Fluoreszenz von GFP weder der Aufschluß der Bakterien und gegebenenfalls der Wirtszelle noch eine Substratzugabe für einen Enzymtest notwendig ist. Vielmehr können die Erkennung und auch Isolierung relevanter Klone direkt über die Fluoreszenz erfolgen. Es wird hierzu ein in der immunologischen Forschung häufig eingesetztes Verfahren zur Analyse und Trennung von Zellpopulationen, das *fluorescence-assisted cell sorting*, kurz FACS, eingesetzt. FACS erlaubt die Trennung von Partikeln, die mit einem Fluoreszenzindikator markiert sind, von nicht oder

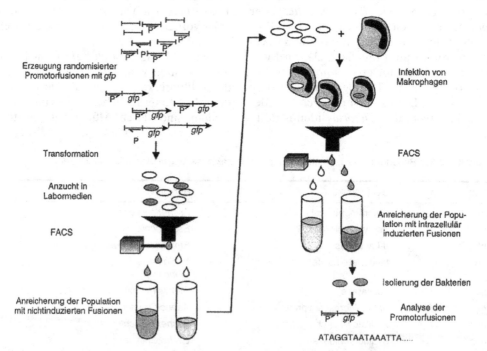

**23.9** Prinzip der *differential fluorescence induction*-(DFI-)Methode. Promotoren von Infektionserregern werden vor *gfp*-Gene kloniert, die rekombinierten Klone werden aufgrund ihrer Fluoreszenz in *cell sortern* identifiziert und analysiert.

gering fluoreszierenden Partikeln. Bei DFI werden Bakterien, die aufgrund der Induktion des Reportergens *gfp* fluoreszieren, von solchen getrennt, die unter den gewählten Bedingungen nicht fluoreszieren (Abbildung 23.9). Nach mehreren Runden der Selektion kann eine Population von Bakterien isoliert werden, die Fusionen mit unter den gewählten Selektionsbedingungen induzierten Promotoren enthalten.

Diese Methode läßt zunächst die Identifizierung von Promotoren zu, die unter bestimmten Kulturbedingungen, zum Beispiel Wachstum bei niedrigem pH, induziert sind. Zudem ist auch die Identifizierung von Genen möglich, die bei der Interaktion zwischen Pathogen und Zellen des Wirtsorganismus induziert werden. Durch den Einsatz von DFI konnten Promotoren aus *S. typhimurium* isoliert werden, die spezifisch während intrazellulärer Episoden aktiviert werden. Es bleibt abzuwarten, ob mittels DFI auch die Identifizierung von *in vivo* aktivierten Promotoren, also während der Infektion im Tiermodell, möglich ist. Hierfür wären die Isolierung und Selektion von GFP-exprimierenden Bakterien aus einem infizierten Wirtsorganismus notwendig.

# 23.11 Identifizierung von Virulenzbakteriophagen

## J. Reidl

Eine Vielzahl toxincodierender Gene sind auf transduzierenden, temporären Bakteriophagen (Virulenzbakteriophagen) codiert (siehe Kapitel 14) und können durch diese Phagen an apathogene Bakterien weitergegeben werden. Die Merkmalsveränderung (zum Beispiel Erwerb von Virulenzfaktoren) eines Bakterienstammes durch Phagentransduktion nennt

man Phagenkonversion. Phagencodierte Virulenzfaktoren werden oft durch das Typ-II-Exportsystem (siehe Kapitel 9) aus der Bakterienzelle exportiert und besitzen eine typische Signalsequenz am N-Terminus ihrer Polypeptidkette. Um solche exportierten phagenassoziierten Gene aufzuspüren, kann die Transposonmutagenesetechnik eingesetzt werden.

Als Grundlage zur Identifizierung dienen Tn*10d-bla* oder Tn*phoA*; beide Transposons sind in der Lage, Typ-II-exportierte oder membranständige Proteine zu identifizieren. Dabei scheint Tn*10d-bla* durch seine geringere Größe (861 bp) besonders geeignet zu sein, da es ins Phagengenom integriert werden kann, ohne die Verpackungskapazität der betreffenden Wildtypphagen wesentlich zu überschreiten. Sowohl *phoA* als auch *blaM* sind nur außerhalb des Cytoplasmas aktiv. Und auch nur dann, wenn diese Reportergene an Zielgenen fusioniert sind (Proteinfusion), können diese Ereignisse durch die X-Phosphat-(Blaufärbung durch die Aktivität der alkalischen Phosphatase, PhoA, als Hybridprotein) Reaktion oder durch die Ausprägung der Ampicillinresistenz (durch Fusionierung zu BlaM) identifiziert und isoliert werden. Anschließend wird durch die DNA-Sequenzierung die Insertionsstelle und damit das Zielgen bestimmt.

Bei dieser Technik wird wie folgt verfahren (Abbildung 23.10):

- Schritt I: Die lysogenen Zielzellen (zum Beispiel Shiga-Toxin-codierende Stx-Phagen H19B) werden mit dem transposoncodierenden Plasmid transformiert.
- Schritt II: Die Aktivierung der Transposase bewirkt die Insertion des Elements in das Genom der lysogenen Zielzellen, inklusive Phagengenom.
- Schritt III: Durch UV oder Mitomycin C werden die lysogenen HB19-Phagen induziert, lysieren den Wirt, und ein heterogenes Phagenlysat kann erhalten werden, wenn Transposoninsertionen auf das Phagengenom erfolgt sind.

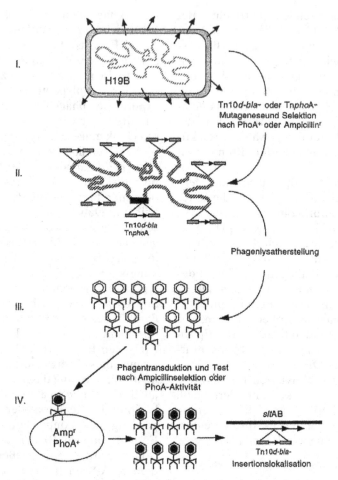

**23.10** Identifizierung von Virulenzbakteriophagen mittels Transposonmutagenese. Mögliche Virulenzgene auf Bakteriophagen (zum Beispiel stx-Loci) werden durch Reportergene markiert und nach Transduktion analysiert.

- Schritt IV: Das gewonnene Phagenlysat aus Schritt III wird benutzt, um Referenzzellen zu infizieren. Dann erfolgt die Identifizierung nach PhoA$^+$- oder Amp$^r$-Transduktanten.

Am Ende dieser Mutagenese werden positive Transduktanten ausgewählt und die Insertionsstellen ermittelt. Insertionen können gegebenenfalls in toxincodierenden Genen gefunden werden, wie in Abbildung 23.10 gezeigt wird.

Mit dieser Technik (Tn*10d-bla*) konnte das *sltA*-Gen (Typ-I-Shiga-Toxin-codie-rendes Gen) auf Phage H19B markiert werden. Ferner konnten mittels der Tn*phoA*-Technik die Proteine Bor und Lom auf dem Phagen $\lambda$ als Virulenzfaktoren identifiziert werden. Eine zukünftige Anwendung dieser Technik könnte bei unbekannten Wildtypphagen zur Identifizierung neuer toxincodierender Faktoren beitragen. Bekannte toxincodierende Phagen könnten durch diese Technik leicht markiert werden (*tagging*), um deren Übertragungsmodus in *in vivo*-Modellen zu untersuchen.

# 23.12 Shuttle-Mutagenese

## R. Haas

Die Shuttle-Mutagenese stellt ein sehr wichtiges Werkzeug zur Erzeugung definierter Mutationen in Mikroorganismen dar, die nicht durch direkte Transposon-(Tn-)Mutagenese zugänglich sind. Das Prinzip der Shuttle-Mutagenese ist in Abbildung 23.11 dargestellt. Das zu mutierende Gen wird zunächst in *E. coli* in ein Plasmid kloniert. Durch die Insertion eines Mini-Tn mit einem Antibiotikaresistenzmarker wird das entsprechende Gen in *E. coli* inaktiviert und anschließend durch Transformation, Konjugation oder Elektroporation wieder in den ursprünglichen Mikroorganismus (Zielbakterium)

eingeschleußt. Das eingeführte Plasmid sollte keine Replikation im Zielbakterium erlauben. Durch homologe Rekombination des klonierten, inaktivierten Gens mit dem chromosomalen Wildtypgen entstehen schließlich Defektmutanten, die durch Antibiotikaselektion isoliert werden können. Die Shuttle-Mutagenese funktioniert nicht nur für Prokaryoten, sondern prinzipiell auch für Eukaryoten, wie am Beispiel von *Saccharomyces cerevisiae* gezeigt wurde.

Um die Tn-Shuttle-Mutagenese effizient zu gestalten, sind eine Reihe von Gesichtspunkten zu beachten, die in den beiden für die Shuttle-Mutagenese etablierten Transposonsystemen Tn*Max* und Mini-Tn3 berücksichtigt wurden:

- effiziente Insertion der Tns in Plasmide anstatt ins bakterielle Chromosom,

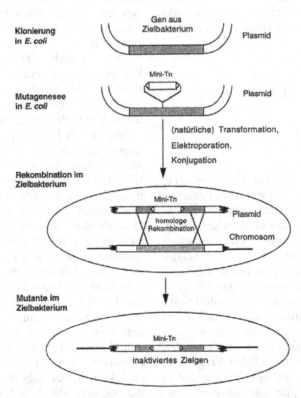

**23.11** Prinzip der Shuttle-Mutagenese. Nach Klonierung und Mutagenisierung von Fremdgenen in *E. coli* werden die Mutagene wieder in das zu untersuchende pathogene Bakterium eingeführt.

- minimale Größe des Tn (Mini-Tn) → erhöhte Frequenz der homologen Rekombination,
- Resistenzmarker in möglichst vielen Spezies funktionell (*cat*, *aphA-3*).

Ein weiterer Vorteil der Mini-Tns liegt darin, daß die Gene der für den Transpositionsvorgang wichtigen Proteine, TnpA und TnpR, außerhalb des Transposons liegen. Im Tn*Max*-System ist die Expression beider Gene unter der Kontrolle des *E. coli-Ptrc*-Promotors, der wiederum vom Lac-Repressor (*lac*Iq-Gen) reprimiert wird und durch IPTG induzierbar ist. Der Vorteil dieser Konstruktion liegt in der geringen Größe des Tn (Tn*Max*5, 1.1 kb) und der Tatsache, daß es nach einmaligem „Springen" weder Transposase- noch Resolvasegene besitzt, was zur Stabilisierung der Mutanten beiträgt. Bei den Tn*Max*-Tns wurde zusätzlich ein *suicide replicon* in das Mini-Tn eingebaut (*ori*fd), was eine vereinfachte Rückklonierung der Tn-inaktivierten Gene erlaubt (*marker rescue*).

# 23.13 *Genomics*

## J. Reidl

Die nötigen Schritte zur Genomanalyse eines vollständigen Chromosoms bestehen in der Erfassung überlappender DNA-Fragmente, welche ein Genom abdecken. Dazu kommen im ersten Schritt mehrere Techniken zur Anwendung. Eine relativ aufwendige Technik beschreibt die Konstruktion einer sogenannten „geordneten" Genbank eines Genoms, bei der definierte Teilbereiche kloniert und katalogisiert werden, die dann systematisch sequenziert werden. In einer anderen Technik werden statt dessen zufallsmäßig DNA-Fragmente (zum Beispiel 300–500 bp) kloniert und in sogenannten *shot gun*-Bibliotheken angelegt. Diese werden vollständig und meist

mehrmals sequenziert, wodurch sich durchschnittlich eine acht- bis neunfache Abdeckung der Komplettsequenzierung ergibt, welche gleichzeitig eine genügende Datensicherheit erzeugt. Die heute zur Anwendung kommende Technik besteht meist aus einer Mischung von geordneten Klonen zur Ermittlung von überlappenden Bereichen (qualitativ) und der *shot gun*-Sequenzierung zur eigentlichen Ermittlung der DNA-Sequenz (quantitativ).

Bei der eigentlichen DNA-Sequenzierung wird nach wie vor auf die chemische Methode der Dideoxynucleotidabbruchmethode von F. Sanger zurückgegriffen, wobei andere Ansätze wie zum Beispiel die Tunnelrastermikroskopie in zukünftigen Entwicklungen eventuell auch zum Einsatz kommen könnten. Aber vor allem durch effiziente und hochauflösende Gelelektrophorese der DNA-Banden (bis zu 1 000 bp) in Polyacrylamidgelen mit anschließender automatischer Erfassung der Banden ist es möglich, Millionen von Basenpaaren zu sequenzieren und auszuwerten.

Der zeitliche Hauptaufwand einer Komplettsequenzierung von Genomen stellt das Datenmanagement dar (Tabelle 23.4). Diese Arbeiten beinhalten Computeranalysen, die nötig sind, um überlappende DNA-Bereiche zu finden und aneinanderzuhängen (*assembly*). Die wesentlichen Analysen bestehen dann in reinen Computeranalysen, wonach alle möglichen Leseraster analysiert, Proteinhomologien ermittelt und schließlich in Datenbänken angelegt werden. Schließlich werden diese Informationen, wie zum Beispiel durch das Internet, für die Öffentlichkeit zugänglich gemacht. Häufig schließen sich Transkriptom- und Proteomanalysen an. Im folgenden sind einige Beispiele solcher Internetzugänge von abgeschlossenen Genom- als auch Proteomanalysen aufgeführt. Im weiteren werden aktuelle Beispiele von Genomsequenzierungsprojekten in der Tabelle A.20 aufgeführt, die bis zum Stand Dezember 1999 unter http://www.tgr.org veröffentlicht wurden.

**Tabelle 23.4:** Vorgehensweise bei Genomanalysen und sich anschließender Transkriptom- und Proteomanalysen

| Verfahren | Genomanalysen | Transkriptomanalysen | Proteomanalysen |
|---|---|---|---|
| I. Probenvorbereitung | Konstruktion und Präparation von überlappenden Gen- beziehungsweise DNA-Bänken des zu sequenzierenden Organismus (*contig-map*, oder *shotgun*-Bibliothek) | Präparation von Transkript-(mRNA-)Bänken aus unterschiedlich induzierten Kulturen | Präparation von Zellextrakten; Proteinextraktion aus unterschiedlich induzierten Kulturen |
| II. Probenanalysen | Mega-DNA-Sequenzierung durch automatisierte Sequenzierung | Biochipkonstruktion mit synthetischen Primern (Geninformation aus Genomanalysen) und Hybridisierung mit isolierter mRNA | Auftrennung der Proteine nach isoelektrischer Fokussierung und Molekulargewicht (2-D-SDS-PAGE) |
| III. Auswertung | Zusammensetzung (*assembly*) der Geninformation und Genomanalyse (Annotierung der codierenden und nichtcodierenden Regionen) | Analyse der Hybridisierungssignale und Ermittlung von Regulationseigenschaften der zu untersuchenden Gene | Identifizierung der Proteinmuster und einzelner Proteine durch Proteinsequenzierung |
| IV. Aussage | Zahl der Gene; Art der Gene; *pathway*-Charakteristik; phylogenetischer Hintergrund; Aufdeckung von virulenzcodierenden Genen und Regionen (z. B. PAIs) | Expressionsstudien auf transkriptionaler Ebene (mRNA); Aufschluß über Genregulation; Momentaufnahme exprimierter Gene | Expressionsstudien auf translationaler Ebene (Proteine); Aufschluß über Genregulation und posttranskriptionaler und posttranslationaler Regulation; Aufschluß über Proteinmodifikation |

# 23.14 Literatur

## Molekulare Typisierung von Infektionserregern

van Belkum, A. *DNA Fingerprinting of Medically Important Microorganisms by Use of PCR.* In: *Clin. Microbiol. Rev.* 7 (1994) S. 174–184.

Maslow, J. N.; Mulligan M. E.; Arbeit, R. D. *Molecular Epidemiology: Application of Contemporary Techniques to the Typing of Microorganisms.* In: *Clin. Infect. Dis.* 17 (1993) S. 153–162.

Pfaller, M. A.; Herwaldt, L. A. *The Clinical Microbiology Laboratory and Infection Control: Emerging Pathogens, Antimicrobial Resistance, and New Technology.* In: *Clin. Infect. Dis.* 25 (1997) S. 858–870.

Weber, S.; Pfaller, M. A.; Herwaldt, L. A. *Role of Molecular Epidemiology in Infection Control.* In: *Dis. Clin. North Am.* 11 (1997) S. 257–278.

Gürtler, V.; Stanisich, V. A. *New Approaches to Typing and Identification of Bacteria Using the 16S-23S rDNA Spacer Region.* In: *Microbiology* 142 (1996) S. 3–16.


## Fluoreszenzbasierte *in situ-*Hybridisierung (FISH)

Amann, R.; Glöckner, F. O.; Neef, A. *Modern Methods in Subsurface Microbiology: in situ Identification of Microorganisms with Nucleic Acid Probes.* In: *FEMS Microbiol. Rev.* 20 (1997) S. 191–200.

Amann, R. I.; Ludwig, W.; Schleifer, K. H. *Phylogenetic Identification and in situ Detection of Individual Microbial Cells without Cultivation.* In: *Microbiol. Rev.* 59 (1995) S. 143–169.

Grimm, D.; Merkert, H.; Ludwig, W.; Schleifer, K. H.; Hacker, J.; Brand, B. C. *Specific Detection of Legionella pneumophila: Construction of a New 16S rRNA-Targeted Oligonucleotide Probe.* In: *Appl Environ Microbiol.* 64 (1998) S. 2686–2690.

Lischewski, A.; Amann, R. I.; Harmsen, D.; Merkert, H.; Hacker, J.; Moschhäuser, J. *Specific Detection of Candida albicans and Candida tropicalis by Fluorescent in situ Hybridization With an 18 rRNA-Targeted Oligonucleotide Probe.* In: *Microbiology* 142 (1996) S. 2731–2740.


## Island probing

Hacker, J.; Blum-Oehler, G.; Mühldorfer, I.; Tschäpe, H. *Pathogenicity Islands of Virulent Bacteria.: Structure, Function and Impact on Microbiol Evolution.* In: *Mol. Microbiol.* 23 (1997) S. 1089–1097.

Lindsay, J. A.; Ruzin, A.; Ross, H. F.; Kurepina, N.; Novick, R. P. *The Gene for Toxic Shock Toxin is Carried by a Family of Mobile Pathogenicity Islands in Staphylococcus aureus.* In: *Mol. Microbiol.* 29 (1998) S. 527–543.

Rajakumar, K.; Sasakawa, C.; Adler, B. *Use of a Novel Approach, Termed Island Probing, Identifies the Shigella flexneri she Pathogenicity Island Which Encodes a Homolog of the Immunoglobulin A Protease-Like Family of Proteins.* In: *Infect. Immun.* 65 (1997) S. 4606–4614.


## Repräsentative Differenzanalyse (RDA)

Calia, K. E.; Waldor, M. K.; Calderwood, S. B. *Use of Representational Difference Analysis to Identify Genomic Differences Between Pathogenic Strains of Vibrio cholerae.* In: *Infect. Immun.* 66 (1998) S. 849–852.

Censini, S.; Lange, C.; Xiang, Z.; Crabtree, J. E.; Ghiara, P.; Borodovsky, M.; Rappouli, R.; Covacci, A. *CagA, a Pathogenicity Island of Helicobacter pylori, Encodes Type I-Specific and Disease-Associated Virulence Factors.* In: *Proc. Natl. Acad. Sci. USA* 93 (1996) S. 14648–14653.

Lisitsyn, N. A. *Representational Difference Analysis: Finding the Difference Between Genomes.* In: *Trends Genet.* 11 (1995) S. 303–307.

Tinsley, C. R.; Nassif, X. *Analysis of the Genetic Differences Between Neisseria meningitidis and Neisseria gonorrhoeae: Two Closely Related Bacteria Expressing Two Different Pathogenicities.* In: *Proc. Natl. Acad. Sci. USA* 93 (1996) S. 11109–11114.

## mRNA differential display (dd)

Abu Kwaik, Y.; Pederson, L. L. *The Use of Differential Display-PCR to Isolate und Characterize a Legionella pneumophila Locus Induced During the Intracellular Infection of Macrophages.* In: *Mol. Microbiol.* 21 (1996) S. 543–556.

Brown, P. K.; Curtiss III, R. *Unique Chromosomal Regions Associated With Virulence of an Avian Pathogenic Escherichia coli Strain.* In: *Proc. Natl. Acad. Sci. USA* 93 (1996) S. 11149–11154.

Plum, G.; Clark-Curtiss, J. E. *Induction of Mycobacterium avium Gene Expression Following Phagocytosis by Human Macrophages.* In: *Infect. Immun.* 62 (1994) S. 476–483.

## In vivo expression technology (IVET)

Mahan, M. J.; Slauch, J. M.; Mekalanos, J. J. *Selection of Bacterial Virulence Genes That Are Specifically Induced in Host Tissues.* In: *Science* 259 (1993) S. 686–688.

Camilli, A.; Beattie, D. T.; Mekalanos, J. J. *Use of Genetic Recombination as a Reporter of Gene Expression.* In: *Proc. Natl. Acad. Sci. USA* 91 (1994) S. 2634–2638.

Mahan, M. J.; Tobias, J. W.; Slauch, J. M.; Hanna, P. C.; Collier, R. J.; Mekalanos, J. J. *Antibiotic-Based Selection for Bacterial Genes That Are Specifically Induced During Infection of a Host.* In: *Proc. Natl. Acad. Sci. USA* 92 (1995) S. 669–673.

## Signature-tagged mutagenesis (STM)

Hensel, M.; Shea, J. E.; Gleeson, C.; Jones, M. D.; Dalton, E.; Holden, D. W. *Simultaneous Identification of Bacterial Virulence Genes by Negative Selection.* In: *Science* 269 (1995) S. 400–403.

## Reportergentechnologien

Cormack, B. P.; Valdivia, R. H.; Falkow, S. *FACS-Optimized Mutants of the Green Fluorescent Protein (GFP).* In: *Gene* 173 (1996) S. 33–38.

Cubitt, A.; Heim, R.; Adams, S. R.; Boyd, A. E.; Gross, L. A.; Tsien, R. Y. *Understanding, Improving and Using Green Fluorescent Proteins.* In: *Trends Biochem. Sci.* 20 (1995) S. 448–455.

## Differential fluorescence induction (DFI)

Valdivia, R. H.; Falkow, S. *Bacterial Genetics by Flow Cytometry: Rapid Isolation of Salmonella typhimurium Acid-Inducible Promoters by Differential Fluorescence Induction.* In: *Mol. Microbiol.* 22 (1996) S. 367–378.

Valdivia, R. H.; Falkow, S. *Fluorescence-Based Isolation of Bacterial Genes Expressed Within Host Cells.* In: *Science* 277 (1997) S. 2007–2011.

## Identifizierung von Virulenzbakteriophagen

Barondess, J.; Beckwith, J. *A Bacterial Virulence Determinant Encoded by Lysogenic Coliphage Lambda.* In: *Nature* 346 (1990) S. 871–874

Manoil, C.; Beckwith, J. *TnphoA: A Transposon Probe for Protein Export Signals.* In: *Proc. Natl. Acad. Sci. USA* 82 (1985) S. 8129–8133.

Reidl, J.; Mekalanos, J. J. *Characterization of Vibrio cholerae Bacteriophage K139 and Use of a Novel Mini-Transposon to Identify a Phage-Encoded Virulence Factor.* In: *Mol. Microbiol.* 18 (1995) S. 685–701.

## Shuttle-Mutagenese

Seifert, H. S.; Chen, E. Y.; So, M.; Heffron, F.
*Shuttle Mutagenesis: A Method of Transposon
Mutagenesis for Saccharomyces cerevisiae.* In:
*Proc Natl Acad Sci USA* 83 (1986) S. 735–
739.

Kahrs, A. F.; Odenbreit, S.; Schmitt, W.; Heuer-
mann, D.; Meyer, T. F. ; Haas, R. *An Impro-
ved TnMax Mini-Transposon System Suitable
for Sequencing, Shuttle, Mutagenesis and
Gene Fusions.* In: *Gene* 167 (1995) S. 53–7.

## Öffentlich zugängliche Webseiten

### Genomik

http://www. tigr.org
http://www.genetics.wisc.edu/

### Proteomik

http://www.expasy.ch
http://pc13mi.biologie.uni-greifswald.de/sub2D/
2dinthe.htm

# Tabellarischer Anhang

**Tabelle A.1:** Erreger von Infektionen des Respirationstraktes

| Erkrankung | Erreger | Bemerkungen |
|---|---|---|
| **obere Atemwege** | | |
| Rhinitis/Schnupfen | Rhinoviren | 100 Serotypen, davon gehören 90 einer Hauptgruppe an, die an ICAM-1 der Wirtszelle binden |
| Sinusitis | *Streptococcus pneumoniae* *Haemophilus influenzae* *Staphylococcus aureus* *Moraxella catarrhalis* | eitrige Infektion, häufig sekundär nach Virusinfektion |
| Pharyngitis/ Tonsillitis/ Laryngitis/ Tracheitis | Parainfluenzaviren Respiratory-Syncytial-Virus Influenzaviren Coxsackieviren Adenoviren *Streptococcus pyogenes* *Corynebacterium diphtheriae* | grippaler Infekt, Pseudokrupp  Grippe grippaler Infekt, selten Meningitis grippaler Infekt, Konjunktivitis, Gastroenteritis eitrige Tonsillitis, Scharlach Diphtherie, Krupp |
| Epiglottitis | *Haemophilis influenzae* | ödematöse Schwellung des Kehldeckels, Bakteriämie |
| **untere Atemwege** | | |
| Bronchitis/Bronchiolitis | Viren der oberen Atemwegs- infektionen (außer Rhinoviren) Masernvirus *Mycoplasma pneumoniae* *Legionella pneumophila* *Chlamydia pneumoniae* *Bordetella pertussis* *Streptococcus pneumoniae* *Haemophilus influenzae* | interstitielle Pneumonie  interstitielle Pneumonie atypische Pneumonie, interstitielle Pneumonie   Keuchhusten (40 Millionen Erkrankungen/Jahr) Lobärpneumonie (häufigste bakterielle Pneumonie) Sekundärpneumonie, zum Beispiel mit Grippe assoziiert |

**Tabelle A.2:**   Erreger von Infektionen des Gastrointestinaltraktes

| Wirkort | Erreger | Bemerkungen |
|---|---|---|
| Magen/Duodenum | Helicobacter pylori | Gastritis mit oberflächlichen Ulcerationen der Antrum- und Duodenalschleimhaut |
| Jejunum/Ileum | Vibrio cholerae enterotoxische E. coli, ETEC | wäßriger Durchfall, induziert durch Enterotoxine (CTX, LT, ST), nichtinvasive Infektion |
| | enteropathogene E. coli, EPEC | subfebrile, wäßrige Durchfälle, häufig persistierend |
| | Rotaviren/Adenoviren | Infektion und Schädigung des Dünndarmepithels, wäßriger Durchfall |
| | Giardia intestinalis | wäßriger, persistierender Durchfall, nichtinvasiv |
| Ileum/Colon | Yersinia enterocolitica Salmonella enterica Campylobacter jejuni | fieberhafter, wäßriger bis blutiger Durchfall, Erbrechen, Bauchkrämpfe |
| Colon | enterohämorrhagische E. coli, EHEC | wäßrige bis blutige Durchfälle, subfebril, hämorrhagische Colitis, hämolytisch urämisches Syndrom (HUS), Shiga-Toxin |
| | Shigella dysenteriae | schweres Krankheitsbild, mit Fieber, blutigen Stühlen, Darm- und Bauchkrämpfen (Ruhr, Dysenterie), Shiga-Toxin |
| | S. flexneri S. sonnei enteroinvasive E. coli, EIEC | weniger ausgeprägtes Krankheitsbild, Shiga-Toxin-negativ |
| | Entamoeba histolytica | ruhrartiger Durchfall, selten mit Fieber |
| | Clostridium difficile | antibiotikainduzierte pseudomembranöse Colitis |

**Tabelle A.3:**   Erreger von Harnwegsinfektionen

| uropathogener Mikroorganismus | Besonderheit |
|---|---|
| Escherichia coli | häufigster uropathogener Mikroorganismus, Erreger von bis zu 80 Prozent aller unkomplizierten Harnwegsinfektionen |
| Proteus mirabilis | häufig mit Steinbildung und Komplikationen des Harnweges assoziiert |
| Klebsiella pneumoniae | häufig bei Personen mit Komplikation des Harnweges und Diabetes, häufig Multiresistenzen |
| Pseudomonas aeruginosa | wichtiger Keim bei nosokomialen Infektionen, häufig Multiresistenzen |
| Enterococcus faecalis | häufig bei Transplantationen, bis zu acht Prozent der Infektionen entwickeln sich zur Sepsis |
| Staphylococcus saprophyticus | häufig bei sexual aktiven, jungen Frauen |
| Staphylococcus epidermidis | wichtigster katheterassoziierter uropathogener Organismus |
| Candida albicans | häufig nach Antibiotikabehandlung und bei Immunsuppression |

**Tabelle A.4:** Sexuell übertragbare Infektionserreger

| Erreger | Erkrankung |
|---------|-----------|
| Humane Papillomviren (HPV) | *Condylomata acuminata* des Anogenitalbereichs, flache Condylome der Cervix, Präkanzerose |
| *Herpes simplex*-Virus (HSV-2) | Herpes genitalis, ulcerierende und vesikuläre Läsionen der Genitalschleimhaut |
| Humanes Immundefizienzvirus (HIV) | *acquired immune deficiency syndrome* (AIDS) |
| *Chlamydia trachomatis* | Serovare D–K: Urethritis, Adnexitis Serovare L1–L3: Lymphogranuloma venereum |
| *Neisseria gonorrhoeae* | Gonorrhö (Tripper), eitrige Infektion der Urogenitalschleimhaut |
| *Haemophilus ducreyi* | Ulcus molle (weicher Schanker), in tropischen Ländern häufig |
| *Treponema pallidum* | Syphilis (Lues), persistierende Infektion, drei Stadien |
| *Trichomonas vaginalis* | Trichomoniasis, häufig asymptomatisch |

**Tabelle A.5:** Wichtige Meningitis/Encephalomyelitiserreger

| Meningitiserreger | Encephalomyelitiserreger |
|-------------------|--------------------------|
| **Viren** | **Viren** |
| Enteroviren: (ECHO-, Coxsackie-, Polioviren) | Polioviren (Typ I–III) Herpesviren Masernvirus |
| von Arthropoden übertragende Viren | HIV |
| Toga-, Flaviviren | Togaviren Flaviviren Rabiesviren |
| **Bakterien** | **Protozoen** |
| *Streptococcus pneumoniae* (etwa 80 Kapseltypen) | *Toxoplasma gondii* |
| *Neisseria meningitidis* (Kapseltypen A–D) | *Trypanosoma brucei* (*T.b. gambiense, T.b. rhodesiense*) |
| *Haemophilus influenzae* (Kapseltyp b) | |
| *Streptococcus agalactiae* | |
| *Escherichia coli* (vor allem Kapseltyp K1) | |

**Tabelle A.6:**  Erreger von Haut- und Wundinfektionen

| Erreger | Erkrankung |
|---|---|
| **Viren** | |
| Herpes simplex-Virus | Herpes labialis, Herpes genitalis |
| Varizella-/Zostervirus | Windpocken, Gürtelrose |
| Papillomavirus | Warzen |
| **Bakterien** | |
| Staphylococcus aureus | Furunkel, Karbunkel, Impetigo, nosokomiale Wundinfektion |
| Streptococcus pyogenes | Erysipel, nekrotisierende Fasciitis, Impetigo, nosokomiale Wundinfektion |
| Pseudomonas aeruginosa | Infektion von Verbrennungswunden und Hautinfektionen bei Diabetikern |
| Enterobakterien anaerobe Bakterien | nosokomiale Wundinfektion, Hautinfektionen bei Diabetikern, gangröse Cellulitis |
| Pasteurella multocida | Wundinfektion nach Tierbiß |
| Mycobacterium leprae | Lepra |
| **Protozoen/Nematoden** | |
| Leishmania-Arten | Hautleishmaniose, Orientbeule |
| Onchocerca volvulus | Onchocerkose (Leopardenhaut, Flußblindheit) |
| **Pilze** | |
| Trichophytonarten | Dermatomycosen (zum Beispiel Fußpilz) |
| Malassezia furfur | Pityriasis (Tinea versicolor) |

**Tabelle A.7:**  Infektassoziierte Folgeerkrankungen

| Erkrankung | Klinik | Erreger | Pathogenese |
|---|---|---|---|
| akutes rheumatisches Fieber (ARF) | Fieber, Carditis, Oligoarthritis | Streptococcus pyogenes | Antigenmimikry: M-Protein/ Muskelprotein, Typ-II- und Typ-IV-Immunreaktion |
| Glomerulonephritis | akutes Nierenversagen | Streptococcus pyogenes | Typ III |
| reaktive Arthritis (ReA) | Oligoarthritis | Yersinia enterocolitica, Salmonella enterica, Campylobacter jejuni, Chlamydia trachomatis | nach Darm- oder Harnröhreninfektion zellulärer Transport von Erregerantigen in Gelenkgewebe (Synovialis) Typ-II- und Typ-IV-Immunreaktion |
| Lyme-Arthritis | Oligoarthritis | Borrelia burgdorferi | infizierte Synovialis, Typ-II-IV-Immunreaktion |
| Erythema nodosum | Vasculitis der Haut | Y. enterocolitica | Typ-II-IV-Immunreaktion |
| Guillain-Barré-Syndrom (GBS) | motorische und sensorische Lähmungen der Extremitäten | Campylobacter jejuni | entzündliche Schädigung der axonalen Markscheide, Antigenmimikry: LPS–0:19/Gangliosid GM1 |
| chronisch aggressive Hepatitis | chronisch entzündliche Leberschädigung | Hepatitis-B-Virus | Typ IV, cytotoxische T-Lymphocyten schädigen infizierte Hepatocyten |

**Tabelle A.8:** Bakterielle Fimbrienadhäsine und ihre Rezeptoren

| Fimbrien | Adhäsin | Rezeptor |
|---|---|---|
| *Escherichia coli* | | |
| Typ I (F1) | FimH | Mannose, Fibronectin, N-Glykoprotein, Plasminogen |
| K88 (F4) | FaeG | Gal($\alpha$1-3)Gal |
| K99 (F5) | FanC | NeuGe-GM3 |
| F41 | | N-acetylglucosamin |
| P-Fimbrien (F7-16) | PapG | Gal($\alpha$1-4)Gal, Fibronectin |
| Prs (F13) | PrsG | GalNAc($\alpha$1-3)Gal($\alpha$1-4)Gal |
| S-Fimbrien | SfaS | Glykophorin (NeuAc$\alpha$2-3Gal$\beta$1-3GalNac) |
| CFA/I, (F2) | CfaB | NeuAc-GM2 |
| CFA/II (F3) CS1, CS2, CS3 | | Asialo-GM1 |
| F1845 | DaaE | Hep-2, HT-29, CaCo-2-Zellen |
| O75(Dr)-Fimbrien | DraA | Typ-IV-Kollagen |
| F1C | | N-acetylglucosamin |
| M-Fimbrien | | Glykophorin |
| G-Fimbrien | | GlcNAc |
| *curli*-Fimbrien | | Fibronectin |
| *Klebsiella pneumoniae* | | |
| Typ-III-Fimbrien | | Komplex |
| *Neisseria gonorrhoeae* | | |
| Typ-IV-Fimbrien | | Komplex |
| *Vibrio cholerae* | | |
| Typ-IV-Fimbrien | | L-Fucose |

**Tabelle A.9:**   Intrazelluläre Bakterien und die von ihnen verursachten Krankheiten

| Spezies | bevorzugte Wirtszellen | Krankheit |
|---|---|---|
| **obligat intrazelluläre Bakterien** | | |
| *Chlamydia trachomatis* | Epithelzellen Endothelzellen lymphoide Zellen | Trachom, Lymphogranuloma venerum |
| *Chlamydia psittaci* | Epithelzellen? Monocyten | Ornithose (Pneumonie) |
| *Chlamydia pneumoniae* | Epithelzellen? | Atemwegsinfekte, Arteriosklerose? |
| *Mycobacterium leprae* | Schwannsche und andere Zellen | Lepra |
| *Coxiella burnetii* | viele Zellarten | Q-Fieber = Pneumonie |
| *Ehrlichia chaffeensis* | Monocyten, Granulocyten | Monocytäre Ehrlichiose |
| *Rickettsia prowazekii* | Endothelzellen | Fleckfieber |
| *Rickettsia rickettsii* | Endothelzellen glatte Muskelzellen | Zeckenbißfieber |
| **professionell-fakultativ intrazelluläre Bakterien** | | |
| *Legionella pneumophila* | Makrophagen | Pneumonie |
| *Listeria monocytogenes* | Epithelzellen Makrophagen | Listeriose |
| *Mycobacterium tuberculosis* | Makrophagen | Tuberkulose |
| *Salmonella* spp. | Epithelzellen Makrophagen | Diarrhö, Bauchtyphus |
| *Shigella* spp. | Epithelzellen | Dysenterie |
| *Yersinia* spp. | Epithelzellen | Pest (*Y. pestis*) Adenitis, Sepsis (*Y. pseudotuberculosis*) gastrointestinale Syndrome (*Y. enterocolitica*) |
| **nichtprofessionell-fakultativ intrazelluläre Bakterien** | | |
| *Actinobacillus actinomycetem-comitans* | Zahnfleischepithelzellen | Periodontitis |
| *Bartonella* spp. | Erythrocyten vaskuläre Endothelzellen | Oroyafieber, Verruga Peruana, Katzenkratzkrankheit |
| *Campylobacter jejuni* | Epithelzellen | Diarrhö |
| *Citrobacter* spp. | Epithelzellen Endothelzellen | Neugeborenen-Meningitis, Harnwegsinfekte |
| enterohämorrhagische *E. coli* (EHEC) | Epithelzellen | Diarrhö, Dysenterie, HUS |
| enteropathogene *E. coli* (EPEC) | Epithelzellen | Diarrhö |
| Neugeborenen-Meningitis-*E. coli* (MENEC) | Epithelzellen | Meningitis |
| uropathogene *E. coli* (UPEC) | Epithelzellen | Harnwegsinfekte |
| *Mycoplasma penetrans* | Epithelzellen | Coinfektion bei AIDS |
| *Porphyromonas gingivalis* | Zahnfleischepithelzellen | Parodontitis |

**Tabelle A.10:** Bakterielle Proteintoxine

| Toxin | Organismus | Codierungsort | Aktivität |
|---|---|---|---|
| **membranschädigende Toxine** | | | |
| *Porenbildung* | | | |
| Aerolysin | *Aeromonas* spp. | | Porenbildung |
| α-Hämolysine | *Escherichia coli* | Plasmid, Chromosom | Porenbildung |
| α-Toxin | *Staphylococcus aureus* | Chromosom | Porenbildung thiolaktiviert |
| Listeriolysin O | *Listeria monocytogenes* | Chromosom | Porenbildung thiolaktiviert |
| Streptolysin O | *Streptococcus pyogenes* | Chromosom | Porenbildung thiolaktiviert |
| Pneumolysin | *Streptococcus pneumoniae* | Chromosom | Porenbildung thiolaktiviert |
| Tetanolysin | *Clostridium tetani* | | thiolaktiviert |
| **enzymatische Membranschädigung** | | | |
| Phospholipase A | *Bacillus subtilis* | Chromosom | Lipase |
| Phospholipase C (α-Toxin) | *Bacillus cereus* *Clostridium perfringens* *Pseudomonas aeruginosa* | Chromosom | Lipase |
| Phospholipase D | *Corynebacterium bovis* | Chromosom | Lipase |
| β-Hämolysin | *Staphylococcus aureus* | Chromosom | Sphingomyelinase |
| Perfringolysin | *Clostridium perfringens* | | Lipase |
| **internalisierte Toxine** | | | |
| CNF 1 | *Escherichia coli* | Chromosom | Rho-Deamidierung |
| *ADP-Ribosyltransferasen* | | | |
| Choleratoxin AB | *Vibrio cholerae* | Phagen | ADP-Ribosylierung an Gsα-Proteinen |
| C2,3-Toxin | *Clostridium botulinum* | Chromosom | ADP-Ribosylierung an Aktin, Rho |
| große Clostridientoxine (LCTs) TcdA, B | *Clostridium difficile* | Chromosom | ADP-Ribosylierung an Rho, Rac, Cdc42 |
| TcdH, L | *Clostridium sordellii* | | ADP-Ribosylierung an Ras, Rac, Rap1, Rap2 |
| Tcn α | *Clostridium novyi* | | ADP-Ribosylierung an Rho, Rac, Cdc42 |
| Diphtherietoxin AB | *Corynebacterium diphtheriae* | Phagen | ADP-Ribosylierung an Elongationsfaktor (EF2) |
| Enterotoxin | *Escherichia coli* ETEC | Plasmid, Chromosom | ADP-Ribosylierung an Gsα-Proteinen |
| Exotoxin A Exoenzym S | *Pseudomonas aeruginosa* | Chromosom | ADP-Ribosylierung an Elongationsfaktor (EF2) |
| Cytotoxin-CTX | | Phagen | |
| Exoenzym | *Clostridium limosum* | | ADP-Ribosylierung an G-Proteine |
| Iota-Toxin | *Clostridium spiroforme* | | ADP-Ribosylierung an Cytoskelett |
| Pertussistoxin | *Bordetella pertussis* | Chromosom | ADP-Ribosylierung an Giα/Goα-Protein |

| Toxin | Organismus | Codierungsort | Aktivität |
|---|---|---|---|
| **N-Glykosidasen** | | | |
| Shiga-Toxine | *Shigella dysenteriae* | Chromosom | rRNA-N-Glykosidase |
| Verotoxine | *E. coli* EHEC, EPEC | Phagen | rRNA-N-Glykosidasen |
| **Metalloendoproteasen** | | | |
| Botulinumneurotoxine A, B, C1, D, F, G | *Clostridium botulinum* | Phagen | Zinkprotease/neuronales System „Docking"-Proteine VAMP1,2, Synaptobrevin, Aktin |
| Tetanustoxin | *Clostridium tetani* | Plasmid | Zinkprotease/ neuronales System |
| **invasive Adenylatcyclasen** | | | |
| Cyclolysin | *Bordetella pertussis* | | cAMP-Produktion, Porenfomation |
| Ödemfaktor (EF) | *Bacillus anthracis* | Plasmid | cAMP-Produktion |
| **nichtinternalisierte Toxine** | | | |
| *Superantigene* | | | |
| Enterotoxine, (A, B, C1, C2, C3, D, E) TSST-1 Exfoliatintoxin A, B erythrogene Toxine A, B, C | *Staphylococcus aureus* | Phagen | Superantigene |
| pyrogene Toxine A, C | *Streptococcus pyogenes* | Phagen | Superantigene |
| **kleine Toxine** | | | |
| Enterotoxine (hitzestabil) STIa, Ib, Ic | *Escherichia coli* | Plasmide Transposons | Aktivierung der Guanylcyclase |
| hitzestabiles Toxin | *Citrobacter freundii* *Shigella* spp. *Yersinia enterocolitica* | Plasmid | Aktivierung der Guanyl- cyclase |

**Tabelle A.11:**  Bakterielle Sekretionssysteme des Typs III

| Spezies | Komponenten | | Regulatoren | Effektoren | Chaperone |
|---|---|---|---|---|---|
| | in der ÄM | in der CM | | | |
| enteropathogene E. coli (human-pathogene) | SepC (Kanal?) SepD (Lipoprot.) | SepA SepF SepG SepH SepI | ? | EspA EspB (EaeB) Tir (Rezeptor) | SepE |
| Erwinia amylovora (phytopathogen) | HrcC (Kanal?) HrcJ (Lipoprot.) | HrcQ (Kanal) HrcR HrcS HrcT HrcU HrcN* HrpI (HrcV) | HrpJ (id ÄM) | DspF AvrF Harpins | ? |
| Pseudomonas syringae (phytopathogen) | HrcC (HrpH/Kanal?) HrcJ (HrpC/ Lipoprotein) HrpA, B HrcS (HrpO) HrpD bis G HrpT HrpV | HrcN* HrcQ$_A$ HrcQ$_B$ (HrpU) HrcR (HrpW) HrcT (HrpX) HrcU (HrpY) HrcV (HrpI) HrpJ HrpO (HrpJ5) HrpP (HrpU1) HrpQ (HrpJ3) | HrpL (altern. Sigmafaktor) HrpP HrpS | AvrB (Cytotoxin) HrpZ (Harpin) Harpin$_{Pss}$ | ? |
| Ralstonia solanacearum (phytopathogen) | HrpA (Kanal?) HrpI (Lipoprot.) | HrpC (HrcT) HrpE* HrpN (HrcU) HrpO (HrcV) HrpT HrpU (HrcS) | HrpB | PopA1 PopA3 Harpins | ? |
| Salmonella typhimurium (humanpathogen) | InvG (Kanal?) PrgH (Lipoprot.) PrgK (Lipoprot.) | InvA (Kanal?) InvC* SpaP SpaQ SpaR SpaS | HilA InvE (id ÄM) InvF OrgA | AvrA InvJ (SpaN) SipA SipB SipC SipC SipD SptP SopE** | InvI (für InvJ und SpaO?) SicS (für SipA, B, C) |
| Shigella flexneri (humanphatogen) | MxiD (Kanal?) MxiG (Lipoprot.) MxiJ (Lipoprot.) MxiM (Lipoprot) | MxiA MxiG Spa9(Q) Spa 15 Spa 24 Spa 29(R) Spa 40(S) Spa47(L)* | VirB VirF VirR | IpaA IpaB, C IpaC IpaD VirA | IpgC (für IpaB, C) |
| Yersinia spp (humanphatogen) | VirG (Lipoprot.) YscC (Kanal?) YscJ (Lipoprot.) | LcrD YscD YscN* YscR YscS | LcrG VirF (LcrF) YopN (LcrE) YscM (LcrQ) | YopB YopD YopE Y̲o̲p̲H̲ YopM Y̲o̲p̲O̲ (=YpkA) YopN Y̲o̲p̲P̲ | SycD (LcrH für YopB, D) SycE (YerA für YopE) SycH (für YopH) |

* Energielieferanten, ATPasen. ** Codiert nicht im Bereich des SSTIII auf SPI1, sondern in kryptischem Bakteriophagen. ÄM = äußere Membran; CM = Cytoplasmamembran; id ÄM = in der äußeren Membran; __ = im Cytoplasma von HeLa-Zellen nachgewiesen. (Lee et al. *Mol Microbiol.* 28 (1998) S. 593–601.)

**Tabelle A.12:**   Mechanismen der Phasen- und Antigenvariation

| allgemeiner Mechanismus | Organismus | Oberflächenstruktur | spezifischer Mechanismus |
|---|---|---|---|
| *site*-spezifische Rekombination | *E. coli* | Typ-I-Fimbrien | Inversion des Promotors |
| | *S. typhimurium* | Flagellen | Inversion des Promotors |
| | *M. bovis* | Fimbrien | Inversion der Strukturgene |
| DNA-Modifikation | *E. coli* | P-, S-, K99-, F1845-Fimbrien | differentielle DNA-Methylierung |
| | *T. brucei* | Oberflächenglykoproteine | DNA-Methylierung und andere Mechanismen |
| Insertion/Deletion von Nucleotiden | *N. gonorrhoeae* | Typ-IV-Pili | Variation des Poly-G-Traktes im *pilC*-Gen |
| | *N. meningitidis* | Kapsel | Variation des Poly-C-Traktes im *siaD*-Gen |
| | *N. gonorrhoeae* *N. meningitidis* | Opaque-Proteine | Variation in der Anzahl von CTCTT-Repeats in *opa*-Genen |
| | *M. hyorrhinis* | Oberflächenlipoproteine | Variation des Poly-A-Traktes im *vlp*-Promotor |
| | *H. influenzae* | Fimbrien | Variation in der Anzahl von TA-Repeats im Promotor der *hif*-Gene |
| | *B. pertussis* | Fimbrien | Variation des Poly-C-Traktes im Promotor der *fim*-Gene |
| allgemeine homologe Rekombination | *N. gonorrhoeae* | Typ-IV-Pili | Austausch variabler Regionen im *pilE*-Gen |
| | *B. burgdorferi* | Oberflächenlipoproteine | Austausch variabler Regionen im *vslE*-Gen |
| | *B. hermsii* | Oberflächenproteine | Austausch von *vmp*-Genen im Expressionslocus |
| | *T. brucei* | Oberflächenglykoproteine | Austausch von *vsg*-Genen im Expressionslocus |
| | *P. falciparum* | Membranprotein in infizierten Erythrocyten | Rekombination zwischen den *var*-Genen |
| | *S. pyogenes* | M-Protein | Rekombination zwischen Repeats innerhalb des *emm*-Gens |
| | *Mycoplasma* spp. | Oberflächenlipoproteine | Rekombination zwischen Repeats innerhalb der *vlp*- und *vsg*-Gene |
| | *H. influenzae* | Kapsel | Amplifikation der Kapselgene durch ungleiche Rekombination über IS1016 |
| Insertion/Excision von IS-Elementen | *N. meningitidis* | Kapsel, Lipooligosaccharid | reversible Insertion von IS1301 in das *siaA*-Gen |
| | *S. epidermidis* | interzelluläres Adhäsin (Biofilmbildung) | reversible Insertion von IS256 in die *ica*-Gene |
| irreversible Deletionen | *H. influenzae* | Kapsel | Deletion des *bexA*-Gens durch Rekombination zwischen Repeats der Kapselgene |
| | *E. coli* | P-Fimbrien, Hämolysin | Verlust der Gene durch Deletion von Pathogenitätsinseln |

**Tabelle A.13:** Regulationsproteine, die die Expression von virulenzassoziierten Genen steuern

| Regulatorfamilie | Regulatorprotein | Organismus | Zielgene | Signal |
|---|---|---|---|---|
| AraC | VirF | *Yersinia* spp. | *yop*-Gene, *yadA* | Temperatur |
| AraC | VirF | *Shigella* spp. | *virB* (aktiviert Invasionsgene) | Temperatur |
| AraC | CfaD/Rns | ETEC | CfaI-/CS1,2-Gene | Temperatur |
| AraC | ToxT | *V. cholerae* | *tcp, tag* | Temperatur, pH, Osmolarität |
| AraC | ExsA | *P. aeruginosa* | Exoenzym S-Gene | Kationen |
| LysR | IrgB | *V. cholerae* | *irgA* | Eisenmangel |
| LysR | SpvR | *S. typhimurium* | *spvABCD, spvR* | stationäre Phase |
| | CRP | *E. coli* | P-Fimbriengene, Enterotoxingene | cAMP |
| | CRP | *P. aeruginosa* | Alginatsynthese-gene | cAMP |
| | Fur | *E. coli* | Aerobaktin, Enterobaktin, Shiga-Toxin | niedrige Eisen-konzentration |
| | LRP | *E. coli* | P-, S-, K99-Fimbriengene | aliphatische Aminosäuren |
| | H-NS | *E. coli* | P-, S-, CFAI-Fimbrien | Temperatur |
| | H-NS | *S. flexneri* | *virF* (aktiviert Invasions-gene über *virB*) | Temperatur |

**Tabelle A.14:** Zwei-Komponenten-Systeme, die an der Regulation von virulenzassoziierten Genen beteiligt sind

| Zwei-Komponenten-System | Organismus | Zielgene | Signale |
|---|---|---|---|
| BvgS/BvgA | *B. pertussis* | Pertussistoxin (*ptx*) Adenylatcyclase (*cya*) filamentöses Hämagglutinin (*fha*) Fimbrien (*fim*) | Temperatur, MgSO$_4$, Nikotinsäure |
| ToxR | *V. cholerae* | Choleratoxin (*ctx*) toxincoregulierter Pilus (*tcp*) *accessory colonization factor* (*acf*) | Temperatur, Osmolarität, pH |
| VirA/VirG | *A. tumefaciens* | *vir*-Gene des Ti-Plasmids | phenolische Substanzen aus Pflanzenwunden |
| EnvZ/OmpR | *S. typhimurium* *S. flexneri* | Invasionsgene | Osmolarität |
| PhoQ/PhoP | *S. typhimurium* | *pag* (*pho activated genes*) *prg* (*pho repressed genes*) z. B. Invasionsgene | Osmolarität, pH |
| AlgQ/AlgR | *P. aeruginosa* | Alginatsynthesegene | Osmolarität |
| PilA/PilB | *N. gonorrhoeae* | Pilusgene | |
| AgrC/AgrA | *S. aureus* | Toxingene (α-Toxin, β-Toxin) Coagulase (*coa*) Fibronectinbindeprotein (*fbp*) | pH |
| ?/Mga | *S. pyogenes* | M-Protein (*emm*) C5a-Peptidase (*scpA*) | Temperatur, Anaerobiose |

**Tabelle A.15:** *Quorum sensing*-Systeme in pathogenen Bakterien

| System | Organismus | regulierte Eigenschaften |
|---|---|---|
| LasR/LasI RhlR/RhlI | *P. aeruginosa* | alkalische Protease, Elastase, Exotoxin A |
| CepR/CepI | *B. cepacia* | Exoprotease |
| YpsR/YpsI YtbR/YtbI | *Y. pseudotuberculosis* | ? |
| ExpR/ExpI EcbR/EcbI | *E. carotovora* | Exoenzyme, Antibiotikasynthese |
| TraR/TraI | *A. tumefaciens* | Transfer des Ti-Plasmids |
| EsaR/EsaI | *P. stewartii* | extrazelluläres Polysaccharid |
| SolR/SolI | *R. solanacearum* | ? |
| AhyR/AhyI | *A. hydrophila* | Exoproteasen |
| AsaR/AsaI | *A. salmonicida* | ? |
| VanR/VanI | *V. anguillarum* | ? |
| AgrC/AgrD-Peptid | *S. aureus* | Toxine, Coagulase, Fibronectinbindeprotein |
| ComC/ComD-Peptid | *S. pneumoniae* | Transformationskompetenz |

**Tabelle A.16:** Bakteriophagencodierte Toxine

| Wirtsorganismus | bakteriophagencodiertes Toxin | Gensymbol | Phagenbezeichnung |
|---|---|---|---|
| *Vibrio cholerae* | Choleratoxin (CTX) | *ctx* | CTX$\phi$ |
| *E. coli* (EHEC) | Shiga-Toxin (Stx) | *stx* | H19, 933 |
| *Pseudomonas aeruginosa* | Cytotoxin (CTX) | *ctx* | $\phi$CTX* |
| *Corynebacterium diphtheriae* | Diphtherietoxin (DT) | *tox* | $\beta$, $\omega$** |
| *Clostridium botulinum* | Botulinumneurotoxin Typ C1 und D (BoNT/C1, BoNT/D) | *botC*, *botD* | cI |
| *Streptococcus pyogenes* | erythrogenes Toxin Typ A und C (SPEA, SPEC) | *speA*, *speC* | SPE-Phage, CS112, T12*** |
| *Staphylococcus aureus* | Enterotoxin A (SEA) Staphylokinase | *entA* *sak* | PS42D |

\* Die chromosomale Phagen-*attachment site* (*attB*) von $\phi$CTX wurde am 3′-Ende des tRNA$_1^{Ser}$-codierenden Gens (*serT*) lokalisiert.

** Die chromosomalen Phagen-*attachment sites* (*attB1* und *attB2*) von $\beta$ und $\omega$-überlappen mit einem doppelten tRNA-Gen, das für die tRNA$_2^{Arg}$-codiert.

*** Die chromosomale Phagen-*attachment site* (*attB*) von T12 wurde am 3′-Ende eines tRNA$^{Ser}$-codierenden Gens lokalisiert.

**Tabelle A.17:** Plasmidcodierte Toxine und andere plasmidcodierte Virulenzfaktoren bei Bakterien

| Organismus | Pathotyp* | plasmidcodierte Faktoren | Gensymbol | andere plasmidcodierte Faktoren |
|---|---|---|---|---|
| *Escherichia coli* | ETEC | hitzelabiles Enterotoxin (LT) | *elt, etx* | ST, CFAs, Antibiotikaresistenz, Colicine |
| | ETEC | hitzestabiles Enterotoxin (ST)** | *est* | *ST, LT, CFAs, Antibiotikaresistenz, Colicine* |
| | EAEC | Enterotoxin | *ast* | – |
| | extraintestinale *E. coli* | α-Hämolysin (Hly) | *hly* | – |
| | EHEC | Enterohämolysin (Ehx) | *ehx* | – |
| | extraintestinale *E. coli*, ETEC | cytotoxisch-nekrotischer Faktor 2 (CNF2) | *cnf2* | F17-, AFA/Dr Adhesine, *cytolethal distending toxin* (CDT) |
| | EIEC | EIEC-Enterotoxin (= *Shigella*-Enterotoxin 2) | *sen* | Gene, die für die Invasion benötigt werden, Ipa-Proteine, Typ-III-Sekretionssystem |
| *Yersinia* spp. | | Yop-Proteine | *yop* | Gene, die für die Invasion benötigt werden, Yop-Proteine, Typ-III-Sekretionssystem |
| *Shigella* spp. | | Ipa Proteine, *Shigella*-Enterotoxin 2 | *ipa* *sen* | Gene, die für die Invasion benötigt werden, Ipa-Proteine, Typ-III-Sekretionssystem |
| *Salmonella* spp. | | Invasine | *spv* | Gene, die für intrazelluläres Wachstum benötigt werden |
| *Enterococcus faecalis* | | Cytolysin | *cyl* | – |
| *Staphylococcus aureus* | | Enterotoxin Typ D | *entD* | Penicillin- und Cadmiumresistenz |
| | | *exfoliative toxin* B | *etb* | Cadmiumresistenz, Bacteriocin |
| *Clostridium tetani* | | Tetanusneurotoxin (TeTx) | *tet* | – |
| *Clostridium botulinum* | | Botulinumneurotoxin Typ G (BoNT/G) | *botG* | Bacteriocin (Boticin G) |
| *Bacillus anthracis* | | Anthraxtoxin (LF, EF, PA) | *lef, cya, pag* | – |

\* EAEC=enteroaggregative *E. coli*; EHEC=enterohämorrhagische *E. coli*; EPEC=enteropathogene *E. coli*=ETEC, enterotoxigene *E. coli*.

\*\* Die Gene, die für STa (*estA*) und STb (*estB*) codieren, wurden auch auf Tn1681 und Tn4521 gefunden.

**Tabelle A.18:** Pathogenitätsinseln (PAIs) humanpathogener Bakterien

| Organismus | PAI-Bezeichnung | PAI-codierte Toxine | andere PAI-codierte Gene | PAI-Randsequenzen | assoziierte Gene |
|---|---|---|---|---|---|
| E. coli 536 (UPEC) | PAI I | α-Hämolysin | prf | DR* 16 bp | selC |
| | PAI II | α-Hämolysin | sfa | DR 18 bp | leuX |
| | PAI III | — | fyuA, irp2 | — | thrW |
| | PAI IV | — | — | — | asnT |
| E. coli J96 (UPEC) | PAI IV | α-Hämolysin | pap | DR 135 bp | pheV |
| | PAI V | α-Hämolysin, CNF 1 | prs | DR 9 bp | pheR |
| E. coli CFT073 (UPEC) | — | α-Hämolysin | pap | | metV |
| E. coli K1 | kps-PAI | — | kps | | pheV |
| E. coli E2348/69 (EPEC) | LEE | EspA, B, D | eaeA, sepA-I | — | selC |
| Y. pestis | HPI (pgm-Locus) | — | hms, HFRS, fyuA, irpB-D | IS100 | — |
| Y. enterocolitica, Y. pseudotuberculosis | HPI | — | fyuA, irp2 (irp1) | — | asnT |
| S. typhimurium | SPI-1 | Sip/SspB, C, D ? | inf, spa, hil | — | — |
| | SPI-2 | — | spi, ssa | — | valV |
| | SPI-3 | — | mgt | — | selC |
| | SPI-4 | — | Gene für Toxinsekretion? | — | putatives tRNA-Gen |
| | SPI-5 | SopB ? | pipA-D, orfX | — | serT |
| S. flexneri 2a | she-Locus | Shigella-Enterotoxin 1 | she | IS-Elemente | — |
| V. cholerae | VPI | — | acf, tcp, tox, int | att sites | ssrA |
| H. pylori | cag-PAI | — | cagA-T | DR 31 bp | glr |
| D. nodosus | vap-Region | — | vapA-E | DR 19 bp | serV |
| | vrl-Region | — | vrl | — | ssrA |
| B. pertussis | ptx-ptl-Locus | Pertussistoxin (PTX) | ptl | — | tRNA(Asp) |
| B. fragilis | Pathogenitäts Islet | Fragilysin | zusätzliches metalloprotease-codierendes (MPII) Gen, Orf1 | DR 12 bp | — |
| S. aureus | SaPI1 | TSST, mögliches Superantigen | — | DR 17bp | — |

\* DR=direct repeats.

**Tabelle A.19:** Integrine als Internalisierungsrezeptoren

| Integrintyp | natürlicher Ligand | Internalisierungsrezeptor für |
|---|---|---|
| $\alpha_2\beta_1$ | Kollagen, Laminin | Echovirus 1 |
| $\alpha_3\beta_1$ | Fibronectin, Kollagen, Laminin | *Yersinia enterocolitica* (*Y. e.*) und *Y. pseudotuberculosis* (*Y. p.*) via Invasin |
| $\alpha_4\beta_1$ | Fibronectin, VCAM1[a] | *Y. e.* und *Y. p.* via Invasin |
| $\alpha_5\beta_1$ | Fibronectin | 1) *Y. e.* und *Y. p.* via Invasin |
| | | 2) *Mycobacterium bovis* BCG via 55-kDa-FN[b]-Bindeproteine und Fibronectin |
| $\alpha_6\beta_1$ | Laminin | Papillomavirus |
| $\alpha_v\beta_1$ | Fibronectin | *Y. e.* und *Y. p.* via Invasin |
| $\alpha_M\beta_2$ | C3bi, ICAM[c], | 1) *Bordetella pertussis* via FHA[d] |
| $=\alpha_{mac}\beta_2$ | Fibrinogen, Faktor X | 2) *Leishmania mexicana* via gp63 und Lipophosphoglykan |
| | | 3) *Escherichia coli* via Typ-I-Pili |
| | | 4) *Histoplasma capsulatum* |
| $\alpha_{IIb}\beta_3$ | Fibrinogen, Fibronectin, Kollagen, Vitronectin, von-Willebrand-Faktor, Thrombospondin | Hantavirus |
| $\alpha_v\beta_3$ | Fibrinogen, Fibronectin Kollagen, Vitronectin, von-Willebrand-Faktor, | 1) Hantavirus |
| | | 2) Adenovirus via Pentonprotein |
| | | 3) *Mycobacterium avium-M. intracellulare* |
| | Osteopontin, Thrombospondin | 4) *Neisseria gonorrhoeae* (via Vitronectin) |
| | | 5) Maul- und Klauenseuchevirus |
| $\alpha_6\beta_4$ | Laminin | Papillomavirus |
| $\alpha_v\beta_5$ | Vitronectin | Adenovirus via Pentonprotein |
| $\alpha_v\beta_6$ | Fibronectin | Coxsackievirus B1 |

[a] = *vascular cell adhesin molecule*;
[b] = Fibronectin;
[c] = *intercellular adhesion molecule*;
[d] = filamentöses Hämagglutinin.

**Tabelle A.20:** Überblick zur aktuellen Situation (Mai 1999) der Genomanalysen bei Mikroorganismen

| Organismus | ermittelte Größe ($10^6$ bp) | Status |
|---|---|---|
| *Aeropyrum pernix* | 1,67 | komplett |
| *Aquifex aeolicus* | 1,5 | komplett |
| *Archaeoglobus fulgidus* | 2,18 | komplett |
| *Bacillus subtilis* | 4,2 | komplett |
| *Borellia burgdorferi* | 1,44 | komplett |
| *Chlamydia pneumoniae* | 1,23 | komplett |
| *Chlamydia trachomatis* | 1,05 | komplett |
| *Deinococcus radiodurans* | 3,28 | komplett |
| *Escherichia coli* | 4,6 | komplett |
| *Haemophilus influenzae* | 1,83 | komplett |
| *Helicobacter pylori* | 1,66 | komplett |
| *Lactococcus lactis* | 2,35 | komplett |
| *Leishmania major* Chromosom 1 | 0,27 | komplett |
| *Methanobacterium thermoautotrophicum* | 1,75 | komplett |
| *Methanococcus jannaschii* | 1,66 | komplett |
| *Mycobacterium tuberculosis* | 4,4 | komplett |
| *Mycoplasma genitalium* | 0,58 | komplett |
| *Mycoplasma pneumoniae* | 0,81 | komplett |
| *Plasmodium falciparum* Chromosom 2 | 1 | komplett |
| *Plasmodium falciparum* Chromosom 3 | 1,06 | komplett |
| *Pyrococcus horikoshii* (shinkaj) | 1,8 | komplett |
| *Rickettsia prowazekii* | 1,1 | komplett |
| *Saccharomyces cerevisiae* | 13 | komplett |
| *Synechocystis* sp. | 3,57 | komplett |
| *Thermotoga maritima* | 1,8 | komplett |
| *Treponema pallidum* | 1,14 | komplett |
| *Actinobacillus actinomycetemcomitans* | 2,2 | in Auftrag |
| *Aspergillus nidulans* | 29 | in Auftrag |
| *Bacillus anthracis* | 4,5 | in Auftrag |
| *Bacillus halodurans* | 4,25 | in Auftrag |
| *Bartonella henselae* | 2 | in Auftrag |
| *Bordetella bronchiseptica* | 4,9 | in Auftrag |
| *Bordetella parapertussis* | 3,9 | in Auftrag |
| *Bordetella pertussis* | 3,88 | in Auftrag |
| *Campylobacter jejuni* | 1,70 | in Auftrag |
| *Candida albicans* | 15 | in Auftrag |
| *Caulobacter crescentus* | 3,8 | in Auftrag |
| *Chlorobium tepidum* | 2,1 | in Auftrag |
| *Clostridium acetobutylicum* | 4,1 | in Auftrag |

| Organismus | ermittelte Größe ($10^6$ bp) | Status |
|---|---|---|
| Clostridium difficile | 4,4 | in Auftrag |
| Dehalococcoides ethenogenes | ? | in Auftrag |
| Desulfovibrio vulgaris | 1,7 | in Auftrag |
| Dictyostelium discoideum Chromosom 2 | 7 | in Auftrag |
| Dictyostelium discoideum Chromosom 6 | 4 | in Auftrag |
| Encephalitozoon cuniculi | 2,9 | in Auftrag |
| Enterococcus faecalis | 3 | in Auftrag |
| Francisella tularensis | 2 | in Auftrag |
| Giardia lamblia | 12 | in Auftrag |
| Halobacterium sp. | 2,5 | in Auftrag |
| Halobacterium salinarium | 4 | in Auftrag |
| Klebsiella pneumoniae | ? | in Auftrag |
| Lactobacillus acidophilus | 1,9 | in Auftrag |
| Legionella pneumophila | 4,1 | in Auftrag |
| Leishmania major Chromosom 3,4,5,13,14,19,21,23 | ? | in Auftrag |
| Listeria monocytogenes | 3,2 | in Auftrag |
| Methanococcus maripaludis | ? | in Auftrag |
| Methanosarcina mazei | 2,8 | in Auftrag |
| Mycobacterium avium | 4,7 | in Auftrag |
| Mycobacterium leprae | 2,8 | in Auftrag |
| Mycobacterium tuberculosis (klinisches Isolat) | 4,4 | in Auftrag |
| Mycoplasma mycoides subsp. mycoides SC | 1,28 | in Auftrag |
| Mycoplasma pulmonis | 0,95 | in Auftrag |
| Neisseria gonorrhoeae | 2,2 | in Auftrag |
| Neisseria meningitidis | 2,3 | in Auftrag |
| Neurospora crassa | 43 | in Auftrag |
| Nitrosomonas europaea | 2,2 | in Auftrag |
| Pasteurella haemolytica | 2,4 | in Auftrag |
| Pasteurella multicoda | 2,4 | in Auftrag |
| Photorhabdus luminescens | 5,0 | in Auftrag |
| Plasmodium falciparum Chromosom 1,3,4,5,6,7,8,9,10,11,12,13,14 | 14,2 | in Auftrag |
| Pneumocystis carinii | 7,7 | in Auftrag |
| Porphyromonas gingivalis | 2,2 | in Auftrag |
| Prochlorococcus marinus | 2,0 | inAuftrag |
| Pseudomonas aeruginosa | 5,9 | in Auftrag |
| Pseudomonas putida | 5 | in Auftrag |
| Pyrobaculum aerophilum | 2,22 | in Auftrag |
| Pyrococcus abyssi | 1,8 | in Auftrag |
| Pyrococcus furiosus | 2,1 | in Auftrag |
| Ralstonia solanacearum | ? | in Auftrag |

| Organismus | ermittelte Größe ($10^6$ bp) | Status |
|---|---|---|
| *Rhodobacter capsulatus* | 3,7 | in Auftrag |
| *Rhodobacter sphaeroides* | 4,34 | in Auftrag |
| *Rickettsia conorii* | 1,2 | in Auftrag |
| *Salmonella paratyphi A* | 4,6 | in Auftrag |
| *Salmonella typhi* | 4,5 | in Auftrag |
| *Salmonella typhimurium* | 4,8 | in Auftrag |
| *Schizosaccharomyces pombe* | 14 | in Auftrag |
| *Shewanella putrefaciens* | 4,5 | in Auftrag |
| *Shigella flexneri 2a* | 4,7 | in Auftrag |
| *Staphylococcus aureus* | 2,8 | in Auftrag |
| *Streptococcus mutans* | 2,2 | in Auftrag |
| *Streptococcus pneumoniae* | 2,2 | in Auftrag |
| *Streptococcus pyogenes* | 1,98 | in Auftrag |
| *Streptomyces coelicolor* | 8 | in Auftrag |
| *Sulfolobus solfataricus* | 3,05 | in Auftrag |
| *Thermoplasma acidophilum* | 1,7 | in Auftrag |
| *Thermoplasma volcanium* | ? | in Auftrag |
| *Thermus thermophilus* | 1,82 | in Auftrag |
| *Thiobacillus ferroxidans* | 2,9 | in Auftrag |
| *Treponema denticola* | 3 | in Auftrag |
| *Trypanosoma b. rhodesiense* | 35 | in Auftrag |
| *Ureaplasma urealyticum* | 0,75 | in Auftrag |
| *Ustilago maydis* | 20 | in Auftrag |
| *Vibrio cholerae* | 2,5 | in Auftrag |
| *Xanthomonas citri* | 5,0 | in Auftrag |
| *Xylella fastidiosa* | 2 | in Auftrag |
| *Yersinia pestis* | 4,38 | in Auftrag |

Entnommen aus der *TIGR Microbial Database*, htpp://www.tigr.org.

**Tabelle A.21:** Übersicht über die Wirkmechanismen häufig eingesetzter Antibiotika

| Stoffklasse | Substanzen | Wirkmechanismus |
|---|---|---|
| **Inhibitoren der Zellwandsynthese** | | |
| $\beta$-Lactame | Penicilline Cephalosporine Carbapeneme Monobactame | Hemmung der Quervernetzung der Zellwandbausteine durch Bindung an PBPs |
| Glykopeptide | Vancomycin Teicoplanin | sterische Behinderung des Einbaus neuer Zellwandbausteine durch Bindung an die terminalen D-Ala-D-Ala-Reste des Mureins |
| **Hemmer der bakteriellen Proteinsynthese** | | |
| Aminoglykoside | Gentamycin Tobramycin Amikacin Netilmicin Kanamycin Streptomycin | Hemmung der Ausbildung des Initiationskomplexes durch irreversible Bindung an die 30S-Untereinheit des bakteriellen Ribosoms |
| Tetracycline | Tetracyclin Oxytetracyclin Doxycyclin Minocyclin | Bindung an die 30S-Untereinheit des bakteriellen Ribosoms, Blockierung des Anfügens neuer Aminoacyl-tRNAs |
| Chloramphenicol | | Bindung an die 50S-Unterinheit des bakteriellen Ribosoms, Hemmung der Peptidyltransferase |
| Makrolide | Erythromycin Roxythromycin Josamycin | Hemmung der Translokation durch Bindung an die 23S-rRNA in den 50S-Untereinheiten des bakteriellen Ribosoms |
| Lincosamine | Clindamycin | Bindung an die 50S-Untereinheit des bakteriellen Ribosoms, Hemmung der Ausbildung des Initiationskomplexes |
| Streptogramine | Pristinamycin | Hemmung der Proteinsynthese durch Bindung an die 50S-Untereinheit des bakteriellen Ribosoms |
| Fusidinsäure | | Hemmung der Proteinsynthese durch Bindung an den bakteriellen Elongationsfaktor |
| **Hemmer des Nucleinsäurestoffwechsels** | | |
| Sulfonamide | Sulfamethoxazol | Hemmung der Nucleotidsynthese durch Bindung an die Dihydrofolatreduktase |
| Trimethoprim | | Blockierung der Pyrimidinsynthese durch Hemmung der Dihydrofolatreduktase |
| **sonstige** | | |
| Rifamycine | Rifampicin | Hemmung der bakteriellen RNA-Polymerase |
| Fluorquinolone | Ciprofloxacin Ofloxacin Norfloxacin | Hemmung der bakteriellen DNA-Gyrase und Topoisomerase |

**Tabelle A.22:**   Antibiotikaresistenzmechanismen

| Antibiotikum | Resistenzmechanismus | Resistenzdeterminanten | Genlokalisierung |
|---|---|---|---|
| **Resistenz durch Veränderung der Zielstruktur des Antibiotikums** | | | |
| β-Lactame | Spaltung des β-Lactamringes | β-Lactamasen | Plasmide, chromosomal |
| Aminoglykoside | Acetylierung von Aminogruppen Phosphorylierung von Hydroxylgruppen Adenylierung von Hydroxylgruppen | N-Acetyltransferasen (AAC) Phosphotransferasen (APH) Adenyltransferasen (ANT) | Plasmide, Transposons, Integrons |
| Chloramphenicol | Acetylierung | Chloramphenicol-Acetyltransferasen (CAT) | Plasmide, bei gramnegativen Bakterien auf R-Plasmiden |
| **Resistenz durch Veränderung der Zielstruktur des Antibiotikums** | | | |
| β-Lactame | verminderte Bindung an Penicillinbindeproteine (PBPs) | modifizierte PBPs, Mosaikformen von PBPs | chromosomal |
| Makrolide, Lincosamine, Streptogramine | Methylierung der Bindungsstelle an der 23S-rRNA | rRNA-Methyltransferasen | Plasmide, Transposons |
| Glykopeptide | verminderte Bindung des Antibiotikums durch Austausch der terminalen D-Ala-D-Ala-Dipeptide der Zellwand gegen D-Ala-Lactat | vanA, vanB (Enzymsysteme zur Synthese und zum Einbau von Lactat in die Zellwand) | Tn*1546* meist auf Plasmiden, Tn*1547* meist chromosomal |
| Trimethoprim | verminderte Bindung an die zelluläre Dihydrofolatreduktase | Expression von Enzymen mit geringer Affinität | Transposons, Plasmide |
| Sulfonamide | verminderte Bindung an die zelluläre Dihydrofolatreduktase | Expression von Enzymen mit geringer Affinität | Transposons, Plasmide |
| Fluorquinolone | verminderte Bindung an bakterielle DNA-Gyrasen oder Topoisomerasen | Punktmutationen in den Gyrase- und Topoisomerasegenen | chromosomal |
| Streptomycin | verminderte Bindung an das bakterielle Ribosom | Punktmutationen im ribosomalen S12-Proteingen | chromosomal |
| Rifampicin | verminderte Bindung an die bakterielle RNA-Polymerase | Punktmutationen im RNA-Polymerasegen | chromosomal |

# Index